软件开发人才培养系列丛书

Netty
开发实战 视频讲解版

////// 李兴华 马云涛 王月清 / 编著 ///////////////////

人民邮电出版社

北京

图书在版编目（CIP）数据

Netty开发实战：视频讲解版 / 李兴华，马云涛，
王月清编著. -- 北京：人民邮电出版社，2024.6
（软件开发人才培养系列丛书）
ISBN 978-7-115-63346-0

Ⅰ．①N… Ⅱ．①李… ②马… ③王… Ⅲ．①JAVA语
言－程序设计 Ⅳ．①TP312.8

中国国家版本馆CIP数据核字（2023）第245204号

内 容 提 要

本书介绍熟练运用 Netty 框架需要掌握的核心技能，主要内容包括 Netty 与网络编程、Netty 缓冲区、TCP 与 UDP 编程、HTTP 服务开发、Netty 应用编程、Dubbo 开发框架、Java NIO 编程详解、ETCD 数据服务组件、MinIO 对象存储等。

本书除介绍 Netty 技术的核心架构之外，还通过解读源代码的方式，对 Netty 内部的优化策略进行分析，对每一个组成技术点进行实例讲解，详细地分析各类协议的开发，如 TCP、UDP、HTTP/1.1、HTTP/2.0、HTTP/3.0、UDT、SCTP、DNS、MQTT 等协议的开发，同时讲解 Affinity、Native、Redis、Memcached、WebSocket 等应用的开发，基于不同的操作系统分析 Native 实现机制。

本书附有配套视频、源代码、教学课件等资源。为了帮助读者更好地学习本书，作者还提供在线答疑。

本书适合作为高等教育本、专科院校计算机相关专业的教材，也可供广大计算机编程爱好者自学使用。

◆ 编　著　李兴华　马云涛　王月清
　　责任编辑　刘 博
　　责任印制　陈 犇

◆ 人民邮电出版社出版发行　　北京市丰台区成寿寺路 11 号
　　邮编　100164　　电子邮件　315@ptpress.com.cn
　　网址　https://www.ptpress.com.cn
　　三河市兴达印务有限公司印刷

◆ 开本：787×1092　1/16
　　印张：22　　　　　　　　　2024 年 6 月第 1 版
　　字数：616 千字　　　　　　2024 年 6 月河北第 1 次印刷

定价：89.80 元

读者服务热线：(010)81055256　印装质量热线：(010)81055316
反盗版热线：(010)81055315
广告经营许可证：京东市监广登字 20170147 号

自　　序

从我开始接触计算机编程到现在，已经过去 24 年了，其中有 17 年的时间，我在一线讲解编程开发。我一直在思考一个问题：如何让学生在有限的时间里学到更多、更全面的知识？最初我并不知道答案，于是只能大量挤占每天的非教学时间，甚至连节假日都在给学生补课。因为当时我的想法很简单：通过多花时间去追赶技术发展的脚步，争取教给学生更多的技术，让学生在找工作时游刃有余。但是这对我和我的学生来讲都实在过于痛苦了，毕竟我们都只是普通人，当我讲到精疲力尽时，当我的学生学到头昏脑涨时，我知道自己需要改变了。

技术正在发生不可逆转的变革，在软件行业中，首先改变的是就业环境。很多优秀的软件公司或互联网企业的招聘已经由简单的需求招聘变为能力招聘，要求从业者不再是培训班"量产"的学生。此时的从业者如果想顺利地进入软件行业，获取自己心中的理想职位，就需要有良好的技术学习方法。换言之，学生不能只是被动地学习，而是要主动地努力钻研技术，这样才可以具有更扎实的技术功底，才能够应对各种可能出现的技术挑战。

于是，怎样让学生在尽可能短的时间内学到有用的知识，就成了我思考的核心问题。对我来说，"教育"两个字是神圣的，所以我付出几年的时间，安心写作，把我近 20 年的教学经验融入这套编程学习丛书，也将多年积累的学生在学习过程中容易遇到的问题如实地反映在这套丛书之中，丛书架构如图 0-1 所示。

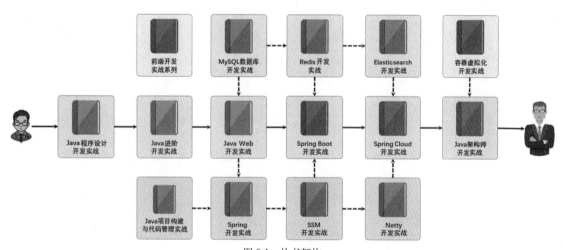

图 0-1　丛书架构

我希望这样一套方向明确的编程学习丛书，能让学生学习 Java 不再迷茫。这也是我们设计并编写一套完整的 Java 自学教程的目的，帮助学生从 Java 初学者成长为 Java 程序员，再成长为 Java架构师。编写完这一部部的图书（见图 0-2）后，我们心中其实有太多的感慨。

我的体会是，编写一部将知识讲解透彻的书真的不容易。在写作过程中，我翻阅了大量文献资料，查阅之后发现有些书的内容竟然和其他图书是重复的，网上的资料也有大量的重复内容，这让我认识到"原创"的重要性。但是原创的路途上满是"荆棘"，这也是我编写一部书需要很长时间的原因。

图 0-2　Java 自学教程体系

　　仅仅做到原创就可以让学生学会编程吗？很难。计算机编程图书中有大量晦涩难懂的专业性词汇，我们不能默认所有的初学者都清楚地掌握了这些词汇的概念，如果掌握了，那离学会编程就更近了一步。为了帮助学生扫除学习障碍，我在书中绘制了大量图形来进行概念的解释，此外还提供了与章节内容相符的视频资料，视频讲解中出现的代码全部为现场编写的。我希望用这一次又一次的重复训练，帮助学生理解代码，学会编程。本套丛书所提供的配套资料非常丰富，可以说抵得上一些需要支付高额学费才能参加的培训班课程。本套丛书的配套视频时长累计上万分钟，对比培训班的实际讲课时间，相信学生能体会到我们所付出的心血。我们希望通过这样的努力带给学生一套有助于学懂、学会 Java 的丛书，帮助学生解决学习和就业难题。

李兴华

2024 年 3 月

前　　言

　　4 个月的时间匆匆而过，从春天到夏天，每天在写作中度过，我甚至都忘记了窗外的冷暖交替，也忘记了生活中还有许多杂事，只有完成此书的期盼。正是凭着这样一股倔强的勇气，我才会不眠不休地持续写作，而当完工的那一刻，我最想做的事情就是踏踏实实地睡一觉。

　　在 Java 开发行业中有一句很有意思的话，大概意思是"作为一名 Java 开发人员，没有听说过 Netty，那么一定是外行人，而如果是精通了 Netty 的开发人员，可能就不是一名好的 Java 工程师了"，为什么这么讲呢？因为 Netty 做得更多的是技术底层的研究，精通 Netty 的开发人员可以写出更高效的网络应用程序，可以更深刻地理解各类网络协议，只有学会了 Netty 才能打开技术上的另一扇大门，才能看清更多的技术本质。而 Netty 开发人员负责更多的是底层的通信协议和传输性能，对于 Java 的应用开发框架（如 Spring、MyBatis 等）就没有这么熟练了。

　　Java 在其最初发展时，受到同一时代硬件技术发展的限制，并没有实现良好的 I/O 处理方案，而为了解决这一设计缺陷，JDK 1.4 后开始支持 Java NIO 编程开发，虽然从技术层面给予了强大的帮助，但是由于 Reactor 模型之中的各类处理限制，以及各类通信协议的开发难度较高，并没有过多的开发人员涉足于此。大部分的 Java 开发人员都会使用已经成熟的中间件产品，并围绕中间件进行编程开发。图 0-3 展示了 Netty 与 Java 编程技术的关系，同时也阐述了其与中间件开发之间的关联。

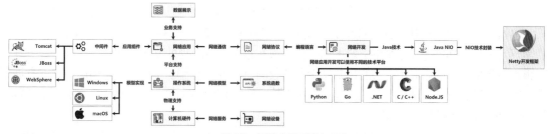

图 0-3　网络应用开发与 Netty

　　随着全世界互联网技术的兴起，程序人员在开发项目时，已经不再仅仅满足基础的业务逻辑需求了，还会更多地考虑到高并发的处理性能。除了使用集群这种简单的方式之外，提升单体服务的性能成为行业的主流，而 Java 作为行业之中使用非常频繁的开发技术，急需一种更加简化的 Java NIO 开发模式，因此 Netty 诞生了。Netty 诞生之后，各类 RPC 开发技术也随之发展，包括国内的阿里、京东以及国外知名互联网企业也都先后基于 Netty 进行了各自技术产品线的研发，连带着当前的技术招聘也已经将 Netty 视为 Java 从业者必备的核心技术。如果你现在还仅仅停留在数据库层次上的基础 CRUD 开发，就真的需要考虑升级自己的技术栈了，否则会面临被行业淘汰的风险。

　　Netty 技术较为成熟的一点，在于其可以结合 Java NIO 提高通信性能，并且使用统一标准的流程来进行各类通信协议的处理，这一点如图 0-4 所示。所以本书内容除了会涉及 TCP、UDP 以及 HTTP 等常用协议，还包含 RESP、UDT、SCTP、DNS、MQTT 等协议的开发。而通过本书的详细讲解，读者会慢慢感受到 Netty 开发的简洁性以及其所拥有的魅力。可以这么讲，掌握了 Netty 框架后，基本上就掌握了打开通往各类网络通信协议"大门"的"金钥匙"。

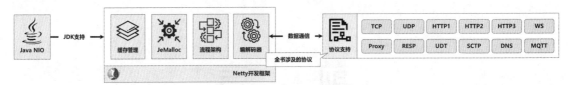

图 0-4　Netty 技术架构

　　本书是我们创作的 Java 系列教材中的第 9 部，而对于整个的 Java 技术体系来讲，对 Netty 的理解是否透彻决定了对 Redis Lettuce 以及对 Spring Cloud 相关技术的理解程度。但是在整个 Java 学习过程中，学习 Netty 又需要有若干个前提条件，图 0-5 所示为相关图书之间的基本联系。

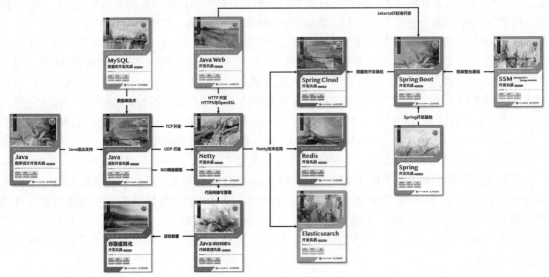

图 0-5　Java 系列教材与本书之间的关联

　　当然，如果你已经熟悉计算机相关专业的操作系统、计算机网络等课程内容，那么对于 Netty 的学习可谓事半功倍，因为你在学习本书时会发现有很多专业课程的知识在里面。这也是我一直不断跟很多学生强调的，永远不要忽视基础专业课程的重要性，因为这些基础专业知识为你的发展打下了牢不可破的根基。所以我们为 Java 学习者规划了基本的学习路线，如图 0-6 所示，希望每一位 Java 爱好者能够学有所成。

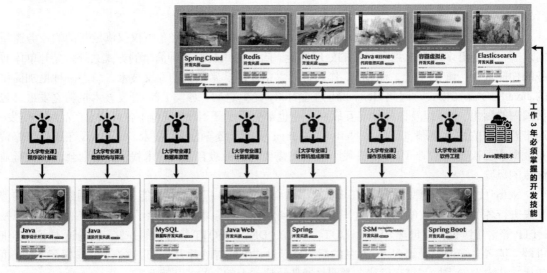

图 0-6　Java 技术学习路线

在技术开发领域之中，技术掌握的深度与广度决定了人们的收入水平。随着全栈化开发的不断兴起，除了要打破语言的壁垒之外，肯定要面对各类开发场景。读者也可以发现我们这一套图书之中包含 Java 技术开发领域中大部分的常用内容，而且未来我们将拓展更多的技术领域，帮助读者持续进步，也满足读者持续学习的需求。

本书内容

本书共有 9 章，之所以这样安排，主要目的是便于知识的递进讲解与实例的分析。每一章的内容如下。

第 1 章　Netty 与网络编程

该章作为序章，主要介绍网络应用开发之中的常见问题。由于 TCP 是当前应用的核心协议，所以本章也会对 TCP 报文的组成结构进行分析，并为读者介绍 Netty 技术架构。

第 2 章　Netty 缓冲区

Java NIO 编程中为了提高缓冲区的分配性能，提供了 ByteBuffer 设计，同时也涉及 Unsafe 的直接内存分配处理。因此，本章在进行 Netty 讲解时，首先对 ByteBuf 结构进行全面的分析，解释 Netty 中两种缓冲区的分配机制，以及对于 ThreadLocal 性能问题的改进处理。在后续的所有开发中，ByteBuf 是一个核心结构，也是 Netty 开发的基础。

第 3 章　TCP 与 UDP 编程

Netty 开发框架遵照 Reactor 模型，因此对于线程池的控制就较为严格。本章重点分析 Netty 的工作流程，并给出完整的 Netty 处理架构，随后基于该结构分析 TCP 开发中常见的问题（粘包与拆包、序列化传输等）。考虑到实际开发与设计的需要，本章为读者讲解 RPC 技术的手动实现。该技术基于 Protobuf 与 Spring Boot 完成，同时基于 Spring 内置的代理模式实现。之所以安排这样的案例，核心目的是阐述 RPC 框架的设计原理。

第 4 章　HTTP 服务开发

HTTP 是当前系统架构中的核心协议，所以本章会基于 Jakarta EE 技术标准的操作，讲解 HTTP 服务端的开发，同时使用 Redis 完成分布式 Session 缓存，进一步解释 Netty 开发与传统 Web 开发的区别。最后详细地分析 HTTP/1.1、HTTP/2.0 及 HTTP/3.0 的差别与具体实现。

第 5 章　Netty 应用编程

Netty 已经足够高效了，但是高性能的追求者永远都在自我突破，于是 Netty 的内部提供了 Affinity 亲和线程支持，同时也可以基于不同的操作系统平台来选择处理通道。而对于常用的服务组件，如 Redis、Memcached、DNS 等，Netty 也都提供了与之匹配的编解码器。所以本章以 Netty 应用为核心，为读者讲解各类协议的开发，并且分析各类协议的特点，包括 UDT、SCTP、WebSocket 及物联网开发中常用的 MQTT 协议。

第 6 章　Dubbo 开发框架

手动的 RPC 技术实现对于项目的维护成本过高，因此我们就需要结合当前流行的 Dubbo 框架进行分析。这一章的内容与《Spring Cloud 开发实战（视频讲解版）》中的技术栈内容对应，实现了一个 Nacos 注册管理 + Sentinel 限流防护 + Spring Cloud Gateway 服务的整合，并且基于 Spring 框架为读者分析 Dubbo 核心源代码的结构。

第 7 章　Java NIO 编程详解

Java NIO 属于 Java 的核心基础，笔者在编写本书时考虑到很多读者缺乏这方面的知识，因此追加了此章，从 BIO、NIO 以及 AIO 这 3 个层次进行分析，这样可以帮助读者更好地理解 Netty 开发的基础知识。

第 8 章　ETCD 数据服务组件

ETCD 属于 Go 语言的技术生态，其主要实现了一个 Raft 集群算法，可以满足注册中心的服务设计需求。由于 ETCD 只能以集群的方式展现，因此本章讲解 ETCD 服务构建及代理服务的构建，并通过 OpenSSL 模拟 SSL 通信机制。

第 9 章　MinIO 对象存储

文件上传是 HTTP 的常见功能，为了满足文件的存储需求，业界常常采用对象存储模型。为此本章讲解 MinIO 组件（Go 语言生态），并且结合 ETCD 注册中心实现 MinIO 联邦集群扩展。

使用 Netty 构建分布式开发架构，可以进行定制化处理，这样不仅安全性高，同时架构的可维护性也较高。考虑本书所涉及的协议较多，为了便于读者理解，给出图 0-7 所示的分布式开发架构，读者可以先以此为参考进行技术的学习。

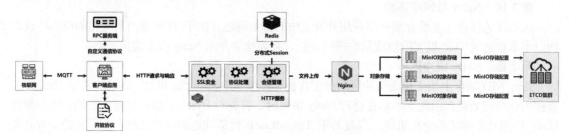

图 0-7　分布式开发架构

本书特色

书中讲解的技术都是当今软件企业中流行的开发技术，对于每一位 Java 开发人员都非常重要。除了内容详尽，本书还具有如下特色。

（1）图示清晰：为了帮助读者轻松地跨过技术学习的难关，更好地理解架构的思想及技术的本质，本书采用大量的图示进行分析，平均每小节 0.8 个图示。

（2）注释全面：初学者在技术上难免有空白点，为了便于读者理解程序代码，书中的代码注释覆盖率达到 99%，真正达到了为读者扫除学习障碍的目的。

（3）案例实用：所有的案例均来自实际项目开发中的应用架构，不仅方便读者学习，还可为读者的工作带来全面帮助。

（4）层次分明：将每一节的技术知识都根据需要划分为"掌握""理解""了解"3 个层次，便于读者安排学习顺序。

（5）关注就业需求：源代码实现部分及概念的使用部分涉及大量的面试问题，我们对这些知识进行反向设计，增加对应的章节，可以说本书就是 Java 开发人员的"面试宝典"。

（6）视频全面：除了"本章概览"，每小节都包含一个完整的视频，读者通过手机扫码可以观看视频讲解，解决学习中遇到的各种问题。

（7）结构清晰：按照知识点的作用进行结构设计，充分考虑读者认知模式的特点，降低学习难度。

（8）无障碍阅读：对可能产生的疑问、相关概念的扩展，通过"提示""注意""问答"等进行说明。

（9）教学支持：高校教师凭借教师资格可以向出版社申请获取教学 PPT、教学大纲，以及教学自测习题。

（10）代码完整：每一节均配有代码文件或项目文件，并保证代码可以正常运行。

由于技术类的图书所涉及的内容较多，同时考虑到读者对于一些知识存在理解盲点与认知偏差，我们在编写本书时设计了一些特色栏目和表示方式，现说明如下。

（1）提示：对于一些核心知识内容的强调以及与之相关的知识点的说明。这样做的目的是帮助读者拓宽知识面。

（2）注意：点明在对相关知识进行运用时有可能遇到的种种"深坑"。这样做的目的是帮助读者节约理解技术的时间。

（3）问答：对核心概念理解的补充，以及对可能存在的一些理解偏差的解读。

（4）分步讲解：清楚地标注每一个开发步骤。技术开发需要严格的实现步骤，我们不仅要教授知识，更要提供完整的学习指导。由于在实际项目中会利用 Gradle 或 Maven 这样的工具来进行模块拆分，因此我们在每一个开发步骤前会使用【项目或子模块名称】这样的标注方式，这样读者在实际开发演练时就会更加清楚当前代码的编写位置，提高代码的编写效率。

答疑交流

2019 年我们创办了"沐言科技"，希望可以打造出全新的教学理念。我们发现，仅仅依靠简单的技术教学是不能够让学生走上技术岗位的，现在的技术招聘更多强调学生的自学能力，所以我们也秉持帮助学生自学以提升技能的理念进行图书的编写，同时我们会在抖音（ID：muyan_lixinghua）与"B 站"（ID：YOOTK 沐言优拓）直播间进行各种技术课程的公益直播。对于每次直播的课程内容及技术话题，我也会在我个人的微博（ID：YOOTK 李兴华）进行发布。希望广大读者在不同的平台找到我们并与我们互动，也欢迎广大读者将我们的视频分享到各个平台，把我们的教学理念传播给更多有需要的人。

本书是原创的技术类图书，书中难免存在不足之处，如果读者发现问题，欢迎将信息发送到我的邮箱（784420216@qq.com），我们会及时修改。

欢迎各位读者加入图书交流群（QQ 群号码为 809361901，群满时请根据提示加入新的交流群）与我们进行沟通、互动。

最后我想说的是，因为写书与做各类技术公益直播，我错过了许多与家人欢聚的时光，我感到非常愧疚。希望在不久的将来我能为我的孩子编写一套属于他的编程类图书，同时也帮助所有有需要的孩子进步。我喜欢研究编程技术，也勇于自我突破。如果你也是这样的一位软件工程师，希望你也加入我们这个公益直播的行列。让我们挣脱所有商业模式的束缚，一起将自己学到的技术传播给更多的爱好者，以我们的微薄之力推动行业的技术发展。

李兴华

2024 年 3 月

目 录

视频目录

第1章

Netty 与网络编程

本章学习目标

1. 掌握网络程序开发的核心架构以及 I/O 多路复用网络模型的处理机制；
2. 理解 TCP 报文的组成以及三次握手与四次挥手的操作原理；
3. 理解 Netty 框架的主要技术特点。

互联网的技术发展主要依赖网络，开发人员可以借助不同的编程语言实现网络应用的程序开发，在 Java 编程中可以通过 NIO（New I/O，新 I/O）技术开发，也可以基于 Netty 框架实现。本章为读者讲解网络程序的基本概念、TCP 报文组成结构，并分析 Netty 框架的主要作用。

1.1　网络程序开发

视频名称	0101_【理解】网络程序开发
视频简介	网络程序是当今的主流开发模式，本视频总结当前网络应用的开发模型，总结 BIO、NIO 以及 AIO 的区别，并分析 I/O 多路复用模型、线程池以及零拷贝技术在高并发网络应用开发环境下的使用。

随着互联网技术的逐步推广，网络已经成了人们生活和生产中必不可少的重要组成部分，在图 1-1 所示的网络应用开发架构之中，除了需要有良好的网络硬件支撑之外，还需要有稳定、可靠的软件与协议支持。

图 1-1　网络应用开发架构

网络应用的开发遵循 OSI（Open System Interconnection，开放系统互连）七层模型的设计要求，基于该模型可以在不同系统与不同网络之间实现可靠的数据通信，图 1-2 所示为 OSI 七层模型与 TCP/IP 模型。但是在实际的开发中由于应用层、表示层以及会话层都主要实现核心数据的发出，

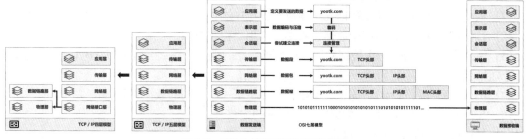

图 1-2　OSI 七层模型与 TCP/IP 模型

所以后续就产生了 TCP/IP 五层模型，由于 TCP/IP 只实现数据的发出，这样就对数据链路层与物理层进行了简化，最终形成了 TCP/IP 四层模型。

> 💡 **提示：Java NIO 开发包的使用请参阅本书第 7 章。**
>
> 　　Java 在早期提供了 BIO 的网络模型，JDK 1.4 之后为了解决 BIO 模型的性能问题，提供了 NIO 网络模型，而在 JDK 1.7 后，为了进一步提升网络处理的性能，又追加了对 AIO 的支持。相关的支持类定义在 java.nio 开发包中，考虑到 Netty 是基于 NIO 技术的应用，对 NIO 技术不熟悉的读者请自行参考本书第 7 章的内容进行基础概念的理解。

　　为了提高网络应用程序的开发效率，不同的编程语言会根据自身实现的语法要求，提供专门的网络开发支持库，开发人员通过这些支持库可以轻松地构建属于自己的业务模型。例如，在 Java 中就提供 BIO（Blocking I/O，同步阻塞 I/O）、NIO（Non-Blocking I/O，同步非阻塞 I/O）以及 AIO（Asynchronous Non-Blocking I/O，异步非阻塞 I/O）这 3 种网络模型的实现支持。

　　Java 提供的网络开发包中已经为用户隐藏了具体协议的实现细节，开发人员只需要关注具体的业务功能实现即可，图 1-3 所示为当前主流的 I/O 多路复用模型的定义，而这一模型也是 Netty 实现的核心基础。

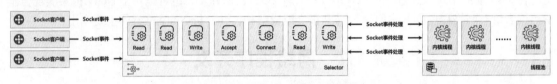

图 1-3　当前主流的 I/O 多路复用模型的定义

　　使用 I/O 多路复用模型，可以有效地提升高并发下的用户请求处理效率，所有的 Socket（套接字）客户端会依据不同的操作事件进行线程的分配，在事件处理完成后可以将该线程回收并等待下一次执行分配，从而避免线程资源占用的问题出现。在线程处理时还可以结合 Java NIO 提供的零拷贝技术，进一步提升 I/O 的读写性能。

1.2　TCP

视频名称　0102_【理解】TCP

视频简介　TCP 是当前主流的通信协议，也是众多网络协议开发与设计的基础。本视频为读者详细分析 TCP 的连接与关闭流程，并分析 TCP 报文结构的定义。

　　TCP（Transmission Control Protocol，传输控制协议）是一种面向连接的、可靠的、基于字节流的传输层通信协议，在 OSI 七层模型中主要完成第四层（传输层）所指定的功能。在网络数据通信中，考虑到数据传输的稳定性，往往会在数据前附加一系列的头信息，图 1-4 所示为 TCP 报文结构，头信息的组成结构说明如下。

　　（1）源端口（16 bit）：标识数据发送端应用层程序端口。

　　（2）目标端口（16 bit）：标识数据接收端的应用层程序端口。

　　（3）序列号（32 bit）：标识数据发送端所发出数据的编号，序列号以字节（Byte，B）为单位，是一个随机数字。

　　（4）确认序列号（32 bit）：标识数据接收端期望下一次收到的数据编号。

　　（5）数据偏移（4 bit）：保存数据段开始地址的偏移量。

　　（6）保留位（3 bit）：内容必须为 0。

（7）标识位（9 bit）。每个标识位的作用如下。

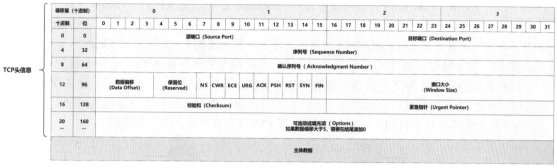

偏移量（十进制）		0								1								2								3							
十进制	位	0	1	2	3	4	5	6	7	8	9	10	11	12	13	14	15	16	17	18	19	20	21	22	23	24	25	26	27	28	29	30	31
0	0	源端口（Source Port）																目标端口（Destination Port）															
4	32	序列号（Sequence Number）																															
8	64	确认序列号（Acknowledgment Number）																															
12	96	数据偏移（Data Offset）				保留位（Reserved）				NS	CWR	ECE	URG	ACK	PSH	RST	SYN	FIN	窗口大小（Window Size）														
16	128	校验和（Checksum）																紧急指针（Urgent Pointer）															
20 ...	160	可选项或填充项（Options） 如果数据偏移大于5，需要在结尾添加0																															
主体数据																																	

（TCP头信息）

图 1-4　TCP 报文结构

① NS（ECN-Nonce）：ECN（Explicit Congestion Notification，显式拥塞通知）是对 TCP 的扩展，定义于 RFC 3540（2003），ECN 允许拥塞控制的端对端通知而避免丢包。ECN 为一项可选功能，如果底层网络设施支持，则可能被启用 ECN 的两个端点使用。在 ECN 成功协商的情况下，ECN 感知路由器可以在 IP（Internet Protocol，互联网协议）头中设置一个标记来代替丢弃数据包，以标明阻塞即将发生。数据包的接收端响应发送端，降低其传输速率，就如同往常检测到包丢失那样。

② CWR（Congestion Window Reduced，拥塞窗口减少）：该位内容为 1 时表示链路拥塞，会缩小 TCP 窗口。

③ ECE（ECN-Echo）：主要用于 TCP 三次握手时，表明一个 TCP 端是否具备 ECE 功能。

④ URG（Urgent，紧急域）：该位内容为 1 时表示报文中有紧急数据需要优先处理，此时紧急指针数据项才会生效。

⑤ ACK（Acknowledgement，肯定应答）：该位内容为 1 时表示 TCP 报文头中的确认序列号有效。

⑥ PSH（Push，推送）：该位内容为 1 时表示不缓存数据，而是直接把接收到的数据推送给上层应用程序。

⑦ RST（Reset，重置）：该位内容为 1 时表示存在严重差错，需要重新建立 TCP 连接，此标记位还可以用于拒绝非法的报文段或拒绝连接请求。

⑧ SYN（Synchronization，同步）：该位内容为 1 时表示建立请求连接时同步双方序列号。

⑨ FIN（Finish，完成）：该位内容为 1 时表示数据已经发送完毕，请求关闭连接。

（8）窗口大小（16 bit）：用于表示数据接收端当前可以接收的最大数据量，单位是字节。窗口大小代表了数据接收端当前缓存的大小，数据发送端就可以控制发送数据的长度，但是该大小会随传输的拥塞情况变化。

（9）校验和（16 bit）：数据发送端基于数据内容计算的一个数值，数据接收端要基于该数值进行消息接收的验证。

（10）紧急指针（16 bit）：标记本报文段中紧急数据的最后一个字节序号。

（11）可选项或填充项：每个选项开始的第 1 个字节为类型说明，包括如下几种选项类型。

① 0：选项表配置结束（1 B）。

② 1：无操作，用于选项字段之间的字边界对齐（1 B）。

③ 2：最大报文段长度配置，只能出现在同步报文段中（4 B），否则将被忽略。

④ 3：窗口扩大因子（3 B），取值范围为 0～14，只能出现在同步报文段中。

⑤ 4：SACKOK（Selective Acknowledgment，选择性确认）：发送端只重新发送交互过程中丢失的包。

⑥ 5：包含 SACK 实际工作选项，包括"是否支持 SACK 标记项"与"具体的 SACK 信息"。

⑦ 8：TCP 时间戳（TCP Timestamps Option，TSopt，10 B），包括发送端的时间戳（Timestamp Value field，TSval，4 B）和时间戳回显应答（Timestamp Echo Reply field，TSecr，4 B）。

⑧ 19：MD5 摘要，用 TCP 伪头部、校验和为 0 的 TCP 头部、TCP 数据段、通信双方约定的密钥（可选）计算出 MD5 摘要值并附加到该选项中，作为类似对 TCP 报文的签名。

⑨ 29：安全摘要，通过 RFC 5925 引入，将 MD5 摘要的散列算法更换为 SHA 散列算法。

TCP 的运行可以分为 3 个阶段：连接建立、数据传输和连接关闭。而为了保证其数据传输的可靠性，在建立 TCP 连接时会采用图 1-5 所示的三次握手机制，而在进行连接关闭时，就需要采用图 1-6 所示的四次挥手机制，下面分别解释 TCP 连接建立与关闭的具体流程。

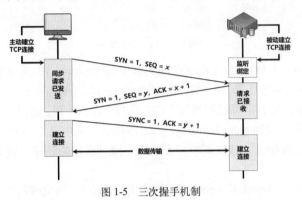

图 1-5　三次握手机制

> 💡 提示：MSL（Maximum Segment Lifetime，最大段生存期）。
>
> 　　在 TCP 采用四次挥手关闭连接操作的最后要等待 2MSL，这样做的目的是确保服务端可以接收到 ACK 确认数据。之所以使用 MSL 这一概念，是因为 TCP 允许不同的实现设置不同的时间单位。

1．TCP 连接建立流程：为了保证数据传输的可靠性，在建立 TCP 连接时会采用图 1-5 所示的三次握手机制。

① 服务器应用在启动时需要在特定的监听端口上进行服务的绑定，而后就可以等待客户端进程进行连接。

② TCP 客户端向服务端发送连接请求的报文，此时报文头部的 SYN 位为 1（此时不会携带任何请求数据），并且要传递一个初始序号，随后 TCP 客户端进入同步请求已发送的状态。

③ TCP 服务端接收到客户端的连接请求后，如果同意连接，会发出确认报文，并且为自己初始化一个新的序号（此时的报文不包含数据），随后将该报文发送给客户端并进入请求已接收的状态。

④ TCP 客户端收到确认报文后，还需要向服务端发送确认报文，此时将建立 TCP 连接，并实现数据传输。

TCP 连接采用三次握手机制，重要的一点是防止在不稳定的网络环境中，服务端会重复收到连接请求。例如，现在的网络环境暂时不稳定，有可能导致 TCP 客户端第一次发送的请求连接报文未发送成功，所以 TCP 客户端在长时间未收到 TCP 服务端连接确认报文时，会重新发送请求连接报文。这样就导致服务端有可能同时收到两份 TCP 客户端的连接请求，如果此时的操作机制为"二次握手"（没有最后一次 TCP 客户端确认报文的发出），就会创建两个 TCP 连接，从而造成资源的浪费。采用三次握手机制，TCP 客户端需要向 TCP 服务端发送确认报文，TCP 服务端才会在有效的连接请求中创建 TCP 连接。

2．TCP 连接关闭流程：考虑到连接关闭前，TCP 服务端还会向 TCP 客户端发送数据的需要，所以采用了四次挥手的处理机制将确认报文与完结报文分别发送，操作流程如图 1-6 所示。

① TCP 客户端发出关闭连接的请求报文（此时 FIN 标记为 1，不会发送数据），并停止向 TCP 服务端发送数据，随后进入等待释放的状态。

② TCP 服务端接收到关闭连接的请求报文后会向客户端发出确认报文，随后 TCP 服务端进入关闭等待的状态中，此时 TCP 客户端已经不再向 TCP 服务端发送任何数据了，但是 TCP 服务端依然可以发送数据给 TCP 客户端。

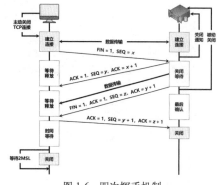

图 1-6　四次挥手机制

③ TCP 客户端收到 TCP 服务端的确认报文后，在接收完 TCP 服务端发送来的数据之后，进入等待释放状态的第 2 阶段，此时将等待 TCP 服务端发送关闭连接的报文。

④ TCP 服务端将最后的数据发送完毕后，就会向 TCP 客户端发送关闭连接的报文（FIN 标记为 1），由于 TCP 服务端在关闭连接前有可能向 TCP 客户端发送了一些数据，所以此时的 TCP 服务端将进入最后确认的状态。

⑤ TCP 客户端接收到 TCP 服务端发送的关闭连接报文后，需要向 TCP 服务端发送确认报文，随后 TCP 客户端将进入时间等待的状态。

⑥ TCP 服务端收到 TCP 客户端发送的确认报文后，将进入关闭状态（服务端一般要早于客户端关闭）。

> 💡 **提示：TCP 还在持续发展。**
>
> 　　TCP 是一个复杂且在不断发展的通信协议，在 TCP 的发展过程中会伴随产生大量 RFC（Request for Comments，征求意见稿），TCP 会根据这些 RFC 进行修改，示例如下。
>
> 　　① RFC 1122：《因特网对主机的要求》阐明了许多 TCP 的实现要求。
>
> 　　② RFC 2581：《TCP 的拥塞控制》是一篇近年来关于 TCP 的很重要的 RFC，描述了更新后的避免过度拥塞的算法。写于 2001 年的 RFC 3168 描述了对明显拥塞的报告，这是一种实现拥塞避免的信号量机制。
>
> 　　最近，一个新协议已经被美国加州理工学院的科研人员开发出来，命名为 FAST TCP（基于快速活动队列管理的规模可变的传输控制协议）。它使用排队延迟作为拥塞控制信号；但是因为端到端的延迟通常不只包括排队延迟，所以 FAST TCP 在实际互联网中能否正常工作仍然是一个没有解决的问题。

1.3　Netty 简介

Netty 简介

视频名称　0103_【理解】Netty 简介

视频简介　Netty 框架拥有众多的支持，本视频带领读者浏览 Netty 项目的官方站点以及帮助文档，同时讲解 Netty 框架的组成结构以及相关支持项。

Netty 是一个基于 Java NIO 的网络编程开发框架，可以帮助 Java 开发人员快速实现异步的、基于事件驱动的网络应用程序，该框架由 JBoss 提供，开发人员可以通过 Netty 官网获取该开源项目的信息，如图 1-7 所示。

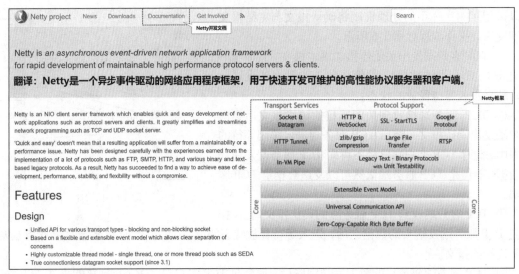

图 1-7 Netty 官网站点首页

💡 提示：Netty 框架的开发人员与维护者。

Netty 的创始人是韩国人特拉斯汀·李（Trustin Lee），1980 年出生，照片如图 1-8 所示。他 8 岁起在 MSX 迷你计算机上编写 BASIC 程序，爱好游戏编程以及使用汇编语言、C 语言和 C++ 解决编程问题，1998 年获得韩国信息学奥林匹克竞赛铜牌。就读于韩国延世大学计算机系期间，他曾为多家公司编写高性能网络应用以及少量的 Web 程序。

Netty 目前的项目负责人是德国人诺曼·毛雷尔（Norman Maurer），全职开发 Netty，照片如图 1-9 所示，他也是 *Netty in Action* 的作者。

图 1-8 特拉斯汀·李

图 1-9 诺曼·毛雷尔

Java NIO 提供了非阻塞 I/O 开发模型，这样可以极大地提升服务端的并发处理性能，同时 NIO 又提供了基于零拷贝的数据处理操作，实现了高效的 I/O 读写，而 Netty 的出现进一步降低了 Java NIO 编程的难度，引入了更加丰富的线程模型设计、串行化处理读写（避免了锁带来的性能瓶颈）、内存池设计（实现内存重用），同时支持 Protobuf 等高性能的序列化协议。正是因为 Netty 有着简单且性能高效的技术特点，所以很多互联网公司都基于 Netty 开发出了各种即时通信系统、RPC（Remote Procedure Call，远程过程调用）开发框架、消息组件以及大数据处理的应用，极大地丰富了 Java 开发的生态环境，图 1-10 所示为 Netty 框架的组成，其中核心的几项定义如下。

1．丰富的零拷贝字节缓冲区（Zero-Copy-Capable Rich Byte Buffer）。零拷贝技术可避免系统进程和用户进程之间的数据传输，优化了 I/O 通道的传输性能。Netty 基于 Java NIO 提供的缓冲区机制进行了扩展，实现了更加多样化的数据缓冲处理。需要注意的是，Netty 中的零拷贝指的是偏向于应用中的数据操作优化，不是简单的操作系统层面的优化。

2．通用通信 API（Universal Communication API）。Netty 内部提供了丰富的线程模型、NIO 封装处理，开发人员直接通过框架提供的标准类库即可实现不同架构（BIO、NIO 模型可以快速切换）的网络应用开发。

3．可扩展的事件模型（Extensible Event Model）。可扩展的事件模型在 NIO 已有事件分类的基础上进行了事件的扩充，使 Netty 每个操作的处理更加规范。

4．实时流协议（Real-time Streaming Protocol，RTSP）。RTSP 可以为网络上的语音、图像、视频等多媒体文件提供端到端的实时数据传输服务。

5．Google Protobuf（Google Protocol Buffers）。Netty 支持谷歌提供的序列化工具，可以实现与开发语言无关、可扩展性强且传输高效的二进制数据。

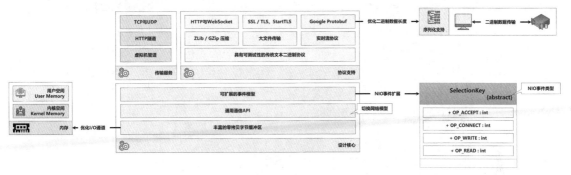

图 1-10　Netty 框架的组成

1.4　构建 Netty 项目

视频名称　0104_【掌握】构建 Netty 项目

视频简介　考虑到 Netty 项目中会包含各类通信服务的开发，本书基于父项目与子模块的管理方式进行项目管理，本视频基于 IDEA 与 Gradle 操作实例演示项目构建与配置。

Netty 是基于 Java 的技术包装，所以在使用之前需要开发人员提供 JDK 的开发支持，考虑到后续代码维护问题，本次的代码将基于 JDK 17 进行编写，使用 IDEA 开发工具，项目的构建以及依赖库的管理将基于 Gradle 工具进行，下面来看一下具体的项目搭建操作。

1．【IDEA 工具】创建一个名为 netty 的新项目，操作如图 1-11 所示。

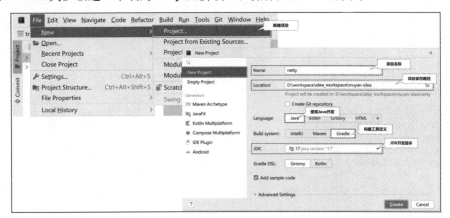

图 1-11　创建一个名为 netty 的新项目

2．【netty 项目】为防止项目中出现显示乱码的情况，可以修改 gradle-wrapper.properties 配置文件，追加 JVM 参数。

```
org.gradle.jvmargs=-Dfile.encoding=UTF-8
```

在大部分的开发环境中，只要开发人员在 IDEA 工具内使用了 UTF-8 编码，同时又设置了"-Dfile.encoding=UTF-8" JVM 执行参数，就可以显示出中文了。

3. 【netty 项目】在项目中定义 gradle.properties 配置文件，保存项目属性。

```
project_group=com.yootk
project_version=1.0.0
project_jdk=17
```

4. 【netty 项目】修改 build.gradle 配置文件。

```
group project_group                                                   //组织名称
version project_version                                               //项目版本
def env = System.getProperty("env") ?: 'dev'                          //获取env环境属性
subprojects {                                                         //配置子项目
    apply plugin: 'java'                                              //子模块插件
    sourceCompatibility = project_jdk                                 //源代码版本
    targetCompatibility = project_jdk                                 //生成类版本
    repositories {                                                    //配置Gradle仓库
        mavenLocal()                                                  //Maven本地仓库
        maven{                                                        //阿里云仓库
            allowInsecureProtocol = true
            url 'https://maven.******.com/nexus/content/groups/public/'}
        maven{                                                        //Spring官方仓库
            allowInsecureProtocol = true
            url 'https://****.spring.io/libs-milestone'
        }
        mavenCentral()                                                //Maven远程仓库
    }
    dependencies {                                                    //公共依赖库管理
        testImplementation(enforcedPlatform("org.junit:junit-bom:5.9.2"))
        testImplementation('org.junit.jupiter:junit-jupiter-api:5.9.2')
        testImplementation('org.junit.vintage:junit-vintage-engine:5.9.2')
        testImplementation('org.junit.jupiter:junit-jupiter-engine:5.9.2')
        testImplementation('org.junit.platform:junit-platform-launcher:1.9.2')
        implementation('org.slf4j:slf4j-api:2.0.6')                   //日志处理标准
        implementation('ch.qos.logback:logback-classic:1.4.5')       //Logback实现
    }
    sourceSets {                                                      //源代码目录配置
        main {                                                        //main及相关子目录配置
            java { srcDirs = ['src/main/java'] }
            resources { srcDirs = ['src/main/resources', "src/main/profiles/$env"] }
        }
        test {                                                        //测试目录配置
            java { srcDirs = ['src/test/java'] }
            resources { srcDirs = ['src/test/resources'] }
        }
    }
    test {                                                            //配置测试任务
        useJUnitPlatform()                                            //使用JUnit测试平台
    }
    task sourceJar(type: Jar, dependsOn: classes) {                   //源代码打包任务
        archiveClassifier = 'sources'                                 //设置文件扩展名
        from sourceSets.main.allSource                                //源代码读取路径
    }
    task javadocTask(type: Javadoc) {                                 //JavaDoc文档打包任务
        options.encoding = 'UTF-8'                                    //设置文件编码
        source = sourceSets.main.allJava                              //所有Java源代码
    }
    task javadocJar(type: Jar, dependsOn: javadocTask) {             //先生成JavaDoc再打包
        archiveClassifier = 'javadoc'                                 //文件标记类型
        from javadocTask.destinationDir                               //通过JavaDoc任务找到目标路径
    }
    tasks.withType(Javadoc) {                                         //文档编码配置
        options.encoding = 'UTF-8'                                    //编码定义
    }
    tasks.withType(JavaCompile) {                                     //编译编码配置
```

```
        options.encoding = 'UTF-8'                           //编码定义
    }
    artifacts {                                              //最终打包操作任务
        archives sourceJar                                   //源代码打包
        archives javadocJar                                  //JavaDoc打包
    }
    gradle.taskGraph.whenReady {                             //在所有操作准备好后触发
        tasks.each { task ->                                 //找出所有任务
            if (task.name.contains('test')) {                //如果发现test任务
                task.enabled = true                          //执行测试任务
            }
        }
    }
    [compileJava, compileTestJava, javadoc]*.options*.encoding = 'UTF-8'//编码配置
}
```

　　由于 Netty 中包含众多的技术分支，为了便于读者理解，全书的项目将基于父项目与子模块的结构进行管理，这样在定义 build.gradle 配置文件时，就需要定义公共依赖（日志）以及子模块的开发结构，后续会依据图 1-12 所示进行定义。

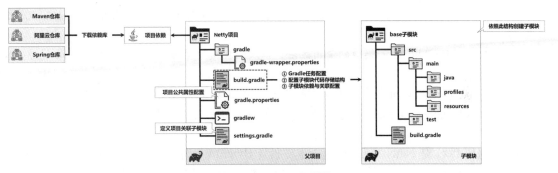

图 1-12　Netty 项目结构

1.5　本章概览

　　1．网络程序开发需要遵守 OSI 七层模型设计标准，才可以实现数据的可靠传输。

　　2．考虑到性能的设计与开发难度等问题，当前的网络应用都会大量地采用 I/O 多路复用模式。

　　3．TCP 是当今网络程序的基础协议，为了保证可靠的数据传输，需要在建立连接时采用三次握手机制，在关闭连接时采用四次挥手机制。

　　4．Netty 是基于 Java 的开发框架，基于 Java NIO 技术开发的，也是当今众多互联网公司实现高并发访问的主要技术方案。

　　5．Netty 可以实现众多的网络服务开发，同时支持 Google Protobuf，以实现更高效的数据传输。

第 2 章

Netty 缓冲区

本章学习目标

1. 掌握 Netty 中缓冲区设计的主要目的以及核心继承结构；

2. 掌握 ByteBuf 类中索引的作用以及相关操作方法的使用；

3. 掌握 PlatformDependent 类与 Unsafe 之间的联系，并可以通过程序参数实现 Unsafe 操作的启停；

4. 掌握 ByteBufAllocator 接口的使用方法，以及池化缓冲区管理与非池化缓冲区管理的实现区别；

5. 理解 FastThreadLocal 类的作用以及其与 ThreadLocal 类在实现机制上的关联；

6. 理解 ReferenceCounted 与池化缓冲区之间的关联，并可以动态配置 ResourceLeakDetector 检测级别。

缓冲区（Buffer）是 Netty 开发的核心结构，设计 ByteBuf 类时充分整合了 Java 堆内存（Heap）与直接内存（Direct）两种内存的分配形式的应用。本章为读者讲解 ByteBuf 类的基本使用，并重点分析池化缓冲区管理与非池化缓冲区管理的相关实现机制。

2.1 ByteBuf

ByteBuf

视频名称 0201_【掌握】ByteBuf

视频简介 Netty 提供了自己的缓冲区操作，并且将这一操作封装在了 ByteBuf 类中。本视频为读者分析 ByteBuf 类中的主要方法，同时讲解其与 Java NIO 中的 ByteBuffer 之间的操作关联，并通过具体的代码分析 ByteBuf 结构中内置指针的使用。

为了减少用户进程与系统进程之间的数据复制操作，Java NIO 提供了对缓冲区的支持，但是在每次使用该缓冲区处理时都需要不断地通过 flip() 方法实现读写操作的切换，这样的操作方式在实际开发中显得比较烦琐。因此，Netty 针对此操作提供了一个 ByteBuf 缓冲区数据类，该类的继承结构如图 2-1 所示。

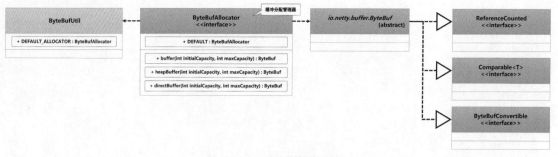

图 2-1　ByteBuf 类的继承结构

为便于字节缓冲区的分配，Netty 提供了 ByteBuf 接口。通过该接口提供的方法可以创建不同类型的缓冲区，而后就可以通过表 2-1 所示的方法实现对 ByteBuf 对象的操作。

表 2-1　ByteBuf 接口核心方法

序号	方法	描述
1	public abstract int capacity()	返回当前缓冲区的容量
2	public abstract ByteBuf capacity(int newCapacity)	为缓冲区重新分配新的容量
3	public abstract int maxCapacity()	返回当前缓冲区允许保存的最大容量
4	public abstract ByteBufAllocator alloc()	返回创建缓冲区的 ByteBufAllocator 实例
5	public abstract ByteBuf unwrap()	返回包装的缓冲区实例，如未包装则返回 null
6	public abstract boolean isDirect()	判断当前是否为 NIO 的直接内存缓冲区
7	public abstract boolean isReadOnly()	判断当前是否为只读缓冲区
8	public abstract int readerIndex()	返回缓冲区的读取索引
9	public abstract ByteBuf readerIndex(int readerIndex)	设置缓冲区的读取索引
10	public abstract int writerIndex()	返回缓冲区的写入索引
11	public abstract ByteBuf writerIndex(int writerIndex)	设置缓冲区的写入索引
12	public abstract ByteBuf setIndex(int readerIndex, int writerIndex)	设置缓冲区的读取索引及写入索引
13	public abstract int readableBytes()	返回缓冲区中可以读取的字节数量
14	public abstract int writableBytes()	返回缓冲区中可以写入的字节数量
15	public abstract int maxWritableBytes()	返回缓冲区中最多可以写入的字节数量
16	public abstract ByteBuf clear()	清空缓冲区
17	public abstract boolean getBoolean(int index)	返回指定索引位置的布尔型数据
18	public abstract byte getByte(int index)	返回指定索引位置的字节型数据
19	public abstract short getShort(int index)	返回指定索引位置的短整型数据（16 bit）
20	public abstract int getMedium(int index)	返回指定索引位置的整型数据（24 bit）
21	public abstract int getInt(int index)	返回指定索引位置的整型数据（32 bit）
22	public abstract long getLong(int index)	返回指定索引位置的长整型数据（64 bit）
23	public abstract char getChar(int index)	返回指定索引位置的字符型数据
24	public abstract float getFloat(int index)	返回指定索引位置的浮点型数据
25	public abstract double getDouble(int index)	返回指定索引位置的双精度浮点型数据
26	public abstract ByteBuf getBytes(int index, ByteBuf dst, int dstIndex, int length)	缓冲区数据转换
27	public abstract ByteBuf writeByte(int value)	向缓冲区中写入字节型数据
28	public abstract ByteBuf writeShort(int value)	向缓冲区中写入短整型数据（16 bit）
29	public abstract ByteBuf writeMedium(int value)	向缓冲区中写入整型数据（24 bit）
30	public abstract ByteBuf writeInt(int value)	向缓冲区中写入整型数据（32 bit）
31	public abstract ByteBuf writeLong(long value)	向缓冲区中写入长整型数据（64 bit）
32	public abstract ByteBuf writeChar(int value)	向缓冲区中写入字符型数据
33	public abstract ByteBuf writeFloat(float value)	向缓冲区中写入浮点型数据
34	public abstract ByteBuf writeDouble(double value)	向缓冲区中写入双精度浮点型数据

续表

序号	方法	描述
35	public abstract ByteBuf writeBytes(byte[] src)	向缓冲区中写入一组字节型数据
36	public abstract ByteBuf readBytes(byte[] dst)	读取缓冲区内容到字节数组之中
37	public abstract ByteBuf readBytes(byte[] dst, int dstIndex, int length)	读取缓冲区指定范围的内容到字节数组之中
38	public abstract ByteBuf copy()	缓冲区复制
39	public abstract ByteBuf slice(int index, int length)	缓冲区分配
40	public abstract byte[] array()	获取缓冲区保存的字节型数据
41	public abstract ByteBuf discardReadBytes()	释放废弃的缓冲区空间
42	public abstract String toString(Charset charset)	以字符串的形式获取缓冲区数据

ByteBuf 类的内部提供 Java 全部数据类型的读写处理，同时也对已有的 Java 数据类型进行了扩充，这样的设计不仅可以简化程序中出现的数据转型操作，而且可以减小数据传输的体积。对于缓冲区中的数据操作，ByteBuf 类采用与 Java NIO 类似的数据指针处理，操作结构如图 2-2 所示，其中每个指针的作用如下。

（1）readerIndex（数据读指针）：定义缓冲区中数据读取的开始索引，每读取一个字节，该指针会加 1。

（2）writerIndex（数据写入指针）：定义缓冲区中数据写入的索引，每次写入一个字节，该指针会加 1。

（3）capacity（缓冲区容量）：表示缓冲区的容量，该容量为"废弃字节数量 + 当前可读字节数量 + 可写字节数量"。

（4）maxCapacity（最大保存容量）：ByteBuf 允许扩容存储，当存储数据的长度超过 capacity 时，可以根据预设值的最大容量进行扩充，如果超过此容量会产生 IndexOutOfBoundsException 异常。

图 2-2 操作结构

ByteBuf 类中提供了各类数据的写入处理方法，每一次写入数据时都会引起 writerIndex 指针的改变，而在读取数据时，将读取从 readerIndex 指针到 writerIndex 指针范围之间的数据。为便于读者理解，下面通过实例来进行 ByteBuf 缓冲区操作。

> 💡 提示：Netty 版本问题。
>
> 当读者通过 Maven 仓库获取 Netty 组件包依赖后，实际上可以发现 Netty 最新版本是 5.0.0，但是该版本是在 2015 年更新的，并且已经停止了更新。主要的原因是当时 Netty 开发团队试图进一步提升 Netty 的性能，所以开发出了新的版本，但是后来发现不仅没有得到本质上的性能提升，还修改了一系列已知的类开发结构，所以官方不得已关闭了此版本，当前的 Netty 还是以 4.x 版本为主。

1.【netty 项目】在 netty 项目中创建 base 子模块，修改 build.gradle 配置文件，定义模块所需依赖库。

```
project(":base") {
    dependencies {
        implementation('io.netty:netty-buffer:4.1.89.Final')
    }
}
```

2.【base 子模块】创建 ByteBuf 缓冲区，通过数据的写入观察指针变化。

```
package com.yootk.test;
public class TestNettyBuffer {
    private static final Logger LOGGER = LoggerFactory.getLogger(TestNettyBuffer.class);
    public static void main(String[] args) {
        ByteBuf buf = ByteBufAllocator.DEFAULT.buffer(5, 12);
        LOGGER.info("【1】初始化: readerIndex = {}、writerIndex = {}、capacity = {}、maxCapacity = {}",
                buf.readerIndex(), buf.writerIndex(), buf.capacity(), buf.maxCapacity());
        buf.writeBytes("java".getBytes());              // 数据写入
        LOGGER.info("【2】数据写入: readerIndex = {}、writerIndex = {}、capacity = {}、maxCapacity = {}",
                buf.readerIndex(), buf.writerIndex(), buf.capacity(), buf.maxCapacity());
        buf.writeBytes("-".getBytes());                 // 数据写入
        LOGGER.info("【3】数据写入: readerIndex = {}、writerIndex = {}、capacity = {}、maxCapacity = {}",
                buf.readerIndex(), buf.writerIndex(), buf.capacity(), buf.maxCapacity());
        buf.writeBytes("netty".getBytes());             // 数据写入
        LOGGER.info("【4】数据写入: readerIndex = {}、writerIndex = {}、capacity = {}、maxCapacity = {}",
                buf.readerIndex(), buf.writerIndex(), buf.capacity(), buf.maxCapacity());
    }
}
```

程序执行结果：

```
【1】初始化: readerIndex = 0、writerIndex = 0、capacity = 5、maxCapacity = 12
【2】数据写入: readerIndex = 0、writerIndex = 4、capacity = 5、maxCapacity = 12
【3】数据写入: readerIndex = 0、writerIndex = 5、capacity = 5、maxCapacity = 12
【4】数据写入: readerIndex = 0、writerIndex = 10、capacity = 12、maxCapacity = 12
```

本程序通过 ByteBufAllocator 类创建了容量为 5、最大容量为 12 的缓冲区，并且在写入数据前后进行了相关指针索引位置的获取。当缓冲区中保存数据的容量未超过 capacity 时，缓冲区并不会进行扩容操作，只有超过了 capacity 才会进行扩容处理，具体的分析可以参考图 2-3。

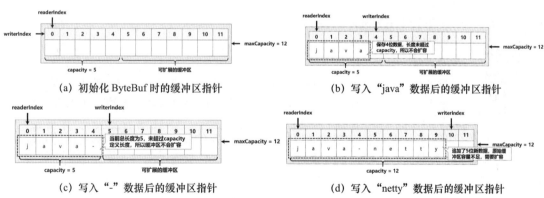

(a) 初始化 ByteBuf 时的缓冲区指针   (b) 写入 "java" 数据后的缓冲区指针

(c) 写入 "-" 数据后的缓冲区指针   (d) 写入 "netty" 数据后的缓冲区指针

图 2-3   ByteBuf 缓冲区指针操作

3.【base 子模块】获取缓冲区数据。

```
package com.yootk.test;
public class TestNettyBuffer {
    private static final Logger LOGGER = LoggerFactory.getLogger(TestNettyBuffer.class);
    public static void main(String[] args) {
        ByteBuf buf = ByteBufAllocator.DEFAULT.buffer(5, 12);
        LOGGER.info("【1】初始化: readerIndex = {}、writerIndex = {}、capacity = {}、maxCapacity = {}",
                buf.readerIndex(), buf.writerIndex(), buf.capacity(), buf.maxCapacity());
        buf.writeBytes("java-netty".getBytes());        // 数据写入
        buf.readerIndex(5);                             // 修改读索引数据
        LOGGER.info("【2】数据读取: readerIndex = {}、writerIndex = {}、capacity = {}、maxCapacity = {}",
                buf.readerIndex(), buf.writerIndex(), buf.capacity(), buf.maxCapacity());
```

```
buf.discardReadBytes();                              // 释放废弃数据
LOGGER.info("【3】空间释放: readerIndex = {}、writerIndex = {}、capacity = {}、maxCapacity = {}",
        buf.readerIndex(), buf.writerIndex(), buf.capacity(), buf.maxCapacity());
byte[] data = new byte[buf.capacity()];              // 开辟字节数组
int index = 0;                                        // 数组操作索引
while(buf.isReadable()) {                             // 缓冲区存在数据
    data[index] = buf.readByte();                     // 读取字节型数据
    index ++;                                         // 修改索引
}
LOGGER.info("【4】缓冲区数据: {}", new String(data, 0, index));
// LOGGER.info("【3】缓冲区数据: {}", buf.toString(CharsetUtil.UTF_8)); // 简化数据读取
}
```

程序执行结果：

【1】初始化: readerIndex = 0、writerIndex = 0、capacity = 5、maxCapacity = 12
【2】数据读取: readerIndex = 5、writerIndex = 10、capacity = 12、maxCapacity = 12
【3】空间释放: readerIndex = 0、writerIndex = 5、capacity = 12、maxCapacity = 12
【4】缓冲区数据: netty

　　本程序采用循环的结构将缓冲区中的数据读取到了字节数组之中，由于在读取前使用 readerIndex()方法进行了读取索引位置的设置，这样索引范围为 0 ~ 4 的数据就属于废弃数据。ByteBuf 类提供了 discardReadBytes()方法以实现废弃空间的回收，回收废弃空间后将读取指针重新放在 0 索引位，本程序的指针操作形式如图 2-4 所示。

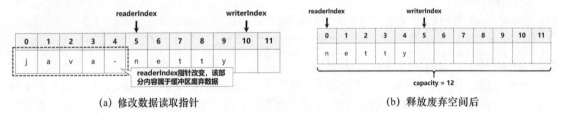

　　　　　(a) 修改数据读取指针　　　　　　　　　　　　　(b) 释放废弃空间后

图 2-4　指针操作形式

2.1.1　Netty 整合 NIO 缓冲区操作

Netty 整合 NIO
缓冲区操作

视频名称　0202_【理解】Netty 整合 NIO 缓冲区操作
视频简介　Netty 与 Java NIO 关系紧密且不可分割，所以 Netty 缓冲区提供了 Java NIO 的结构支持。本视频为读者分析相关方法的定义，并实现不同类型缓冲区之间的数据读写。

　　Netty 仅提供对于传统 Java NIO 功能的包装，所以在底层的操作中，Netty 依然要借助 Java NIO 提供的机制来实现数据读写处理。这一点也可以在 ByteBuf 类提供的方法中观察到，如表 2-2 所示。

表 2-2　Netty 缓冲区与 Java NIO 缓冲区操作关联

序号	方法	描述
1	public abstract ByteBuf writeBytes(ByteBuffer src)	向 Netty 缓冲区中写入一组 NIO 缓冲区数据
2	public abstract int writeBytes(FileChannel in, long position, int length) throws IOException	将 FileChannel（文件通道）对象中的数据写入缓冲区
3	public abstract ByteBuf readBytes(ByteBuffer dst)	读取数据到指定的 NIO 缓冲区之中
4	public abstract ByteBuffer nioBuffer()	以 Netty 缓冲区为基础，创建 NIO 缓冲区

　　Netty 缓冲区可以直接通过 Java NIO 缓冲区实现数据读写，也可以根据需要在 FileChannel 对象中进行文件内容的读写。下面通过具体的案例进行使用说明。

1．【base 子模块】Java NIO 缓冲区与 Netty 缓冲区转换。

```
package com.yootk.test;
public class TestNettyBuffer {
    private static final Logger LOGGER = LoggerFactory.getLogger(TestNettyBuffer.class);
    public static void main(String[] args) {
        String content = "沐言科技: yootk ";                         // 待写入的数据
        ByteBuffer buffer = ByteBuffer.wrap(content.getBytes());      // 数据写入NIO缓冲区
        ByteBuf buf = ByteBufAllocator.DEFAULT.buffer(50);           // 创建Netty缓冲区
        buf.writeBytes(buffer);                                       // 向Netty缓冲区写入数据
        LOGGER.info(buf.toString(CharsetUtil.UTF_8));                // 输出Netty缓冲区数据
    }
}
```

程序执行结果：

沐言科技: yootk

2．【base 子模块】结合 File Channel 实现 Netty 缓冲区数据读写。

```
package com.yootk.test;
public class TestNettyBuffer {
    private static final Logger LOGGER = LoggerFactory.getLogger(TestNettyBuffer.class);
    public static void main(String[] args) throws Exception {
        File file = new File("c:" + File.separator + "muyan-yootk.txt");     // 文件路径
        RandomAccessFile raf = new RandomAccessFile(file, "rw");             // 随机读写
        FileChannel channel = raf.getChannel();                             // 获取文件通道
        byte [] data = "沐言科技: yootk".getBytes();                          // 待写入的数据
        MappedByteBuffer buffer = channel.map(FileChannel.MapMode.READ_WRITE,0, data.length);
                                                                            // 内存映射
        buffer.put(data);                                                   // 数据写入
        ByteBuf buf = ByteBufAllocator.DEFAULT.buffer(50);                 // 创建Netty缓冲区
        buf.writeBytes(channel, 0, data.length);                           // 将数据写入指定通道
        channel.close();                                                   // 关闭通道
        LOGGER.info("Netty缓冲区数据: {}", buf.toString(CharsetUtil.UTF_8));
    }
}
```

程序执行结果：

Netty缓冲区数据:沐言科技: yootk

当前程序通过 FileChannel 创建了一个内存映射缓冲区，这样可以实现数据的简化写入。同时，基于 Netty 缓冲区提供的方法，也可以将 FileChannel 对象中的数据直接写入 ByteBuf 对象之中。

2.1.2 ByteBufUtil

视频名称　0203_【理解】ByteBufUtil
视频简介　ByteBufUtil 是一个常用的缓冲区数据处理类，本视频通过该类的定义结构对该类的使用进行说明，并讲解十六进制传输的意义以及直接内存缓冲区的开辟与读写。

ByteBufUtil 类是 Netty 提供的一个字节缓冲区的数据处理工具类，为了便于处理数据，该类提供图 2-5 所示的 4 个内部类，可以实现字节型数据检索、十六进制数据处理以及直接内存缓冲区的开辟。

图 2-5　4 个内部类

利用 ByteBufUtil 类可以方便地实现字节缓冲区数据与十六进制字符串之间的转换，可以利用特定的编码在字节缓冲区中进行数据的写入，还可以进行不同缓冲区的内容比较处理。该类的常用

的方法如表 2-3 所示。下面通过具体的案例进行使用说明。

表 2-3　ByteBufUtil 类的常用方法

序号	方法	描述
1	public static boolean isAccessible(ByteBuf buffer)	判断字节缓冲区是否可以访问
2	public static ByteBuf ensureAccessible(ByteBuf buffer)	确认缓冲区是否可以使用
3	public static String hexDump(ByteBuf buffer)	缓冲区数据转换为十六进制字符串
4	public static byte[] decodeHexDump(CharSequence hexDump)	将 hexDump()结果转换为字节数组
5	public static int hashCode(ByteBuf buffer)	获取字节缓冲区哈希值
6	public static boolean equals(ByteBuf bufferA, ByteBuf bufferB)	判断两个字节缓冲区是否相等
7	public static int compare(ByteBuf bufferA, ByteBuf bufferB)	比较两个字节缓冲区的内容大小
8	public static int writeUtf8(ByteBuf buf, CharSequence seq)	将字符串写入字节缓冲区之中（UTF-8 编码）
9	public static int writeAscii(ByteBuf buf, CharSequence seq)	将字符串写入字节缓冲区之中（ASCII 编码）
10	public static byte[] getBytes(ByteBuf buf)	返回字节缓冲区中的字节型数据
11	public static ByteBuf threadLocalDirectBuffer()	根据环境返回缓存线程外部缓存空间
12	public static int indexOf(ByteBuf buffer, int fromIndex, int toIndex, byte value)	判断字节缓冲区指定范围内是否包含指定的字节型数据

1.【base 子模块】在物联网开发中，不同设备之间往往会使用十六进制的数据传输处理。为了简化字节型数据与十六进制数据之间的转换，ByteBufUtil 类提供了专属的处理方法。

```java
package com.yootk.test;
public class TestByteBufUtil {
    private static final Logger LOGGER = LoggerFactory.getLogger(TestByteBufUtil.class);
    public static void main(String[] args) {
        String hexDump = ByteBufUtil.hexDump("java-netty".getBytes()); // 字节数组转十六进制字符串
        LOGGER.info("十六进制字符串: {}", hexDump);
        byte data[] = ByteBufUtil.decodeHexDump(hexDump);              // 十六进制字符串转字节数组
        LOGGER.info("十六进制转换: {}", new String(data));
    }
}
```

程序执行结果：

```
十六进制字符串: 6a6176612d6e65747479
十六进制转换: java-netty
```

2.【base 子模块】比较两个字节缓冲区中的数据是否相同，本次将通过 writeUtf8()方法进行中文数据的写入。

```java
package com.yootk.test;
public class TestByteBufUtil {
    private static final Logger LOGGER = LoggerFactory.getLogger(TestByteBufUtil.class);
    public static void main(String[] args) {
        ByteBuf bufA = ByteBufAllocator.DEFAULT.buffer(50, 100);
        ByteBufUtil.writeUtf8(bufA, "沐言科技：yootk");
        ByteBuf bufB = ByteBufAllocator.DEFAULT.buffer(50, 100);
        ByteBufUtil.writeUtf8(bufB, "沐言科技：yootk");
        LOGGER.info("缓冲区比较: {}", ByteBufUtil.equals(bufA, bufB));
    }
}
```

程序执行结果：

```
缓冲区比较: true
```

3.【base 子模块】创建直接内存缓冲区以减少堆内存空间的占用。

```java
package com.yootk.test;
public class TestByteBufUtil {
    private static final Logger LOGGER = LoggerFactory.getLogger(TestByteBufUtil.class);
    public static void main(String[] args) {
```

```
    ByteBuf buf = ByteBufUtil.threadLocalDirectBuffer();                    // 需要配置JVM参数
    if (ByteBufUtil.isAccessible(buf)) {                                     // 可以访问缓冲区
        LOGGER.info("【1】初始化: readerIndex = {}、writerIndex = {}、capacity = {}、maxCapacity = {}",
                buf.readerIndex(), buf.writerIndex(), buf.capacity(), buf.maxCapacity());
        ByteBufUtil.writeUtf8(buf, "沐言科技: yootk");                        // 数据写入
        LOGGER.info("【2】数据写入: readerIndex = {}、writerIndex = {}、capacity = {}、maxCapacity = {}",
                buf.readerIndex(), buf.writerIndex(), buf.capacity(), buf.maxCapacity());
        LOGGER.info("【3】缓冲区数据: {}", buf.toString(StandardCharsets.UTF_8));
    }
}
}
```

配置 JVM 参数：

```
-Dio.netty.threadLocalDirectBufferSize=1（内容大于0即可启动）
```

程序执行结果：

```
【1】初始化: readerIndex = 0、writerIndex = 0、capacity = 256、maxCapacity = 2147483647
【2】数据写入: readerIndex = 0、writerIndex = 28、capacity = 256、maxCapacity = 2147483647
【3】缓冲区数据: 沐言科技: yootk
```

在 通 过 ByteBufUtil.threadLocalDirectBuffer() 方法创建直接内存缓冲区时，需要结合
"io.netty.threadLocalDirect BufferSize"参数以进行启用。该参数的内容大于 0 表示将启用直接内存
缓冲区，并且其默认的缓冲区容量为整型最大值。

2.1.3 PlatformDependent

视频名称　0204_【掌握】PlatformDependent

视频简介　PlatformDependent 是一个简化 JVM 信息处理操作的工具类,也是理解 Netty 内
部处理机制的核心类。本视频为读者分析该类的组成结构,并实现直接内存数据读写。

对于直接内存分配，Java 提供了 Unsafe 与 DirectByteBuffer 两种处理模式，如图 2-6 所示。在默认
情况下，用户通过 ByteBufUtil.threadLocalDirectBuffer()方法获取的是 ThreadLocalUnsafeDirectByteBuf
对象实例，即由 Unsafe 类分配的直接内存，而这一操作是由 PlatformDependent 类提供的方法来控
制的。

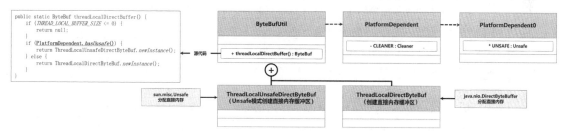

图 2-6　PlatformDependent 控制直接内存分配

PlatformDependent 主要的作用是进行平台环境的确认（所有与 Unsafe 相关的操作被定义在
PlatformDependent0 类之中），例如当前程序运行的平台名称、Java 的版本名称以及直接内存的分
配等，该类实现了一些底层操作的封装。表 2-4 所示为该类中的常用方法，下面来看一下这些核心
操作的使用。

表 2-4　PlatformDependent 类中的常用方法

序号	方法	描述
1	public long byteArrayBaseOffset()	返回字节数组的偏移量
2	public static byte[] allocateUninitializedArray(int size)	分配未初始化的数组
3	public static boolean isAndroid()	是否为 Android 平台

序号	方法	描述
4	public static boolean isWindows()	是否为 Windows 平台
5	public static boolean isOsx()	是否为 macOS 平台
6	public static boolean isIkvmDotNet()	是否为 IKVM 虚拟机平台
7	public static int javaVersion()	获取 Java 开发版本
8	public static long maxDirectMemory()	返回为直接内存缓冲区保留的最大内存
9	public static long usedDirectMemory()	返回为直接内存缓冲区保留的当前内存
10	public static File tmpdir()	获取临时目录路径
11	public static int bitMode()	返回当前虚拟机的位数
12	public static int addressSize()	返回操作系统的地址大小
13	public static long allocateMemory(long size)	分配指定长度的直接内存
14	public static void freeMemory(long address)	释放分配的直接内存
15	public static long reallocateMemory(long address, long newSize)	重新分配直接内存
16	public static void freeDirectBuffer(ByteBuffer buffer)	释放直接内存缓冲区
17	public static long directBufferAddress(ByteBuffer buffer)	返回直接内存缓冲区的地址
18	public static ByteBuffer directBuffer(long memoryAddress, int size)	创建直接内存缓冲区
19	public static Object getObject(Object object, long fieldOffset)	获取对象数据
20	public static int getInt(Object object, long fieldOffset)	获取整型数据
21	public static byte getByte(long address)	获取字节型数据
22	public static short getShort(long address)	获取短整型数据
23	public static int getInt(long address)	获取整型数据
24	public static long getLong(long address)	获取长整型数据
25	public static void putByte(long address, byte value)	保存字节型数据
26	public static void putShort(long address, short value)	保存短整型数据
27	public static void putInt(long address, int value)	保存整型数据
28	public static void putLong(long address, long value)	保存长整型数据
29	public static void putByte(byte[] data, int index, byte value)	保存字节数组
30	public static void putByte(Object data, long offset, byte value)	保存字节型数据
31	public static void copyMemory(long srcAddr, long dstAddr, long len)	内存复制
32	public static boolean isZero(byte[] bytes, int startPos, int length)	数据指定字节中是否有内容为 0
33	public static ClassLoader getContextClassLoader()	获取应用上下文类加载器
34	public static ClassLoader getSystemClassLoader()	获取系统类加载器
35	public static Random threadLocalRandom()	返回线程安全的随机数对象实例
36	public static long estimateMaxDirectMemory()	估算 JVM 可用的最大直接内存量
37	public static <K, V> ConcurrentMap<K, V> newConcurrentHashMap(int initialCapacity)	创建并发 Map 集合

1.【base 子模块】判断当前应用运行环境。

```
package com.yootk.test;
public class TestPlatformDependent {
    private static final Logger LOGGER = LoggerFactory.getLogger(TestPlatformDependent.class);
    public static void main(String[] args) {
        LOGGER.info("【1】当前是否为Android系统: {}", PlatformDependent.isAndroid());
        LOGGER.info("【2】当前是否为Windows系统: {}", PlatformDependent.isWindows());
        LOGGER.info("【3】当前是否为macOS: {}", PlatformDependent.isOsx());
```

```
        LOGGER.info("【4】当前是否为IKVM系统: {}", PlatformDependent.isIkvmDotNet());
    }
}
```

程序执行结果:

【1】当前是否为Android系统: false
【2】当前是否为Windows系统: true
【3】当前是否为macOS: false
【4】当前是否为IKVM系统: false

2.【base 子模块】使用 Unsafe 类可以实现直接内存的分配以及读写处理, 在 PlatformDependent
类中针对该类操作进行了方法的包装。下面来观察直接内存数据的读写处理。

```
package com.yootk.test;
public class TestPlatformDependent {
    private static final Logger LOGGER = LoggerFactory.getLogger(TestPlatformDependent.class);
    private static int BIT_LENGTH = 8;                                         // 写入位数
    public static void main(String[] args) {
        LOGGER.info("可分配的最大直接内存量: {}", PlatformDependent.maxDirectMemory());
        long address = PlatformDependent.allocateMemory(200);                  // 分配直接内存
        LOGGER.info("分配直接内存, 内存地址为: {}", address);
        byte [] data = "沐言科技: yootk&".getBytes();                           // 定义要写入的数据
        for (int x = 0 ; x < data.length; x ++) {                              // 循环写入
            PlatformDependent.putByte(address + BIT_LENGTH * x, data[x]);      // 数据写入
        }
        byte[] result = new byte[50];                                          // 接收数据
        for (int x = 0 ; x < result.length; x ++) {
            byte temp = PlatformDependent.getByte(address + BIT_LENGTH * x);   // 读取数据
            if (temp == '&') {                                                 // 结束符判断
                break;
            }
            result[x] = temp;                                                  // 保存字节型数据
        }
        System.out.println(new String(result).trim());                        // 将字节数组转换为字符串输出
        PlatformDependent.freeMemory(address);                                // 手动释放内存
    }
}
```

程序执行结果:

沐言科技: yootk

Unsafe 类中提供了直接内存的分配与回收处理, PlatformDependent 类也通过 Unsafe 类实现
直接内存操作, 所以在读写内存数据完成后需要手动进行内存空间的释放, 本程序的操作结构如
图 2-7 所示。当分配直接内存后, 会返回新开辟直接内存的起始地址, 开发人员可以通过控制偏
移量实现数据的读写。

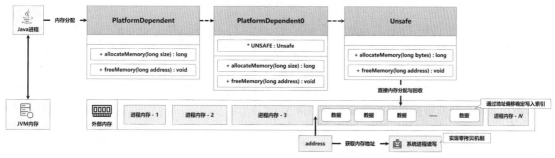

图 2-7　操作结构

3.【base 子模块】由于 Java NIO 的直接内存分配本质是调用 Unsafe 类的方法实现的, 所以
Netty 在实现中默认也通过 Unsafe 类实现直接内存分配。如果需要修改分配模式则可以通过配置
JVM 参数的方式实现。

```
package com.yootk.test;
public class TestByteBufUtil {
```

```
    private static final Logger LOGGER = LoggerFactory.getLogger(TestByteBufUtil.class);
    public static void main(String[] args) {
        ByteBuf buf = ByteBufUtil.threadLocalDirectBuffer();        // 需要配置JVM参数
        LOGGER.info("【类型】ByteBuf对象实例: {}", buf.getClass().getName());
    }
}
```

配置 JVM 参数：

```
-Dio.netty.threadLocalDirectBufferSize=1 -Dio.netty.noUnsafe=true
```

程序执行结果：

```
【类型】ByteBuf对象实例: io.netty.buffer.ByteBufUtil$ThreadLocalDirectByteBuf
```

当前的程序已经切换到了 Java NIO 分配模式，此时通过 java.nio.DirectByteBuffer 模式进行直接内存分配，所以在释放内存时，需要通过 DirectByteBuffer 类提供的 Cleaner 实例以及 Deallocator 内部类来进行内存空间的释放。

2.1.4　FastThreadLocal

FastThread-Local

视频名称　0205_【理解】FastThreadLocal

视频简介　FastThreadLocal 是 Netty 提供的一个高性能的数据存储工具类，本视频基于源代码的方式，为读者分析该类与 ThreadLocal 类的实现区别与结构关联。

ThreadLocal 是 Java 多线程并发操作中较为常用的一个类，但是在使用 ThreadLocal 类进行数据存储时，会基于数据计算出一个哈希值，随后才能够将数据实体保存在相应的位置，如图 2-8 所示。但是在进行存储的过程中，由于会存在哈希冲突的可能性，这样一来就需要重新进行哈希值计算，在并发量较大的情况下会直接影响到应用的性能。

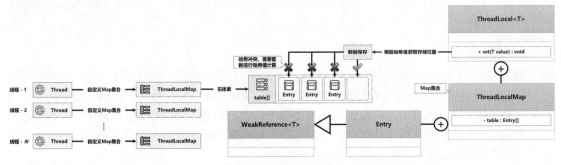

图 2-8　ThreadLocal 存储

Netty 为了解决传统 ThreadLocal 的性能问题，提供了一个 FastThreadLocal 改进结构，如图 2-9 所示。在使用 FastThreadLocal 类进行数据存储时，不是基于哈希值计算的保存位置，而是为每一个 FastThreadLocal 对象实例分配一个不重复的索引（通过 AtomicInteger 保存，解决了多线程并发操作下的数据同步问题），在存储时按照数组索引的方式进行数据保存，这样不仅消除了哈希冲突的影响，同时在获取数据时其操作复杂度也降至 $O(1)$。

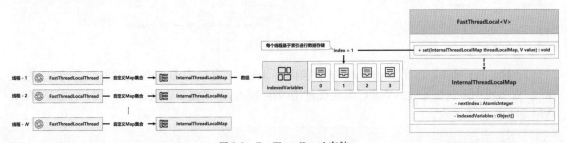

图 2-9　FastThreadLocal 存储

在设计 FastThreadLocal 存储结构时，开发人员考虑到了原始 Thread 数据存储的要求，所以在定义 InternalThreadLocalMap 集合时，分别采用了快速检索（FastThreadLocal）以及慢速检索（ThreadLocal）两种存储机制，如果发现当前操作的线程类型为 FastThreadLocal，则使用快速检索获取数据，反之如果为 ThreadLocal 类型则使用慢速检索。通过图 2-10 所示的 FastThreadLocal 类结构可以清楚地发现，FastThreadLocalThread 为 Thread 的子类，所以 FastThreadLocalThread 只是在使用上进行了一个标记，本质上的处理操作依然与 Thread 的相同，为便于理解，下面通过一个具体的案例进行说明。

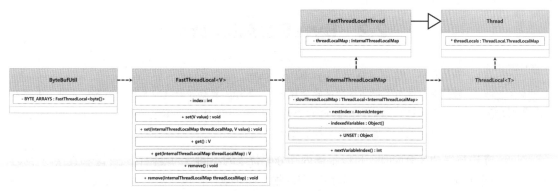

图 2-10 FastThreadLocal 类结构

范例：【base 子模块】使用 FastThreadLocal 实现多线程数据存储与获取。

```
package com.yootk.test;
class MessageStore {
    private static final Logger LOGGER = LoggerFactory.getLogger(MessageStore.class);
    // 创建FastThreadLocal对象实例，只允许该对象保存FastThreadLocalThread对象
    private static final FastThreadLocal<String> FAST = new FastThreadLocal<>();
    private MessageStore() {}
    public static void save(String message) {                           // 在集合中保存数据
        LOGGER.info("【数据设置】线程名称：{}、数据内容：{}", Thread.currentThread().getName(), message);
        FAST.set(message);                                              // 数据保存
    }
    public static String load() {                                       // 通过集合获取数据
        String value = FAST.get();
        LOGGER.info("【数据加载】线程名称：{}、数据内容：{}", Thread.currentThread().getName(), value);
        return value;                                                  // 数据读取
    }
}
public class TestFastThreadLocal {
    public static void main(String[] args) throws Exception {
        CountDownLatch countDownLatch = new CountDownLatch(3);         // 线程同步
        String data [] = new String[] {"《Java程序设计开发实战》", "《SSM开发实战》",
            "《Spring Boot开发实战》"};                                  // 待写入的数据
        for (int x = 0; x < 3; x++) {                                  // 循环创建3个线程
            int temp = x;                                             // 便于Lambda内部操作
            new FastThreadLocalThread(()->{
                MessageStore.save(data[temp]);                        // 数据设置
                try {
                    TimeUnit.SECONDS.sleep(1);                        // 强制性延迟
                } catch (InterruptedException e) {}
                MessageStore.load();                                  // 数据读取
                countDownLatch.countDown();                           // 计数减1
            }, "Fast线程 - " + x).start();
        }
        countDownLatch.await();                                        // 线程同步
    }
}
```

程序执行结果：

【数据设置】线程名称：Fast线程 - 0、数据内容：《Java程序设计开发实战》
【数据设置】线程名称：Fast线程 - 2、数据内容：《Spring Boot开发实战》

```
【数据设置】线程名称：Fast线程 - 1、数据内容：《SSM开发实战》
【数据加载】线程名称：Fast线程 - 1、数据内容：《SSM开发实战》
【数据加载】线程名称：Fast线程 - 0、数据内容：《Java程序设计开发实战》
【数据加载】线程名称：Fast线程 - 2、数据内容：《Spring Boot开发实战》
```

　　当前程序基于 FastThreadLocalThread 类创建了 3 个线程，并且这 3 个线程分别实现了各自数据的保存与获取。从最终的运行结果来讲，其与使用 ThreadLocal 实现数据存取没有区别，但是在多线程高并发的处理环境中，FastThreadLocal 可以带来更高的处理性能，这也是 Netty 内部对 Java 结构进行的改进。

2.2　ByteBufAllocator

ByteBuf-
Allocator

视频名称　0206_【掌握】ByteBufAllocator
视频简介　为了提高缓冲区的处理性能，Netty 提供了对缓冲分配管理器的支持。本视频为读者分析 ByteBufAllocator 接口的实例化，并通过 JVM 参数实现池化管理与非池化管理的切换以及复合缓冲区数据读取操作。

　　Netty 在进行缓冲区分配时，可以根据内存分配位置的不同分为堆内存缓冲区和直接内存缓冲区。虽然使用 ByteBuf 提高了用户态与系统态进程之间的数据传输性能，但是在高并发访问下，缓冲区的分配依然属于耗时的操作，一旦处理不当一定会产生严重的性能问题。

　　为了解决缓冲分配问题，Netty 提供了 ByteBufAllocator 接口，如图 2-11 所示。该接口提供池化缓冲分配管理器（PooledByteBufAllocator）与非池化缓冲分配管理器（UnpooledByteBufAllocator）两种实现类，该接口中定义的方法如表 2-5 所示。

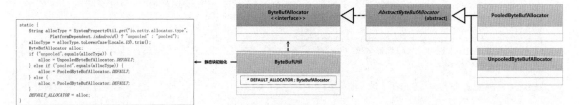

图 2-11　ByteBufAllocator 接口

表 2-5　ByteBufAllocator 接口中定义的方法

序号	方法	描述
1	public ByteBuf buffer()	分配缓冲区（可能是堆内存缓冲区或直接内存缓冲区）
2	public ByteBuf buffer(int initialCapacity)	分配缓冲区并设置初始化容量
3	public ByteBuf buffer(int initialCapacity, int maxCapacity)	分配缓冲区并设置初始化容量和最大容量
4	public ByteBuf ioBuffer()	分配适合 I/O 的缓冲区
5	public ByteBuf ioBuffer(int initialCapacity)	分配适合 I/O 的缓冲区，并设置初始化容量
6	public ByteBuf ioBuffer(int initialCapacity, int maxCapacity)	分配适合 I/O 的缓冲区，并设置初始化容量以及最大容量
7	public ByteBuf heapBuffer()	分配堆内存缓冲区
8	public ByteBuf heapBuffer(int initialCapacity)	分配堆内存缓冲区并设置初始化容量
9	public ByteBuf heapBuffer(int initialCapacity, int maxCapacity)	分配堆内存缓冲区并设置初始化容量以及最大容量
10	public ByteBuf directBuffer()	分配直接内存缓冲区
11	public ByteBuf directBuffer(int initialCapacity)	分配直接内存缓冲区并设置初始化容量

序号	方法	描述
12	public ByteBuf directBuffer(int initialCapacity, int maxCapacity)	分配直接内存缓冲区并设置初始化容量以及最大容量
13	public CompositeByteBuf compositeBuffer()	分配复合缓冲区（可能是堆内存缓冲区或直接内存缓冲区）
14	public CompositeByteBuf compositeBuffer(int maxNumComponents)	分配复合缓冲区，并设置复合缓冲区的最大数量
15	public CompositeByteBuf compositeHeapBuffer()	分配复合堆内存缓冲区
16	public CompositeByteBuf compositeHeapBuffer(int maxNumComponents)	分配复合堆内存缓冲区以及复合缓冲区的最大数量
17	public CompositeByteBuf compositeDirectBuffer()	分配复合直接内存缓冲区
18	public CompositeByteBuf compositeDirectBuffer(int maxNumComponents)	分配复合直接内存缓冲区，并设置复合缓冲区的最大数量
19	public boolean isDirectBufferPooled()	判断是否为直接池化缓冲区
20	public int calculateNewCapacity(int minNewCapacity, int maxCapacity)	计算新的缓冲区容量

ByteBufAllocator 接口中内置的 DEFAULT 实例是通过 ByteBufUtil 类的静态代码块定义的，在默认情况下采用了池化缓存区管理机制。如果需要改变这一方式，可以通过-Dio.netty.allocator.type 参数进行配置，该参数值定义为 pooled 表示进行池化管理（默认），定义为 unpooled 表示进行非池化管理。

1.【base 子模块】观察默认的缓冲区分配管理器类型。

```
package com.yootk.test;
public class TestByteBufAllocator {
    private static final Logger LOGGER = LoggerFactory.getLogger(TestByteBufAllocator.class);
    public static void main(String[] args) {
        LOGGER.info("默认缓冲区分配管理器：{}", ByteBufAllocator.DEFAULT.getClass().getName());
    }
}
```

缓冲区管理机制：

```
-Dio.netty.allocator.type=unpooled
```

程序执行结果：

```
默认缓冲区分配管理器：io.netty.buffer.UnpooledByteBufAllocator
```

此时的程序已经将缓冲区分配机制修改为了非池化管理（UnpooledByteBufAllocator），这样在每次分配缓冲区时都会开辟一个新的缓冲区，如果此时并发量过大，则有可能会出现内存溢出。

2.【base 子模块】ByteBufAllocator 接口中提供了 CompositeByteBuf（复合缓冲区）的创建支持，利用复合缓冲区可以同时实现多个缓冲区的数据读取。

```
package com.yootk.test;
public class TestCompositeByteBuf {
    private static final Logger LOGGER = LoggerFactory.getLogger(TestCompositeByteBuf.class);
    public static void main(String[] args) {
        ByteBuf bufA = ByteBufAllocator.DEFAULT.buffer(50, 100);                    // 创建缓冲区
        bufA.writeBytes("Header: company = Muyan-Yoo; site = yootk.com\n".getBytes());// 缓冲区数据写入
        ByteBuf bufB = ByteBufAllocator.DEFAULT.buffer(50, 100);                    // 创建缓冲区
        bufB.writeBytes("Body: 《Netty开发实战》，作者: 李兴华".getBytes());          // 缓冲区数据写入
        CompositeByteBuf composite = ByteBufAllocator.DEFAULT.compositeBuffer(2);// 定义复合缓冲区
        composite.addComponent(true, bufA);                                        // 添加子缓冲区
        composite.addComponent(true, bufB);                                        // 添加子缓冲区
        LOGGER.info("【CompositeByteBuf】复合缓冲区数据读取：\n{}", composite.toString(CharsetUtil.UTF_8));
    }
}
```

程序执行结果：

```
【CompositeByteBuf】复合缓冲区数据读取：
Header: company = Muyan-Yoo; site = yootk.com
Body: 《Netty开发实战》, 作者: 李兴华
```

此时的程序利用 ByteBufAllocator 创建了可以包含两个缓冲区的复合缓冲区，在进行数据读取时，可以一次性读取全部缓冲区中的数据。这样只需要进行一次数据复制即可，提升了 I/O 操作性能。

2.2.1　UnpooledByteBufAllocator

UnpooledByte-
BufAllocator

| 视频名称 | 0207_【了解】UnpooledByteBufAllocator |

视频简介　非池化的缓冲区管理是一种简洁管理机制，本视频通过 UnpooledByteBuf-Allocator 源代码结构为读者分析相关内部类的继承结构以及内存分配的具体实现。

UnpooledByteBufAllocator 采用非池化的缓冲区管理机制，这样在用户每次创建缓冲区时，都会创建一个新的缓冲区。UnpooledByteBufAllocator 类中定义了多个内部类，以便不同类型缓冲区的创建，这些结构如图 2-12 所示。

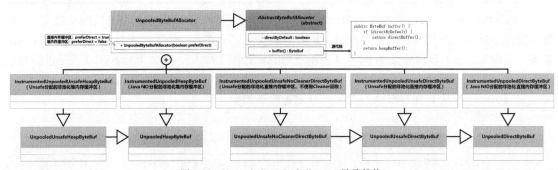

图 2-12　UnpooledByteBufAllocator 继承结构

ByteBufAllocator 接口中为了简化缓冲区的创建操作，提供了一个 buffer()方法，该方法是由 AbstractByteBufAllocator 抽象子类实现的，如图 2-13 所示。AbstractByteBufAllocator 类中覆写的 buffer()方法会根据子类对象实例化时的参数配置来选择具体的分配类型，同时提供了 newHeapBuffer()和 newDirectBuffer()两个新的抽象方法供子类使用。下面来看一下这两个方法在 UnpooledByteBufAllocator 类中的实现。

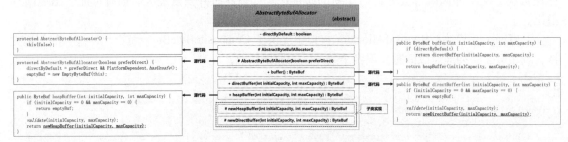

图 2-13　AbstractByteBufAllocator 实现结构

1.【源代码】UnpooledByteBufAllocator.newHeapBuffer()方法实现源代码。

```
protected ByteBuf newHeapBuffer(int initialCapacity, int maxCapacity) {
    return PlatformDependent.hasUnsafe() ?
        new InstrumentedUnpooledUnsafeHeapByteBuf(this, initialCapacity, maxCapacity) :
        new InstrumentedUnpooledHeapByteBuf(this, initialCapacity, maxCapacity);
}
```

2．【源代码】UnpooledByteBufAllocator.newDirectBuffer ()方法实现源代码。

```
protected ByteBuf newDirectBuffer(int initialCapacity, int maxCapacity) {
    final ByteBuf buf;
    if (PlatformDependent.hasUnsafe()) {
        buf = noCleaner ? new InstrumentedUnpooledUnsafeNoCleanerDirectByteBuf(
            this, initialCapacity, maxCapacity) :
            new InstrumentedUnpooledUnsafeDirectByteBuf(this, initialCapacity, maxCapacity);
    } else {
        buf = new InstrumentedUnpooledDirectByteBuf(this, initialCapacity, maxCapacity);
    }
    return disableLeakDetector ? buf : toLeakAwareBuffer(buf);
}
```

由于默认情况下 Netty 都会基于 Unsafe 的方式进行内存的分配，如果此时采用的是堆内存缓冲区分配模式，则会通过 newHeapBuffer()方法并调用 InstrumentedUnpooledUnsafeHeapByteBuf 类来实现，该类会返回一个字节数组。如果采用的是直接内存缓冲区的分配模式，则会通过 newDirectBuffer()方法并调用 InstrumentedUnpooledUnsafeDirectByteBuf 类来实现，该类会返回一个 ByteBuffer 对象实例。

2.2.2 ByteBufAllocatorMetric

ByteBufAllo-catorMetric

视频名称　0208_【了解】ByteBufAllocatorMetric

视频简介　高并发编程需要创建大量的缓冲区，为了有效地监控缓冲区使用率，Netty 框架提供了 ByteBufAllocatorMetric 接口。本视频为读者分析该接口的使用结构，并基于 UnpooledByteBufAllocator 实现监控实例的获取以及内存使用信息的读取。

不管是直接内存缓冲区还是堆内存缓冲区，Netty 全部都通过 ByteBuf 结构进行统一管理，每次进行缓冲区分配与回收时，都会进行分配长度的记录，这样开发人员就可以随时知道内存的使用情况，如图 2-14 所示。

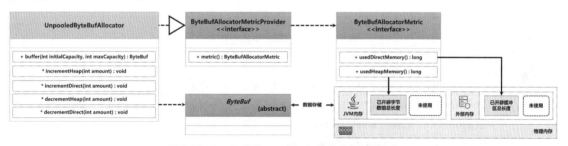

图 2-14　ByteBufAllocatorMetric 获取内存占用信息

Netty 内部提供了 ByteBufAllocatorMetric 接口，使用该接口可以根据需要返回已开辟的堆内存缓冲区或直接内存缓冲区的大小，开发人员可以通过 ByteBufAllocatorMetricProvider 接口中的 metric()方法获取 ByteBufAllocatorMetric 对象实例。下面通过非池化的缓冲分配管理器来观察内存占用情况。

范例：【base 子模块】观察直接内存占用情况。

```
package com.yootk.test;
public class TestByteBufAllocatorMetric {
    private static final Logger LOGGER = LoggerFactory.getLogger(TestByteBufAllocatorMetric.class);
    public static void main(String[] args) {
        UnpooledByteBufAllocator allocator = new UnpooledByteBufAllocator(true);
                                                                // 直接内存缓冲分配管理器
        ByteBufAllocatorMetric metric = allocator.metric();     // 获取分配监控
        LOGGER.info("【1】缓冲区分配监控：直接内存缓冲区使用量：{}、堆内存缓冲区使用量：{}",
                metric.usedDirectMemory(),metric.usedHeapMemory()) ;
        for (int x = 0; x < 10_000; x++) {                      // 循环分配缓冲区
            allocator.buffer(50, 200);                          // 开辟缓冲区
        }
        LOGGER.info("【2】缓冲区分配监控：直接内存缓冲区使用量：{}、堆内存缓冲区使用量：{}",
                metric.usedDirectMemory(),metric.usedHeapMemory()) ;
```

```
      }
}
```

程序执行结果：

```
【1】缓冲区分配监控：直接内存缓冲区使用量：0、堆内存缓冲区使用量：0
【2】缓冲区分配监控：直接内存缓冲区使用量：500000、堆内存缓冲区使用量：0
```

由于此时开辟的是直接内存缓冲分配管理器实例，这样每次通过 buffer()方法分配的缓冲区只会占用直接内存，而不会占用堆内存。

2.2.3 Unpooled

Unpooled

视频名称　0209_【理解】Unpooled

视频简介　Unpooled 是 Netty 提供的一个非池化缓冲区工具类，本视频为读者分析该类中的核心组成结构，并通过案例对一些常用的方法进行分析。

Unpooled 是 Netty 提供的一个专属的缓冲区分配工具类，该类提供了许多的缓冲处理方法，可以开辟堆内存缓冲区或直接内存缓冲区，也可以将字节数组包装为缓冲区，以及进行缓冲区复制等操作。Unpooled 类的核心结构如表 2-6 所示。

> 💡 提示：ByteOrder 与字节序。
>
> 　　常规情况下计算机的内存地址是按照由低到高的顺序进行分配的，依据起始地址与偏移量获取应用所保存的数据，这样在存储时就可以进行一些字节段的排序，大端字节序的第一个字节就是高位，很容易知道数据是正数还是负数。而小端字节序的第一个字节是低位，这样在进行数字四则运算时，可以从低位依次获取数据字节，使运算更加高效。
>
> 　　Unpooled 类中提供的大部分方法都采用大端字节序，这样设计主要是考虑到网络传输以及文件存储的操作性能。

表 2-6 Unpooled 类核心结构

序号	结构	类型	描述
1	public static final ByteOrder BIG_ENDIAN	常量	大端字节序，将高位字节型数据放在低地址处
2	public static final ByteOrder LITTLE_ENDIAN	常量	小端字节序，将高位字节型数据放在高地址处
3	public static final ByteBuf EMPTY_BUFFER	常量	创建空缓冲区
4	public static ByteBuf buffer(int initialCapacity, int maxCapacity)	方法	分配一个新的堆内存缓冲区
5	public static ByteBuf directBuffer(int initialCapacity, int maxCapacity)	方法	分配一个新的直接内存缓冲区
6	public static ByteBuf wrappedBuffer(byte[] array)	方法	将字节数组包装为堆内存缓冲区
7	public static ByteBuf wrappedBuffer(ByteBuffer buffer)	方法	将 Java NIO 缓冲区包装为堆内存缓冲区
8	public static ByteBuf wrappedBuffer(long memoryAddress, int size, boolean doFree)	方法	将指定范围的地址包装为缓冲区
9	public static ByteBuf wrappedBuffer(byte[]... arrays)	方法	将多个字节数组包装为复合缓冲区
10	public static ByteBuf wrappedBuffer(ByteBuf... buffers)	方法	将多个 Java NIO 缓冲区包装为复合缓冲区
11	public static CompositeByteBuf compositeBuffer(int maxNumComponents)	方法	创建一个指定缓冲区个数的复合缓冲区

1.【base 子模块】使用 Unpooled 分配直接内存缓冲区。

```
package com.yootk.test;
public class TestUnpooled {
```

```
private static final Logger LOGGER = LoggerFactory.getLogger(TestUnpooled.class);
public static void main(String[] args) throws Exception {
    ByteBuf buf = Unpooled.directBuffer(10, 30);                          // 分配直接内存缓冲区
    buf.writeBytes("沐言科技：yootk".getBytes());                            // 写入数据
    LOGGER.info("【缓冲区数据】{}", buf.toString(CharsetUtil.UTF_8));
}
}
```

程序执行结果:

【缓冲区数据】沐言科技：yootk

2.【base 子模块】将字节数组直接包装为缓冲区。

```
package com.yootk.test;
public class TestUnpooled {
    private static final Logger LOGGER = LoggerFactory.getLogger(TestUnpooled.class);
    public static void main(String[] args) throws Exception {
        byte data [] = "沐言科技：yootk".getBytes();                        // 字节数组包装为复合
        ByteBuf buf = Unpooled.wrappedBuffer(data);                       // 字节数组包装为复合缓冲区
        LOGGER.info("【缓冲区数据】{}", buf.toString(CharsetUtil.UTF_8));
    }
}
```

程序执行结果:

【缓冲区数据】沐言科技：yootk

2.3 PooledByteBufAllocator

PooledByte-
BufAllocator

视频名称　0210_【掌握】PooledByteBufAllocator

视频简介　PooledByteBufAllocator 是 Netty 中较为常用的缓冲分配管理器，本视频为读者分析该类在使用结构上的核心架构，并通过缓冲区分配方法源代码结构进行流程分析。

为了进一步提升高并发环境下缓冲区的利用率，Netty 提供了池化缓冲分配管理器（PooledByteBufAllocator），可以在系统中缓存一定大小的内存。这样每一个访问线程在进行缓冲区申请时，不需要重新向操作系统或 JVM 申请内存，而是可以直接从内存池中获取一块内存，如图 2-15 所示，这样就可以获得较好的服务性能。

图 2-15　池化缓冲分配管理器

在 Netty 中由于多个线程都需要通过 PooledByteBufAllocator 实例进行缓冲区的申请，因此为了减少申请所产生的竞争问题，PooledByteBufAllocator 为每个不同的线程都缓存了一些内存，这些内存被保存在 PoolThreadCache 结构中，而当线程对应的 PoolThreadCache 没有足够的内存可供分配时，则会在 PoolArena（本书将其翻译为"内存池"）中进行内存分配。下面来观察一下池化内存管理器中的堆内存缓冲区与直接内存缓冲区的分配方法实现源代码。

1.【源代码】PooledByteBufAllocator.newHeapBuffer()堆内存缓冲区分配源代码。

```
@Override
protected ByteBuf newHeapBuffer(int initialCapacity, int maxCapacity) {
    PoolThreadCache cache = threadCache.get();                          // 获取当前线程缓存对象
    PoolArena<byte[]> heapArena = cache.heapArena;                      // 获取堆内存管理器
    final ByteBuf buf;                                                  // 保存缓冲区实例
```

```
if (heapArena != null) {                                          // 存在堆内存管理器
    buf = heapArena.allocate(cache, initialCapacity, maxCapacity);  // 开辟堆内存
} else {                                                          // 手动创建堆内存缓冲区
    buf = PlatformDependent.hasUnsafe() ?
        new UnpooledUnsafeHeapByteBuf(this, initialCapacity, maxCapacity) :
        new UnpooledHeapByteBuf(this, initialCapacity, maxCapacity);
}
return toLeakAwareBuffer(buf);                                     // 缓冲资源监控
}
```

2.【源代码】PooledByteBufAllocator.newDirectBuffer()直接内存缓冲区分配源代码。

```
@Override
protected ByteBuf newDirectBuffer(int initialCapacity, int maxCapacity) {
    PoolThreadCache cache = threadCache.get();                     // 获取当前线程缓存对象
    PoolArena<ByteBuffer> directArena = cache.directArena;         // 获取直接内存管理器
    final ByteBuf buf;                                             // 保存缓冲区实例
    if (directArena != null) {                                     // 存在直接内存管理器
        buf = directArena.allocate(cache, initialCapacity, maxCapacity); // 开辟直接内存
    } else {                                                       // 手动创建直接内存缓冲区
        buf = PlatformDependent.hasUnsafe() ?
            UnsafeByteBufUtil.newUnsafeDirectByteBuf(this, initialCapacity, maxCapacity) :
            new UnpooledDirectByteBuf(this, initialCapacity, maxCapacity);
    }
    return toLeakAwareBuffer(buf);                                 // 缓冲资源监控
}
```

通过以上两个方法的源代码可以发现，两种缓冲区的创建方法结构基本相同，都是通过 PoolThreadLocalCache 对象获取当前线程中所包含的 PoolThreadCache，随后获取其对应的 PoolArena 对象实例以实现内存分配，同时需要进行有效的内存回收。

> 💡 **提示：业界常见的 3 种内存管理器。**
>
> 　　主机中的物理内存是有限的，但是不同的应用会存在不同的内存需求，程序的动态支持性越高，内存管理就越重要，所以内存管理算法的选择就成了性能优化的重要途径。从本质上来讲内存管理可以分为 3 个层次，如图 2-16 所示，自底向上为操作系统管理、内存管理算法支持库以及应用程序优化。
>
>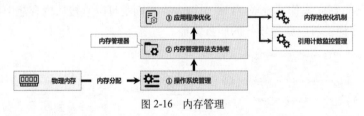
>
> 图 2-16　内存管理
>
> 　　对于当前应用环境来讲，内存管理器一共有 3 种成熟的实现方案，每种方案的特点如下。
>
> 　　（1）ptmalloc：支持每个线程的分配空间（Arena），是由道格·利（Doug Lea）编写的内存管理器，其采用 Glibc 函数库中定义的函数（malloc()、free()等函数）进行内存管理，性能较差。
>
> 　　（2）tcmalloc：谷歌提供的内存管理器，加入了线程缓存。
>
> 　　（3）jemalloc：由贾森·埃文斯（Jason Evans）开发的内存管理器，借鉴了 tcmalloc 的设计结构，CPU 核数越多，越可以得到良好的处理性能，但是其实现算法较为复杂。该内存管理器已经被广泛应用在 Mozlilla、FreeBSD 等产品上，Netty 中的内存分配就是基于 jemalloc 4.x 设计思想实现的。

　　PooledByteBufAllocator 类的设计参考了 jemalloc 设计思想，这样可以实现内存的快速分配和回收，并且进行合理的结构设计以产生较少的内存碎片，同时支持性能分析（Metric），其核心组成类结构如图 2-17 所示。下面基于该结构分析池化内存分配过程。

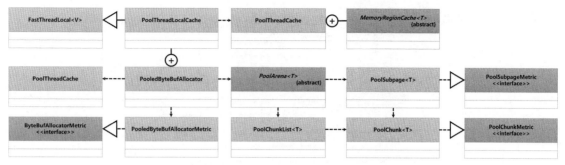

图 2-17　PooledByteBufAllocator 类的核心组成类结构

PoolChunk 是 jemalloc4 算法的 Java 实现，也是 Netty 内存池中的重要组成部分。在 Netty 中，每一个 PoolChunk 都代表着一块内存空间（大小为 4 MB、4194304 B），而为了便于内存的分配，这 4 MB 的内存空间将以平衡二叉树的结构，实现所有子空间的拆分，如图 2-18 所示。每一个 PoolChunk 中有若干个 Page，每一个 Page 的默认大小为 8 KB（8192 B），在进行内存分配时将通过 LongPriorityQueue，按照最小顶堆的模式进行开辟。

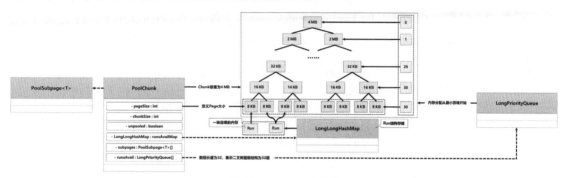

图 2-18　PoolChunk 结构

在申请内存时，如果用户所申请的内存大小不足一个 Page（8 KB），则会分配 SubPage（保存数据的大小为 16 B ~ 28 KB）存储单元，如果说此时要分配的内存大小为 1 KB，则会找到空闲的 Page 并将其拆分为 8 等份，如果要分配的内存大小为 24 KB，则 SubPage 会同时包含 3 个 Page，这样的设计可以有效地解决内存碎片化问题。这样在整个 Netty 内存中就有 Page、Run 以及 SubPage 等概念，而这些都是在 Chunk 上的内存划分，为了便于不同结构的存储空间的占用范围标记，其内部提供了一个 handle 长整型数据。PoolChunk 内存分配结构如图 2-19 所示。

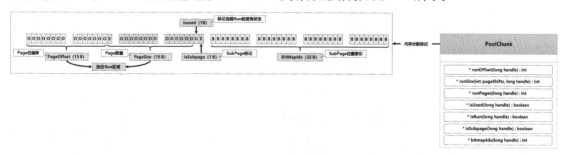

图 2-19　PoolChunk 内存分配结构

底层的内存分配可以依靠 PoolChunk 类来实现，然而应用层中的内存分配最终是基于 PoolArena 类来实现的，在该类中保存有两类内存空间（通过 SizeClass 枚举类进行分类），如图 2-20 所示。同时 PoolArena 也会根据当前用户选择的内存分配类型来使用不同的子类进行内存管理（HeapArena 管理堆内存、DirectArena 管理直接内存）。

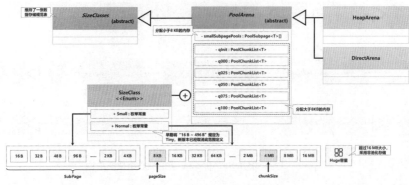

图 2-20　PoolArena 与存储结构

当所分配的内存空间小于 8 KB 时，通过 PoolSubpage 进行内存分配，当所分配的内存空间大于 8 KB 时，根据占用率情况，将其保存在不同的 PoolChunkList 结构之中，如图 2-21 所示。每一个 ChunkList 都表示不同内存占用率的 Chunk 数据存储，同时考虑到多线程并发的 PoolArena 内存分配性能影响，Netty 会创建若干个不同的 PoolArena 对象实例，在默认情况下 PoolArena 数量与 CPU 的核心数有关，用户也可以通过 "-Dio.netty.allocator.numHeapArenas"（堆内存 PoolArena 个数配置）与 "-Dio.netty.allocator.numDirectArenas"（直接内存 PoolArena 个数配置）两个 JVM 启动参数进行配置。

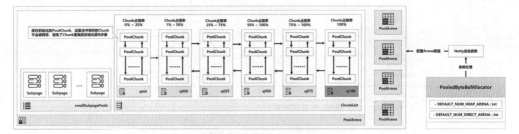

图 2-21　ChunkList 数据存储

> 💡 提示：qInit 保存初始化的 PoolChunk。
>
> 在 PoolArena 所提供的若干个 ChunkList 集合之中，所有新创建的 PoolChunk 对象都会被保存在 qInit 属性之中。对于该集合中所保存的内存，即便使用 JVM 进行内存完全释放，也不会被释放，这样设计的目的是可以保证新内存分配的性能。

尽管设计多个 PoolArena 可以解决多线程内存分配的问题，但是随着并发量的增加以及内存分配的增加，也必然会因为同步而产生性能问题。所以为了进一步提升多线程的内存分配性能，Netty 又为每一个线程（每一个线程中都包含一个 PoolThreadCache 对象实例）设计了一个 MemoryRegionCache 存储结构，如图 2-22 所示，该结构依然使用 PoolChunk 进行内存分配，当单个线程中的内存不足时，才会向 PoolArena 进行内存申请。

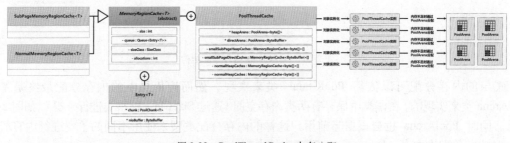

图 2-22　PoolThreadCache 内存分配

2.3.1 ReferenceCounted

Reference-
Counted

视频名称　0211_【理解】ReferenceCounted

视频简介　为了便于缓冲区的重复使用，Netty 提供了 ReferenceCounted 接口。本视频为读者分析该接口的继承结构，并通过源代码分析引用计数的相关实现类的作用。

缓冲区是网络客户端和服务端进行数据交互的重要组成结构，每一个客户端所发送到服务端的数据都会通过 ByteBuf 对象实例包装，在面对较高的并发请求处理时，就需要及时地进行无用缓冲区对象的清理与内存释放。在设计 Netty 时考虑到了缓冲区重用的需要，同一个缓冲区可能会被不同的线程多次引用，这样的做法虽然降低了内存分配的压力，但是会造成垃圾回收的困难，如图 2-23 所示。

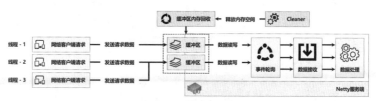

图 2-23　缓冲区回收处理

Netty 中为了可以进行有效的缓冲区垃圾对象回收，提供了 ReferenceCounted 接口进行引用计数。当对象初始化时计数为 1，而每次增加新的引用关系后也会同时增加引用计数，当对象的引用计数为 0 时，表示该对象已经成为垃圾空间，将触发对象回收的操作。ReferenceCounted 接口提供的方法如表 2-7 所示。

表 2-7　ReferenceCounted 接口提供的方法

序号	方法	描述
1	public int refCnt()	返回引用计数，如果返回 0 则表示该对象已被回收
2	public ReferenceCounted retain()	引用计数自增 1
3	public ReferenceCounted retain(int increment)	引用计数自增指定个数
4	public ReferenceCounted touch()	等价于 "touch(null)"
5	public ReferenceCounted touch(Object hint)	检测对象是否已经泄漏
6	public boolean release()	引用计数自减 1
7	public boolean release(int decrement)	引用计数自减指定个数

范例：【base 子模块】通过 ByteBuf 实例实现引用计数。

```
package com.yootk.test;
public class TestReferenceCounted {
    private static final Logger LOGGER = LoggerFactory.getLogger(TestReferenceCounted.class);
    public static void main(String args[]) {
        ByteBuf buf = ByteBufAllocator.DEFAULT.buffer(56);       // 创建Netty缓冲区
        ReferenceCounted counted = buf;                // 对象转型
        counted.retain();                              // 引用计数
        counted.retain();                              // 引用计数
        if (counted.release()) {                       // 计数为0
            LOGGER.info("【引用计数】YootkBuffer对象引用计数为0，将准备进行对象回收。");
        } else {
            LOGGER.info("【引用计数】YootkBuffer对象被外部引用，无法进行对象回收。");
        }
    }
}
```

程序执行结果：

【引用计数】YootkBuffer对象被外部引用，无法进行对象回收。

以上的程序通过 ByteBuf 对象实例获取了 ReferenceCounted 接口实例，并基于统计计数的方式实现了引用计数的基本操作结构。其中引用的计数方法是通过 AbstractReferenceCountedByteBuf 子类实现的（该类提供了一个 refCnt 的 volatile 整型数据），而具体的计数处理，则是依靠 ReferenceCountUpdater 类实现的，相关类的结构如图 2-24 所示。

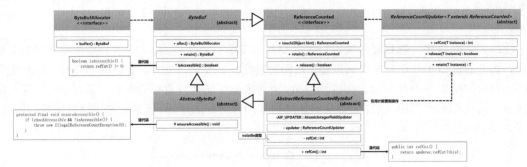

图 2-24　相关类的结构

2.3.2　ResourceLeakDetector

ResourceLeak-Detector

视频名称　0212_【理解】ResourceLeakDetector

视频简介　Netty 为了便于内存泄漏的检测，提供了 ResourceLeakDetector 接口。本视频为读者讲解 Netty 中内存检测的 4 个级别，并且基于自定义的类结构形式，为读者分析 ResourceLeakDetector 与 ResourceLeakTracker 追踪结构的使用。

Netty 中为了应对高并发的海量用户请求，在设计 ByteBuf 时采用了引用计数的清除逻辑，这样一来在每次使用完 ByteBuf 对象实例后都必须通过 ReferenceCounted 接口中的 release()方法进行缓冲区释放。而如果此时某些操作没有及时调用 release()方法，则该缓冲区将被持续引用且不会被及时清理，这样就有可能会出现 OOM（Out of Memory，内存耗尽）问题，导致内存泄漏。

由于各种开发机制的不可控性，因此 Netty 无法对所有可能造成内存泄漏的问题进行处理，只提供了内存泄漏问题的检测器（ResourceLeakDetector），其相关结构如图 2-25 所示。一旦应用中出现了内存泄漏问题，Netty 可以快速地进行内存泄漏位置的定位，同时可以根据表 2-8 所示的检测级别（ResourceLeakDetector.Level 枚举定义）进行检测数据的收集。

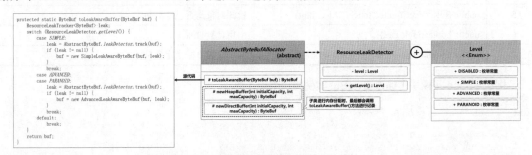

图 2-25　内存泄漏问题检测器的相关结构

表 2-8　检测级别

序号	检测级别	描述	Netty 配置参数
1	DISABLED	禁用内存泄漏检测	-Dio.netty.leakDetectionLevel=DISABLED
2	SIMPLE	默认等级，只取样 1%的数据，告诉用户 ByteBuf 是否出现了内存泄漏，该信息只输出一次	
3	ADVANCED	在 SIMPLE 级别基础上输出一次详细的内存泄漏信息，该操作对性能有影响	-Dio.netty.leakDetectionLevel=ADVANCED

序号	检测级别	描述	Netty 配置参数
4	PARANOID	该操作用于检测所有的 ByteBuf 内存泄漏，性能较差	-Dio.netty.leakDetectionLevel=PARANOID

在应用开发过程中为了尽可能地观察到内存泄漏的问题，可以使用 PARANOID 检测级别，而在线上运行项目时，为了发挥出应用的完整性能，则建议使用 DISABLED 禁用内存泄漏检测。为便于读者理解 ResourceLeakDetector 接口的使用，下面将依据图 2-26 所示的结构，手动实现一个检测跟踪的应用实例。

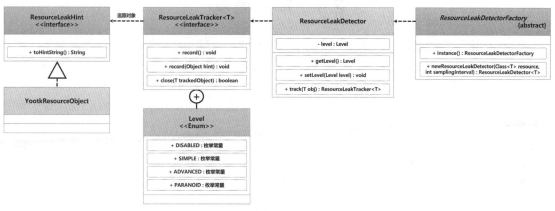

图 2-26　ResourceLeakDetector 检测结构

范例：【base 子模块】自定义检测操作。

```java
package com.yootk.test;
class YootkResourceObject implements ResourceLeakHint {           // 内存泄漏提示
   @Override
   public String toHintString() {                                  // 提示信息
      return "YOOTK教学资源下载: yootk.com";
   }
}
public class TestResourceLeakDetector {
   private static final Logger LOGGER = LoggerFactory.getLogger(TestResourceLeakDetector.class);
   public static void main(String[] args) throws Exception {
      YootkResourceObject object = new YootkResourceObject();        // 创建追踪对象
      ResourceLeakDetectorFactory factory = ResourceLeakDetectorFactory.instance(); // 获取工厂实例
      ResourceLeakDetector<YootkResourceObject> detector = factory.newResourceLeakDetector(
            YootkResourceObject.class, 0);                            // 获取追踪器，采用间隔为0
      detector.setLevel(ResourceLeakDetector.Level.PARANOID);        // 定义追踪级别
      ResourceLeakTracker<YootkResourceObject> track = detector.track(object); // 创建追踪器
      CountDownLatch latch = new CountDownLatch(3);                   // 倒计数
      for (int x = 0 ; x < 3; x ++) {                                 // 循环引用
         new Thread(()->{
            track.record(object);                                    // 追踪记录
            latch.countDown();                                        // 计数减少
         }, "YOOTK线程 - " + x).start();                              // 线程启动
      }
      latch.await();                                                 // 等待线程启动完毕
      LOGGER.info("【1】关闭前的对象追踪信息: {}", track);
      track.close(object);
      LOGGER.info("【2】关闭后的对象追踪信息: {}", track);
   }
}
```

程序执行结果：

```
【1】关闭前的对象追踪信息:
Recent access records:
#1:
```

```
Hint: YOOTK教学资源下载: yootk.com
java.base/java.lang.Thread.run(Thread.java:833)
Created at:
com.yootk.test.TestResourceLeakDetector.main(TestResourceLeakDetector.java:31)
: 2 leak records were discarded because they were duplicates
```
【2】关闭后的对象追踪信息:

当前的程序中定义了 3 个子线程,并且对每个子线程都进行了追踪记录,这样在进行追踪信息输出时会出现"2 个重复追踪"的提示,而当调用 close()方法后,追踪才会停止,在整个 Netty 中,每个缓冲区的跟踪都采用了类似的结构。

2.4　本章概览

1．ByteBuf 在进行缓冲区分配时,需要设置初始化容量以及最大容量,这样在初始化容量不足时可以进行扩容。如果保存的数据超过了最大容量,则会抛出 IndexOutOfBoundsException 异常。

2．ByteBuf 类提供了两个数据索引,readerIndex 定义读索引的起始位置,writerIndex 定义写索引的起始位置。当出现废弃数据时,可以依靠 ByteBuf 类中的 discardReadBytes()方法进行废弃空间的释放。

3．ByteBuf 是针对 Java NIO 结构的包装,在 ByteBuf 类中可以基于 ByteBuffer 类获取数据,也可以通过 FileChannel 进行文件读写。

4．ByteBufUtil 类提供了 ByteBuf 中的数据转换以及状态判断的操作方法。

5．Netty 内部自动维护了 Cleaner 结构以实现无用空间的释放,所以进行直接内存开辟时,往往会通过 Unsafe 的结构进行处理。用户可以通过 PlatformDependent 类参数进行该操作的配置。

6．为了提高 ThreadLocal 结构的处理性能,Netty 扩充了 FastThreadLocal,这样在线程存储数据时可以减小哈希冲突的影响,在获取数据时也可以将时间复杂度降低为 $O(1)$。

7．ByteBufAllocator 是 Netty 提供的缓冲区分配接口,该接口提供非池化内存分配机制与池化内存分配机制。

8．PooledByteBufAllocator 提供了池化缓冲区的分配管理,该操作基于 jemalloc4 实现机制进行内存分配。

9．为有效实现缓冲区的回收控制,Netty 提供了 ReferenceCounted 接口进行引用计数。只有当引用个数为 0 时,该缓冲区所占的内存空间才会被释放。

10．为了有效检测应用中的内存泄漏问题,Netty 提供了 ResourceLeakDetector 接口。应用处于线上环境时,考虑到性能问题,应该禁用此检测机制。

11．ByteBuf 的核心类继承结构如图 2-27 所示。

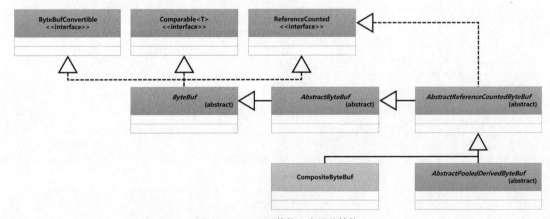

图 2-27　ByteBuf 的核心类继承结构

第 3 章
TCP 与 UDP 编程

本章学习目标

1. 掌握 Netty 线程模型的定义，并理解 EventLoopGroup 与 EventLoop 结构的作用；
2. 掌握 Netty 程序的开发，可以基于 Netty 实现 TCP 与 UDP 编程；
3. 掌握数据粘包与拆包操作的意义，并可以基于编码器与解码器的方式实现大规模数据传输；
4. 掌握几种常见的对象序列化组件的特点以及具体使用；
5. 掌握 RPC 开发技术的特点，并可以基于 Netty、Spring Boot 与 Protobuf 实现自定义 RPC 技术的开发；
6. 理解 UDP 与状态检测操作之间的关联，并可以基于 UDP 实现心跳数据的发送。

TCP 和 UDP（User Datagram Protocol，用户数据报协议）是现在网络应用开发的基础，Netty 内部除了进行有效的 Java NIO 功能包装之外，也对传统网络开发的各类问题提供了有效的解决方案。本章将为读者讲解 Netty 网络编程的基本形式，并分析实际应用中的各类扩展机制。

3.1　Netty 线程模型

Netty 线程模型

视频名称　0301_【掌握】Netty 线程模型
视频简介　Java NIO 提供了 Reactor 线程模型，同时结合多线程的处理机制可以极大地提升网络应用的并发性能。本视频为读者分析 Netty 框架支持的 3 种线程模型的工作原理。

Netty 框架在进行高并发处理时，采用了 Reactor 响应式设计模式，为所有的用户请求根据相应的事件分配一个专属的请求处理器，在每一个请求处理器中会进行数据的读取、业务逻辑处理以及请求响应。在 Netty 设计中考虑到了不同网络应用环境的定义，提供 3 种线程模型。

1. 单线程模型。网络服务端通过 Selector 事件选择器进行处理，在收到每一个客户端事件后通过 Dispatcher 事件分配器进行处理事件的分发，如果此时的事件为客户端建立连接事件，则使用 Acceptor 请求连接器进行处理，如果此时的客户端要进行读写事件的处理，则会调用对应的 Handler 事件处理器进行处理，其实现结构如图 3-1 所示。由于此时的程序中只提供一个处理线程，所以若干个 Handler 要进行该线程资源的抢占，当某一个 Handler 出现阻塞时，会导致其他客户端的连接和处理无法执行，且执行性能较差。

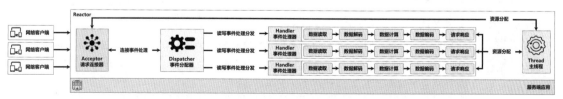

图 3-1　单线程模型的实现结构

2．多线程模型。网络服务端提供一个主线程，并通过主线程实现事件选择与事件分发处理，如果当前客户端的事件为连接事件，则交由 Acceptor 进行连接处理，如果是读写事件，则交由 Handler 处理，而当前的 Handler 只负责数据的接收与响应两种处理，业务的执行则交由不同的子线程进行处理，其设计架构如图 3-2 所示。为了便于子线程的维护，可以创建一个线程池，基于内核线程的数量进行工作线程的分配，以充分发挥服务器的硬件性能。但是在请求接收时，由于是单线程模型，所以一旦用户在建立连接过程中需要执行某些耗时处理，例如，用户认证与授权、SSL（Secure Socket Layer，安全套接字层）安全连接等，就会带来严重的性能问题。

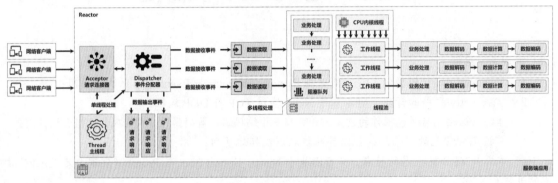

图 3-2　多线程模型的设计架构

3．主从多线程模型。该模型中存在两套 Reactor 处理机制，每一套 Reactor 都有自己的事件选择器以及事件分配器。在用户请求连接时，通过主 Reactor 进行连接处理，并且可以采用线程池的结构提升网络连接的处理性能，当获取客户端连接后，会将此连接交由从 Reactor 进行数据接收、业务处理以及请求响应操作，其结构如图 3-3 所示，使整体的服务处理性能得到极大的提升。

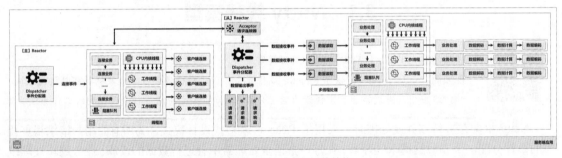

图 3-3　主从多线程模型的结构

3 种线程模型本质上的差别就是线程池的使用方式，同时为了便于线程模型的开发，Netty 也提供了专属的线程池的开发支持类库，而这些操作类的结构需要在项目中引入 netty-handler 依赖库才可以实现。本节将针对该库中的线程实现结构类进行说明。

范例：【netty 项目】修改 build.gradle 配置文件为 base 子模块添加 netty-handler 依赖库。

```
implementation('io.netty:netty-handler:4.1.89.Final')
```

3.1.1　EventLoop

视频名称　0302_【掌握】EventLoop

视频简介　Netty 的核心实现中需要提供对事件轮询的支持，为了便于 Selector 结构的包装，Netty 提供了专属的 EventLoop 接口。本视频为读者分析该接口的主要作用，并通过源代码解读的方式解释其与 Java NIO 设计之间的关联。

EventLoop

为了减少资源的占用，以及考虑到高并发访问的需要，Reactor 模型中需要内置一个事件循环器，该结构的操作机制将采用循环的方式进行每一个请求事件的处理分配，其工作原理如图 3-4 所示。同时为了减少多线程竞争问题的出现，事件循环器一般都会采用单线程的方式运行。

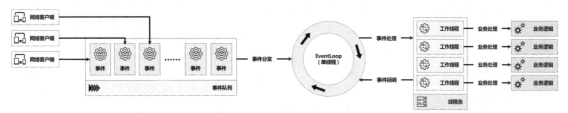

图 3-4　EventLoop 工作原理

Netty 中提供了 EventLoop 接口用于实现事件循环器的操作，由于当前的 Netty 是基于 Java NIO 技术开发出来的，因此提供了 NioEventLoop 接口实现类，并在该类中维护了一个 Selector 以及任务队列，这一点可以通过图 3-5 所示的 EventLoop 核心继承结构观察到。下面针对 NioEventLoop 类的核心结构进行说明。

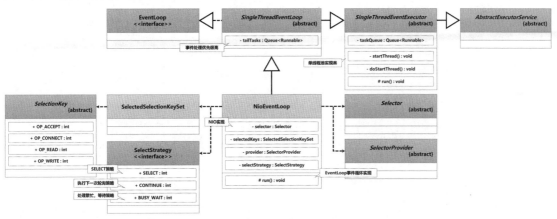

图 3-5　EventLoop 核心继承结构

1．【源代码】EventLoop 采用单线程的模式运行，SingleThreadEventExecutor 类中定义的 startThread()为线程启动方法。在该方法中为了保证线程只启动一次，会进行各种状态标记属性的定义。

```java
private void startThread() {                                              //自定义线程启动方法
    if (state == ST_NOT_STARTED) {                                        //线程未启动
        if (STATE_UPDATER.compareAndSet(this, ST_NOT_STARTED, ST_STARTED)) {  //更新线程启动状态
            boolean success = false;                                      //线程启动标记
            try {
                doStartThread();                                          //线程启动的具体操作
                success = true;                                           //修改启动标记
            } finally {
                if (!success) {                                           //如果线程未启动成功
                    STATE_UPDATER.compareAndSet(this, ST_STARTED, ST_NOT_STARTED); //更新线程启动状态
                }
            }
        }
    }
}
```

2．【源代码】线程具体启动是由 doStartThread()方法执行的。为了保证 EventLoop 中始终都有一个线程在运行，SingleThreadEventExecutor 类中提供了 Executor 对象实例，只需要为其配置单线程池即可。SingleThreadEventExecutor 类中的 doStartThread()方法除了要进行轮询方法 run()的调用之外，还需要随时监控可能出现的轮询停止操作。

```
private void doStartThread() {
    assert thread == null;
    executor.execute(new Runnable() {                                    //定义线程对象
        @Override
        public void run() {
            thread = Thread.currentThread();                             //获取当前线程
            if (interrupted) {                                           //判断中断状态
                thread.interrupt();                                      //线程中断
            }
            boolean success = false;                                     //保存轮询任务线程状态
            updateLastExecutionTime();                                   //更新最后一次执行时间
            try {
                SingleThreadEventExecutor.this.run();                    //子类定义的线程主体
                success = true;
            } catch (Throwable t) {
                logger.warn("Unexpected exception from an event executor: ", t);
            } finally {
                for (;;) {                                               //确定线程运行状态
                    int oldState = state;
                    if (oldState >= ST_SHUTTING_DOWN || STATE_UPDATER.compareAndSet(
                            SingleThreadEventExecutor.this, oldState, ST_SHUTTING_DOWN)) {
                        break;
                    }
                }
                if (success && gracefulShutdownStartTime == 0) {}        //检查线程关闭状态
                try {
                    for (;;) {
                        if (confirmShutdown()) {                         //确认线程关闭
                            break;
                        }
                    }
                    for (;;) {                                           //更新线程状态
                        int oldState = state;
                        if (oldState >= ST_SHUTDOWN || STATE_UPDATER.compareAndSet(
                                SingleThreadEventExecutor.this, oldState, ST_SHUTDOWN)) {
                            break;
                        }
                    }
                    confirmShutdown();                                   //关闭确认
                } finally {
                    try {
                        cleanup();                                       //清除操作（子类实现）
                    } finally {
                        FastThreadLocal.removeAll();                     //线程移除
                    }
                }
            }
        }
    });
}
```

3.【源代码】NioEventLoop 子类实现了 SingleThreadEventExecutor 类中定义的 run()方法，以实现事件轮询的处理。由于在开发中需要考虑到不同的状态（SELECT、重试、阻塞），所以 Netty 中定义了 SelectStrategy 接口，该接口提供 3 种策略模式，以便 Netty 与 Java NIO 的操作进行衔接。

```
@Override
protected void run() {                                                   //实现事件轮询
    int selectCnt = 0;                                                   //Selector重建计数
    for (;;) {                                                           //持续轮询
        try {
            int strategy;                                                //保存当前的策略状态
            try {
                strategy = selectStrategy.calculateStrategy(selectNowSupplier, hasTasks());
                switch (strategy) {                                      //策略判断
                case SelectStrategy.CONTINUE:                            //跳过本次轮询
                    continue;
                case SelectStrategy.BUSY_WAIT:                           //操作阻塞
                //由于Java NIO不支持"BUSY_WAIT"状态，所以此时的状态与SELECT的相同
                case SelectStrategy.SELECT:                              //Java NIO轮询处理
                    long curDeadlineNanos = nextScheduledTaskDeadlineNanos(); //获取超时时间
                    if (curDeadlineNanos == -1L) {                       //超时时间为负数
                        curDeadlineNanos = NONE;                         //不做任何处理
```

```
                    }
                    nextWakeupNanos.set(curDeadlineNanos);                    //属性更新
                    try {
                        if (!hasTasks()) {                                     //没有任务存在
                            strategy = select(curDeadlineNanos);               //轮询处理
                        }
                    } finally {
                        nextWakeupNanos.lazySet(AWAKE);
                    }
                default:
                }
        } catch (IOException e) {
            continue;
        }
        selectCnt++;                                                           //Selector重建计数自增
        cancelledKeys = 0;
        needsToSelectAgain = false;
        //考虑到I/O事件处理和任务处理的时间比率问题，提供了一个ioRatio属性进行状态判断
        final int ioRatio = this.ioRatio;
        boolean ranTasks;
        if (ioRatio == 100) {                                                  //I/O使用率达到100
            try {
                if (strategy > 0) {                                            //不在默认策略状态
                    processSelectedKeys();                                     //事件处理
                }
            } finally {
                ranTasks = runAllTasks();                                      //执行全部的任务
            }
        } else if (strategy > 0) {                                             //不在默认策略状态
            final long ioStartTime = System.nanoTime();                       //I/O开始时间
            try {
                processSelectedKeys();                                        //事件处理
            } finally {
                final long ioTime = System.nanoTime() - ioStartTime;          //I/O结束时间
                ranTasks = runAllTasks(ioTime * (100 - ioRatio) / ioRatio);   //运行全部任务
            }
        } else {
            ranTasks = runAllTasks(0);                                        //运行最少数量的任务
        }
    } catch (CancelledKeyException e) { ... }
}
```

NioEventLoop 类中的 run()方法主要基于循环的方式来进行事件处理，通过源代码的定义可以发现，每次进行循环时，都会包含事件轮询（select()方法）、事件处理（processSelectedKeys()方法）以及任务处理（runAllTasks()方法）几个核心步骤，这属于典型的 Reactor 模型运行机制。

> (!) 注意：Netty 中对线程阻塞与空轮询的保护。
>
> Netty 作为一个高性能、可靠的网络框架，需要保证 I/O 线程的安全性，但是 JDK 中的 Epoll 实现是存在漏洞的，一旦 NioEventLoop 发生阻塞或者陷入了空轮询的状态，NIO 线程一样可以被唤醒，从而导致 CPU 占用率达到 100%。Netty 在设计上无法有效地解决 JDK 中所存在的 bug，所以其采用巧妙的方式进行了该问题的回避，这一实现可以通过图 3-6 所示来观察到。

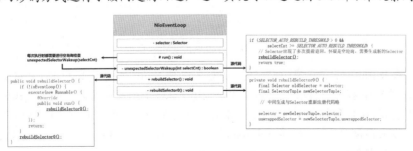

图 3-6　Netty 解决 Epoll 的 bug

解决的核心思想在于，每一次执行 select 操作时都记录当前的时间，如果事件轮询的时间大于或等于该时间则说明当前操作是正常的，否则表示阻塞时间未达到预期，有可能产生了空轮询的 bug。同时在 Netty 中引入了一个 selectCnt 计数变量，在正常情况下 selectCnt 会自动进行重置，如果其值超过了既定的阈值（默认阈值为 512，可以通过 "io.netty.selectorAutoRebuildThreshold" 参数动态配置），则会触发 rebuildSelector()方法以重建 Selector 对象（建立新的 Selector，并将出现问题的 Selector 中的所有 SelectionKey 保存到新的 Selector 中）。

3.1.2　Mpsc 队列

Mpsc 队列

视频名称　0303_【掌握】Mpsc 队列

视频简介　NioEventLoop 采用了任务队列的方式实现请求的排列，并基于线程安全的设计需要整合了 Mpsc 队列结构。本视频为读者讲解相关队列作用以及 Mpsc 基本原理。

在高并发环境下，会同时涌入多个用户的 I/O 请求，所有的处理任务都通过任务队列的形式进行保存，采用 FIFO（First In First Out，先入先出）的机制进行处理，这样可以保证任务处理的公平性。所以在 NioEventLoop 中除了需要进行 I/O 事件的处理之外，还要兼顾任务队列中的任务，而根据图 3-7 所示，一共有 3 种不同的队列。

1．普通任务队列，保存在 SingleThreadEventExecutor 类中的 taskQueue 之中。

普通任务队列通过 NioEventLoop 类提供的 execute()方法添加任务（例如，在进行数据写入时会将该任务保存在任务队列之中），该队列为 Mpsc 队列结构，在多线程并发添加任务时，可以保证线程的安全。

2．定时任务队列，保存在 AbstractScheduledEventExecutor 类中的 scheduledTaskQueue 之中。

定时任务队列通过 NioEventLoop 类提供的 schedule()方法添加定时任务，用于执行周期性的任务（例如心跳消息发送），该队列为优先级队列。

3．尾部队列，保存在 SingleThreadEventLoop 类中的 tailTasks 队列之中。

尾部队列比普通队列执行的优先级要低，每次执行完普通队列中的任务后会去执行尾部队列中的任务。尾部队列并不常用，主要做一些收尾工作，例如，事件循环的监控信息的上报操作。

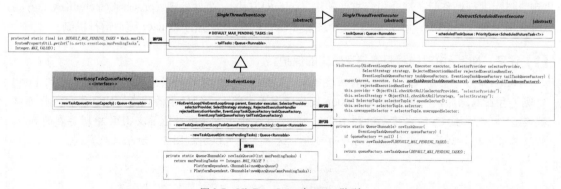

图 3-7　NioEventLoop 与 Mpsc 队列

SingleThreadEventExecutor 类中定义的 taskQueue 是 Netty 在执行处理中主要使用的任务队列，考虑到并发机制下的线程安全问题，Netty 并未采用 J.U.C 中所提供的阻塞队列（BlockingQueue）结构，而是基于 JCTools 依赖库中的 Mpsc（Multiple Producer Single Consumer，多生产者单消费者）队列结构。开发人员可以通过 PlatformDependent 类提供的方法进行该种队列的创建，创建 Mpsc 队列的相关方法如表 3-1 所示。

表 3-1 创建 Mpsc 队列的相关方法

序号	方法	描述
1	public static <T> Queue<T> newMpscQueue()	获取 Mpsc 队列
2	public static <T> Queue<T> newMpscQueue(final int maxCapacity)	定义一个 Mpsc 队列
3	public static <T> Queue<T> newMpscQueue(final int chunkSize, final int maxCapacity)	定义一个定长 Mpsc 队列，并设置数据传输块的大小
4	public static <T> Queue<T> newFixedMpscQueue(int capacity)	获取定长 Mpsc 队列（数组实现）
5	public static <C> Deque<C> newConcurrentDeque()	获取支持并发访问的双端队列
6	public static <T> Queue<T> newSpscQueue()	定义一个 Spsc 队列

范例：【base 子模块】创建 Mpsc 队列。

```
package com.yootk.test;
public class TestMpscQueue {
    private static final Logger LOGGER = LoggerFactory.getLogger(TestMpscQueue.class);
    public static void main(String[] args) throws Exception {
        Queue<String> queue = PlatformDependent.newMpscQueue();        //创建队列
        for (int x = 0; x < 99; x++) {
            new Thread(() -> {
                queue.offer("【"+Thread.currentThread().getName()+"】yootk.com");
            }, "生产者 - " + x).start();
        }
        new Thread(()->{
            String content = null;                                     //保存获取的队列内容
            while ((content = queue.poll()) != null) {                 //获取队列数据
                LOGGER.info("{}", content);
            }
        }).start();
        TimeUnit.SECONDS.sleep(200);
    }
}
```

为便于 Mpsc 队列的存储，本次通过 PlatformDependent.newMpscQueue()方法创建了一个长度为 8 bit 的队列，随后启动了 99 个线程作为生产者向该队列进行数据的写入，并通过一个消费者线程实现了数据的读取。PlatformDependent 类中针对 Mpsc 队列结构提供了不同的创建方法，Mpsc队列创建相关的类结构如图 3-8 所示。为了便于读者理解 Mpsc 队列的特点，本次将以 MpscUnboundedArrayQueue 子类为例进行说明。

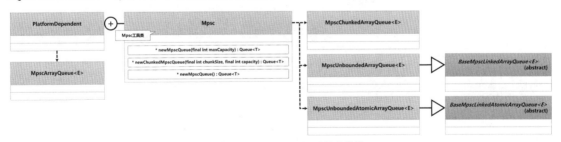

图 3-8 Mpsc 队列创建相关的类结构

MpscUnboundedArrayQueue 为一个无边界的数组队列结构实现，其内部为了便于数据的存储提供一个对象数组结构，同时为了便于生产者与消费者结构的处理，提供了生产者缓冲区与消费者缓冲区，并分别为其赋予了不同的访问指针，如图 3-9 所示。当生产者进行数据写入时，会改变生产者指针的引用，如图 3-10 所示，即生产者只负责按照时间顺序进行队列数据的保存，而消费者根据自己的处理情况依次进行队列内容的获取。

当生产者缓冲区保存的数据空间不足时，会依据图 3-11 所示的结构进行扩容（按照链表的形式在数组的最后添加另一数组的引用），这样就需要在相关的数据中添加一个 JUMP 跳转标记，当消费者消费到此处时，意味着要进入另外一个数组进行消费处理，而对于已消费过的数据则使用 BUFFER_CONSUMER 进行标记，如图 3-12 所示。此时意味着该数组的空间将被回收，也避免了重复消费的问题产生。

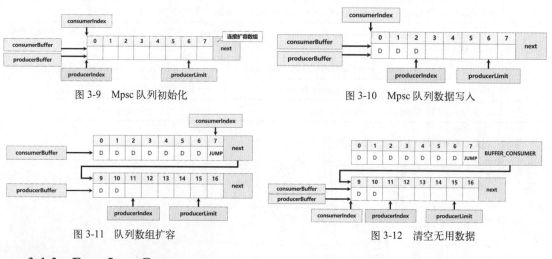

图 3-9　Mpsc 队列初始化　　　　　　　　　　　图 3-10　Mpsc 队列数据写入

图 3-11　队列数组扩容

图 3-12　清空无用数据

3.1.3　EventLoopGroup

EventLoopGroup

视频名称　0304_【掌握】EventLoopGroup

视频简介　为便于 EventLoop 线程的管理，Netty 又提供了 EventLoopGroup 线程池结构。本视频为读者分析 J.U.C 线程池与 Netty 线程池的实现关联，并基于 Runnable 接口实现线程池执行的调度处理。

Netty 中每个 EventLoop 都采用了单线程模型以实现事件轮询的处理机制，而 EventLoop Group 实现了一组 EventLoop 的管理，这样就可以同时开启多个事件轮询处理，以充分发挥出物理主机的硬件性能。

EventLoopGroup 的继承结构如图 3-13 所示，可以发现其主要在已有的 J.U.C 的支持结构上，扩展了一个适合 Netty 线程池的功能，这样设计的目的主要是整合 Netty 中的 EventLoop 结构。表 3-2 所示为 EventLoopGroup 接口提供的常用方法。

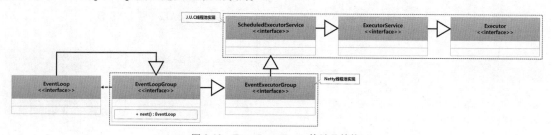

图 3-13　EventLoopGroup 的继承结构

表 3-2　EventLoopGroup 接口提供的常用方法

序号	方法	描述
1	public EventLoop next()	返回下一个 EventLoop 实例
2	public ChannelFuture register(Channel channel)	注册 Channel 实例
3	public ChannelFuture register(ChannelPromise promise)	注册 ChannelPromise 实例
4	public ChannelFuture register(Channel channel, ChannelPromise promise)	注册 Channel 与 ChannelPromise 实例

序号	方法	描述
5	public boolean isShuttingDown()	判断线程池是否已经关闭
6	public Future<?> shutdownGracefully()	快速关闭线程池实例
7	public Future<?> shutdownGracefully(long quietPeriod, long timeout, TimeUnit unit)	在指定时间内关闭线程池实例
8	public Future<?> terminationFuture()	终结所有被管理的 EventExecutor 实例
9	public EventExecutor next()	返回被管理的 EventExecutor 实例
10	public Future<?> submit(Runnable task)	添加 Runnable 线程任务
11	public <T> Future<T> submit(Runnable task, T result)	添加 Runnable 线程并定义返回结果类型
12	public <T> Future<T> submit(Callable<T> task)	添加 Callable 线程任务
13	public ScheduledFuture<?> schedule(Runnable command, long delay, TimeUnit unit)	添加 Runnable 线程并设置定时调度任务
14	public <V> ScheduledFuture<V> schedule(Callable<V> callable, long delay, TimeUnit unit)	添加 Runnable 线程并设置定时调度任务（延时启动）
15	public ScheduledFuture<?> scheduleAtFixedRate(Runnable command, long initialDelay, long period, TimeUnit unit)	添加 Runnable 线程并设置间隔调度任务
16	public ScheduledFuture<?> scheduleWithFixedDelay(Runnable command, long initialDelay, long delay, TimeUnit unit)	添加 Runnable 线程并设置间隔调度任务（延时启动）

EventLoopGroup 接口中提供的方法大多都与线程（围绕着 Runnable 与 Callable 两个线程接口）的调度有关，Netty 为了便于用户的使用，提供了 DefaultEventLoopGroup 与 NioEventLoopGroup 两个接口实现类，其继承结构如图 3-14 所示。这两个类所提供的构造方法都可以设置具体的内核线程的数量，用于设置线程池的大小，如果此时用户未设置线程池的大小，则会在 MultithreadEventLoopGroup 父类中基于默认的硬件环境进行定义，如以下源代码所示。

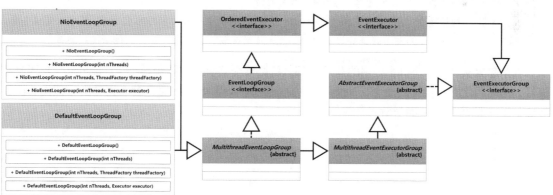

图 3-14 DefaultEventLoopGroup 与 NioEventLoopGroup 的继承结构

1.【源代码】MultithreadEventLoopGroup 类中的静态代码块。

```
private static final int DEFAULT_EVENT_LOOP_THREADS;
static {
    //默认线程池的大小可以通过程序参数配置，如果未配置参数则采用两倍的物理内核数量
    DEFAULT_EVENT_LOOP_THREADS = Math.max(1, SystemPropertyUtil.getInt(
        "io.netty.eventLoopThreads", NettyRuntime.availableProcessors() * 2));
    if (logger.isDebugEnabled()) {
        logger.debug("-Dio.netty.eventLoopThreads: {}", DEFAULT_EVENT_LOOP_THREADS);
    }
}
```

2．【源代码】MultithreadEventLoopGroup 类中的构造方法。

```
protected MultithreadEventLoopGroup(int nThreads, Executor executor, Object... args) {
    super(nThreads == 0 ? DEFAULT_EVENT_LOOP_THREADS : nThreads, executor, args);
}
```

如果用户未设置线程池的大小，则根据 DEFAULT_EVENT_LOOP_THREADS 全局变量的定义进行线程池大小的设置。为便于读者理解，下面以 DefaultEventLoopGroup 类为例，说明 EventLoopGroup 的使用。

3．【base 子模块】实现 Netty 线程池。

```
package com.yootk.test;
public class TestEventLoopGroup {
    private static final Logger LOGGER = LoggerFactory.getLogger(TestEventLoopGroup.class);
    public static void main(String[] args) throws Exception {
        //线程池中的内核线程数量为当前主机的物理CPU内核数量的两倍
        EventLoopGroup group = new DefaultEventLoopGroup(
                Runtime.getRuntime().availableProcessors() * 2);          //创建线程池
        for (int x = 0; x < 3; x++) {                                      //循环启动线程
            group.submit(() -> {                                           //创建Runnable实例
                LOGGER.info("【{}】沐言科技：www.yootk.com", Thread.currentThread().getName());
            });                                                            //线程启动
        }
        TimeUnit.SECONDS.sleep(3);                                         //延迟等待
        group.shutdownGracefully();                                        //关闭线程池
    }
}
```

程序执行结果：

```
【defaultEventLoopGroup-2-1】沐言科技：www.yootk.com
【defaultEventLoopGroup-2-3】沐言科技：www.yootk.com
【defaultEventLoopGroup-2-2】沐言科技：www.yootk.com
```

3.2　Netty 编程起步

Netty 编程起步

视频名称　0305_【掌握】Netty 编程起步

视频简介　Netty 为了标准化输入输出操作，提供了一系列相关的 Channel 接口以及服务配置类。本视频为读者分析这些类结构之间的关联，并对每种接口的使用进行解释。

如果想要实现一个 Netty 应用的开发，那么就必须配置合理的线程模型、Channel 以及绑定端口号，为了简化这一操作的处理，Netty 提供了一个 ServerBootstrap 服务配置引导类，该类的核心结构如图 3-15 所示。下面来看其具体作用。

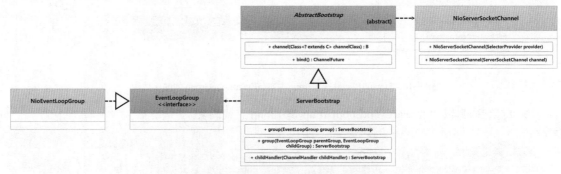

图 3-15　ServerBootstrap 类的核心结构

1．配置线程模型，使用 group()方法配置。

Netty 支持 3 种线程模型的实现，如果要实现多线程的 Reactor 模型，只需要传入一个 EventLoopGroup

的实例即可；如果要实现主从多线程的 Reactor 模型，则需要传入两个 EventLoopGroup 实例。

2．绑定 NIO 处理通道，使用 channel()方法绑定。

Java NIO 服务端需要依靠 ServerSocketChannel 类来绑定服务通道，该类的操作被封装在 NioServerSocketChannel 结构之中。需要注意的是在 Netty 内部为了便于通道的管理，创建了一个 io.netty.channel.Channel 接口，每一个 Channel 结构之中都需要绑定一个 EventLoop 实例，以实现事件轮询的处理机制，NioServerSocketChannel 类结构如图 3-16 所示。

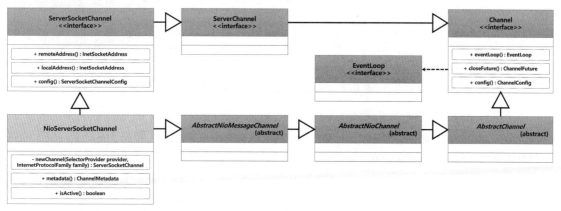

图 3-16　NioServerSocketChannel 类结构

3．Channel 处理，使用 childHandler()方法处理。

每一个网络客户端进行请求时，都会产生一个专属的操作事件，而作为网络服务的开发人员需要对该事件进行具体的业务处理。所以 Netty 内部针对 Channel 的处理提供了一组核心的接口，这些接口如图 3-17 所示，具体作用如下。

（1）Channel：一个由 Netty 自定义的接口，主要封装了 JDK 原生的 Channel 接口功能。

（2）ChannelHandler：提供了对某个 I/O 事件做出响应和处理的逻辑结构，是 Netty 暴露给业务功能的一个扩展结构。

（3）ChannelPipeline：一个保存有若干 ChannelHandler 的责任链模式，按照顺序组织各个 ChannelHandler。

（4）ChannelHandlerContext：封装一个具体的 ChannelHandler 实例，并为每一个 ChannelHandler 的执行提供线程环境（通过 ChannelInboundInvoker 与 ChannelOutboundInvoker 封装）。

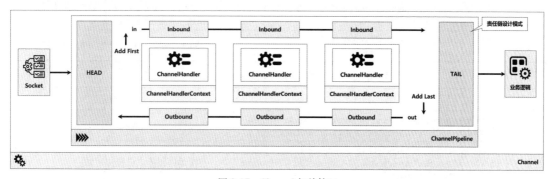

图 3-17　Channel 相关接口

为了便于所有处理节点的管理，Netty 提供了一个 ChannelPipeline 的链表存储结构，在该结构中提供一个著名的 Inbound（读取）和 Outbound（写入）事件流模型，每一个 ChannelHandler 根据业务需要实现数据的读取与写入操作。为便于不同业务的实现，ChannelHandler 接口的定义结构如图 3-18 所示。

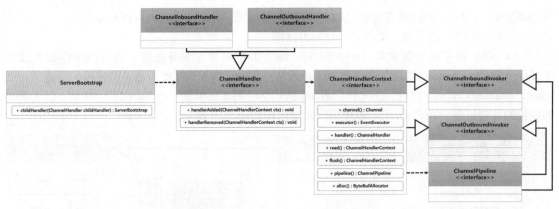

图 3-18　ChannelHandler 接口的定义结构

为了区分读取与写入数据的操作，ChannelHandler 接口又扩展了 ChannelInboundHandler 与 ChannelOutboundHandler 两个子接口，这两个接口中定义的方法如表 3-3 和表 3-4 所示，里面的每一个方法都会根据当前 Channel 的状态进行触发，在实现时用户只需要根据自身的需要进行方法的覆写即可。

表 3-3　ChannelInboundHandler 接口中定义的方法

序号	方法	描述
1	public void channelRegistered(ChannelHandlerContext ctx) throws Exception	在 Channel 注册到线程池的时候触发
2	public void channelUnregistered(ChannelHandlerContext ctx) throws Exception	在 Channel 关闭时触发
3	public void channelActive(ChannelHandlerContext ctx) throws Exception	注册完成后的激活状态
4	public void channelInactive(ChannelHandlerContext ctx) throws Exception	Channel 取消注册之前执行
5	public void channelRead(ChannelHandlerContext ctx, Object msg) throws Exception	在读取数据时触发
6	public void channelReadComplete(ChannelHandlerContext ctx) throws Exception	channelRead()读取完成后触发
7	public void userEventTriggered(ChannelHandlerContext ctx, Object evt) throws Exception	触发特定的操作事件，例如心跳检测
8	public void channelWritabilityChanged(ChannelHandlerContext ctx) throws Exception	当缓冲区出现过高或过低时触发此操作，可以进行传输速率的调整
9	public void exceptionCaught(ChannelHandlerContext ctx, Throwable cause) throws Exception	Channel 读取过程中产生异常时触发

表 3-4　ChannelOutboundHandler 接口中定义的方法

序号	方法	描述
1	public void bind(ChannelHandlerContext ctx, SocketAddress localAddress, ChannelPromise promise) throws Exception	绑定端口操作后触发
2	public void connect(ChannelHandlerContext ctx, SocketAddress remoteAddress, SocketAddress localAddress, ChannelPromise promise) throws Exception	连接远程服务主机操作后触发
3	public void disconnect(ChannelHandlerContext ctx, ChannelPromise promise) throws Exception	断开网络连接后触发
4	public void close(ChannelHandlerContext ctx, ChannelPromise promise) throws Exception	执行关闭操作后触发
5	public void deregister(ChannelHandlerContext ctx, ChannelPromise promise) throws Exception	从当前注册的 EventLoop 中注销后触发

序号	方法	描述
6	public void read(ChannelHandlerContext ctx) throws Exception	数据读取拦截
7	public void write(ChannelHandlerContext ctx, Object msg, ChannelPromise promise) throws Exception	数据写入拦截
8	public void flush(ChannelHandlerContext ctx) throws Exception	操作刷新拦截

3.2.1 开发 ECHO 服务端

开发 ECHO 服务端

视频名称 0306_【掌握】开发 ECHO 服务端

视频简介 Netty 提供了完善的网络模型，本视频基于 Netty 已有的结构开发出一个经典的 ECHO 服务端应用，并通过应用功能的开发讲解 Netty 中每个核心组成结构的关联，同时重点分析 ChannelHandler 以及相关接口和类的使用特点。

Netty 为用户提供了大部分网络开发的底层支持，而用户对于数据的处理部分主要是通过 ChannelHandler 的结构来定义的，在该结构中主要通过 ByteBuf 缓冲结构，进行用户数据的读取以及响应，每一个 ChannelHandler 都需要加入 ChannelPipeline 的队列之中才可以工作，如图 3-19 所示。在 ChannelHandler 中针对不同的操作提供不同的处理方法，例如，在建立网络连接时将触发 channelActive()方法，而在读取数据时将触发 channelRead()方法，同时该方法也可以直接通过 ChannelHandlerContext 对象实例进行请求响应。

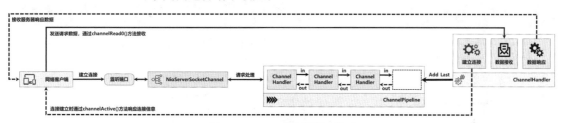

图 3-19 ECHO 服务端程序模型

本程序将实现一个 ECHO 服务端的应用开发，为用户发送的数据添加"【ECHO】"前缀后返回，同时基于 Netty 的主从线程池的网络模型进行编写，具体的实现步骤如下。

1.【netty 项目】创建一个名为 echo-server 的新模块，用于编写服务端应用，随后修改 build.gradle 配置文件，添加模块所需依赖。

```
project(":echo-server") {
    dependencies {
        implementation('io.netty:netty-buffer:4.1.89.Final')
        implementation('io.netty:netty-handler:4.1.89.Final')
        implementation('io.netty:netty-transport:4.1.89.Final')
    }
}
```

2.【echo-server 子模块】创建服务端数据处理类。

```
package com.yootk.server.handler;
public class EchoServerHandler extends SimpleChannelInboundHandler<ByteBuf> {    //数据输入处理
    private static final Logger LOGGER = LoggerFactory.getLogger(EchoServerHandler.class);
    @Override
    public void channelActive(ChannelHandlerContext ctx) throws Exception {        //客户端连接
        //在连接客户端后，将触发此方法，可以向客户端发送一些连接时的数据信息
        LOGGER.info("【客户端连接成功】客户端IP地址：{}", ctx.channel().remoteAddress());
        ByteBuf buf = Unpooled.wrappedBuffer("OK".getBytes());                      //定义响应信息
        ctx.writeAndFlush(buf);                                                     //请求响应
    }
    @Override
    protected void channelRead0(ChannelHandlerContext ctx, ByteBuf msg) throws Exception {
        String clientContent = msg.toString(CharsetUtil.UTF_8).trim();             //获取客户端数据
```

```
        LOGGER.info("【接收到客户端数据】{}", clientContent);
        String echoContent = "【ECHO】" + clientContent;                    //服务端响应数据
        if ("exit".equalsIgnoreCase(clientContent)) {                       //结束标记
            echoContent = "quit";                                           //交互结束
        }
        ByteBuf buf = Unpooled.wrappedBuffer(echoContent.getBytes());       //响应缓冲区
        ctx.writeAndFlush(buf);                                             //请求响应
    }
}
```

　　EchoServerHandler 是用户业务逻辑实现的核心结构，为了简化配置，该类直接继承
SimpleChannelInboundHandler 类，且为 ChannelInboundHandler 接口实现类，表示在数据接收时进
行处理，使用 SimpleChannelInboundHandler 类可以帮助用户在数据读取完成后自动进行缓冲区的
释放，如图 3-20 所示。而此时的 EchoServerHandler 类，只需要覆写 channelRead0()方法即可实现
客户端输入数据的读取。

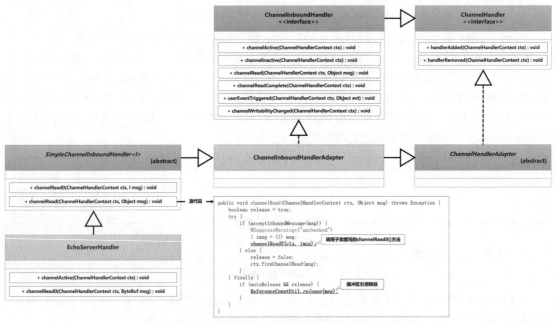

图 3-20　网络业务处理

　　3.【echo-server 子模块】创建 EchoServer 服务端应用启动类。

```
package com.yootk.server;
public class EchoServer {
    private static final Logger LOGGER = LoggerFactory.getLogger(EchoServer.class);
    private int port;                                                       //监听端口号
    public EchoServer() {
        this(8080);                                                         //默认端口
    }
    public EchoServer(int port) {
        this.port = port;                                                   //保存监听端口号
    }
    public void start() throws Exception {                                  //服务端应用启动
        EventLoopGroup bossGroup = new NioEventLoopGroup();                 //主线程池
        EventLoopGroup workerGroup = new NioEventLoopGroup();               //从线程池
        ServerBootstrap serverBootstrap = new ServerBootstrap();           //服务配置类
        serverBootstrap.group(bossGroup, workerGroup)                      //主从线程池配置
                .channel(NioServerSocketChannel.class);                    //采用Java NIO服务通道
        serverBootstrap = serverBootstrap.childHandler(
            //ChannelInitializer覆写了channelRegistered()以及inboundBufferUpdated()两个方法,
            //另外定义了一个抽象方法initChannel(),并将其留给用户定义的类来实现
            new ChannelInitializer<SocketChannel>() {                      //如果不设置则无法设置子线程
                @Override
```

```
            public void initChannel(SocketChannel ch) throws Exception {
                ch.pipeline().addLast(new EchoServerHandler());      //追加处理节点
            }
        });
    try {
        ChannelFuture channelFuture = serverBootstrap.bind(this.port).sync();
        LOGGER.info("服务启动成功, 监听端口为: {}", this.port);
        channelFuture.channel().closeFuture().sync();                //等待Channel关闭
    } finally {
        bossGroup.shutdownGracefully();                             //关闭线程池
        workerGroup.shutdownGracefully();                           //关闭线程池
    }
  }
}
```

　　本程序主要实现了 ECHO 网络服务的启动配置类，通过两个 EventLoopGroup 实例，实现了主从线程池的配置，而后基于 ChannelInitializer 接口实例，将 EchoServerHandler 添加到了 ChannelPipeline 队列的尾部（Inbound 方向）。本程序相关的类结构如图 3-21 所示。

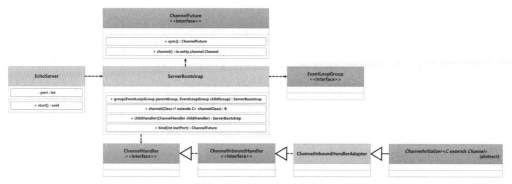

图 3-21　创建 ECHO 服务端应用启动相关的类结构

　　4.【echo-server 子模块】定义 ECHO 服务端应用启动类。

```
package com.yootk;
public class YootkEchoServer {                                      //服务启动类
    public static void main(String[] args) throws Exception {
        new EchoServer(8080).start();                              //定义监听端口并启动应用
    }
}
```

　　5.【本地系统】服务启动后，可以通过本地系统提供的 telnet 命令进行服务端连接测试。

```
telnet localhost 8080
```

3.2.2　开发 ECHO 客户端

开发 ECHO
客户端

视频名称　0307_【掌握】开发 ECHO 客户端

视频简介　Netty 为便于客户端的网络开发，提供了 Bootstrap 配置类，同时也提供了对线程池的支持。本视频基于已有的 ECHO 服务端开发与之匹配的客户端应用，并为读者分析 Netty 服务端开发与客户端开发之间的代码结构关联。

　　Netty 除了提供服务端应用的开发支持之外，还可以基于类似的代码结构实现客户端应用的开发。为便于交互性展示，本次采用键盘输入请求数据的方式，同时在控制台上显示服务端的请求数据，程序的开发模型如图 3-22 所示。

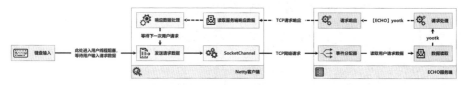

图 3-22　程序的开发模型

为了便于客户端的应用开发，Netty 提供了 Bootstrap 配置类，用户使用该类可以直接配置客户端线程池、NIO 通道以及 ChannelHandler 业务处理实现类，本次将基于图 3-23 所示进行代码的实现，具体的开发步骤如下。

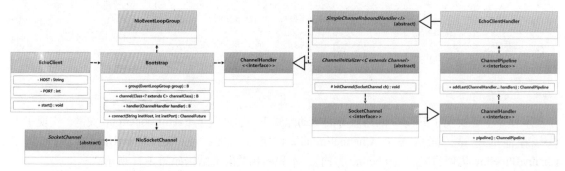

图 3-23　Netty 客户端开发

1.【netty 项目】创建 common 子模块保存公共程序类，并在 build.gradle 文件中进行模块定义。

```
project(":common") {
    dependencies {}
}
```

2.【common 子模块】为便于实现数据交互，创建 InputUtil 工具类。

```
package com.yootk.util;
public class InputUtil {
    private InputUtil() {}
    public static String getString(String prompt) {
        BufferedReader buf = new BufferedReader(new InputStreamReader(System.in)); //缓冲区读取
        String content = null;                                           //保存返回的输入数据
        boolean flag = true;                                             //输入结束标记
        while (flag) {
            System.out.print(prompt);                                    //输出提示信息
            try {
                content = buf.readLine();                                //读取输入数据
                if (content == null || "".equals(content)) {             //数据为空
                    System.out.println("输入的内容不允许为空！");
                } else {
                    flag = false;                                        //结束循环
                }
            } catch (IOException e) {
                System.out.println("输入数据错误!! ");
            }
        }
        return content;
    }
}
```

3.【netty 项目】创建 echo-client 子模块定义，随后修改 build.gradle 配置文件，添加模块所需依赖。

```
project(":echo-client") {
    dependencies {
        implementation('io.netty:netty-buffer:4.1.89.Final')
        implementation('io.netty:netty-handler:4.1.89.Final')
        implementation('io.netty:netty-transport:4.1.89.Final')
        implementation(project(':common'))                              //引入公共模块
    }
}
```

4.【echo-client 子模块】创建客户端网络业务处理类。

```
package com.yootk.client.handler;
public class EchoClientHandler extends SimpleChannelInboundHandler<ByteBuf> { //客户端业务逻辑
    private static final Logger LOGGER = LoggerFactory.getLogger(EchoClientHandler.class);
    @Override
    protected void channelRead0(ChannelHandlerContext ctx, ByteBuf msg) throws Exception {
        String content = msg.toString(CharsetUtil.UTF_8).trim();        //接收服务端响应数据
```

```
    if ("quit".equalsIgnoreCase(content)) {                          //操作结束
        LOGGER.info("【EchoClient】客户端交互结束。");
        ctx.close();                                                  //关闭
    }
    if ("OK".equalsIgnoreCase(content)) {                             //服务端连接就绪
        LOGGER.info("【EchoClient】客户端连接成功，准备进行数据交互。");
    }
    LOGGER.info("{}", content);
    String message = InputUtil.getString("请输入要发送的信息：");
    ByteBuf buf = Unpooled.wrappedBuffer(message.getBytes());         //数据写入缓冲区
    ctx.writeAndFlush(buf);                                           //数据发送
    }
}
```

5．【echo-client 子模块】创建客户端应用启动类。

```
package com.yootk.client;
public class EchoClient {
    private static final String HOST = "localhost";                  //服务端地址
    private static final int PORT = 8080;                             //连接端口
    public void start() throws Exception {                           //客户端启动
        EventLoopGroup group = new NioEventLoopGroup();              //创建线程池
        Bootstrap clientBootstrap = new Bootstrap();                //创建客户端的Bootstrap
        clientBootstrap.group(group)                                //线程池配置
                .channel(NioSocketChannel.class);                   //配置NIO通道
        clientBootstrap.handler(new ChannelInitializer<SocketChannel>() {
            @Override
            protected void initChannel(SocketChannel ch) throws Exception {
                ch.pipeline().addLast(new EchoClientHandler());     //添加处理类
            }
        });
        try {
            ChannelFuture channelFuture = clientBootstrap.connect(HOST, PORT).sync(); //服务端连接
            channelFuture.channel().closeFuture().sync();           //等待客户端关闭
        } finally {
            group.shutdownGracefully();                             //关闭线程池
        }
    }
}
```

6．【echo-client 子模块】创建客户端应用主类。

```
package com.yootk;
public class YootkEchoClient {
    public static void main(String[] args) throws Exception {
        new EchoClient().start();                                   //启动客户端应用
    }
}
```

程序执行结果：

```
【EchoClient】客户端连接成功，准备进行数据交互。
OK
请输入要发送的信息：《Java程序设计开发实战》
【ECHO】《Java程序设计开发实战》
请输入要发送的信息：exit
【EchoClient】客户端交互结束。
```

在客户端进行数据交互时，每一次都会等待用户键盘数据的输入，随后将输入的数据发送到 ECHO 服务端进行处理。客户端提供了 SimpleChannelInboundHandler 业务实现类，在每次接收到响应数据后，都通过 channelRead0()方法进行处理，当用户执行 exit 指令就会结束本次网络交互。

3.2.3 ChannelOption

ChannelOption

视频名称　0308_【理解】ChannelOption

视频简介　Netty 为了保证有效的网络连接，提供了若干网络配置参数。本视频为读者讲解 ChannelOption 中参数的作用，并通过 ECHO 程序分析相关参数的配置操作。

网络应用的开发除了要有完善的业务逻辑之外,还需要考虑到各类不确定的网络因素,例如连接超时、并发量控制、线程分配以及数据读写缓冲区大小等一系列的问题,而为了解决这些问题就需要在网络应用的服务端与客户端上进行相关参数的配置。图 3-24 所示为常见的几个配置参数的作用。

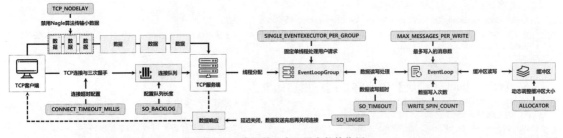

图 3-24　常见的几个配置参数的作用

Netty 框架封装了基础的 TCP,同时在 Netty 开发框架中还扩充了对线程池以及缓冲区的支持,这样在进行参数配置的时候,就存在 TCP 参数以及 Netty 框架的相关参数,这些参数被统一定义在 ChannelOption 类中,该类的定义结构如图 3-25 所示。

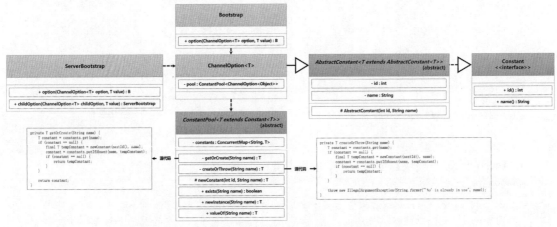

图 3-25　ChannelOption 类的定义结构

ServerBootstrap 与 Bootstrap 两个类实现了网络服务端与客户端应用的配置,同时这两个类都提供 option()方法,可以根据用户的需要进行所需参数的配置,每一个参数都是 ChannelOption 对象实例。为了便于用户使用,Netty 将这些参数统一定义在 ChannelOption 类的全局常量之中,这些常量的作用如表 3-5 所示。

表 3-5　ChannelOption 类全局常量的作用

序号	常量	作用
1	public static final ChannelOption<ByteBufAllocator> ALLOCATOR	调整 Netty 缓冲区大小
2	public static final ChannelOption<RecvByteBufAllocator> RCVBUF_ALLOCATOR	调整 Netty 接收数据缓冲区大小
3	public static final ChannelOption<MessageSizeEstimator> MESSAGE_SIZE_ESTIMATOR	配置消息大小估算器
4	public static final ChannelOption<Integer> CONNECT_TIMEOUT_MILLIS	连接超时毫秒数,默认值为 30000 (30 s)
5	public static final ChannelOption<Integer> MAX_MESSAGES_PER_WRITE	一个 EventLoop 允许写入的最多消息数

续表

序号	常量	作用
6	public static final ChannelOption<Integer> WRITE_SPIN_COUNT	一个 EventLoop 执行的最多写操作次数，默认值为 16，如果 16 次没有写完全部数据，则交由新的 EventLoop 写入
7	public static final ChannelOption<WriteBufferWaterMark> WRITE_BUFFER_WATER_MARK	写入高位标记，默认值为 64KB，如果写缓冲区的字节超过此数值，Channel 中的 isWritable()方法返回 false
8	public static final ChannelOption<Boolean> ALLOW_HALF_CLOSURE	启用半关闭机制，服务端可以向客户端发送数据，但是客户端无法进行读写
9	public static final ChannelOption<Boolean> AUTO_READ	服务端关闭时本地端连接是否关闭，默认值为 false，如果将其设置为 true，则触发 ChannelInboundHandler 接口的自定义事件触发方法（userEventTriggered()）
10	public static final ChannelOption<Boolean> AUTO_CLOSE	写入失败后是否立即关闭连接
11	public static final ChannelOption<Boolean> SO_BROADCAST	发送广播数据报
12	public static final ChannelOption<Boolean> SO_KEEPALIVE	周期性测试连接存活状态
13	public static final ChannelOption<Integer> SO_SNDBUF	发送数据缓冲区大小
14	public static final ChannelOption<Integer> SO_RCVBUF	接收数据缓冲区大小
15	public static final ChannelOption<Boolean> SO_REUSEADDR	允许重复使用本地地址和端口
16	public static final ChannelOption<Integer> SO_LINGER	若有数据发送则延迟关闭连接
17	public static final ChannelOption<Integer> SO_BACKLOG	服务端接收连接队列的长度
18	public static final ChannelOption<Integer> SO_TIMEOUT	数据读取或写入时最长超时时间
19	public static final ChannelOption<Integer> IP_TOS	设置 IP 头部的 Type-of-Service 字段，用于描述 IP 包的优先级和 QoS 选项
20	public static final ChannelOption<InetAddress> IP_MULTICAST_ADDR	设置指定地址的网卡为多播模式
21	public static final ChannelOption<NetworkInterface> IP_MULTICAST_IF	设置网卡多播模式，支持 IPv6
22	public static final ChannelOption<Integer> IP_MULTICAST_TTL	多播数据包的存活数
23	public static final ChannelOption<Boolean> IP_MULTICAST_LOOP_DISABLED	设置本地 Loop 接口的多播功能
24	public static final ChannelOption<Boolean> TCP_NODELAY	禁用 Nagle 算法，允许小数据报传输
25	public static final ChannelOption<Boolean> TCP_FASTOPEN_CONNECT	启用 FastOpen 连接机制
26	public static final ChannelOption<Integer> TCP_FASTOPEN	启用 FastOpen 机制
27	public static final ChannelOption<Boolean> SINGLE_EVENTEXECUTOR_PER_GROUP	该参数被配置为 true 时，Handler 中的程序只会在 NioEventLoopGroup 中的一个线程内执行，采用单线程处理

在 Netty 服务端应用开发中，由于一般都会采用主从线程池的开发架构，所以此时只有主 ServerChannel 配置参数，与从 ServerChannel 配置参数两类结构，对此提供了 option()与 childOption() 两个配置方法。而客户端的开发中并未采用主从线程池的开发架构，直接通过 option()方法进行参数配置即可，下面将对已有的 ECHO 程序进行改造，并为其配置相关参数。

1．【echo-server 子模块】修改服务端的 EchoServer 类，为 ServerBootstrap 实例配置网络参数。

```
public void start() throws Exception {                                        //服务端应用启动
    EventLoopGroup bossGroup = new NioEventLoopGroup();                       //主线程池
    EventLoopGroup workerGroup = new NioEventLoopGroup();                     //从线程池
    ServerBootstrap serverBootstrap = new ServerBootstrap();                  //服务配置类
    //option()方法主要用于设置主线程池中的相关连接参数
    serverBootstrap.option(ChannelOption.SO_BACKLOG, 128);                    //配置连接队列大小
    serverBootstrap.option(ChannelOption.CONNECT_TIMEOUT_MILLIS, 3000);       //连接超时
    //childOption()方法主要用于设置从线程池中的相关连接参数
```

```
serverBootstrap.childOption(ChannelOption.SO_KEEPALIVE, true);          //连接测试
serverBootstrap.childOption(ChannelOption.SO_TIMEOUT, 3000);            //读写超时
serverBootstrap.childOption(ChannelOption.TCP_FASTOPEN_CONNECT, true); //TFO机制
//其他重复代码略
}
```

2.【echo-client 子模块】修改客户端的 EchoClient 类，为 Bootstrap 实例配置网络参数。

```
public void start() throws Exception {                                       //客户端启动
    EventLoopGroup group = new NioEventLoopGroup();                          //创建线程池
    Bootstrap clientBootstrap = new Bootstrap();                             //创建客户端的Bootstrap
    clientBootstrap.option(ChannelOption.CONNECT_TIMEOUT_MILLIS, 3000);     //连接超时
    clientBootstrap.option(ChannelOption.SO_TIMEOUT, 3000);                 //连接超时
    clientBootstrap.option(ChannelOption.SO_KEEPALIVE, true);               //连接测试
    clientBootstrap.option(ChannelOption.TCP_FASTOPEN_CONNECT, true);       //TFO机制
    //其他重复代码略
}
```

当前的 TCP 程序中，由于服务端与客户端都配置了 ChannelOption.TCP_FASTOPEN_CONNECT 参数，因此可以提高 TCP 连接建立的性能。

> 提示：TFO 机制。
>
> 　　谷歌研究发现，TCP 三次握手是造成操作延迟的重要因素，所以由谷歌提出了 TFO（TCP Fast Open）机制，以进行 TCP 扩展，其本质的实现是在客户端重连时，携带一部分的标记数据，从而可以在服务端回复 ACK 信息前就实现数据的发送。经过测试，该操作可以减少约 15% 的传输延迟。

3.2.4　异步回调监听

异步回调监听

　　视频名称　0309_【理解】异步回调监听
　　视频简介　为了便于数据写入操作的管理，ChannelFuture 提供了回调监听的操作支持。本视频为读者分析该机制的作用，并通过 GenericFutureListener 接口实现操作回调监听。

　　在 Netty 中所有的网络处理单元都通过 ChannelHandler 接口实例进行描述，在客户端与服务端进行通信的过程中，主要通过 ChannelHandlerContext 接口提供的 writeAndFlush()方法实现数据的输出，执行该方法时会返回一个 ChannelFuture 接口实例，利用该实例可以添加异步回调的监听操作，如图 3-26 所示。

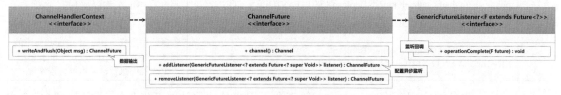

图 3-26　异步回调监听

　　如果要配置异步回调监听操作，可以通过 ChannelFuture 接口中提供的 addListener()方法进行监听器实现类的添加，该类必须要实现 GenericFutureListener 父接口并覆写 operationComplete()方法。下面将对已有的 ECHO 程序客户端和服务端中的 ChannelHandler 实现类进行改造，为其追加异步监听的操作。

　　1.【echo-server 子模块】修改 EchoServerHandler 类在写入数据后配置回调操作。

```
protected void channelRead0(ChannelHandlerContext ctx, ByteBuf msg) throws Exception {
                                                                        //其他重复代码略
    ChannelFuture future = ctx.writeAndFlush(buf);                      //请求响应
    future.addListener(new GenericFutureListener<Future<? super Void>>() {
        @Override
        public void operationComplete(Future<? super Void> future) throws Exception {
```

```
            if (future.isSuccess()) {
                LOGGER.debug("【服务端异步回调】客户端数据业务处理完毕。");
            }
        }
    });
}
```

2.【echo-client 子模块】修改 EchoClientHandler 类在写入数据后配置回调操作。

```
protected void channelRead0(ChannelHandlerContext ctx, ByteBuf msg) throws Exception {
                                                                        //重复代码略
    ChannelFuture future = ctx.writeAndFlush(buf);                      //数据发送
    future.addListener(new GenericFutureListener<Future<? super Void>>() {
        @Override
        public void operationComplete(Future<? super Void> future) throws Exception {
            if (future.isSuccess()) {
                LOGGER.debug("【客户端异步回调】请求数据发送完毕。");
            }
        }
    });
}
```

3.3 粘包与拆包

粘包与拆包

视频名称　0310_【掌握】粘包与拆包

视频简介　网络编程中数据包的有效传输是核心问题，本视频通过实例为读者分析大规模数据传输所带来的问题，并且分析实际开发中的 3 种数据传输问题解决方案的优缺点。

使用 TCP 建立的网络应用，核心的目的是数据稳定、可靠传输，所以对于每一次客户端发送出去的数据，服务端都应该正常接收并且对其进行有效的业务处理。但是，在实际的开发中，服务端可以接收到的数据包的长度是受限制的，这样在客户端发送较大数据时，如果没有进行有效的处理，有可能服务端将无法进行正确的数据接收。TCP 网络应用中的数据传输流程如图 3-27 所示。

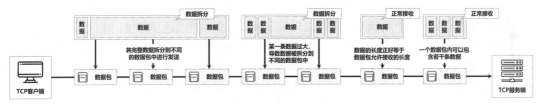

图 3-27　TCP 网络应用中的数据传输

当用户使用 Netty 框架进行网络编程时，每次调用 ChannelHandlerContext 接口的 writeAndFlush() 方法都可以进行数据的发送。但是由于受到数据包长度的限制，因此当数据较小时，若干条数据会被合并为一个数据包传输，当数据较大时，一条完整的数据会分别被拆分到不同的数据包进行发送，如果未经过有效的处理，服务端有可能无法正确进行请求数据的接收，从而造成业务数据混乱的场景出现。例如，现在对已有的 ECHO 客户端程序进行修改，让每一次输入的数据重复发送 50 次。

范例：【echo-client 子模块】修改 ECHO 客户端应用中的 EchoClientHandler.channelRead0()方法重复发送数据。

```
String message = InputUtil.getString("请输入要发送的信息：");
for (int x = 0 ; x < 500; x ++) {
    ByteBuf buf = Unpooled.wrappedBuffer(message.getBytes());      //数据写入缓冲区
    ChannelFuture future = ctx.writeAndFlush(buf);                 //数据发送
}
```

服务端日志：

```
【接收到客户端数据】《Java程序设计开发实战》《Java程序设计开发�
【接收到客户端数据】��战》《Java程序设计开发实战》《Java程序设计开发实战》
```

此时的程序出现了数据包读取错误的问题,主要原因在于同一组数据被分到不同的数据包进行传输,所以服务端在接收的时候无法进行正常的数据读取,最终导致了乱码的产生,这一问题在实际的开发中有 3 种解决方案。

解决方案一:固定数据传输长度。每次只传输定长的数据包,如果要发送的数据长度不足,则补充空位以达到预定的数据包长度,这样服务端在进行数据接收时就可以根据固定的长度进行数据读取,如图 3-28 所示。但是此方案只能实现小数据量的传输,当数据量较大时依然需要进行数据的拆分,同时在传输时需要传输空位,所以会造成带宽浪费。

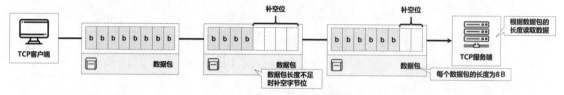

图 3-28　固定长度数据包

解决方案二:添加数据头。考虑到带宽的利用率以及客户端发送数据长度的限制问题,可以在每一次数据发送时都追加一个数据头信息,并且在该数据头信息中添加数据的总长,如图 3-29 所示。这样在服务端进行数据读取时,就可以根据数据头的定义动态设置数据读取的长度。本次定义为 2 B 的数据头长度,可以保存的最大长度数值为 2^{16},虽然此种方式可以有效地解决大数据量的传输问题,但是由于服务端接收的限制,有可能同一条数据会被拆分为不同的数据包进行接收,从而产生数据错乱的问题。

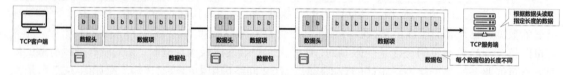

图 3-29　利用数据头定义数据读取长度

解决方案三:设置一个明确的分隔符以区分不同的数据内容。这样即便一条完整的数据被拆分到了不同的数据包之中,依靠分隔符也可以实现有效的数据读取,如图 3-30 所示。此时的服务端在接收到数据后并不会立即读取,而是会将其保存在缓存中,并依据分隔符进行数据读取,这样的传输机制被称为粘包与拆包机制,可以直接基于 Netty 中提供的结构来实现。

图 3-30　设置数据分隔符

3.3.1　LineBasedFrameDecoder

LineBased-
FrameDecoder

视频名称	0311_【掌握】LineBasedFrameDecoder
视频简介	Netty 为便于与 JVM 内置分隔符进行整合提供了 LineBasedFrameDecoder,本视频通过实例分析粘包与拆包机制的实现,并实现多个处理逻辑的配置。

使用 Netty 中的粘包与拆包机制,需要在每一条数据的尾部添加分隔符,这样可以在一个数据包中传输多项数据,也可以将一条大型的数据保存在多个数据包中进行发送。服务端接收到数据后,可以依据分隔符来进行数据的拆分,将每一组拆分后的完整数据交由 ChannelHandler 业务实现类进行处理。Netty 默认使用 line.separator 环境属性值作为分隔符,同时结合 LineBasedFrameDecoder

（ChannelInBoundHandler 接口实现类）解码器实现拆分操作，如图 3-31 所示。

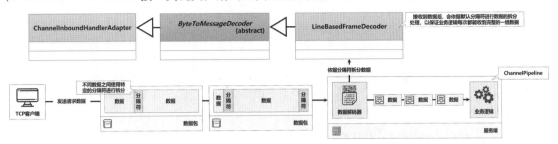

图 3-31 LineBasedFrameDecoder 数据拆分操作

考虑到客户端与服务端的通信是双向的，客户端发送请求或者服务端响应请求时，都应在每次数据发送时添加一个分隔符标记，所以客户端和服务端的 ChannelPipeline 中都需要添加 LineBasedFrameDecoder 的处理实例。下面将对已有的 ECHO 程序进行修改，使其实现粘包与拆包处理机制。

1．【echo-client 子模块】修改 EchoClientHandler.channelRead0()方法，在发送数据时添加分隔符。

```
String message = InputUtil.getString("请输入要发送的信息：") +
    System.getProperty("line.separator");                    //添加数据分隔符
for (int x = 0 ; x < 500; x ++) {
    ByteBuf buf = Unpooled.wrappedBuffer(message.getBytes());    //数据写入缓冲区
    ChannelFuture future = ctx.writeAndFlush(buf);              //数据发送
}
```

2．【echo-client 子模块】考虑到服务端在进行数据响应时，也会添加分隔符，所以修改 EchoClient 类，添加 LineBasedFrameDecoder。由于 LineBasedFrameDecoder 是在 EchoClientHandler 执行之前调用的，所以需要注意配置的顺序。

```
clientBootstrap.handler(new ChannelInitializer<SocketChannel>() {
    @Override
    protected void initChannel(SocketChannel ch) throws Exception {
        ch.pipeline().addLast(new LineBasedFrameDecoder(100));    //拆包处理
        ch.pipeline().addLast(new EchoClientHandler());           //添加处理类
    }
});
```

3．【echo-server 子模块】此时客户端添加了 LineBasedFrameDecoder，所以修改服务端 EchoServerHandler 类，在每次进行数据发送时都在数据的结尾添加分隔符。

```
package com.yootk.server.handler;
public class EchoServerHandler extends SimpleChannelInboundHandler<ByteBuf> {  //数据输入处理
    private static final Logger LOGGER = LoggerFactory.getLogger(EchoServerHandler.class);
    @Override
    public void channelActive(ChannelHandlerContext ctx) throws Exception {   //客户端连接
        LOGGER.info("【客户端连接成功】客户端IP地址：{}", ctx.channel().remoteAddress());
        ByteBuf buf = Unpooled.wrappedBuffer(("OK" +
            System.getProperty("line.separator")).getBytes());               //定义响应信息
        ctx.writeAndFlush(buf);                                              //请求响应
    }
    @Override
    protected void channelRead0(ChannelHandlerContext ctx, ByteBuf msg) throws Exception {
        String clientContent = msg.toString(CharsetUtil.UTF_8).trim();       //获取客户端数据
        LOGGER.info("【接收到客户端数据】{}", clientContent);
        String echoContent = "【ECHO】" + clientContent;                     //服务端响应数据
        if ("exit".equalsIgnoreCase(clientContent)) {                       //结束标记
            echoContent = "quit";                                          //交互结束
        }
        ByteBuf buf = Unpooled.wrappedBuffer((echoContent +
            System.getProperty("line.separator")).getBytes());              //响应缓冲区
        ChannelFuture future = ctx.writeAndFlush(buf);                      //请求响应
    }
}
```

4.【echo-server 子模块】客户端发送的数据中均存在分隔符，所以修改 EchoServer 类中的 ChannelPipeline 配置，在处理业务逻辑前追加 LineBasedFrameDecoder。

```
serverBootstrap = serverBootstrap.childHandler(
      new ChannelInitializer<SocketChannel>() {                        //如果不设置则无法设置子线程
          @Override
          public void initChannel(SocketChannel ch) throws Exception {
              ch.pipeline().addLast(new LineBasedFrameDecoder(100));    //拆包处理
              ch.pipeline().addLast(new EchoServerHandler());           //追加处理节点
          }
      });
```

3.3.2 DelimiterBasedFrameDecoder

DelimiterBased-
FrameDecoder

视频名称　　0312_【掌握】DelimiterBasedFrameDecoder

视频简介　　DelimiterBasedFrameDecoder 是 Netty 内部提供的一个自定义粘包与拆包分隔符的解码器，本视频分析其与 LineBasedFrameDecoder 之间的关联，并通过具体的代码修改，在已有的 ECHO 程序类中基于 "%$%" 实现自定义分隔符的使用。

LineBasedFrameDecoder 依靠 JVM 系统分隔符实现数据拆分机制，而在现实开发中，考虑到项目开发团队的多样性，Netty 提供了 DelimiterBasedFrameDecoder，该解码器支持自定义分隔符的功能，使用起来更加灵活，该解码器的定义结构如图 3-32 所示。

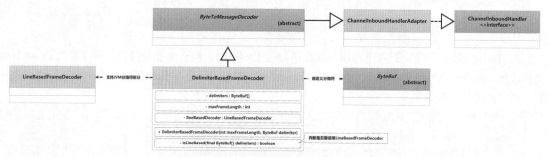

图 3-32　DelimiterBasedFrameDecoder 的定义结构

DelimiterBasedFrameDecoder 在内部可以同时保存多个不同的分隔符，在该类对象实例化时，如果发现当前用户设置的是 JVM 内置分隔符，则默认使用 LineBasedFrameDecoder 进行拆分，如果不是则具体的数据拆分逻辑由 DelimiterBasedFrameDecoder 实现。下面对之前的 ECHO 程序模型进行修改，引入自定义分隔符进行粘包与拆包实现。

1.【netty 项目】修改 build.gradle 配置文件，在 echo-server 子模块中引入 common 子模块。

```
project(":echo-server") {
    dependencies {
        implementation('io.netty:netty-buffer:4.1.89.Final')
        implementation('io.netty:netty-handler:4.1.89.Final')
        implementation('io.netty:netty-transport:4.1.89.Final')
        implementation(project(':common'))                              //引入公共模块common
    }
}
```

2.【common 子模块】在 common 子模块中创建一个 YootkDefinition 接口，并将分隔符定义为全局常量。

```
package com.yootk.common;
public class YootkDefinition {                                          //全局接口
    public static final String SEPARATOR = "%$%" ;                      //自定义分隔符
}
```

3.【echo-client 子模块】修改 EchoClientHandler 类中的 channelRead0()方法，在每次发送数据时追加自定义分隔符。

```
String message = InputUtil.getString("请输入要发送的信息：") + YootkDefinition.SEPARATOR;
for (int x = 0 ; x < 500; x ++) {
```

```
ByteBuf buf = Unpooled.wrappedBuffer(message.getBytes());              //数据写入缓冲区
ChannelFuture future = ctx.writeAndFlush(buf);                        //数据发送
}
```

4.【echo-client 子模块】由于此时使用了自定义分隔符,修改 ChannelPipeline 中的 ChannelHandler
配置。

```
clientBootstrap.handler(new ChannelInitializer<SocketChannel>() {
    @Override
    protected void initChannel(SocketChannel ch) throws Exception {
        ch.pipeline().addLast(new DelimiterBasedFrameDecoder(100,
            Unpooled.copiedBuffer(YootkDefinition.SEPARATOR.getBytes())));   //拆包处理
        ch.pipeline().addLast(new EchoClientHandler());                     //添加处理类
    }
});
```

5.【echo-server 子模块】修改 EchoServerHandler 类,在每次进行数据响应时都采用自定义分
隔符。

```
public class EchoServerHandler extends SimpleChannelInboundHandler<ByteBuf> {   //数据输入处理
    private static final Logger LOGGER = LoggerFactory.getLogger(EchoServerHandler.class);
    @Override
    public void channelActive(ChannelHandlerContext ctx) throws Exception {     //客户端连接
        //客户端连接后,将触发此方法的执行,可以向客户端发送一些连接时的数据信息
        LOGGER.info("【客户端连接成功】客户端IP地址: {}", ctx.channel().remoteAddress());
        ByteBuf buf = Unpooled.wrappedBuffer(("OK" + YootkDefinition.SEPARATOR).getBytes());
        ctx.writeAndFlush(buf);                                                 //请求响应
    }
    @Override
    protected void channelRead0(ChannelHandlerContext ctx, ByteBuf msg) throws Exception {
        String clientContent = msg.toString(CharsetUtil.UTF_8).trim();         //获取客户端数据
        LOGGER.info("【接收到客户端数据】{}", clientContent);
        String echoContent = "【ECHO】" + clientContent;                        //服务端响应数据
        if ("exit".equalsIgnoreCase(clientContent)) {                          //结束标记
            echoContent = "quit";                                              //交互结束
        }
        ByteBuf buf = Unpooled.wrappedBuffer((echoContent + YootkDefinition.SEPARATOR).getBytes());
        ChannelFuture future = ctx.writeAndFlush(buf);                         //请求响应
    }
}
```

6.【echo-server 子模块】修改 ChannelPipeline 的配置,使用 DelimiterBasedFrameDecoder 代替
LineBasedFrameDecoder。

```
serverBootstrap = serverBootstrap.childHandler(
    new ChannelInitializer<SocketChannel>() {
        @Override
        public void initChannel(SocketChannel ch) throws Exception {
            ch.pipeline().addLast(new DelimiterBasedFrameDecoder(100,
                Unpooled.copiedBuffer(YootkDefinition.SEPARATOR.getBytes())));   //拆包处理
            ch.pipeline().addLast(new EchoServerHandler());                     //追加处理节点
        }
    });
```

3.3.3 字符串编码与解码

字符串编码与
解码

视频名称   0313_【掌握】字符串编码与解码

视频简介   Netty 为了便于数据的简化处理,提供了许多内置的 ChannelHandler 实现类。
本视频通过实例讲解基于字符串实现的数据处理与传输操作,并且重点分析 Inbound 与
OutBound 操作的节点配置的先后顺序问题以及对数据处理的影响。

Netty 客户端与服务端的数据读写都是基于 ByteBuf 缓冲区的方式实现的,虽然相较于 Java NIO
中的 ByteBuffer 的实现更加简单,但是每一次都需要在业务逻辑的处理中进行缓冲区的操作,还是
较为烦琐。例如,在常规的 ECHO 应用架构中,往往客户端发送的数据是字符串,而服务端响应
的数据也是字符串,所以字符串才是业务逻辑处理的核心单元,而每一次将字符串包装到 ByteBuf
结构中,都会导致业务处理逻辑的混乱。为了解决此类问题,Netty 提供了对字符串的编码器与解
码器的支持,如图 3-33 所示。

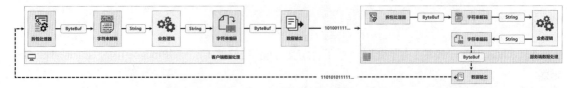

图 3-33　字符串编码器与解码器

Netty 中所有数据的处理都是通过 ChannelPipeline 中每一个 ChannelHandler 实现类完成的，网络客户端所发送出来的二进制数据经过一系列的解析之后，可以被转换为 Netty 中的 ByteBuf。但是有了字符串编码器与字符串解码器的支持，就可以将 ByteBuf 数据转换为 String 类型数据，最终就可以在业务逻辑中基于字符串实现数据的接收与响应处理了。

Netty 中内置了 StringEncoder(字符串编码器)与 StringDecoder(字符串解码器)两种 ChannelHandler 的实现类，这两个类的继承结构如图 3-34 所示，其中编码器需要绑定在输出操作节点范围中，而解码器需要绑定在输入操作节点范围之内。下面将基于该结构对已有的 ECHO 程序进行改写，使其可以基于字符串实现数据传输。

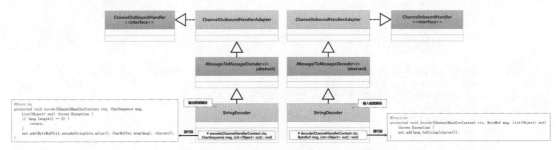

图 3-34　StringEncoder 与 StringDecoder 的继承结构

1.【echo-server 子模块】修改 EchoServerHandler 类，直接使用 String 实现请求数据的接收与响应。

```java
package com.yootk.server.handler;
public class EchoServerHandler extends SimpleChannelInboundHandler<String> {      //数据输入处理
    private static final Logger LOGGER = LoggerFactory.getLogger(EchoServerHandler.class);
    @Override
    public void channelActive(ChannelHandlerContext ctx) throws Exception {        //客户端连接
        LOGGER.info("【客户端连接成功】客户端IP地址：{}", ctx.channel().remoteAddress());
        ctx.writeAndFlush("OK" + YootkDefinition.SEPARATOR);                       //请求响应
    }
    @Override
    protected void channelRead0(ChannelHandlerContext ctx, String msg) throws Exception {
        String clientContent = msg.trim();                                        //获取客户端数据
        LOGGER.info("【接收到客户端数据】{}", clientContent);
        String echoContent = "【ECHO】" + clientContent;                           //服务端响应数据
        if ("exit".equalsIgnoreCase(clientContent)) {                             //结束标记
            echoContent = "quit";                                                 //交互结束
        }
        ctx.writeAndFlush(echoContent + YootkDefinition.SEPARATOR);               //请求响应
    }
}
```

2.【echo-server 子模块】修改 EchoServer 类，添加字符串编码器与解码器。

```java
serverBootstrap = serverBootstrap.childHandler(
        new ChannelInitializer<SocketChannel>() {
            @Override
            public void initChannel(SocketChannel ch) throws Exception {
                ch.pipeline().addLast(new DelimiterBasedFrameDecoder(100,
                        Unpooled.copiedBuffer(YootkDefinition.SEPARATOR.getBytes())));//拆包处理
                ch.pipeline().addLast(new StringDecoder(CharsetUtil.UTF_8));
                ch.pipeline().addLast(new EchoServerHandler());                   //追加处理节点
                ch.pipeline().addFirst(new StringEncoder(CharsetUtil.UTF_8));
            }
        });
```

3.【echo-client 子模块】修改 EchoClientHandler 类，使用字符串进行数据传输。

```
package com.yootk.client.handler;
public class EchoClientHandler extends SimpleChannelInboundHandler<String> { //客户端业务逻辑
    private static final Logger LOGGER = LoggerFactory.getLogger(EchoClientHandler.class);
    @Override
    protected void channelRead0(ChannelHandlerContext ctx, String msg) throws Exception {
        String content = msg.trim();                                          //接收服务端响应数据
        if ("quit".equalsIgnoreCase(content)) {                               //操作结束
            LOGGER.info("【EchoClient】客户端交互结束。");
            ctx.close();                                                      //关闭
        } else {
            if ("OK".equalsIgnoreCase(content)) {                             //服务端连接就绪
                LOGGER.info("【EchoClient】客户端连接成功，准备进行数据交互。");
            }
            LOGGER.info("{}", content);
            String message = InputUtil.getString("请输入要发送的信息：") +
                    YootkDefinition.SEPARATOR;                                //添加数据分隔符
            for (int x = 0; x < 500; x ++) {
                ctx.writeAndFlush(message);                                   //数据发送
            }
        }
    }
}
```

4.【echo-client 子模块】修改 EchoClient 类，添加字符串编码器与解码器。

```
clientBootstrap.handler(new ChannelInitializer<SocketChannel>() {
    @Override
    protected void initChannel(SocketChannel ch) throws Exception {
        ch.pipeline().addLast(new DelimiterBasedFrameDecoder(100,
                Unpooled.copiedBuffer(YootkDefinition.SEPARATOR.getBytes())));  //拆包处理
        ch.pipeline().addLast(new StringDecoder(CharsetUtil.UTF_8));
        ch.pipeline().addLast(new EchoClientHandler());                        //添加处理类
        ch.pipeline().addFirst(new StringEncoder(CharsetUtil.UTF_8));
    }
});
```

此时的程序在服务端和客户端处理的 ChannelPipeline 中分别配置了字符串解码器与编码器，这样在每次进行业务数据的接收与响应时就可以直接通过字符串数据实现操作。

3.3.4 LengthFieldBasedFrameDecoder

LengthField-
BasedFrame-
Decoder

视频名称 0314_【掌握】LengthFieldBasedFrameDecoder

视频简介 为了简化粘包与拆包的数据处理操作，Netty 又内置了一种数据帧的传输模型。本视频为读者分析 LengthFieldBasedFrameDecoder 的作用与数据传输结构，同时基于该解码器与字符串数据传输的模式进行具体的案例讲解。

使用粘包与拆包机制主要是为了保障数据读取的完整性，但是在一些 TCP 的扩展协议之中，例如 HTTP（Hypertext Transfer Protocol，超文本传送协议）、SMTP（Simple Mail Transfer Protocol，简单邮件传送协议）等，在每一次进行请求数据发送时，都会在数据内容之前追加一个报文长度的定义，如图 3-35 所示。这样就屏蔽了 TCP 底层的粘包与拆包问题，只需要传入正确的配置参数，在数据读取时就可以轻松解决"读半包"问题。

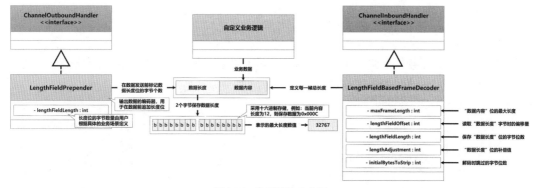

图 3-35 数据帧读取配置

为便于数据的管理，Netty 中将"数据长度 + 数据内容"的组合称为一组完整的数据帧(Frame)，每一组数据帧中的数据内容是由用户自定义的业务逻辑输出的，可能是一个缓冲区，也可能是一个字符串，甚至是对象。数据长度位的个数是由 LengthFieldPrepender 来定义的，所以在进行数据接收时就要依靠 LengthFieldBasedFrameDecoder 跳过指定长度位之后再进行内容位的数据读取，而该类在定义时存在大量的属性，在进行数据读取时，需要由用户根据实际的运行环境来进行相关索引的配置，如图 3-36 所示。下面来看一下该操作的具体使用。

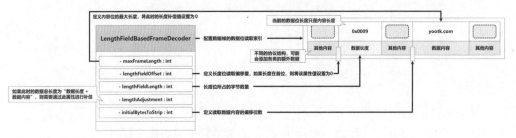

图 3-36　LengthFieldBasedFrameDecoder 属性配置

1.【echo-client 子模块】此时的程序将以数据帧的形式进行发送，所以 EchoClientHandler 发送数据时不再需要在数据之后追加分隔符，直接发送字符串即可。

```
package com.yootk.client.handler;
public class EchoClientHandler extends SimpleChannelInboundHandler<String> { //客户端业务逻辑
    private static final Logger LOGGER = LoggerFactory.getLogger(EchoClientHandler.class);
    @Override
    protected void channelRead0(ChannelHandlerContext ctx, String msg) throws Exception {
        String content = msg.trim();                                      //接收服务端响应数据
        if ("quit".equalsIgnoreCase(content)) {                           //操作结束
            LOGGER.info("【EchoClient】客户端交互结束。");
            ctx.close();                                                  //关闭
        } else {
            if ("OK".equalsIgnoreCase(content)) {                         //服务端连接就绪
                LOGGER.info("【EchoClient】客户端连接成功，准备进行数据交互。");
            }
            LOGGER.info("{}", content);
            String message = InputUtil.getString("请输入要发送的信息：");   //添加数据分隔符
            for (int x = 0 ; x < 500; x ++) {                            //数据发送
                ctx.writeAndFlush(message);
            }
        }
    }
}
```

2.【echo-client 子模块】修改 EchoClient 类，追加数据帧操作节点。

```
clientBootstrap.handler(new ChannelInitializer<SocketChannel>() {
    @Override
    protected void initChannel(SocketChannel ch) throws Exception {
        ch.pipeline().addLast(new LengthFieldBasedFrameDecoder(4096, 0, 2, 0, 2));
        ch.pipeline().addLast(new StringDecoder(CharsetUtil.UTF_8));
        ch.pipeline().addLast(new EchoClientHandler());                   //添加处理类
        ch.pipeline().addFirst(new StringEncoder(CharsetUtil.UTF_8));
        ch.pipeline().addFirst(new LengthFieldPrepender(2));
    }
});
```

3.【echo-server 子模块】修改 EchoServerHandler 服务端业务逻辑类，在进行数据响应时，不需要添加分隔符，可以直接响应字符串数据。

```
package com.yootk.server.handler;
public class EchoServerHandler extends SimpleChannelInboundHandler<String> {    //数据输入处理
    private static final Logger LOGGER = LoggerFactory.getLogger(EchoServerHandler.class);
    @Override
    public void channelActive(ChannelHandlerContext ctx) throws Exception {      //客户端连接
        LOGGER.info("【客户端连接成功】客户端IP地址：{}", ctx.channel().remoteAddress());
        ctx.writeAndFlush("OK");                                                //请求响应
    }
    @Override
```

```
protected void channelRead0(ChannelHandlerContext ctx, String msg) throws Exception {
    String clientContent = msg.trim();                          //获取客户端数据
    LOGGER.info("【接收到客户端数据】{}", clientContent);
    String echoContent = "【ECHO】" + clientContent;            //服务端响应数据
    if ("exit".equalsIgnoreCase(clientContent)) {               //结束标记
        echoContent = "quit";                                   //交互结束
    }
    ctx.writeAndFlush(echoContent);                             //请求响应
    }
}
```

4.【echo-server 子模块】修改 EchoServer 类，添加数据帧处理节点。

```
serverBootstrap = serverBootstrap.childHandler(
    new ChannelInitializer<SocketChannel>() {                   //如果不设置则无法设置子线程
        @Override
        public void initChannel(SocketChannel ch) throws Exception {
            ch.pipeline().addLast(new LengthFieldBasedFrameDecoder(4096, 0, 2, 0, 2));
            ch.pipeline().addLast(new StringDecoder(CharsetUtil.UTF_8));
            ch.pipeline().addLast(new EchoServerHandler());      //追加处理节点
            ch.pipeline().addFirst(new StringEncoder(CharsetUtil.UTF_8));
            ch.pipeline().addFirst(new LengthFieldPrepender(2));
        }
    });
```

此时的程序在运行时，每一次会发送一个完整的数据帧，服务端接收到数据后，会根据配置的"数据长度"位的个数进行数据解析。如果此时用户发送的数据长度超过了 LengthFieldBasedFrameDecoder 配置的最大长度，则在处理时程序会自动抛出 TooLongFrameException 异常。

3.4　数据序列化

数据序列化

视频名称　0315_【理解】数据序列化

视频简介　Netty 为了便于 Java 对象的序列化传输，提供了专属的编码器与解码器。本视频为读者分析序列化传输在整个项目应用中的作用，并分析其实现架构。

Java 是一门面向对象的编程语言，在进行 Java 应用开发的过程中，类是核心的程序结构。所有的数据被封装在实例化对象之中，所以在网络编程的环境下，客户端与服务端之间交互的数据单元应该是对象，而不应是简单的字节或字符串，如图 3-37 所示。

图 3-37　对象数据交互

客户端基于对象可以保存一组相关的数据，而服务端由于存在业务层与数据层的设计需要，因此也应该基于对象的方式实现数据的传输，这样一来在客户端和服务端之间就需要提供数据的序列化与反序列化操作，客户端通过序列化的方式将对象转换为二进制数据，服务端将接收到的二进制数据反序列化为具体的对象实例。而在 Netty 中想要实现这一功能，就需要开发人员自定义 ChannelHandler 类，并将其加入 ChannelPipeline 处理节点之中，如图 3-38 所示。

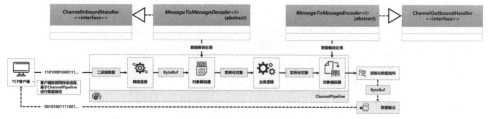

图 3-38　对象序列化与反序列化

考虑到不同的应用场景，Netty 为了便于用户扩展数据传输结构，提供了 MessageToMessage Decoder（解码器工作在 Outbound 节点）与 MessageToMessageEncoder（编码器工作在 InBound 节点）结构支持，开发人员只需要通过继承相应的父类即可实现编码与解码。但是对于序列化传输来讲，还需要考虑到性能、带宽占用率以及数据结构的通用性等实际问题，所以开发中较为常用的 5 种序列化方式为 JDK 原生支持、JBoss Marshalling、FastJSON、MesagePack 以及 Google Protobuf，下面分别针对这几种不同的实现方式进行说明。

3.4.1　JDK 序列化

JDK 序列化

视频名称　0316_【了解】JDK 序列化

视频简介　Java 为了便于对象的二进制传输，提供了序列化与反序列化的支持，Netty 基于此机制进行了解码器与编码器的定义，以实现对象数据的传输。本视频为读者分析相关类的继承结构，并通过具体的编码方式实现对象数据的发送与响应。

JDK 中为了便于内存对象的传输处理，定义了 Serializable 序列化接口标准，同时又提供了 ObjectOutputStream（对象序列化）以及 ObjectInputStream（对象反序列化）的操作类，这样就可以将对象以二进制数据流的方式进行传输。在设计 Netty 之初，为了便于网络传输，开发人员又进行了序列化与反序列化操作的扩展。Netty 内置的 JDK 序列化与反序列化操作类如图 3-39 所示。

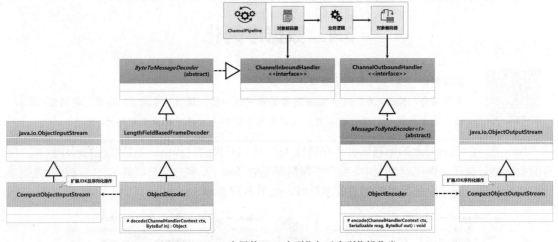

图 3-39　Netty 内置的 JDK 序列化与反序列化操作类

ObjectDecoder 类为 LineBasedFrameDecoder 类的子类，所以其对象具有数据拆包的处理能力，用户在使用时直接进行批量对象发送即可。下面对 ECHO 程序进行修改，使其实现对象的发送与接收支持，具体实现步骤如下。

1.【common 子模块】创建一个 BookDTO 数据传输类，同时该类要实现 Serializalbe 序列化接口。

```
package com.yootk.dto;
public class BookDTO implements Serializable {          //序列化传输
    private String name;                                //图书名称
    private String author;                              //图书作者
    private Double price;                               //图书价格
    //无参构造方法、Setter方法、Getter方法略
    public BookDTO(String name, String author, Double price) {
        this.name = name;
        this.author = author;
        this.price = price;
    }
}
```

2.【echo-client 子模块】修改 EchoClientHandler 类，向服务端重复发送 Book 对象实例。

```
package com.yootk.client.handler;
```

```
public class EchoClientHandler extends SimpleChannelInboundHandler<BookDTO> {     //客户端业务逻辑
    private static final Logger LOGGER = LoggerFactory.getLogger(EchoClientHandler.class);
    @Override
    public void channelActive(ChannelHandlerContext ctx) throws Exception {          //激活通道时触发
        String names[] = new String[]{"Java程序设计开发实战", "Java进阶开发实战", "JavaWeb开发实战"};
        double prices[] = new double[]{79.8, 89.8, 89.8};
        for (int x = 0; x < names.length; x++) {
            ctx.writeAndFlush(new BookDTO(names[x], "李兴华", prices[x]));           //对象输出
        }
    }
    @Override
    protected void channelRead0(ChannelHandlerContext ctx, BookDTO msg) throws Exception {
        LOGGER.info("【服务端响应】图书名称: {}、图书作者: {}、图书价格: {}",
                msg.getName(), msg.getAuthor(), msg.getPrice());
    }
}
```

3.【echo-client 子模块】此时需要进行对象数据的发送与接收，所以需要修改 EchoClient 中的 ChannelPipeline 配置。

```
clientBootstrap.handler(new ChannelInitializer<SocketChannel>() {
    @Override
    protected void initChannel(SocketChannel ch) throws Exception {
        ch.pipeline().addLast(new ObjectDecoder(
                ClassResolvers.cacheDisabled(this.getClass().getClassLoader())));
        ch.pipeline().addLast(new EchoClientHandler());                             //添加处理类
        ch.pipeline().addFirst(new ObjectEncoder());
    }
});
```

4.【echo-server 子模块】修改 EchoServerHandler 类，基于 BookDTO 类实现数据收发。

```
package com.yootk.server.handler;
public class EchoServerHandler extends SimpleChannelInboundHandler<BookDTO> {      //数据输入处理
    private static final Logger LOGGER = LoggerFactory.getLogger(EchoServerHandler.class);
    @Override
    protected void channelRead0(ChannelHandlerContext ctx, BookDTO msg) throws Exception {
        LOGGER.info("【图书信息】图书名称: {}、图书作者: {}、图书价格: {}",
                msg.getName(), msg.getAuthor(), msg.getPrice());
        ctx.writeAndFlush(new BookDTO("《" + msg.getName() + "》",
                "沐言科技 - " + msg.getAuthor(), msg.getPrice()));                   //请求响应
    }
}
```

5.【echo-server 子模块】在服务端的 ChannelPipeline 中配置对象解码器与编码器。

```
serverBootstrap = serverBootstrap.childHandler(
        new ChannelInitializer<SocketChannel>() {
            @Override
            public void initChannel(SocketChannel ch) throws Exception {
                ch.pipeline().addLast(new ObjectDecoder(
                        ClassResolvers.cacheDisabled(this.getClass().getClassLoader())));
                ch.pipeline().addLast(new EchoServerHandler());                     //追加处理节点
                ch.pipeline().addFirst(new ObjectEncoder());
            }
        });
```

服务端日志：

```
【图书信息】图书名称：Java程序设计开发实战、图书作者：李兴华、图书价格：79.8
【图书信息】图书名称：Java进阶开发实战、图书作者：李兴华、图书价格：89.8
【图书信息】图书名称：JavaWeb开发实战、图书作者：李兴华、图书价格：89.8
```

客户端日志：

```
【服务端响应】图书名称：《Java程序设计开发实战》、图书作者：沐言科技 - 李兴华、图书价格：79.8
【服务端响应】图书名称：《Java进阶开发实战》、图书作者：沐言科技 - 李兴华、图书价格：89.8
【服务端响应】图书名称：《JavaWeb开发实战》、图书作者：沐言科技 - 李兴华、图书价格：89.8
```

本程序在创建客户端通道后，基于循环的方式向服务端发送了 3 个 BookDTO 对象实例，服务端接收到数据并对其进行加工处理后，将数据以 BookDTO 的形式发送到客户端进行显示，中间具体的数据处理细节被对象解码器和编码器隐藏，最终实现了 Java 对象数据的传输。

> ⚠️ **注意：JDK 序列化的可靠性不高。**
>
> JDK 中的序列化基于二进制方式实现数据传输，其性能是高效的，但是这样的实现会存在 JDK 版本的匹配问题，所以在当前的 Netty 开发框架中已经不推荐使用了。在 ObjectEncoder 和 ObjectDecoder 两个类的声明处已经使用@Deprecated 注解进行声明，这一点读者可以通过源代码自行确认。

3.4.2　Marshalling 序列化

Marshalling
序列化

视频名称　0317_【理解】Marshalling 序列化

视频简介　为了完善 Java 内置的序列化处理机制，JBoss 提供了 Marshalling 组件。本视频基于该组件修改已有的网络对象传输程序，以实现可靠的序列化配置方案。

Java 所提供的序列化机制受到 JDK 版本的限制，所以在开发中会存在不稳定性，但是由于其属于 Java 技术的标准，同时又采用了二进制数据处理，因此从网络传输性能和对象转换性能上来讲都是极佳的解决方案。为了解决 Java 自带的序列化处理问题，同时继续保持 java.io.Serializable 序列化接口标准的兼容，可以基于 JBoos 提供的 Marshalling 组件进行优化，下面来看一下该组件具体的使用。

1．【netty 项目】修改 build.gradle 配置文件，为 common 子模块添加 jboss-marshalling 依赖库。

```
implementation('org.jboss.marshalling:jboss-marshalling:2.1.1.Final')
implementation('org.jboss.marshalling:jboss-marshalling-serial:2.1.1.Final')
```

2．【common 子模块】创建 MarshallingCodeUtil 工具类，在该类中定义 Marshalling 编码器与解码器实例。

```
package com.yootk.handler.codec;
public class MarshallingCodeUtil {                                    //Marshalling数据处理
    public static MarshallingEncoder buildMarshallingEncoder() {
        MarshallerFactory factory = Marshalling
            .getProvidedMarshallerFactory("serial");                  //获取JDK默认序列化操作
        MarshallingConfiguration configuration = new MarshallingConfiguration(); //编码器配置类
        configuration.setVersion(3);                                  //配置序列化版本
        MarshallerProvider provider = new DefaultMarshallerProvider(factory, configuration);
        MarshallingEncoder encoder = new MarshallingEncoder(provider); //编码器
        return encoder;
    }
    public static MarshallingDecoder buildMarshallingDecoder() {
        MarshallerFactory factory = Marshalling
            .getProvidedMarshallerFactory("serial");                  //获取默认的JDK中的序列化操作
        MarshallingConfiguration configuration = new MarshallingConfiguration(); //进行编码器的相关配置
        configuration.setVersion(3);                                  //配置反序列化版本
        UnmarshallerProvider provider = new DefaultUnmarshallerProvider(factory, configuration);
        int maxSize = 1024 << 2;                                      //序列化数据最大长度
        MarshallingDecoder decoder = new MarshallingDecoder(provider, maxSize); //解码器
        return decoder;
    }
}
```

由于 Marshalling 序列化操作主要是为了优化 JDK 序列化处理，所以 Netty 为用户提供了相应的编码器与解码器，用户只需要在项目中配置 Marshalling 依赖库就可以直接使用。

3．【echo-client 子模块】修改 EchoClient 类，追加 Marshalling 编码器与解码器。

```
clientBootstrap.handler(new ChannelInitializer<SocketChannel>() {
    @Override
    protected void initChannel(SocketChannel ch) throws Exception {
        ch.pipeline().addLast(new LengthFieldBasedFrameDecoder(4096, 0, 2, 0, 2));
        ch.pipeline().addLast(MarshallingCodeUtil.buildMarshallingDecoder()); //Marshalling解码器
        ch.pipeline().addLast(new EchoClientHandler());                //添加处理类
        ch.pipeline().addFirst(MarshallingCodeUtil.buildMarshallingEncoder()); //Marshalling编码器
        ch.pipeline().addFirst(new LengthFieldPrepender(2));
```

```
    }
});
```

4.【echo-server 子模块】修改 EchoServer 类，追加 Marshalling 编码器与解码器。

```
serverBootstrap = serverBootstrap.childHandler(
    new ChannelInitializer<SocketChannel>() {
        @Override
        public void initChannel(SocketChannel ch) throws Exception {
            ch.pipeline().addLast(new LengthFieldBasedFrameDecoder(4096, 0, 2, 0, 2));
            ch.pipeline().addLast(MarshallingCodeUtil.buildMarshallingDecoder());   //Marshalling解码器
            ch.pipeline().addLast(new EchoServerHandler());                         //追加处理节点
            ch.pipeline().addFirst(MarshallingCodeUtil.buildMarshallingEncoder());  //Marshalling编码器
            ch.pipeline().addFirst(new LengthFieldPrepender(2));
        }
    });
```

3.4.3 JSON 序列化

视频名称　0318_【掌握】JSON 序列化

视频简介　JSON 是现代项目开发中经常使用到的数据传输格式，也是服务端数据接收的常用类型。本视频采用自定义编码器与解码器的方式，基于阿里巴巴集团推出的 FastJSON 组件实现自定义传输数据序列化与反序列化，并结合粘包与拆包机制讲解具体实现。

JSON 序列化

网络服务的构建应满足各类客户端接入的设计需求，同时需要考虑数据传输性能的问题，所以在开发中往往会基于 JSON（JavaScript Object Notation，JS 对象简谱）结构实现数据的交互，如图 3-40 所示。

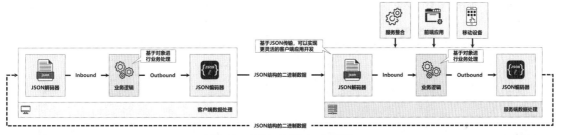

图 3-40　JSON 序列化与反序列化

在 Java 开发中如果要实现对象与 JSON 文本之间的转换，可以依靠 Jackson 与 FastJSON 两个组件来完成，本小节将使用阿里巴巴集团开源的 FastJSON 进行讲解。由于 Netty 内部没有提供 JSON 的编码器与解码器，所以需要开发人员手动进行编写，具体实现步骤如下。

> 💡 提示：JSON 基础概念请参阅《JavaWeb 开发实战（视频讲解版）》。
>
> 　　JSON 在本系列多本图书中都有所涉及，包括《SSM 开发实战（视频讲解版）》《Spring Boot 开发实战（视频讲解版）》《Spring Cloud 开发实战（视频讲解版）》《Redis 开发实战（视频讲解版）》，而其基础概念的讲解在《Java Web 开发实战（视频讲解版）》一书中，如果读者对 FastJSON 组件不熟悉，可以自行参考相关书籍。另外如果有的读者觉得 FastJSON 安全性较差，也可以自行将其更换为 Jackson 组件，并利用 ObjectMapper 进行转换处理。

1.【netty 项目】修改 build.gradle 配置文件，为 common 子模块引入 FastJSON 组件。

```
implementation('com.alibaba.fastjson2:fastjson2:2.0.26')
```

2.【common 子模块】为便于 JSON 对象转换为指定的实例，在 YootkDefinition 接口中追加一个类型标记。

```
package com.yootk.common;
public class YootkDefinition {                                          //全局接口
    public static final String JSON_CLASS_KEY = "@class";               //JSON数据标记
}
```

3．【common 子模块】创建 JSON 编码器，该类继承 MessageToByteEncoder 类。

```
package com.yootk.handler.codec;
public class JSONEncoder extends MessageToByteEncoder<Object> {          //JSON编码器
    @Override
    protected void encode(ChannelHandlerContext ctx, Object msg, ByteBuf out) throws Exception {
        JSONObject jsonObject = JSONObject.from(msg);                    //将对象转换为JSON对象
        jsonObject.put(YootkDefinition.JSON_CLASS_KEY, msg.getClass().getName()); //记录对象信息
        out.writeBytes(jsonObject.toJSONString().getBytes());           //将JSON数据写入缓冲区
    }
}
```

4．【common 子模块】创建 JSON 解码器，该类继承 MessageToMessageDecoder 类。

```
package com.yootk.handler.codec;
public class JSONDecoder extends MessageToMessageDecoder<ByteBuf> {      //JSON解码器
    @Override
    protected void decode(ChannelHandlerContext ctx, ByteBuf msg, List<Object> out) throws Exception {
        String json = msg.toString(CharsetUtil.UTF_8);                  //获取JSON数据
        JSONObject jsonObject = JSONObject.parseObject(json);           //JSON数据解析
        String className = jsonObject.getString(YootkDefinition.JSON_CLASS_KEY); //获取目标类型
        out.add(JSONObject.parseObject(json, Class.forName(className))); //将JSON转换为对象实例
    }
}
```

在当前的应用中，客户端与服务端处理业务的 ChannelHandler 实现类都是基于 BookDTO 对象实例进行处理的，而在实际的开发中也有可能会存在大量的 DTO 类型的对象。为了可以正确地将 JSON 字符串转换为指定的对象实例，所以在每次进行 JSON 数据发送时都追加了一个 "@class" 的标记，用于进行对象类型的定义，这样在进行数据解码时，就可以基于反射的方式实现正确的对象属性配置，如图 3-41 所示。

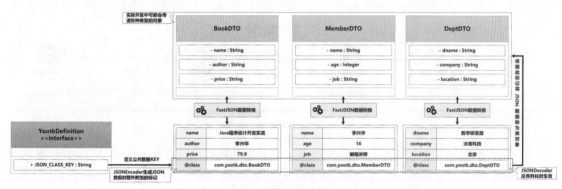

图 3-41　JSON 编码与解码实现机制

5．【echo-client 子模块】修改 EchoClient 中的 ChannelPipeline 节点配置，添加自定义 JSON 编码器与解码器。

```
clientBootstrap.handler(new ChannelInitializer<SocketChannel>() {
    @Override
    protected void initChannel(SocketChannel ch) throws Exception {
        ch.pipeline().addLast(new LengthFieldBasedFrameDecoder(4096, 0, 2, 0, 2));
        ch.pipeline().addLast(new JSONDecoder());                       //JSON解码器
        ch.pipeline().addLast(new EchoClientHandler());                 //添加处理类
        ch.pipeline().addFirst(new JSONEncoder());                      //JSON编码器
        ch.pipeline().addFirst(new LengthFieldPrepender(2));
    }
});
```

6．【echo-server 子模块】修改 EchoServer 中的 ChannelPipeline 节点配置，添加自定义 JSON 编码器与解码器。

```
serverBootstrap = serverBootstrap.childHandler(
    new ChannelInitializer<SocketChannel>() {
        @Override
        public void initChannel(SocketChannel ch) throws Exception {
            ch.pipeline().addLast(new LengthFieldBasedFrameDecoder(4096, 0, 2, 0, 2));
```

```
            ch.pipeline().addLast(new JSONDecoder());                    //JSON解码器
            ch.pipeline().addLast(new EchoServerHandler());              //追加处理节点
            ch.pipeline().addFirst(new JSONEncoder());                   //JSON编码器
            ch.pipeline().addFirst(new LengthFieldPrepender(2));
        }
    });
```

此时的程序基于字符串的方式实现了 JSON 数据的发送,用户所发出的对象实例会自动编码为 JSON 文本,而后经过特定的数据帧被发送出去,在接收到数据后通过数据帧中的内容部分将 JSON 数据反序列化为对象实例,以完成具体的业务逻辑处理。

3.4.4 MessagePack 序列化

MessagePack
序列化

视频名称　0319_【掌握】MessagePack 序列化

视频简介　MessagePack 是一种压缩形式的二进制数据传输结构,本视频为读者分析 JSON 数据与 MessagePack 数据在保存结构上的区别,随后为读者讲解 MessagePack 提供的数据操作方法,并结合 Jackson 实现对象数据传输的编码与解码操作。

JSON 虽然提供了标准化的数据传输结构,但是由于其本身采用全文本的方式进行传输,因此传输的性能较差。为了进一步优化传输性能,可以考虑对已有的 JSON 数据进行压缩,此时可以通过 MessagePack 数据结构来进行处理,MessagePack 的官方站点页面如图 3-42 所示。

图 3-42　MessagePack 官方站点页面

MessagePack 的官方站点首页已经给出了一个 JSON 数据压缩的样例,原始的 JSON 数据长度为 27 B,压缩后的数据长度为 18 B,本质上就是将一些完整的数据使用 MessagePack 特定的标记来代替,例如使用 0xC3 表示 true、使用 0xC2 表示 false、使用一个字节表示小于 256 的整数等,每一组完整的 MessagePack 最多可以保存 4 GB 的文本数据,并且针对不同的编程语言提供相关的支持库,开发人员只需要利用其中特定的方法即可实现各类常见数据(数字、字符串、布尔数据、数组、Map 数据等)的压缩处理。下面将为读者讲解 MessagePack 的基本使用。

1.【netty 项目】编辑 build.gradle 配置文件,为 common 子模块引入 MessagePack 依赖库,而为了便于后续字符串的处理,本次也将导入 Spring 的相关依赖。

```
implementation('org.msgpack:msgpack-core:0.9.3')
implementation('org.msgpack:jackson-dataformat-msgpack:0.9.3')       //实现JSON数据压缩
```

2.【common 子模块】编写测试类,基于 MessagePack 实现数据序列化与反序列化

```
package com.yootk.test;
public class TestMessagePack {
    private static final Logger LOGGER = LoggerFactory.getLogger(TestMessagePack.class);
    public static void main(String[] args) throws Exception {
        byte data [] = serialize();                                     //数据序列化
        deserialize(data);                                             //数据反序列化
    }
    public static byte[] serialize() throws Exception {                //数据序列化
        MessageBufferPacker packer = MessagePack.newDefaultBufferPacker();  //序列化对象
        packer.packString("Spring Boot开发实战");                       //添加序列化数据
        packer.packString("李兴华");                                    //添加序列化数据
        packer.packDouble(79.8);                                       //添加序列化数据
        byte data [] = packer.toByteArray();                           //数据序列化
```

```
        LOGGER.info("【MessagePack序列化】数据长度：{}", data.length);      //获取数据长度
        packer.close();                                                  //操作结束
        return data;
    }
    public static void deserialize(byte [] data) throws Exception {       //数据反序列化
        MessageUnpacker unpacker = MessagePack.newDefaultUnpacker(data);  //反序列化对象
        String name = unpacker.unpackString();                           //获取图书名称
        String author = unpacker.unpackString();                         //获取图书作者
        double price = unpacker.unpackDouble();                          //获取图书价格
        LOGGER.info("【图书信息】图书名称：{}、图书作者：{}、图书价格：{}",
                name, author, price);                                    //输出数据内容
        unpacker.close();                                                //操作结束
    }
}
```

程序执行结果：

```
【MessagePack序列化】数据长度：43
【图书信息】图书名称：Spring Boot开发实战、图书作者：李兴华、图书价格：79.8
```

在 MessagePack 组件库中，开发人员通过 MessageBufferPacker 类可以实现序列化数据的定义，在反序列化操作中，可以使用 MessageUnpacker 按照数据序列化的顺序进行数据内容的获取，这一点相对于 JSON 数据完整性定义的方式来讲有较大的区别，但是可以减小数据传输的体积。同时在开发中也可以将 MessagePack 与 Jackson 组件进行整合，以实现 JSON 数据的压缩。

3.【common 子模块】编写测试类，基于 Jackson 组件整合 MessagePack。

```
package com.yootk.test;
public class TestJacksonAndMessagePack {
    private static final Logger LOGGER = LoggerFactory.getLogger(TestJacksonAndMessagePack.class);
    public static void main(String[] args) throws Exception {
        BookDTO dto = new BookDTO("Spring Boot开发实战", "李兴华", 79.8);   //实例化数据对象
        fastjsonSerialize(dto);                                          //观察普通JSON数据长度
        jacksonDeserialize(jacksonSerialize(dto));                       //Jackson操作
    }
    public static void fastjsonSerialize(BookDTO dto) {
        JSONObject jsonObject = JSONObject.from(dto);                    //FastJSON工具实例
        jsonObject.put(YootkDefinition.JSON_CLASS_KEY, dto.getClass().getName()); //添加类信息
        LOGGER.info("【JSON】生成的JSON数据长度：{}", jsonObject.toJSONString().getBytes().length);
    }
    public static byte[] jacksonSerialize(BookDTO dto) throws Exception {
        ObjectMapper mapper = new ObjectMapper(new MessagePackFactory());   //Jackson工具实例
        //为了保证反序列化的正确性，要在每一个JSON中附加原始类的完整名称
        mapper.activateDefaultTyping(LaissezFaireSubTypeValidator.instance,
                ObjectMapper.DefaultTyping.NON_FINAL, JsonTypeInfo.As.WRAPPER_ARRAY); //附加类名称
        byte data[] = mapper.writeValueAsBytes(dto);                     //生成MessagePack实例
        LOGGER.info("【MessagePack】生成的MessagePack数据长度：{}", data.length);
        return data;
    }
    public static BookDTO jacksonDeserialize(byte[] data) throws Exception {
        ObjectMapper mapper = new ObjectMapper(new MessagePackFactory());   //Jackson工具实例
        //如果不添加以下配置，则JSON解析后的存储类型为LinkedHashMap集合
        mapper.activateDefaultTyping(LaissezFaireSubTypeValidator.instance,
                ObjectMapper.DefaultTyping.NON_FINAL, JsonTypeInfo.As.WRAPPER_ARRAY);
        BookDTO result = (BookDTO) mapper.readValue(data, Object.class);  //反序列化
        LOGGER.info("【图书数据】图书名称：{}、图书作者：{}、图书价格：{}",
                result.getName(), result.getAuthor(), result.getPrice());
        return result;
    }
}
```

程序执行结果：

```
【JSON】生成的JSON数据长度：101
【MessagePack】生成的MessagePack数据长度：85
【图书数据】图书名称：Spring Boot开发实战、图书作者：李兴华、图书价格：79.8
```

通过当前程序生成数据长度的对比，可以发现 MessagePack 的确实现了已有数据的压缩，当其与 Jackson 组件整合后，可以轻松地实现对象的序列化与反序列化处理。下面就基于以上机制在 Netty 中进行整合。

4.【common 子模块】创建 MessagePack 数据编码器。

```
package com.yootk.handler.codec;
public class MessagePackEncoder extends MessageToByteEncoder<Object> {      //MessagePack编码器
```

```
    @Override
    protected void encode(ChannelHandlerContext ctx, Object msg, ByteBuf out) throws Exception {
        ObjectMapper mapper = new ObjectMapper(new MessagePackFactory());    //Jackson工具实例
        mapper.activateDefaultTyping(LaissezFaireSubTypeValidator.instance,
            ObjectMapper.DefaultTyping.NON_FINAL, JsonTypeInfo.As.WRAPPER_ARRAY);    //附加类名称
        byte data[] = mapper.writeValueAsBytes(msg);                         //生成MessagePack实例
        out.writeBytes(data);                                                //数据写入输出缓冲区
    }
}
```

5.【common 子模块】创建 MessagePack 数据解码器。

```
package com.yootk.handler.codec;
public class MessagePackDecoder extends MessageToMessageDecoder<ByteBuf> {    //MessagePack解码器
    @Override
    protected void decode(ChannelHandlerContext ctx, ByteBuf msg, List<Object> out) throws Exception {
        byte raw[] = ByteBufUtil.getBytes(msg);                              //开辟数组接收数据
        ObjectMapper mapper = new ObjectMapper(new MessagePackFactory());    //Jackson工具实例
        mapper.activateDefaultTyping(LaissezFaireSubTypeValidator.instance,
            ObjectMapper.DefaultTyping.NON_FINAL, JsonTypeInfo.As.WRAPPER_ARRAY);
        Object target = mapper.readValue(raw, Object.class);                 //对象转换
        out.add(target);
    }
}
```

6.【echo-client 子模块】修改 EchoClient 配置类，添加 MessagePack 解码器与编码器。

```
clientBootstrap.handler(new ChannelInitializer<SocketChannel>() {
    @Override
    protected void initChannel(SocketChannel ch) throws Exception {
        ch.pipeline().addLast(new LengthFieldBasedFrameDecoder(4 * 1024, 0, 2, 0, 2));
        ch.pipeline().addLast(new MessagePackDecoder());                     //MessagePack解码器
        ch.pipeline().addLast(new EchoClientHandler());                      //添加处理类
        ch.pipeline().addFirst(new MessagePackEncoder());                    //MessagePack编码器
        ch.pipeline().addFirst(new LengthFieldPrepender(2));
    }
});
```

7.【echo-server 子模块】修改 EchoServer 配置类，添加 MessagePack 解码器与编码器。

```
serverBootstrap = serverBootstrap.childHandler(
    new ChannelInitializer<SocketChannel>() {
        @Override
        public void initChannel(SocketChannel ch) throws Exception {
            ch.pipeline().addLast(new LengthFieldBasedFrameDecoder(20480, 0, 2, 0, 2));
            ch.pipeline().addLast(new MessagePackDecoder());                 //MessagePack解码器
            ch.pipeline().addLast(new EchoServerHandler());                  //追加处理节点
            ch.pipeline().addFirst(new MessagePackEncoder());                //MessagePack编码器
            ch.pipeline().addFirst(new LengthFieldPrepender(2));
        }
    });
```

3.5 Protobuf

Protobuf

视频名称	0320_【理解】Protobuf
视频简介	Protobuf 是谷歌推出的一款高效的数据存储结构，提供了独立于语言和平台的开发实现。本视频为读者分析 Protobuf 的主要特点，并对其核心的语法结构进行说明，同时基于 Windows 系统进行 Protoc 工具的配置与 Java 代码生成操作的演示。

Protobuf（Protocol Buffers）是由谷歌推出的一款跨平台、跨语言（Java、C++、Python、Go 等）、可扩展性高的数据存储结构，该结构采用二进制形式存储数据，可以实现高效的网络数据传输，并且具有较高的序列化与反序列化处理性能以及较好的结构可扩展性。

Protobuf 开发的核心在于数据结构描述文件（*.proto）的定义，开发人员需要依据特定的语法标准来进行该文件的定义，一个.proto 文件内部可以定义多个不同的传输类结构。需要注意的是，这一配置文件与任何编程语言无关，在进行程序编码时，要依据该配置文件生成所需语言的程序文件，随后在应用程序中引入该程序文件即可通过其内置的方法轻松地实现对象实例化、数据序列化及反序列化的操作，Protobuf 的开发模型如图 3-43 所示。开发人员如果想要完整地学习 Protobuf

组件的使用,可以登录其官方站点,如图 3-44 所示。

图 3-43 Protobuf 的开发模型

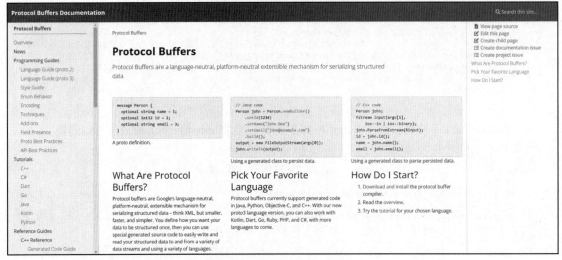

图 3-44 Protobuf 官方站点首页

💡 提示:3 种跨语言序列化结构的性能。

在网络开发中较为常见的数据传输方式为 JSON、MessagePack 以及 Protobuf,这 3 种方式都对不同的编程语言提供了实现支持,其中 JSON 数据体积最大,MessagePack 数据的体积最小,所以在网络传输以及序列化和反序列化操作中,MessagePack 都可以提供极佳的性能,但是 MessagePack 本身不支持 Java 的复杂类型(List、Map 等集合结构),所以其可扩展性较差。虽然 Protobuf 的处理性能比 MessagePack 的弱一些,但是其使用更加灵活,所以 Protobuf 是现在数据传输的一种常用的数据结构。

Protobuf 结构描述文件是整个应用开发的核心所在,在该文件中可以使用 message 关键字定义若干个不同的类,同时对于类中的一些基本结构可以通过 option 关键字进行配置。一个类中可能会包含大量的属性定义,这些属性的类型可以通过关键字进行定义。Protobuf 数据类型与编程语言数据类型的关联情况如表 3-6 所示。

表 3-6 Protobuf 数据类型与编程语言数据类型的关联

序号	Protobuf	C++	Java	Python	Go
1	double	double	double	float	float64
2	float	float	float	float	float32
3	int32	int32	int	int	int32
4	int64	int64	long	int/long	int64
5	uint32	uint32	int	int/long	uint32
6	uint64	uint64	long	int/long	uint64
7	sint32	int32	int	int	int32

续表

序号	Protobuf	C++	Java	Python	Go
8	sint64	int64	long	int/long	int64
9	fixed32	uint32	int	int/long	uint32
10	fixed64	uint64	long	int/long	uint64
11	sfixed32	int32	int	int	int32
12	sfixed64	int64	long	int/long	int64
13	bool	bool	boolean	bool	bool
14	string	string	java.lang.String	string	string
15	bytes	string	com.google.protobuf.ByteString	str	byte[]

除了 Protobuf 结构描述文件之外，如果想要生成不同语言的程序文件，还需要使用 Protoc 工具，该工具可以被轻松地部署在各个主流的平台（Windows、Linux、macOS）上，如果有某些特殊的需要也可以通过源代码进行手动编译。Protoc 项目被托管在 GitHub 之中，如图 3-45 所示。本次将基于 Windows 平台进行工具的部署，具体的实现步骤如下。

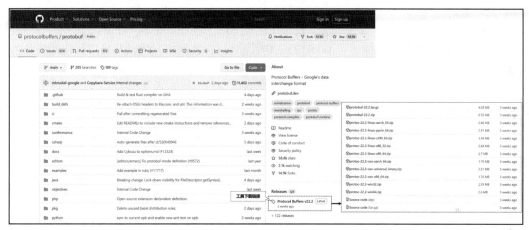

图 3-45　Protoc 项目

1．【GitHub】通过 Protobuf 的官方站点地址获取 Windows 本地代码生成工具包 protoc-22.2-win64.zip。

2．【Windows 系统】将 protoc-22.2-win64.zip 压缩包解压缩到 C 盘根目录，解压后的目录为 C:\protoc。

3．【Windows 系统】为便于代码生成的处理，将 C:\protoc\bin 目录添加到系统环境之中，步骤如图 3-46 所示。

图 3-46　添加 C:\protoc\bin 到系统环境

4．【Windows 系统】执行 cmd 命令进入命令行模式，随后查看 Protoc 当前版本。

```
protoc --version
```

程序执行结果：

```
libprotoc 22.2
```

5．【Windows 系统】创建 Book 类结构的数据描述文件，文件路径为 D:\workspace\Book.proto。

```
syntax = "proto3";                                      //Proto协议版本
package com.yootk.proto;                                //定义程序生成目录名称（Java包）
option java_package = "com.yootk.proto";                //等价于Java源程序中的package定义
option java_outer_classname = "BookProto";              //生成类名称
message Book {                                          //定义类
    string name = 1;                                    //字符串属性
    string author = 2;                                  //字符串属性
    double price = 3;                                   //浮点数属性
}
//如果业务上有需要，也可以定义若干个不同的message声明来定义多个类
```

6．【Windows 系统】进入 Book.proto 所在路径：D:\workspace。

7．【Windows 系统】通过 Book.proto 配置文件生成 BookProto.java 程序类。

```
protoc --java_out=D:\workspace Book.proto
```

命令执行完成后，将在 D:\workspace 目录中生成 com.yootk.proto.BookProto.java 类，而该类的结构如图 3-47 所示，该类不仅描述了 Book 的结构，同时包含数据序列化以及反序列化的操作方法。

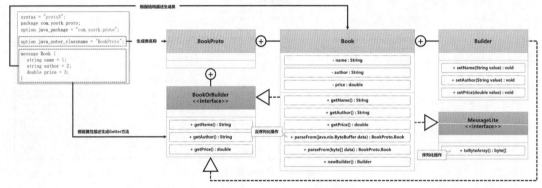

图 3-47　Protoc 生成的 Java 类的结构

3.5.1　IDEA 整合 Protobuf

IDEA 整合
Protobuf

视频名称　0321_【掌握】IDEA 整合 Protobuf

视频简介　为便于 Protobuf 配置文件的开发，IDEA 提供了专属的插件，同时基于构建工具的管理也可以直接生成所需程序文件。本视频通过具体的实例操作，讲解如何使用 Gradle 与 Protobuf 插件整合，并基于该机制实现 Java 代码的生成。

为了便于 Protobuf 结构文件的编写，IDEA 内部提供了 Protocol Buffers 开发插件，开发人员可以直接通过 IDEA 的应用市场进行该插件的下载，如图 3-48 所示，这样就可以基于 IDEA 的随笔提示方式进行配置文件的编写。

图 3-48　IDEA 安装 Protobuf 插件

为了便于开发代码的统一管理，较为常见的方式是在项目中直接定义*.proto 配置文件，而后通过 Gradle 或 Maven 构建工具提供的插件在源代码目录中生成所需的 Protobuf 结构类，如图 3-49所示，所以就需要在项目中定义 Protobuf 结构文件的存储目录以及相关的生成任务配置。下面将通过具体的配置步骤，演示基于 Gradle 的代码生成操作。

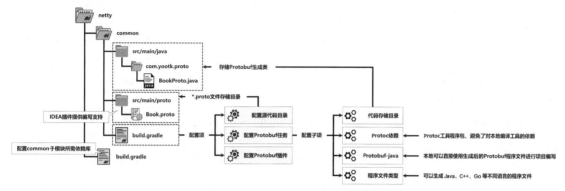

图 3-49　Protobuf 代码生成结构

1.【netty 项目】修改 build.gradle 配置文件，为 common 子模块添加新的依赖库。

```
implementation('com.google.protobuf:protobuf-java:3.22.2')
implementation('com.google.protobuf:protoc:3.22.2')
```

2.【common 子模块】此时将通过 Gradle 生成 Proto 相关结构类，所以修改 build.gradle 配置文件，添加所需插件。

```
buildscript {
    repositories {                                                      //脚本资源仓库
        maven { url 'https://maven.******.com/repository/public' }
    }
    dependencies {
        classpath 'com.google.protobuf:protobuf-gradle-plugin:0.9.2'   //Gradle插件
    }
}
plugins {
    id 'java'
}
apply plugin: 'com.google.protobuf'                                     //Protobuf插件
def env = System.getProperty("env") ?: 'dev'                            //获取env环境属性
sourceSets {                                                            //源代码目录配置
    main {                                                              //main及相关子目录配置
        java { srcDirs = ['src/main/java'] }
        resources { srcDirs = ['src/main/resources', "src/main/profiles/$env"] }
        proto {                                                         //Protobuf配置文件
            srcDirs = ['src/main/proto']                                //*.proto文件
        }
    }
    test {                                                             //测试目录配置
        java { srcDirs = ['src/test/java'] }
        resources { srcDirs = ['src/test/resources'] }
    }
}
protobuf {                                                             //Protobuf代码生成配置
    protoc {                                                          //也可以配置本地编译器路径
        artifact = 'com.google.protobuf:protoc:3.22.2'
    }
    generateProtoTasks.generatedFilesBaseDir = 'src'                   //代码存储目录
    plugins {                                                         //配置插件
        yootk {
            artifact = 'com.google.protobuf:protobuf-java:3.22.2'
        }
    }
    generateProtoTasks {                                              //生成Java源文件
        all().each { task ->
```

```
        task.builtins {
            remove java                                              //移除生成的Java文件
        }
        task.builtins {
            java {}                                                  //生成Java文件
        }
    }
  }
}
```

3．【common 子模块】创建 src/main/proto 源代码存储目录，将之前创建的 Book.proto 文件复制到此目录之中。

4．【common 子模块】执行 Gradle 任务，生成 Protobuf 类文件 gradle clean generateProto，执行任务后会在项目的源代码目录中生成 BookProto.java 文件。

5．【common 子模块】编写测试程序基于 ProtoBuf 实现序列化与反序列化。

```
package com.yootk.test;
public class TestProtobuf {
    private static final Logger LOGGER = LoggerFactory.getLogger(TestProtobuf.class);
    public static void main(String[] args) throws Exception {
        byte [] data = encode();                                    //对象序列化
        LOGGER.info("【数据长度】序列化后的数据长度：{}", data.length);
        BookProto.Book book = decode(data);                         //反序列化
        LOGGER.info("【图书数据】图书名称：{}、图书作者：{}、图书价格：{}",
            book.getName(), book.getAuthor(), book.getPrice());
    }
    public static byte[] encode() {                                 //序列化
        BookProto.Book.Builder bookBuilder = BookProto.Book.newBuilder();  //获取对象构造器
        bookBuilder.setName("Spring Boot开发实战");                   //属性设置
        bookBuilder.setAuthor("李兴华");                              //属性设置
        bookBuilder.setPrice(79.8);                                 //属性设置
        BookProto.Book book = bookBuilder.build();                  //构建实例
        return book.toByteArray();                                  //数据序列化
    }
    public static BookProto.Book decode(byte [] data) throws Exception {  //反序列化
        return BookProto.Book.parseFrom(data);                      //反序列化
    }
}
```

程序执行结果：

```
【数据长度】序列化后的数据长度：45
【图书数据】图书名称：Spring Boot开发实战、图书作者：李兴华、图书价格：79.8
```

如果想要在程序中使用生成的 BookProto 类进行操作，则项目中一定要引入 protobuf-java 的相关依赖。在进行 Book 类对象实例化时需要通过 BookProto.Book.Builder 构造器类进行创建，同时 BookProto 类中已经内置了序列化和反序列化的操作方法，可极大地简化操作，并且可以得到较好的数据压缩效果。

3.5.2　Protobuf 与 Netty 编解码

Protobuf 与
Netty 编解码

视频名称　0322_【掌握】Protobuf 与 Netty 编解码

视频简介　Protobuf 是现在使用较广泛的传输组件，所以 Netty 内置了该组件的编码器与解码器。本视频为读者分析 Protobuf 内置编码器与解码器的定义结构，并且通过具体的实例在 ECHO 应用中整合 BookProto.Book 实现数据的传输处理。

Protobuf 属于多语言支持的组件，同时又拥有良好的传输性能以及较高的数据序列化处理性能，所以 Netty 框架已经内置了 Protobuf 的编码器 ProtobufEncoder 与解码器 ProtobufDecoder，如图 3-50 所示。本次将基于这组编解码器对之前的 ECHO 程序进行修改，具体实现步骤如下。

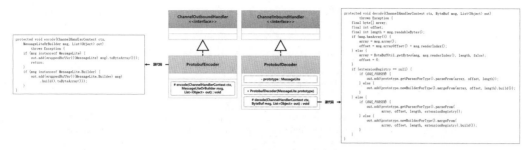

图 3-50 Netty 内置 Protobuf 编解码器

1.【netty 项目】此时客户端与服务端的数据交互需要基于 Protobuf 生成的类结构完成，所以在 echo-client 子模块与 echo-server 子模块中需要同时引入 protobuf-java 依赖库，编辑项目中的 build.gradle 文件进行配置。

```
implementation('com.google.protobuf:protobuf-java:3.22.2')
```

2.【echo-client 子模块】修改 EchoClientHandler 类，此时的程序将基于 BookProto.Book 类型实现数据处理。

```
package com.yootk.client.handler;
public class EchoClientHandler extends SimpleChannelInboundHandler<BookProto.Book> { //客户端业务逻辑
    private static final Logger LOGGER = LoggerFactory.getLogger(EchoClientHandler.class);
    @Override
    public void channelActive(ChannelHandlerContext ctx) throws Exception {        //激活通道时触发
        String names[] = new String[]{"Java程序设计开发实战", "Java进阶开发实战", "JavaWeb开发实战"};
        double prices[] = new double[]{79.8, 89.8, 89.8};
        for (int x = 0; x < names.length; x++) {
            BookProto.Book.Builder bookBuilder = BookProto.Book.newBuilder();        //获取对象构造器
            bookBuilder.setName(names[x]);                                           //属性设置
            bookBuilder.setAuthor("李兴华");                                         //属性设置
            bookBuilder.setPrice(prices[x]);                                         //属性设置
            BookProto.Book book = bookBuilder.build();                              //构建实例
            ctx.writeAndFlush(book);                                                 //对象输出
        }
    }
    @Override
    protected void channelRead0(ChannelHandlerContext ctx, BookProto.Book msg) throws Exception {
        LOGGER.info("【服务端响应】图书名称：{}、图书作者：{}、图书价格：{}",
                msg.getName(), msg.getAuthor(), msg.getPrice());
    }
}
```

3.【echo-client 子模块】在 EchoClient 类中定义 Protobuf 编解码器。

```
clientBootstrap.handler(new ChannelInitializer<SocketChannel>() {
    @Override
    protected void initChannel(SocketChannel ch) throws Exception {
        ch.pipeline().addLast(new LengthFieldBasedFrameDecoder(4096, 0, 2, 0, 2));
        ch.pipeline().addLast(new ProtobufDecoder(BookProto.Book.getDefaultInstance())); //解码器
        ch.pipeline().addLast(new EchoClientHandler());                                  //添加处理类
        ch.pipeline().addFirst(new ProtobufEncoder());                                   //编码器
        ch.pipeline().addFirst(new LengthFieldPrepender(2));
    }
});
```

4.【echo-server 子模块】修改 EchoServerHandler 结构，基于 BookProto.Book 类型实现数据传输。

```
package com.yootk.server.handler;
public class EchoServerHandler extends SimpleChannelInboundHandler<BookProto.Book> { //数据输入处理
    private static final Logger LOGGER = LoggerFactory.getLogger(EchoServerHandler.class);
    @Override
    protected void channelRead0(ChannelHandlerContext ctx, BookProto.Book msg) throws Exception {
        LOGGER.info("【图书信息】图书名称：{}、图书作者：{}、图书价格：{}",
                msg.getName(), msg.getAuthor(), msg.getPrice());
        BookProto.Book.Builder bookBuilder = BookProto.Book.newBuilder();        //获取对象构造器
        bookBuilder.setName("《" + msg.getName() + "》");                        //属性设置
        bookBuilder.setAuthor("沐言科技 - " + msg.getAuthor());                  //属性设置
        bookBuilder.setPrice(msg.getPrice());                                    //属性设置
        BookProto.Book book = bookBuilder.build();                              //构建实例
```

```
        ctx.writeAndFlush(book);                                              //请求响应
    }
}
```

5.【echo-server 子模块】修改 EchoServer 类，配置 Protobuf 编解码器。

```
serverBootstrap = serverBootstrap.childHandler(
    new ChannelInitializer<SocketChannel>() {
        @Override
        public void initChannel(SocketChannel ch) throws Exception {
            ch.pipeline().addLast(new LengthFieldBasedFrameDecoder(4096, 0, 2, 0, 2));
            ch.pipeline().addLast(new ProtobufDecoder(BookProto.Book.getDefaultInstance()));  //解码器
            ch.pipeline().addLast(new EchoServerHandler());                   //追加处理节点
            ch.pipeline().addFirst(new ProtobufEncoder());                    //编码器
            ch.pipeline().addFirst(new LengthFieldPrepender(2));
        }
    });
```

3.6　自定义 RPC 通信

视频名称　0323_【掌握】自定义 RPC 通信

视频简介　RPC 是技术架构领域的常见技术，同时也是进行分布式系统开发的核心。本视频为读者介绍 RPC 技术的核心实现架构，同时分析在 Java 开发中各类常见 RPC 技术实现的特点以及本次自定义 RPC 通信操作的实现方案。

自定义 RPC 通信

RPC（Remote Procedure Call，远程过程调用）是分布式系统中常见的一种通信方法，在 RPC 的开发架构中，服务端可以根据自身的需要进行远程方法的发布。客户端依据接口的描述进行远程服务的调用，这一过程对客户端来讲就像调用本地方法一样简单，并且不用关注服务端远程接口的具体实现细节，如图 3-51 所示。

图 3-51　RPC 实现架构

设计开发 RPC 的技术核心在于网络通信协议的定义以及数据的序列化传输，网络通信协议一般都是基于 TCP 或 HTTP 来实现的，其中 TCP 适合传输二进制数据，这样就需要在项目中引入序列化工具组件（推荐 MessagePack 或 Protobuf 组件）以达到减小数据传输体积的目的。而基于 HTTP 实现的 RPC 通信操作，往往都会基于文本数据的格式（例如 JSON）进行数据的交互，虽然性能较低，但是代码的实现架构较为简单。

RPC 主要体现一种技术开发的设计思想，所以可以使用任何编程语言来自定义实现，或者也可以使用一些开发框架来进行简化实现。在 Java 中对于 RPC 技术的实现有多种解决方案，分别是 RMI、EJB、Web Service、RESTful、Dubbo 等，而考虑到技术学习的需要，本次将基于 Spring Boot 与 Netty 开发框架进行手动实现，自定义 RPC 开发架构如图 3-52 所示。

图 3-52　自定义 RPC 开发架构

💡 提示：RPC 不同技术实现方案的特点。

　　Java 是最早提出企业级平台开发支持的语言，所以 Java 的内部提供了 RMI 与 EJB 的原生技术，但是由于性能以及技术通用性的问题，现在已经很少见到此类开发了。考虑到不同技术平台的整合需要，开发人员也可以使用 Web Service 开发技术基于 XML 进行服务定义，如果要考虑微服务的开发架构，也可以基于 RESTful 进行 RPC 技术的实现，这些技术内容的学习可以参考本系列的《Spring Boot 开发实战（视频讲解版）》与《Spring Cloud 开发实战（视频讲解版）》。

　　当然 RPC 核心实现技术还应该包括注册中心以及网关，本节暂时不对此进行过多的阐述，本书第 6 章讲解 Dubbo 时会进行完整的技术实现架构分析。

　　RPC 中需要进行业务接口的发布，同时 Netty 内部也需要进行各类对象实例的管理，所以在本次的开发中将基于 Spring Boot 实现所有对象的定义、依赖注入、资源读取、自动装配以及应用启动定义。为了便于本次代码的管理，将在 netty 项目中创建 rpc-common（RPC 公共）、rpc-server（RPC 服务端）以及 rpc-client（RPC 客户端）3 个子模块，如图 3-53 所示。

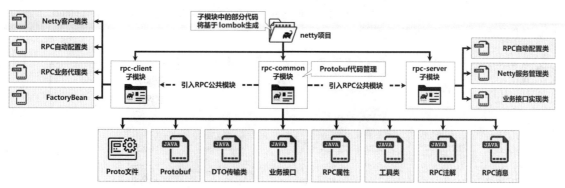

图 3-53　RPC 模块结构

范例：【netty 项目】配置 RPC 开发依赖库。

```
project(":rpc-common") {                                                      //RPC公共模块
    dependencies {                                                            //模块依赖配置
        implementation('io.netty:netty-handler:4.1.89.Final')
        implementation('com.google.protobuf:protobuf-java:3.22.2')
        implementation('com.google.protobuf:protoc:3.22.2')
        implementation('org.springframework.boot:spring-boot-starter:3.0.5')
        compileOnly('org.projectlombok:lombok:1.18.24')                       //lombok组件
        annotationProcessor 'org.projectlombok:lombok:1.18.24'                //注解处理支持
    }
}
project(":rpc-server") {                                                      //RPC服务端模块
    dependencies {                                                            //模块依赖配置
        implementation(project(':rpc-common'))                               //引入RPC公共模块
        implementation('io.netty:netty-buffer:4.1.89.Final')
        implementation('io.netty:netty-handler:4.1.89.Final')
        implementation('io.netty:netty-transport:4.1.89.Final')
        implementation('com.google.protobuf:protobuf-java:3.22.2')
        implementation('org.springframework.boot:spring-boot-starter:3.0.5')
        testImplementation('org.springframework.boot:spring-boot-starter-test:3.0.5')
        compileOnly('org.projectlombok:lombok:1.18.24')                       //lombok组件
        annotationProcessor('org.projectlombok:lombok:1.18.24')              //注解处理支持
        annotationProcessor('org.springframework.boot:spring-boot-configuration-processor:3.0.5')
    }
}
project(":rpc-client") {                                                      //RPC客户端模块
    dependencies {                                                            //模块依赖配置
        implementation(project(':rpc-common'))                               //引入RPC公共模块
        implementation('io.netty:netty-buffer:4.1.89.Final')
        implementation('io.netty:netty-handler:4.1.89.Final')
```

```
    implementation('io.netty:netty-transport:4.1.89.Final')
    implementation('com.google.protobuf:protobuf-java:3.22.2')
    implementation('org.springframework.boot:spring-boot-starter:3.0.5')
    implementation('org.springframework.boot:spring-boot-starter-aop:3.0.5')
    testImplementation('org.springframework.boot:spring-boot-starter-test:3.0.5')
    compileOnly('org.projectlombok:lombok:1.18.24')                            //lombok组件
    annotationProcessor('org.projectlombok:lombok:1.18.24')                    //注解处理支持
    annotationProcessor('org.springframework.boot:spring-boot-configuration-processor:3.0.5')
}
}
```

3.6.1　RPC 消息结构

视频名称	0324_【掌握】RPC 消息结构
视频简介	为了在 Netty 中实现高性能的传输，本次基于 Protobuf 组件自定义请求和响应消息结构，同时分析 ByteString 的作用，及其与 Java 序列化对象之间的转换处理。

RPC 消息结构

　　使用 Java 进行 RPC 技术开发的过程中，为了便于 RPC 中方法的管理，都会将所有的方法定义在专属的业务接口之中。服务端会提供该业务接口的具体实现，客户端将通过接口的代理对象，基于远程调用的方式来实现业务方法的执行,而远程方法的返回结果将通过 InvocationHandler 返回给业务调用者，如图 3-54 所示。

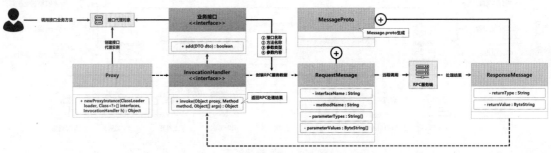

图 3-54　RPC 业务调用

　　在 RPC 开发处理中，需要进行业务方法调用请求以及方法执行结果返回的包装，同时需要考虑高性能的网络传输问题，所以本次将基于 Protobuf 结构定义 MessageProto.RequestMessasge 以及 MessageProto.ResponseMessage 两个 RPC 消息类，同时在 Netty 中的 ChannelPipeline 实现数据的处理。图 3-55 所示为服务端业务处理的基本结构。

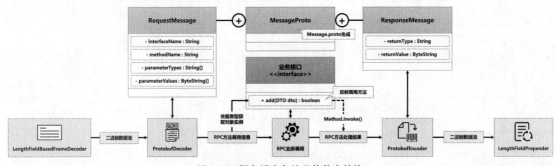

图 3-55　服务端业务处理的基本结构

　　服务端接收到 RPC 调用请求消息后，将基于 Java 反射机制实现业务方法的调用，并且将业务方法的返回值封装在响应消息之中。下面来看一下 RPC 开发中 Protobuf 的定义与相关处理操作。

　　1.【rpc-common 子模块】修改 build.gradle 配置文件，定义 Protobuf 相关任务，此部分可以参考 3.5.1 小节的配置。

2.【rpc-common 子模块】在 src/main/proto 源代码目录中创建 Message.proto 配置文件。

```proto
syntax = "proto3";                                              //Proto协议版本
package com.yootk.rpc.message;                                  //定义程序生成目录名称（Java包）
option java_package = "com.yootk.rpc.message";                  //等价于Java源程序中的package定义
option java_outer_classname = "MessageProto";                  //生成类名称
message RequestMessage {                                        //请求消息
  string interfaceName = 1;                                     //接口名称
  string methodName = 2;                                        //方法名称
  repeated string parameterTypes = 3;                           //参数传递类型
  repeated bytes parameterValues = 4;                           //参数传递类型
}
message ResponseMessage {                                       //响应消息
  string returnType = 1;                                        //返回值类型
  bytes returnValue = 2;                                        //方法返回结果
}
```

3.【rpc-common 子模块】通过 Gradle 生成 MessageProto.java 程序文件：gradle clean generateProto。

由于在调用 RPC 方法时的参数以及返回值可能是任意的数据类型，因此此时使用了 Protobuf 中的 bytes 结构，而转换为 Java 类后对应的是 com.google.protobuf.ByteString 类型，该类型主要基于二进制的机制进行数据传输。所以后续的项目中一定需要提供一个对象序列化和反序列化操作的工具类，如图 3-56 所示。

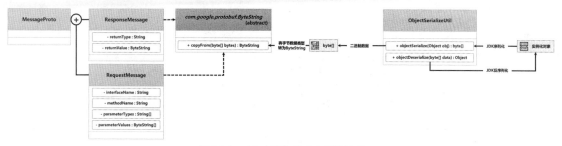

图 3-56　对象序列化和反序列化处理

4.【rpc-common 子模块】为便于二进制数据的管理，创建一个 JDK 对象序列化操作类。

```java
package com.yootk.rpc.util;
public class ObjectSerializeUtil {
    public static byte[] objectSerialize(Object obj) {           //对象序列化
        ByteArrayOutputStream bos = new ByteArrayOutputStream();  //内存输出流
        try {
            ObjectOutputStream oos = new ObjectOutputStream(bos); //对象输出流
            oos.writeObject(obj);                                 //对象序列化
            return bos.toByteArray();                             //对象序列化
        } catch (IOException e) {
            return null;
        }
    }
    public static Object objectDeserialize(byte[] data) {        //对象反序列化
        ByteArrayInputStream bis = new ByteArrayInputStream(data); //内存输入流
        try {
            ObjectInputStream ois = new ObjectInputStream(bis);   //对象输入流
            return ois.readObject();                              //对象读取
        } catch (Exception e) {
            return null;
        }
    }
}
```

5.【rpc-common 子模块】为便于代码测试，随意创建一个 DTO 传输类，并实现序列化接口。

```java
package com.yootk.dto;
public class BookDTO implements java.io.Serializable {          //数据传输类
    private String name;                                        //图书名称
    private String author;                                      //图书作者
    private double price;                                       //图书价格
    //无参构造、全参构造、Setter、Getter等方法略
}
```

6.【rpc-common 子模块】编写测试类，测试生成的 MessageProto 类。

```java
package com.yootk.test;
public class TestMessageProto {                                        //MessageProto测试类
    private static final Logger LOGGER = LoggerFactory.getLogger(TestMessageProto.class);
    public static void main(String[] args) throws Exception {
        deserializeRequestMessage(serializeRequestMessage());
        deserializeResponseMessage(serializeResponseMessage());
    }
    public static byte[] serializeRequestMessage() {
        MessageProto.RequestMessage.Builder builder = MessageProto.RequestMessage.newBuilder();
        builder.setInterfaceName("com.yootk.service.IMessageService");  //接口名称
        builder.setMethodName("add");                                   //定义方法名称
        BookDTO dto = new BookDTO("Spring开发实战", "李兴华", 99.8);
        builder.addAllParameterTypes(List.of("com.yootk.dto"));         //方法参数类型
        builder.addAllParameterValues(List.of(
                ByteString.copyFrom(ObjectSerializeUtil.objectSerialize(dto))));
        MessageProto.RequestMessage requestMessage = builder.build();   //创建对象实例
        return requestMessage.toByteArray();                           //对象序列化
    }
    public static byte[] serializeResponseMessage() {
        MessageProto.ResponseMessage.Builder builder = MessageProto.ResponseMessage.newBuilder();
        builder.setReturnType("boolean");
        builder.setReturnValue(ByteString.copyFrom(ObjectSerializeUtil.objectSerialize(true)));
        MessageProto.ResponseMessage responseMessage = builder.build();//创建对象实例
        return responseMessage.toByteArray();                         //对象序列化
    }
    public static void deserializeRequestMessage(byte data[]) throws Exception { //Protobuf反序列化
        MessageProto.RequestMessage requestMessage =
                MessageProto.RequestMessage.parseFrom(data);           //对象解析
        LOGGER.info("【RequestMessage】接口名称：{}、方法名称：{}()、参数个数：{}",
                requestMessage.getInterfaceName(), requestMessage.getMethodName(),
                requestMessage.getParameterTypesCount());
        for (int x = 0; x < requestMessage.getParameterTypesCount(); x ++) {
            LOGGER.info("【RPC方法参数】参数类型：{}、参数内容：{}",
                    requestMessage.getParameterTypes(x),
                    ObjectSerializeUtil.objectDeserialize(
                            requestMessage.getParameterValues(x).toByteArray()));
        }
    }
    public static void deserializeResponseMessage(byte data[]) throws Exception { //Protobuf反序列化
        MessageProto.ResponseMessage responseMessage =
                MessageProto.ResponseMessage.parseFrom(data);          //对象解析
        LOGGER.info("【ResponseMessage】返回值类型：{}、返回值内容：{}",
                responseMessage.getReturnType(),
                ObjectSerializeUtil.objectDeserialize(
                        responseMessage.getReturnValue().toByteArray()));
    }
}
```

程序执行结果：

```
【RequestMessage】接口名称：com.yootk.service.IMessageService、方法名称：add()、参数个数：1
【RPC方法参数】参数类型：com.yootk.dto、参数内容：com.yootk.dto.BookDTO@5f2108b5
【ResponseMessage】返回值类型：boolean、返回值内容：true
```

当前的测试类手动实现了 RequestMessage 与 ResponseMessage 两个对象的序列化处理，在配置时所有的 Java 对象都需要通过 JDK 的序列化处理转换为字节数组，而在获取数据时也需要依据 JDK 反序列化操作获取原始对象。

3.6.2 开发 RPC 服务端应用

开发 RPC 服务端应用

视频名称 0325_【掌握】开发 RPC 服务端应用

视频简介 RPC 服务端需要提供有效的业务接口实现类，为了便于 Bean 的统一管理，本次开发基于 Spring Boot 框架实现，并且有效地利用其自动装配的机制，实现 RPC 服务属性的配置。同时本视频又对 Netty 的结构进行有效的设计，结合 Spring 内置的初始化与销毁方式以及面向对象的设计实现服务端应用的开发。

RPC 服务端的核心操作是在用户每一次请求时，基于 MessageProto.RequestMessage 传递来的 RPC 方法信息实现业务接口的方法调用，而这些调用将由 Netty 中的 ChannelHandler 来处理，其相关类结构如图 3-57 所示。

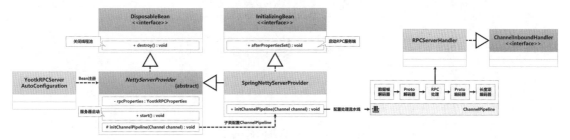

图 3-57　RPC 服务端开发相关类结构

Netty 在进行服务端应用启动时，其核心的流程都是固定的，而实现不同网络协议服务端应用的区别主要是在 ChannelPipeline 的配置上。所以本次将创建一个公共服务类 NettyServerProvider，并且在其内部提供一个 initChannelPipeline()抽象方法，该方法将交由子类负责实现，并添加所需的 ChannelPipeline 定义。下面来看一下代码的具体实现。

1.【rpc-common 子模块】为便于 RPC 中接口的定义，创建 YootkRPCService 注解。

```
package com.yootk.annotation;
@Target({ElementType.TYPE})                                     //类或接口上使用
@Retention(RetentionPolicy.RUNTIME)                             //运行时生效
public @interface YootkRPCService {}
```

2.【rpc-common 子模块】创建 IBookService 业务接口。

```
package com.yootk.service;
@YootkRPCService                                                //RPC标记
public interface IBookService {                                 //业务接口
    public boolean add(BookDTO dto);                            //数据增加
    public List<BookDTO> list();                                //数据修改
}
```

3.【rpc-common 子模块】服务端依靠 MessageProto.RequestMessage 类提供的信息进行方法的反射调用。为便于反射调用，本次将创建 MethodInvokeUtil 类，该类将通过 MessageProto.ResponseMessage 类封装响应结果。

```
package com.yootk.rpc.util;
@Slf4j
public class MethodInvokeUtil {                                 //RPC调用类
    public static MessageProto.ResponseMessage invoke(
        MessageProto.RequestMessage request,
        ApplicationContext applicationContext) {                //RPC方法调用
    MessageProto.ResponseMessage.Builder responseBuilder =
        MessageProto.ResponseMessage.newBuilder();              //对象构造器
    try {
        //获取当前调用的接口对象Class实例，可以通过该实例获取Bean实例
        Class<?> interfaceClazz = Class.forName(request.getInterfaceName());
        if (!interfaceClazz.isAnnotationPresent(YootkRPCService.class)) { //不是RPC接口
            return responseBuilder.build();                     //返回空数据
        }
        log.info("接口: {}", interfaceClazz);
        //通过Spring上下文获取指定Class类型的Bean实例
        Object interfaceObject = applicationContext.getBean(interfaceClazz); //获取对象实例
        Method method = null;                                   //反射方法
        if (request.getParameterTypesCount() > 0) {             //存在调用参数
            //根据传入的Message实例，获取调用的方法参数类型，以便反射获取Method实例
            Class<?>[] types = new Class[request.getParameterTypesCount()];
            for (int x = 0; x < types.length; x++) {            //循环配置参数集合
                types[x] = Class.forName(request.getParameterTypes(x)); //获取参数类型
            }
            method = BeanUtils.findMethod(interfaceClazz, request.getMethodName(), types);
```

```
        } else {
            method = BeanUtils.findMethod(interfaceClazz, request.getMethodName());
        }
        Object returnValue = null;                                    //方法执行结果
        if (request.getParameterValuesCount() > 0) {
            //根据传入的Message实例，将所有的方法参数传递到对象数组之中
            Object[] values = new Object[request.getParameterValuesCount()];
            for (int x = 0; x < values.length; x++) {
                values[x] = ObjectSerializeUtil.objectDeserialize(
                        request.getParameterValues(x).toByteArray());
            }
            returnValue = method.invoke(interfaceObject, values);     //方法调用
        } else {
            returnValue = method.invoke(interfaceObject);             //方法调用
        }
        responseBuilder.setReturnType(returnValue.getClass().getName());  //方法返回值类型
        responseBuilder.setReturnValue(ByteString.copyFrom(
                ObjectSerializeUtil.objectSerialize(returnValue)));   //方法返回值
        log.info("【RPC远程服务】返回值类型：{}、返回值：{}",
                returnValue.getClass().getName(), returnValue);
    } catch (Exception e) {}
    return responseBuilder.build();                                   //构建返回对象
    }
}
```

　　由于所有的 Bean 对象最终都会在 Spring 容器之中进行注册，所以本次将通过 ApplicationContext
根据接口类型获取 Bean 实例，随后通过 Method 对象实例实现业务方法的调用，如图 3-58 所示。

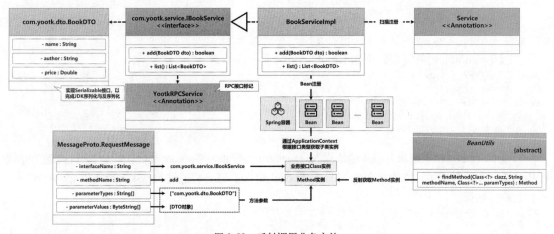

图 3-58　反射调用业务方法

　　4.【rpc-common 子模块】RPC 的服务端运行以及客户端运行，都需要绑定一些网络环境信息。
为便于应用的灵活配置，本次创建一个 YootkRPCProperties 属性配置类，可以通过 application.yml
进行属性配置。

```
package com.yootk.rpc.properties;
@Data
@ConfigurationProperties(prefix = "yootk.rpc")          //配置项前缀
public class YootkRPCProperties {                       //RPC属性配置类
    private String host;                                //服务主机
    private int port;                                   //服务端口
}
```

　　5.【rpc-server 子模块】在 src/main/resour ces 源代码目录中创建 application.yml 配置文件，定
义 RPC 服务端启动属性。

```
yootk:
  rpc:
    port: 8080                                          # 监听端口号
```

　　本次应用开发采用了 Spring Boot 框架提供的 AutoConfiguration 处理机制。为了便于属性配置
资源的加载，本次将通过 YootkRPCProperties 和 application.yml 中的配置项进行关联，如图 3-59

所示，其中服务端主要配置端口属性，而客户端就需要配置连接的主机名称（IP）以及端口号。

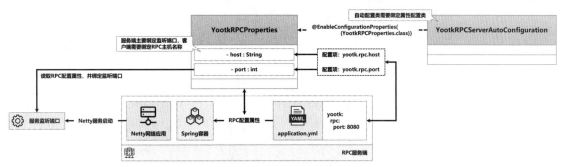

图 3-59 RPC 属性配置

6.【rpc-server 子模块】创建 RPCServerHandler 类，用于实现 RPC 请求和响应处理。

```java
package com.yootk.rpc.server.handler;
@Slf4j
public class RPCServerHandler extends SimpleChannelInboundHandler<MessageProto.RequestMessage> {
    private ApplicationContext applicationContext;                          //Spring上下文
    public RPCServerHandler(ApplicationContext applicationContext) {
        this.applicationContext = applicationContext;
    }
    @Override
    public void channelActive(ChannelHandlerContext ctx) throws Exception {
        log.info("【RPC服务端】建立网络链接...");
    }
    @Override
    protected void channelRead0(ChannelHandlerContext ctx,
                         MessageProto.RequestMessage msg) throws Exception {
        log.info("【RPC服务端业务调用】接口名称：{}、方法名称：{}、参数个数：{}",
             msg.getInterfaceName(), msg.getMethodName(), msg.getParameterTypesCount());
        ctx.writeAndFlush(MethodInvokeUtil.invoke(msg, this.applicationContext));
    }
    @Override
    public void channelInactive(ChannelHandlerContext ctx) throws Exception {
        log.info("【RPC服务端】关闭网络链接...");
        ctx.channel().close();                                             //关闭Channel
    }
}
```

7.【rpc-server 子模块】创建服务启动类 NettyServerProvider。

```java
package com.yootk.rpc.server.provider;
@Slf4j
public abstract class NettyServerProvider implements DisposableBean {      //服务提供者
    @Autowired
    private YootkRPCProperties rpcProperties;                               //RPC属性配置
    private EventLoopGroup bossGroup;                                       //主线程池
    private EventLoopGroup workerGroup;                                     //从线程池
    public void start() throws Exception {                                  //服务启动
        this.bossGroup = new NioEventLoopGroup();                          //主线程池
        this.workerGroup = new NioEventLoopGroup();                        //从线程池
        ServerBootstrap serverBootstrap = new ServerBootstrap();           //服务配置类
        serverBootstrap.option(ChannelOption.SO_BACKLOG, 128);             //配置连接队列大小
        serverBootstrap.option(ChannelOption.CONNECT_TIMEOUT_MILLIS, 3000); //连接超时
        serverBootstrap.childOption(ChannelOption.SO_KEEPALIVE, true);     //连接测试
        serverBootstrap.group(this.bossGroup, this.workerGroup)            //主从线程池配置
             .channel(NioServerSocketChannel.class);                       //采用Java NIO服务通道
        serverBootstrap.childHandler(new ChannelInitializer<>() {
            @Override
            protected void initChannel(Channel ch) throws Exception {
                initChannelPipeline(ch);                                   //初始化ChannelPipeline
            }
        });
        ChannelFuture channelFuture = serverBootstrap
             .bind(this.rpcProperties.getPort()).sync();                   //服务绑定
        log.info("服务启动成功，监听端口为：{}", this.rpcProperties.getPort());
```

```
        channelFuture.channel().closeFuture().sync();                          //等待Channel关闭
    }
    @Override
    public void destroy() throws Exception {                                    //Bean销毁
        this.bossGroup.shutdownGracefully();                                    //关闭线程池
        this.workerGroup.shutdownGracefully();                                  //关闭线程池
    }
    protected abstract void initChannelPipeline(Channel channel);               //配置通道节点
}
```

8.【rpc-server 子模块】创建 SpringNettyServerProvider 子类，配置当前项目的 ChannelPipeline。

```
package com.yootk.rpc.server;
@Slf4j
public class SpringNettyServerProvider extends NettyServerProvider implements InitializingBean {
    @Autowired
    private ApplicationContext applicationContext;                              //Spring上下文
    @Override
    public void afterPropertiesSet() throws Exception {                        //Bean初始化
        this.start();                                                          //服务启动
    }
    @Override
    protected void initChannelPipeline(Channel channel) {
        channel.pipeline().addLast(new LengthFieldBasedFrameDecoder(4096, 0, 2, 0, 2));
        channel.pipeline().addLast(new ProtobufDecoder(
            MessageProto.RequestMessage.getDefaultInstance()));               //Protobuf解码器
        channel.pipeline().addLast(new RPCServerHandler(this.applicationContext)); //追加处理节点
        channel.pipeline().addFirst(new ProtobufEncoder());                   //Protobuf编码器
        channel.pipeline().addFirst(new LengthFieldPrepender(2));
    }
}
```

9.【rpc-server 子模块】创建应用自动配置类。

```
package com.yootk.rpc.server.config;
@Configuration
@ConditionalOnClass(NettyServerProvider.class)
@EnableConfigurationProperties({YootkRPCProperties.class})                     //属性自动配置
public class YootkRPCServerAutoConfiguration {
    @Bean
    public SpringNettyServerProvider nettyServerProvider() {
        return new SpringNettyServerProvider();
    }
}
```

10.【rpc-server 子模块】在 RPC 服务端创建业务接口实现类。

```
package com.yootk.rpc.service.impl;
@Service                                                                       //Bean注册
@Slf4j
public class BookServiceImpl implements IBookService {                        //业务接口实现类
    @Override
    public boolean add(BookDTO dto) {
        log.info("【图书业务】增加图书信息，图书名称：{}、图书作者：{}、图书价格：{}",
            dto.getName(), dto.getAuthor(), dto.getPrice());
        return true;
    }
    @Override
    public List<BookDTO> list() {
        log.info("【图书业务】图书数据列表");
        return List.of(
            new BookDTO("Java程序设计开发实战", "李兴华", 79.8),
            new BookDTO("Spring开发实战", "李兴华", 99.8),
            new BookDTO("Spring Boot开发实战", "李兴华", 79.8));
    }
}
```

11.【rpc-server 子模块】创建 RPC 服务端应用启动类。

```
package com.yootk.rpc;
@SpringBootApplication
public class StartRPCServerApplication {
    public static void main(String[] args) throws Exception {
        SpringApplication.run(StartRPCServerApplication.class, args);
    }
}
```

编写完成当前代码后，直接启动 Spring Boot 应用，就可以实现 RPC 服务端的定义，由于此时采用自定义的传输协议，所以需要开发人员基于 Netty 客户端实现远程方法的调用。

3.6.3 开发 RPC 客户端应用

开发 RPC 客户端应用

视频名称　0326_【掌握】开发 RPC 客户端应用

视频简介　RPC 客户端实现了基于包扫描以及代理类的调用结构，本视频为读者分析自定义 FactoryBean 的作用，同时讲解 Bean 扫描注册过程之中各个类的使用，并成功地基于 Netty 网络架构与多线程机制实现业务方法的远程调用操作。

RPC 客户端主要通过代理模式实现 RPC 服务端的接口调用，如图 3-60 所示，在客户端应用启动时，应该自动地进行业务接口代理对象的创建，并将代理对象的实例注册到 Spring 容器之中进行管理。当每次调用业务接口方法时，实际上都会通过代理类的定义，利用 Netty 客户端的应用向服务端发送网络请求，并且在代理类中返回业务方法的执行结果。

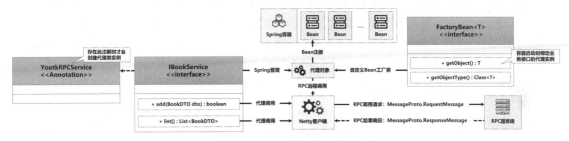

图 3-60　RPC 客户端代理调用

在 RPC 客户端项目中，应该根据 RPC 远程接口的定义来进行代理对象的动态创建，那么此时就需要在客户端提供 Bean 的扫描注册机制，依据项目中配置的 RPC 接口程序包并结合 ResourceLoader 实现类文件的扫描，如图 3-61 所示。下面来看一下具体的实现。

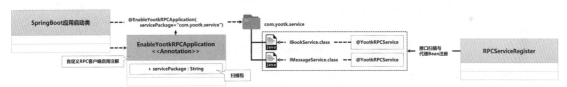

图 3-61　RPC 接口扫描

1.【rpc-client 子模块】创建 RPC 服务端请求和处理的 ChannelHandler 类。

```java
package com.yootk.rpc.client.handler;
@Slf4j
@Data
public class RPCClientHandler
        extends SimpleChannelInboundHandler<MessageProto.ResponseMessage>
        implements AutoCloseable, Callable<MessageProto.ResponseMessage> {
    private MessageProto.RequestMessage request;                         //请求数据
    private MessageProto.ResponseMessage response;                       //响应数据
    private ChannelHandlerContext context;                              //通道处理上下文
    private Thread currentThread;                                        //保存当前线程
    @Override
    public void channelActive(ChannelHandlerContext ctx) throws Exception {
        this.context = ctx;
    }
    @Override
    protected void channelRead0(ChannelHandlerContext ctx,
                      MessageProto.ResponseMessage msg) throws Exception {
    log.info("【RPC客户端接收】返回值类型: {}、返回数据: {}", msg.getReturnType(), msg.getReturnValue());
        try {
            this.response = msg;                                         //接收响应数据
```

```
        } finally {
            LockSupport.unpark(this.currentThread);                      //解除线程锁定
        }
    }
    @Override
    public void close() throws Exception {
        this.context.close();                                            //关闭上下文
    }
    @Override
    public MessageProto.ResponseMessage call() throws Exception {
        this.currentThread = Thread.currentThread();                     //同步当前线程
        synchronized (this) {                                            //同步处理
            this.context.writeAndFlush(this.request);                    //发送请求调用
            LockSupport.park(this.currentThread);                        //线程锁定
            return this.response;                                        //返回操作响应
        }
    }
}
```

　　RPCClientHandler 类的主要作用在于进行服务调用请求的发送和响应数据的接收，考虑到Spring 与 Netty 的整合操作，本次将通过 Java 子线程发出 RPC 调用请求，同时在发出该请求后，通过 LockSupport 类实现当前线程的锁定，一直到客户端接收到响应数据后才进行线程锁的释放，这样就可以通过 RPCClientHandler 对象实例获取响应结果。该类的操作流程与关联结构如图 3-62所示。

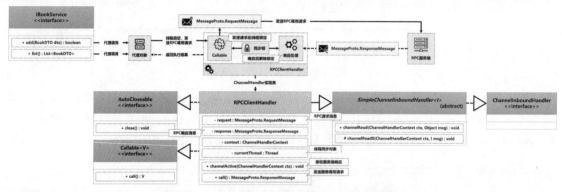

图 3-62　RPCClientHandler 类的操作流程与关联结构

　　2.【rpc-client 子模块】在 src/main/resources 源代码目录中创建 application.yml 配置文件，定义RPC 服务器连接信息。

```
yootk:
  rpc:
    host: localhost                                                      #RPC主机地址
    port: 8080                                                           #RPC连接端口
```

　　3.【rpc-client 子模块】创建自动装配类 YootkRPCClientAutoConfiguration，导入 RPC 配置属性。

```
package com.yootk.rpc.client.config;
@Configuration                                                          //配置类
@EnableConfigurationProperties({YootkRPCProperties.class})              //属性自动配置
public class YootkRPCClientAutoConfiguration {}
```

　　4.【rpc-client 子模块】创建 RPC 服务接口代理类，在该类中实现 Netty 客户端应用。

```
package com.yootk.rpc.client.factory;
@Slf4j
public class RPCProxyObject {
    private EventLoopGroup group;                                        //Netty线程池
    private Class<?> serviceClazz;                                       //服务类实例
    private ExecutorService executorService;                            //从线程池
    private String host;                                                 //RPC服务主机
    private int port;                                                    //RPC服务端口
    public RPCProxyObject(EventLoopGroup group, Class<?> serviceClazz,
                    ExecutorService executorService, String host, int port) {
        this.group = group;                                             //Netty线程池
```

```
        this.serviceClazz = serviceClazz;                          //接口类型
        this.executorService = executorService;                    //从线程池
        this.host = host;                                          //RPC服务地址
        this.port = port;                                          //RPC连接端口
    }
    /**
     * Netty客户端配置类
     * @return ChannelHandler接口实例，通过该实例获取服务端响应结果
     */
    private RPCClientHandler init() {                               //配置初始化
        RPCClientHandler clientHandler = new RPCClientHandler();   //RPC客户端处理类
        Bootstrap clientBootstrap = new Bootstrap();               //创建客户端的Bootstrap
        clientBootstrap.option(ChannelOption.CONNECT_TIMEOUT_MILLIS, 3000); //连接超时
        clientBootstrap.option(ChannelOption.SO_KEEPALIVE, true);  //连接测试
        clientBootstrap.group(this.group)                          //线程池配置
                .channel(NioSocketChannel.class);                  //配置NIO通道
        clientBootstrap.handler(new ChannelInitializer<SocketChannel>() {
            @Override
            protected void initChannel(SocketChannel ch) throws Exception {
                ch.pipeline().addLast(new LengthFieldBasedFrameDecoder(4096, 0, 2, 0, 2));
                ch.pipeline().addLast(new ProtobufDecoder(
                        MessageProto.ResponseMessage.getDefaultInstance())); //Protobuf解码器
                ch.pipeline().addLast(clientHandler);              //追加处理节点
                ch.pipeline().addFirst(new ProtobufEncoder());     //Protobuf编码器
                ch.pipeline().addFirst(new LengthFieldPrepender(2));
            }
        });
        try {
            clientBootstrap.connect(this.host, this.port).sync();  //服务端连接
        } catch (InterruptedException e) {
            throw new RuntimeException(e);
        }
        return clientHandler;
    }
    public Object createProxyObject() {                            //创建代理类
        return java.lang.reflect.Proxy.newProxyInstance(           //创建JDK代理对象
                Thread.currentThread().getContextClassLoader(),
                new Class[]{this.serviceClazz}, new InvocationHandler() {
            @Override
            public Object invoke(Object proxy,
                        Method method, Object[] args) throws Throwable {
                RPCClientHandler handler = init();                 //获取处理类实例
                MessageProto.RequestMessage.Builder requestBuilder =
                        MessageProto.RequestMessage.newBuilder();
                requestBuilder.setInterfaceName(serviceClazz.getName()); //RPC接口名称
                requestBuilder.setMethodName(method.getName());    //RPC方法名称
                if (args != null) {                                //方法参数不为空
                    for (int x = 0; x < args.length; x++) {        //循环参数配置
                        requestBuilder.addParameterTypes(args[x].getClass().getName());//参数类型
                        requestBuilder.addParameterValues(
                                ByteString.copyFrom(
                                        ObjectSerializeUtil.objectSerialize(args[x]))); //参数内容
                    }
                }
                handler.setRequest(requestBuilder.build());        //设置请求数据
                //通过Java线程池启动Java子线程，进行RPC请求数据的发送
                Future<MessageProto.ResponseMessage> future = executorService.submit(handler);
                return ObjectSerializeUtil.objectDeserialize(
                        future.get().getReturnValue().toByteArray()); //获取操作结果
            }
        });
    }
}
```

　　RPC 客户端调用方法时，主要依靠代理对象的方式实现 Netty 的操作封装，所以当前类的核心结构就是定义 Netty 客户端运行配置以及 InvocationHandler 接口的具体实现。由于当前所有 RPC 的调用与执行都被封装在 RPCClientHandler 类之中，所以在进行请求发送前会将 MessageProto.RequestMessage 请求消息对象配置到 RPCClientHandler 类的 request 属性之中，而在 RPC 请求调用后也可以通过 RPCClientHandler 类中的 response 属性返回接口执行的结果，并将该结果返回给方法调用处，该类的核

心结构如图 3-63 所示。

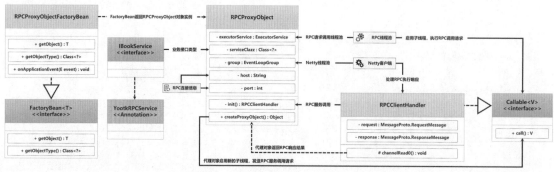

图 3-63   RPCClientHandler 类的核心结构

5.【rpc-client 子模块】定义 FactoryBean 接口实现类，用于实现代理对象的创建。

```
package com.yootk.rpc.client.factory;
@Data
public class RPCProxyObjectFactoryBean implements FactoryBean<Object>,
    ApplicationListener<ContextClosedEvent>{                           //Bean工厂
  private EventLoopGroup group = new NioEventLoopGroup();              //Netty线程池
  private Class<?> serviceClazz;                                      //接口类
  private String host;                                               //RPC服务地址
  private int port;                                                  //RPC服务端口
  private ExecutorService executorService =
      Executors.newFixedThreadPool(Runtime.getRuntime().availableProcessors() * 2);
  @Override
  public Object getObject() throws Exception {                        //返回对象实例
    RPCProxyObject proxyObject = new RPCProxyObject(
        this.group, this.serviceClazz, this.executorService, this.host, this.port);
    return proxyObject.createProxyObject();                          //创建代理对象
  }
  @Override
  public Class<?> getObjectType() {                                  //返回对象类型
    return this.serviceClazz;                                       //业务接口类型
  }
  @Override
  public void onApplicationEvent(ContextClosedEvent event) {
    if (this.group != null) {
      try {
        this.group.shutdownGracefully().sync();                     //关闭客户端
      } catch (InterruptedException e) {
        throw new RuntimeException(e);
      }
    }
  }
}
```

FactoryBean 的主要功能是实现 Bean 的创建管理，开发人员可以根据自定义的 getObject()方法返回 Bean 实例。由于创建代理类时需要线程池的配置，因此 RPCProxyObjectFactoryBean 内部也提供了线程池的创建与关闭处理，需要特别注意的是，FactoryBean 中的属性需要通过 BeanDefinitionBuilder 对象进行配置，类关联结构如图 3-64 所示。

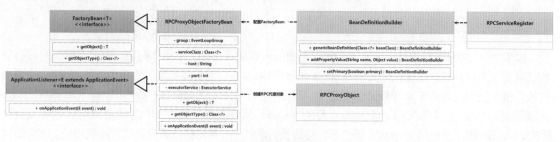

图 3-64   类关联结构

6.【rpc-common 子模块】创建 RPC 客户端的启用注解，该注解主要用于定义 RPC 接口扫描包。

```
package com.yootk.annotation;
@Target({ElementType.TYPE})                                          //在类定义上使用该注解
@Retention(RetentionPolicy.RUNTIME)                                  //运行时生效
public @interface EnableYootkRPCApplication {                        //RPC客户端启用注解
   public String servicePackage() default "";                        //扫描包
}
```

7.【rpc-client 子模块】创建 RPCServiceRegister 扫描注册 Bean，实现业务接口代理对象的注册。

```
package com.yootk.rpc.register;
@Slf4j
public class RPCServiceRegister implements
         ImportBeanDefinitionRegistrar, ResourceLoaderAware, EnvironmentAware {
   public static final String RPC_CONFIG_PREFIX = "yootk.rpc";       //配置项前缀
   private ResourceLoader resourceLoader;                            //资源加载实例
   private Environment environment;                                  //环境实例
   private String host;                                             //RPC服务主机
   private int port;                                               //RPC服务端口
   @Override
   public void registerBeanDefinitions(AnnotationMetadata importingClassMetadata,
                           BeanDefinitionRegistry registry,
                           BeanNameGenerator generator) {           //Bean注册
      ClassPathScanningCandidateComponentProvider scanner = this.getClassScanner(); //获取类扫描实例
      DefaultListableBeanFactory beanFactory = (DefaultListableBeanFactory) registry;
      Set<BeanDefinition> definitionSet = scanner
            .findCandidateComponents(this.getServicePackage(beanFactory)); //Bean信息集合
      definitionSet.forEach((definition) -> {                        //Bean注册
         if (definition instanceof AnnotatedBeanDefinition) {        //类型判断
            definition.setScope(BeanDefinition.SCOPE_SINGLETON);     //单例配置
            AnnotationMetadata metadata = ((AnnotatedBeanDefinition) definition).getMetadata();
            String beanName = generator.generateBeanName(definition, registry);
            log.info("【Bean注册】名称: {}", beanName);
            this.registerServiceBean(registry, metadata, beanName);   //Bean注册
         }
      });
   }
   private void registerServiceBean(BeanDefinitionRegistry registry,
                           AnnotationMetadata metadata, String beanName) { //注册业务Bean
      try {
         BeanDefinitionBuilder definition = BeanDefinitionBuilder
               .genericBeanDefinition(RPCProxyObjectFactoryBean.class); //Bean构建
         definition.addPropertyValue("host", this.host);             //属性设置
         definition.addPropertyValue("port", this.port);             //属性设置
         definition.addPropertyValue("serviceClazz",
               Class.forName(metadata.getClassName()));             //属性设置
         definition.setPrimary(true);                               //设置Primary
         AbstractBeanDefinition beanDefinition = definition.getBeanDefinition(); //获取Bean信息
         BeanDefinitionHolder holder = new BeanDefinitionHolder(beanDefinition, beanName);
         BeanDefinitionReaderUtils.registerBeanDefinition(holder, registry); //Bean注册
      } catch (Exception e) {}
   }
   @Override
   public void setEnvironment(Environment environment) {
      this.environment = environment;                               //获取环境实例
      this.host = environment.getProperty(
         RPC_CONFIG_PREFIX + ".host");                              //获取RPC服务主机
      this.port = Integer.parseInt(environment.getProperty(
         RPC_CONFIG_PREFIX + ".port"));                            //获取RPC服务端口
      log.info("【RPC配置】主机: {}、端口: {}", host, port);
   }
   @Override
   public void setResourceLoader(ResourceLoader resourceLoader) {
      this.resourceLoader = resourceLoader;                         //获取资源实例
   }
   private ClassPathScanningCandidateComponentProvider getClassScanner() {
      ClassPathScanningCandidateComponentProvider scanner = null;   //类扫描配置
      scanner = new ClassPathScanningCandidateComponentProvider(false, this.environment) {
         @Override
         protected boolean isCandidateComponent(AnnotatedBeanDefinition beanDefinition) {
```

```
                boolean isCandidate = false;                       //候选Bean标记
                if (beanDefinition.getMetadata().isIndependent()) { //判断是否为独立类
                    if (!beanDefinition.getMetadata().isAnnotation()) { //判断是否存在注解
                        isCandidate = true;                         //候选Bean标记
                    }
                }
                return isCandidate;                                 //返回候选标记
            }
        };
        scanner.setResourceLoader(this.resourceLoader);             //配置类加载器
        AssignableTypeFilter assignableTypeFilter =
            new AssignableTypeFilter(YootkRPCService.class);        //注解匹配
        AnnotationTypeFilter annotationTypeFilter =
            new AnnotationTypeFilter(YootkRPCService.class);        //注解类型过滤
        scanner.addIncludeFilter(annotationTypeFilter);            //添加扫描过滤
        scanner.addIncludeFilter(assignableTypeFilter);           //添加扫描过滤
        return scanner;
    }
    public String getServicePackage(DefaultListableBeanFactory beanFactory) { //获取扫描包
        String classNames[] = beanFactory.getBeanNamesForAnnotation(
            EnableYootkRPCApplication.class);                     //获取注解配置类
        Object mainClass = beanFactory.getBean(classNames[0]);    //获取主类
        EnableYootkRPCApplication rpc = mainClass.getClass().getAnnotation(
            EnableYootkRPCApplication.class);                     //获取注解
        return rpc.servicePackage();                              //返回扫描包
    }
}
```

ClassPathScanningCandidateComponentProvider 类依据 CLASSPATH 的环境属性实现扫描处理,在进行扫描之前需要通过@EnableYootkRPCApplication 注解获取扫描包的名称,而后依据@YootkRPCService 注解获取所有的 RPC 接口,这样才可以通过 RPCProxyObjectFactoryBean 类实现代理 Bean 的注册,本程序的相关类结构如图 3-65 所示。

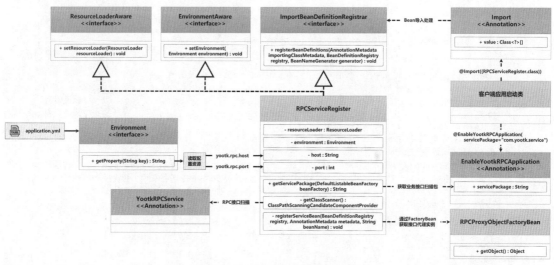

图 3-65　Bean 扫描注册的相关类结构

8.【rpc-client 子模块】创建 RPC 客户端应用启动类。

```
package com.yootk.rpc;
@SpringBootApplication
@Import({RPCServiceRegister.class})                               //代理类扫描注册
@EnableYootkRPCApplication(servicePackage="com.yootk.service")    //RPC启用
public class StartRPCClientApplication {
    public static void main(String[] args) throws Exception {
        SpringApplication.run(StartRPCClientApplication.class, args);
    }
}
```

9.【rpc-client 子模块】创建 RPC 业务接口测试类。

```java
package com.yootk.test;
@SpringBootTest(classes = StartRPCClientApplication.class)
@ExtendWith(SpringExtension.class)
public class TestProxyObject {
    private static final Logger LOGGER = LoggerFactory.getLogger(TestProxyObject.class);
    @Autowired
    private IBookService bookService;                              //注入业务接口实例
    @Test
    public void testList() throws Exception {
        this.bookService.list().forEach((dto)->{
            LOGGER.info("【图书】名称：{}、作者：{}、价格：{}",
                    dto.getName(), dto.getAuthor(), dto.getPrice());
        });
    }
    @Test
    public void testAdd() throws Exception {
        BookDTO bookDTO = new BookDTO("Spring开发实战", "李兴华", 79.8);
        System.out.println(this.bookService.add(bookDTO));
    }
}
```

testList()测试：

```
【图书】名称：Java程序设计开发实战、作者：李兴华、价格：79.8
【图书】名称：Spring开发实战、作者：李兴华、价格：99.8
【图书】名称：Spring Boot开发实战、作者：李兴华、价格：79.8
```

testAdd()测试：

```
true
```

当前的测试类中通过 Spring 容器注入了 IBookService 业务接口实例，该接口的代理 Bean 通过 RPCProxyObject 创建，每次进行业务方法执行时，都发出远程调用的请求，这样就实现了一个完整的 RPC 应用。

3.7 UDP 程序开发

UDP 程序开发

视频名称　0327_【掌握】UDP 程序开发

视频简介　UDP 也属于传输层的协议，本视频为读者分析 UDP 的作用以及报文组成结构，并基于 UDP 的特点分析 RPC 架构中心跳机制的作用与技术实现。

TCP 提供了可靠的网络连接，所以在进行请求和响应的处理操作时，可以保证数据的正确接收，而可靠的网络连接也意味着更高的性能开销，所以在一些对网络可靠性要求不高的应用场景下，可以基于 UDP（User Datagram Protocol，用户数据报协议）实现网络通信。

UDP 是一个简单的面向数据报的通信协议，工作在 OSI 七层模型的传输层，其报文结构如图 3-66 所示。由于 UDP 无法可靠地进行数据的传输，因此相较于 TCP 来讲，其报文结构相对简单，应用程序只负责网络报文的发送，而不关心报文能否被正确接收。

图 3-66 UDP 报文结构

UDP 报文头部包含 4 个组成字段，每个组成字段占用 2 B（16 bit 的长度），其中"来源连接端口"和"目的连接端口"用来标记发送和接收的应用进程信息。由于 UDP 不需要进行应答，所以"来源连接端口"是可选字段，如果不需要配置也可以将其内容设置为零。

UDP 报文头部中还包含报文长度以及校验和定义，其中"报文长度"可以保存 16 bit 的二进制数据,所以UDP总报文长度不能超过65536 B(UDP报文头部占 8 B,内容长度最大值为65507 B)。在传输的过程中可以通过"校验和"字段检查 UDP 报文的传输错误,在 IPv4(Internet Protocol Version 4,第 4 版互联网协议)中该字段是可选的,而在 IPv6(Internet Protocol Version 6,第 6 版互联网协议)中该字段是强制的,如果不使用"校验和"字段则将该字段的内容填充为 0 即可。

在 IPv4 中,"来源连接端口"和"校验和"为可选字段,在 IPv6 中只有"来源连接端口"为可选字段。所以 UDP 运行在 IPv4 上时,为了能够计算校验和,往往都会在 UDP 数据报前添加一个"伪头部"信息,如图 3-67 所示。伪头部包括 IPv4 头部中的一些信息,但它并不是发送 IP 数据报时使用的 IP 数据报头部,而只用来计算校验和。

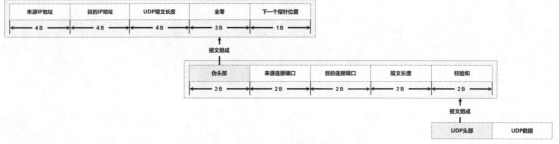

图 3-67　IPv4 上 UDP 数据报的伪头部

UDP 不属于连接协议,所以采用 UDP 进行通信时具有资源消耗小、处理速度快的特点,在一些音频、视频以及聊天软件的开发中用得较多,因为该类应用即使偶尔丢失几个数据包也不会对接收结果产生太大的影响。

3.7.1　NioDatagramChannel

NioDatagram-
Channel

视频名称　0328_【掌握】NioDatagramChannel

视频简介　UDP 的开发需要通过专属的 NioDatagramChannel 来完成,本视频通过相关类的源代码,为读者分析 NioDatagramChannel 与 DatagramPacket 类之间的结构关联与作用对比,并通过一个完整的案例讲解 UDP 程序的开发与数据传输。

Netty 为了实现 UDP 的开发,提供了 NioDatagramChannel 类,该类基于 DatagramPacket(数据报)类实现请求与响应数据的读写处理,如图 3-68 所示。

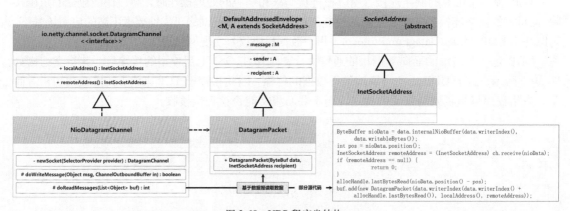

图 3-68　UDP 程序类结构

NioDatagramChannel 类每次调用 doReadMessages()方法读取用户发送的数据时,会通过 DatagramPacket 对象实例进行请求数据的包装,应用程序可以通过该对象实例获取消息发送者的信息,并通过该信息进行消息的响应。下面通过一个具体的案例讲解 UDP 通信的实现。

1. 【netty 项目】创建 udp 子模块，随后修改 build.gradle 配置文件，添加该模块所需依赖。

```
project(":udp") {                                                      //udp子模块
    dependencies {                                                     //模块依赖配置
        implementation('io.netty:netty-buffer:4.1.89.Final')
        implementation('io.netty:netty-handler:4.1.89.Final')
        implementation('io.netty:netty-transport:4.1.89.Final')
    }
}
```

2. 【udp 子模块】创建 UDP 服务端应用，该应用主要用于实现 UDP 客户端数据响应。

```
package com.yootk.udp.server;
public class UDPApplicationServer {                                    //UDP服务端
    private int port;                                                  //服务监听端口
    public UDPApplicationServer() {
        this(8080);                                                    //默认端口
    }
    public UDPApplicationServer(int port) {
        this.port = port;
    }
    private class UDPApplicationServerHandler extends
            SimpleChannelInboundHandler<io.netty.channel.socket.DatagramPacket> {
        private static final Logger LOGGER =
                LoggerFactory.getLogger(UDPApplicationServerHandler.class);
        @Override
        protected void channelRead0(ChannelHandlerContext ctx,
                        io.netty.channel.socket.DatagramPacket msg) throws Exception {
            LOGGER.info("【UDP服务端】消息来源主机：{}、消息来源主机端口：{}、消息内容：{}",
                    msg.sender().getHostString(), msg.sender().getPort(),
                    msg.content().toString(CharsetUtil.UTF_8));
            String message = "李兴华 - 《Netty开发实战》";                 //消息内容
            ByteBuf buf = Unpooled.copiedBuffer(message, CharsetUtil.UTF_8);  //字节缓冲区
            InetSocketAddress address = new InetSocketAddress(
                    msg.sender().getHostString(), msg.sender().getPort());  //消息接收者
            DatagramPacket packet = new DatagramPacket(buf, address);  //数据报
            ctx.writeAndFlush(packet);                                 //发送报文
        }
    }
    public void start() throws Exception {
        EventLoopGroup group = new NioEventLoopGroup();                //线程池
        Bootstrap bootstrap = new Bootstrap();                         //客户端配置
        bootstrap.group(group);                                        //配置线程池
        bootstrap.channel(NioDatagramChannel.class);                   //Socket通道
        bootstrap.handler(new UDPApplicationServerHandler());          //数据处理
        bootstrap.option(ChannelOption.SO_BROADCAST, true);            //UDP广播
        bootstrap.bind(this.port).sync().channel().closeFuture().await();
        group.shutdownGracefully();                                    //关闭线程池
    }
}
```

3. 【udp 子模块】创建 UDP 服务端应用启动类。

```
package com.yootk;
public class StartUDPServerApplication {
    public static void main(String[] args) throws Exception {
        new UDPApplicationServer().start();                            //启动UDP服务端
    }
}
```

4. 【udp 子模块】创建 UDP 客户端应用，该类在连接建立时需要向服务端发送一个数据报。

```
package com.yootk.udp.client;
public class UDPApplicationClient {                                    //UDP客户端应用
    private String host;                                               //UDP服务主机
    private int port;                                                  //UDP服务端口
    public UDPApplicationClient() {
        this("localhost", 8080);                                       //默认连接信息
    }
    public UDPApplicationClient(String host, int port) {
        //定义连接主机，如果要进行局域网广播操作，直接将其设置为255.255.255.255
        this.host = host;                                              //服务主机
```

```
        this.port = port;                                                    //服务端口
    }
    private class UDPApplicationClientHandler extends
            SimpleChannelInboundHandler<io.netty.channel.socket.DatagramPacket> {
        private static final Logger LOGGER =
                LoggerFactory.getLogger(UDPApplicationClientHandler.class);
        @Override
        public void channelActive(ChannelHandlerContext ctx) throws Exception {
            LOGGER.info("【UDP客户端】UDP连接创建成功，向服务端发送消息。");
            String message = "沐言科技 - yootk.com";                            //请求数据
            ByteBuf buf = Unpooled.copiedBuffer(message, CharsetUtil.UTF_8);    //字节缓冲
            InetSocketAddress address = new InetSocketAddress(host, port);     //主机地址
            DatagramPacket packet = new DatagramPacket(buf, address);          //数据报
            ctx.writeAndFlush(packet);                                        //发送报文
        }
        @Override
        protected void channelRead0(ChannelHandlerContext ctx,
                        io.netty.channel.socket.DatagramPacket msg) throws Exception {
            LOGGER.info("【UDP客户端】消息来源主机：{}、消息来源主机端口：{}、消息内容：{}",
                    msg.sender().getHostString(), msg.sender().getPort(),
                    msg.content().toString(CharsetUtil.UTF_8));
        }
    }
    public void start() throws Exception {
        EventLoopGroup group = new NioEventLoopGroup();                        //线程池
        Bootstrap bootstrap = new Bootstrap();                                //客户端配置
        bootstrap.group(group);                                              //配置线程池
        bootstrap.channel(NioDatagramChannel.class);                         //Socket通道
        bootstrap.handler(new UDPApplicationClientHandler());                //数据处理
        bootstrap.option(ChannelOption.SO_BROADCAST, true);                  //UDP广播
        bootstrap.bind(0).sync().channel().closeFuture().await();
        group.shutdownGracefully();                                          //关闭线程池
    }
}
```

5.【udp 子模块】创建 UDP 客户端应用启动类。

```
package com.yootk;
public class StartUDPClientApplication {
    public static void main(String[] args) throws Exception {
        new UDPApplicationClient().start();                                  //启动UDP客户端
    }
}
```

启动当前客户端应用后，会首先通过客户端 ChannelHandler 类中的 channelActive()方法向服务端发送 UDP 数据报，服务端接收到消息后也会发送一个新的 UDP 数据报到客户端，以完成网络数据的传输。应用的输出信息如下所示。

服务端输出：

【UDP服务端】消息来源主机：127.0.0.1、消息来源主机端口：55278、消息内容：沐言科技 - yootk.com

客户端输出：

【UDP客户端】UDP连接创建成功，向服务端发送消息。
【UDP客户端】消息来源主机：127.0.0.1、消息来源主机端口：8080、消息内容：李兴华 - 《Netty开发实战》

3.7.2　基于 UDP 通信的心跳检测机制

基于 UDP 通信的
心跳检测机制

视频名称　0329_【掌握】基于 UDP 通信的心跳检测机制
视频简介　UDP 可以保证网络应用的性能，本视频结合 UDP 的特点以及网络架构设计的问题，通过具体的案例代码，为读者讲解心跳检测操作的具体实现。

在集群架构的应用开发中，经常需要不断地判断客户端与服务器之间的连接状态，所以往往会采用心跳机制来实现应用状态的检测。以图 3-69 所示的 RPC 技术应用为例，一个 RPC 服务端除了要提供业务处理的支持之外，还应该另外开设一个新的端口，以实现心跳数据的发送。

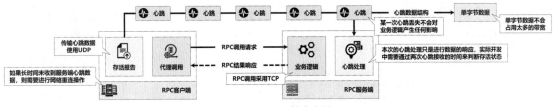

图 3-69　RPC 技术应用

　　在此种情况下使用 UDP 要比 TCP 更加高效，因为客户端与服务端之间会连续进行心跳数据的发送，所以即使某一次的心跳数据丢失也不会影响到整体检测状态的判断结果。下面来看一下该功能的具体实现。

　　1.【netty 项目】创建 heartbeat 子模块，随后修改 build.gradle 配置文件，定义模块所需依赖库。

```
project(":heartbeat") {                                               //心跳检测模块
    dependencies {                                                    //模块依赖配置
        implementation('io.netty:netty-buffer:4.1.89.Final')
        implementation('io.netty:netty-handler:4.1.89.Final')
        implementation('io.netty:netty-transport:4.1.89.Final')
    }
}
```

　　2.【heartbeat 子模块】创建心跳数据的发送与接收工具类。

```
package com.yootk.util;
public class HeartBeatUtil {                                                          //心跳工具类
    public static void sendHeartBeat(ChannelHandlerContext ctx, String host, int port) {//发送心跳数据
        InetSocketAddress address = new InetSocketAddress(host, port);               //消息接收者
        ByteBuf buf = Unpooled.copiedBuffer(new byte[] {1});                         //字节缓冲区
        DatagramPacket packet = new DatagramPacket(buf, address);                    //数据报
        ctx.writeAndFlush(packet);
    }
    public static void sendHeartBeat(ChannelHandlerContext ctx,
                            DatagramPacket msg) {                                     //发送心跳数据
        InetSocketAddress address = new InetSocketAddress(
                msg.sender().getHostString(), msg.sender().getPort());               //消息接收者
        ByteBuf buf = Unpooled.copiedBuffer(new byte[] {1});                         //字节缓冲区
        DatagramPacket packet = new DatagramPacket(buf, address);                    //数据报
        ctx.writeAndFlush(packet);                                                   //数据发送
    }
    public static byte[] receiveHeartBeat(DatagramPacket msg) {                      //返回心跳数据
        byte [] data = new byte[msg.content().readableBytes()];                      //开辟新数组
        msg.content().readBytes(data);                                               //数据读取
        return data;
    }
}
```

　　3.【heartbeat 子模块】创建心跳检测服务端应用（实际开发中运行在 RPC 服务端）。

```
package com.yootk.server;
public class HeartBeatServer {                                                        //心跳检测服务端
    private int port;                                                                 //服务监听端口
    public HeartBeatServer() {
        this(8080);                                                                   //默认端口
    }
    public HeartBeatServer(int port) {
        this.port = port;
    }
    private class HeartBeatServerHandler extends
            SimpleChannelInboundHandler<DatagramPacket> {                             //服务端数据处理
        private static final Logger LOGGER =
            LoggerFactory.getLogger(HeartBeatServerHandler.class);
        @Override
        protected void channelRead0(ChannelHandlerContext ctx, DatagramPacket msg) throws Exception {
            LOGGER.info("【UDP服务端 - 心跳处理】数据: {}",
                    HeartBeatUtil.receiveHeartBeat(msg));
            TimeUnit.SECONDS.sleep(2);                                                //间隔2 s发送心跳
            HeartBeatUtil.sendHeartBeat(ctx, msg);                                    //心跳发送
        }
```

```java
    }
    public void start() throws Exception {                                    //服务开启
        EventLoopGroup group = new NioEventLoopGroup();                       //线程池
        Bootstrap bootstrap = new Bootstrap();                               //客户端配置
        bootstrap.group(group);                                             //配置线程池
        bootstrap.channel(NioDatagramChannel.class);                        //Socket通道
        bootstrap.handler(new HeartBeatServer.HeartBeatServerHandler());
        bootstrap.option(ChannelOption.SO_BROADCAST, true);                 //UDP广播
        bootstrap.bind(this.port).sync().channel().closeFuture().await();
        group.shutdownGracefully();                                         //关闭线程池
    }
}
```

4．【heartbeat 子模块】创建服务端应用启动类。

```java
package com.yootk;
public class StartHeartBeatServerApplication {
    public static void main(String[] args) throws Exception {
        new HeartBeatServer().start();                                      //启动服务端应用
    }
}
```

5．【heartbeat 子模块】创建心跳检测客户端（实际开发中运行在 RPC 客户端）。

```java
package com.yootk.client;
public class HeartBeatClient {
    private String host;                                                    //UDP服务主机
    private int port;                                                       //UDP服务端口
    public HeartBeatClient() {
        this("localhost", 8080);                                           //默认连接信息
    }
    public HeartBeatClient(String host, int port) {
        this.host = host;                                                  //服务主机
        this.port = port;                                                  //服务端口
    }
    private class HeartBeatClientHandler extends
            SimpleChannelInboundHandler<DatagramPacket> {                  //客户端数据处理
        private static final Logger LOGGER =
                LoggerFactory.getLogger(HeartBeatClientHandler.class);
        @Override
        public void channelActive(ChannelHandlerContext ctx) throws Exception {
            HeartBeatUtil.sendHeartBeat(ctx, host, port);
        }
        @Override
        protected void channelRead0(ChannelHandlerContext ctx,
                            DatagramPacket msg) throws Exception {
            LOGGER.info("【UDP客户端 - 心跳处理】数据：{}", HeartBeatUtil.receiveHeartBeat(msg));
            TimeUnit.SECONDS.sleep(2);                                     //间隔2s发送心跳
            HeartBeatUtil.sendHeartBeat(ctx, msg);                         //发送心跳
        }
    }
    public void start() throws Exception {                                  //应用启动
        EventLoopGroup group = new NioEventLoopGroup();                     //线程池
        Bootstrap bootstrap = new Bootstrap();                             //客户端配置
        bootstrap.group(group);                                           //配置线程池
        bootstrap.channel(NioDatagramChannel.class);                      //Socket通道
        bootstrap.handler(new HeartBeatClientHandler());
        bootstrap.option(ChannelOption.SO_BROADCAST, true);              //UDP广播
        bootstrap.bind(0).sync().channel().closeFuture().await();
        group.shutdownGracefully();                                       //关闭线程池
    }
}
```

6．【heartbeat 子模块】创建客户端应用启动类。

```java
package com.yootk;
public class StartHeartBeatClientApplication {
    public static void main(String[] a rgs) throws Exception {
        new HeartBeatClient().start();                                    //启动客户端应用
    }
}
```

启动客户端应用后会主动向服务端发送一次心跳数据（单字节），服务端接收到此信息 2 s 后

会发还一次心跳数据，客户端依照同样的延迟时间进行处理。对于服务端来讲只要心跳数据存在，就表示连接应持续开启。

3.8 本章概览

1．Reactor 线程模型之中，所有的请求会根据事件的不同进行线程资源的分配，从而避免了无效连接所带来的资源占用。而考虑到连接时所带来的资源损耗，可以基于主从线程池的模型进行管理，由主线程池负责连接处理，而在执行任务时通过从线程池获取资源。

2．为便于线程池的有效管理，Netty 基于 J.U.C 线程池进行了扩展，提供了 EventLoopGroup 线程池定义类，所有的用户请求都通过 EventLoop 中的事件循环机制进行调度。而为了防止空循环的出现，Netty 采用了计数统计的方式进行 Selector 重建。

3．Netty 网络应用中的数据传输属于多生产者与单消费者结构，所以引入了 Mpsc 队列结构。

4．Netty 程序的服务端使用 ServerBootstrap 配置，客户端使用 Bootstrap 配置，在服务端配置时，可以根据自身的需要选择单线程模型或主从线程模型。

5．在进行网络服务配置时，可以使用 ChannelOption 中的参数来实现 TCP 的配置。

6．在进行数据传输时，由于 TCP 自身的传输限制，会导致数据报解码出错，为了解决此类问题，Netty 提供了自动粘包与拆包的处理机制。

7．为便于 Java 对象的传输，Netty 提供了自定义数据编码器与解码器的支持，但是由于 JDK 自身的序列化管理问题，一般建议使用 Protobuf 或 MessagePack 实现压缩数据的传输。

8．RPC 提供了远程接口的访问支持，可以便于客户端调用远程方法的操作，RPC 的核心原理在于反射机制与动态代理。

9．传输数据时 TCP 采用可靠的方式传输，而 UDP 采用数据报的形式传输，所以不是可靠传输，但是可以提高传输性能。

第4章

HTTP 服务开发

本章学习目标

1. 掌握 TCP 与 HTTP 之间的关系，以及 HTTP 报文的结构与常用状态码；
2. 掌握 Netty 对 HTTP 提供的请求解码器与响应编码器的使用；
3. 掌握 HTTP 中 Session 数据的管理，并可以基于 Redis 实现分布式 Session 存储；
4. 掌握 HTTP 中 GET 参数与 POST 参数提交的特点以及 Netty 程序实现上的区别；
5. 掌握 HTTP 文件上传、资源加载操作的实现；
6. 理解 HTTP 中长连接的作用，理解 HTTP/1.0 与 HTTP/1.1 在长连接设计上的改良；
7. 理解 HTTP/2.0 以及 HTTP/3.0 的特点，并可以基于 Netty 实现不同 HTTP 版本的开发；
8. 了解 OpenSSL 模拟证书与 bcpkix 证书生成工具与 HTTPS 之间的关联，以及与各版本 HTTP 的整合应用；
9. 了解 QUIC 与 HTTP/2.0 以及 HTTP/3.0 在设计上的关联。

HTTP 是现在互联网数据传输的主要协议，同时也是 TCP 的扩展，Netty 中提供了专属的 HTTP 编解码支持。本章将为读者讲解 Netty 框架下 HTTP 的开发，同时考虑到读者未来发展的问题，也会对 HTTP 的版本开发与使用进行实例讲解。

4.1 Netty 与 HTTP

Netty 与 HTTP

视频名称　0401_【掌握】Netty 与 HTTP

视频简介　HTTP 是互联网数据传输的主要协议，本视频为读者分析 HTTP 的特点，以及数据包的组成结构，同时阐述 HTTP 请求和响应头信息的定义。

HTTP（Hypertext Transfer Protocol，超文本传送协议）是一个属于应用层的协议，它于 1991 年正式诞生，主要适用于分布式超媒体信息系统，并且随着其使用范围的不断扩大，其规范也在不断完善。HTTP 主要用于构建 B/S 架构的服务应用，客户端可以直接通过浏览器访问 Web 服务器上的资源，服务端的资源内容可以直接通过浏览器中的解析功能实现页面的展示，极大地降低了网络应用的维护成本，图 4-1 所示为 HTTP 传输的基本流程。

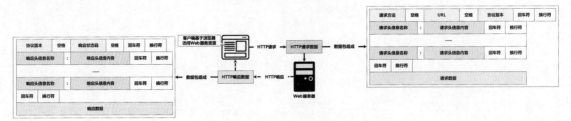

图 4-1　HTTP 传输的基本流程

HTTP 是在 TCP 与 UDP 之上构建的，在执行过程中，所有用户的请求被封装在 HTTP 请求数据包中，请求数据包含有"请求模式""请求地址""协议版本""头信息集合"以及请求数据等几个核心组成部分，其中请求模式是进行不同资源获取的重要标记，在 HTTP 中定义的请求模式如表 4-1 所示。

表 4-1 在 HTTP 中定义的请求模式

序号	方法	版本	描述
1	GET	HTTP/1.0	请求指定的页面资源，并携带请求数据的实体
2	HEAD	HTTP/1.0	类似于 GET 请求模式，但是不包含响应实体数据，仅传输头信息
3	POST	HTTP/1.0	向指定资源提交数据进行处理请求（例如提交表单或者上传文件）。数据被包含在请求体中，POST 请求可能会导致新资源的建立或已有资源的修改
4	PUT	HTTP/1.1	将数据发送到服务端以创建或更新指定资源
5	DELETE	HTTP/1.1	请求服务端删除指定资源
6	CONNECT	HTTP/1.1	建立到给定的 URI 表示的服务器的隧道，通过 TCP/IP 隧道更改请求连接，通常使用解码的 HTTP 代理来进行 SSL 编码的通信（HTTPS）
7	OPTIONS	HTTP/1.1	描述目标资源的通信选项
8	TRACE	HTTP/1.1	回显服务器收到的请求，主要用于测试或诊断

普通用户在使用 Web 资源时，一般都通过浏览器向指定的域名发出服务调用请求，由于所有的域名都被绑定在 DNS（Domain Name System，域名系统）中，所以要通过 DNS 获取主机 IP 地址，而后通过 IP 地址实现与指定服务器的连接。Web 服务调用流程如图 4-2 所示。

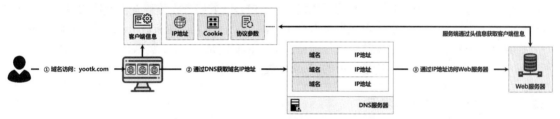

图 4-2 Web 服务调用流程

每一次 HTTP 请求的数据包中，会包含客户端的信息（IP 地址、浏览器版本、Cookie、数据编码、各项协议参数等），这些内容将以头信息的方式被发送到服务端，而常见的 HTTP 请求头信息的内容如表 4-2 所示。

表 4-2 HTTP 常见请求头信息的内容

序号	头信息	描述	示例
1	Accept	指定客户端能够接收的内容类型	Accept: text/plain, text/html, text/json
2	Accept-Charset	浏览器可以接收的字符编码集	Accept-Charset: iso-8859-1
3	Accept-Encoding	指定浏览器可以支持的 Web 服务器返回内容压缩编码类型	Accept-Encoding: compress, gzip
4	Accept-Language	浏览器可接收的语言	Accept-Language: en,zh
5	Accept-Ranges	可以请求网页实体的一个或者多个子范围字段	Accept-Ranges: bytes
6	Authorization	HTTP 授权证书	Authorization: Basic QWxhZ...==
7	Cache-Control	指定请求和响应遵循的缓存机制	Cache-Control: no-cache
8	Connection	表示是否需要持久连接（HTTP/1.1 默认进行持久连接）	Connection: close

续表

序号	头信息	描述	示例
9	Cookie	浏览器本地保存的数据	Cookie: yootk=yootk.com; author=LiXingHua;
10	Content-Length	请求内容长度	Content-Length: 348
11	Content-Type	请求数据实体对应的 MIME 信息	Content-Type: application/x-www-form-urlencoded
12	Date	请求发送的日期时间	Date: Tue, 15 Nov 1987 08:12:31 GMT
13	Expect	请求特定的服务器行为	Expect: 100-continue
14	From	发出请求的用户的 E-mail	From: java@yootk.com
15	Host	请求服务器的域名和端口号	Host: www.yootk.com
16	If-Match	请求内容与实体相匹配才有效	If-Match: "737060cd8c284d8af7ad3082f209582d"
17	Max-Forwards	限制信息通过代理和网关传送的时间	Max-Forwards: 10
18	Pragma	用来实现特定的指令	Pragma: no-cache
19	Proxy-Authorization	连接到代理的授权证书	Proxy-Authorization: Basic QWxhZGRp...==
20	Range	只请求实体的一部分，指定范围	Range: bytes=500-999
21	Referer	先前网页的地址路径	Referer: http://www.yootk.com/book.html
22	Upgrade	向服务器指定某种传输协议以便服务器进行转换（如果支持）	Upgrade: HTTP/2.0, SHTTP/1.3, IRC/6.9, RTA/x11
23	User-Agent	包含发出请求的用户信息	User-Agent: Mozilla/5.0 (Linux; X11)
24	Warning	关于消息实体的警告信息	Warn: 199 Miscellaneous warning

　　请求头中包含的是 HTTP 客户端的元数据信息，但是随着服务端集群架构设计的不同，以及浏览器状态的不同，请求头信息的组成也可能产生不同结果。例如：在获取 Referer 信息时，如果用户直接通过完整路径访问，是无法获取任何信息的；再有就是 Cookie 数据是通过服务器设置的，所以第一次进行请求发送时，请求头中的 Cookie 数据为空。

> 💡 提示：Web 请求和响应处理。
>
> 　　如果读者对基本的 HTTP 请求和响应机制不理解，可以参考本系列的《Java Web 开发实战（视频讲解版）》一书，该书对 HTTP 中各项数据的设置和获取有着完整的讲解。本章也是在读者理解了这些基础知识的层次上进行的实现。

　　HTTP 遵循着"请求-响应"的设计原则，Web 服务器需要根据不同的业务流程，对接收到的请求信息进行处理，而后将内容发送到客户端浏览器进行展示。为了帮助用户快速判断本次的请求是否成功，HTTP 也提供了 HTTP 响应状态码的设计，这些状态码的分类如表 4-3 所示。

表 4-3　HTTP 响应状态码的分类

序号	分类	描述
1	1**	信息，服务器收到请求，需要请求者继续执行操作
2	2**	成功，操作被成功接收并处理
3	3**	重定向，需要后续的操作以完成用户请求
4	4**	客户端错误，请求包含语法错误或无法完成请求
5	5**	服务端错误，服务器在处理请求的过程中发生了错误

　　假设此时服务端正确则一般都会返回 200 状态码，如果用户请求路径错误则会返回 404 状态码，如果服务端应用程序报错则会直接返回 500 状态码，客户端根据这些状态码就可以直接确定本次请求的成败信息。表 4-4 所示为 HTTP 常见响应状态码。

表 4-4 HTTP 常见响应状态码

序号	状态码	英文名称	描述
1	100	Continue	客户端应继续其请求
2	200	OK	请求成功，并可以正常返回响应数据
3	201	Created	成功请求并创建了新的资源
4	202	Accepted	服务端已接收客户端请求，但未处理完成
5	203	Non-Authoritative Information	非授权信息
6	204	No Content	服务器成功处理，但尚未返回响应内容
7	300	Multiple Choices	用户请求的资源可包括多个位置
8	301	Moved Permanently	请求资源已被永久移动到新 URI，返回信息会包括新的 URI，浏览器会自动定向到新 URI，后续任何新的请求都应使用新的 URI 代替
9	302	Found	资源临时被移动，客户端应继续使用原有 URI
10	303	See Other	查看其他地址
11	304	Not Modified	未修改。所请求的资源未修改，服务器返回此状态码时，不会返回任何资源。客户端通常会缓存访问过的资源，通过提供一个头信息指出客户端希望只返回在指定日期之后修改的资源
12	305	Use Proxy	所请求的资源必须通过代理访问
13	306	Unused	已经被废弃的 HTTP 状态码
14	307	Temporary Redirect	使用 GET 请求重定向，与 302 作用类似
15	400	Bad Request	客户端请求的语法错误，服务器无法理解
16	401	Unauthorized	请求需要进行用户身份认证
17	402	Payment Required	保留，将来使用
18	403	Forbidden	服务器理解客户端的请求，但是拒绝执行此请求
19	404	Not Found	服务器无法根据客户端的请求找到资源（网页）
20	405	Method Not Allowed	客户端请求方法被禁止
21	406	Not Acceptable	服务器无法根据客户端请求的内容完成请求
22	407	Proxy Authentication Required	要求代理服务器的身份认证
23	408	Request Time-out	服务器等待客户端发送的请求超时
24	409	Conflict	服务器处理 PUT 请求时可能返回此代码，表示请求处理时发生冲突
25	410	Gone	客户端请求的资源已经不存在
26	411	Length Required	服务器无法处理客户端发送的不带 Content-Length 的请求信息
27	412	Precondition Failed	客户端请求信息的先决条件错误
28	413	Request Entity Too Large	由于请求的实体过大，服务器无法处理，因此拒绝请求
29	414	Request-URI Too Large	请求的 URI 过长（URI 通常为网址），服务器无法处理
30	415	Unsupported Media Type	服务器无法处理请求附带的媒体格式
31	416	Requested range not satisfiable	客户端请求的范围无效
32	417	Expectation Failed	服务器无法满足 Expect 的请求头信息
33	500	Internal Server Error	服务器内部错误，无法完成请求
34	501	Not Implemented	服务器不支持请求的功能，无法完成请求
35	502	Bad Gateway	充当网关或代理的服务器，从远端服务器接收到了一个无效的请求
36	503	Service Unavailable	由于超载或系统维护，服务器暂时无法处理客户端请求
37	504	Gateway Time-out	充当网关或代理的服务器，未及时从远端服务器获取请求
38	505	HTTP Version not supported	服务器不支持 HTTP 请求版本

　　HTTP 响应除了包含状态码之外，还会包含响应头信息以及响应主体，用户可以通过响应头的配置来实现请求路径的重定向、页面刷新以及 Cookie 的定义，表 4-5 所示为常见 HTTP 响应头信息的描述。

表 4-5　常见 HTTP 响应头信息的描述

序号	头信息	描述	示例
1	Accept-Ranges	服务器是否支持指定范围或类型的请求	Accept-Ranges: bytes
2	Age	从原服务器到代理缓存行程的估算时间	Age: 12（单位：s）
3	Allow	返回某服务资源的有效请求行为	Allow: GET, HEAD
4	Cache-Control	获取缓存类型	Cache-Control: no-cache
5	Content-Encoding	服务器支持的返回内容压缩编码类型	Content-Encoding: gzip
6	Content-Language	响应主体的语言	Content-Language: en,zh
7	Content-Length	响应主体的长度	Content-Length: 348
8	Content-Location	请求资源可替代的备用的另一地址	Content-Location: /index.htm
9	Content-MD5	返回资源的 MD5 校验值	Content-MD5: Q2hlY2sg...==
10	Content-Range	在整个返回体中本部分的字节位置	Content-Range: bytes 21010-47021/47022
11	Content-Type	返回内容的 MIME 类型	Content-Type: text/html; charset=utf-8
12	Date	原始服务器消息发出的时间	Date: Tue, 15 Nov 1987 08:12:31 GMT
13	ETag	请求变量的实体标签的当前值	ETag: "737060cd8c284d8a..."
14	Expires	响应过期的日期和时间	Expires: Thu, 01 Dec 1987 16:00:00 GMT
15	Last-Modified	请求资源的最后修改时间	Last-Modified: Tue, 15 Nov 1987 12:45:26 GMT
16	Location	指示客户端重定向到一个新的 URL 地址	Location: http://yootk.com/author.html
17	Pragma	实现特定的指令	Pragma: no-cache
18	Proxy-Authenticate	认证方案和可应用到代理 URL 参数	Proxy-Authenticate: Basic
19	refresh	应用于定时重定向或页面刷新	Refresh: 5; url=http://www.yootk.com
20	Retry-After	通知客户端在指定时间之后再次尝试	Retry-After: 120
21	Server	Web 服务器软件名称	Server: Nginx/1.33.1
22	Set-Cookie	设置客户端浏览器中的 Cookie 数据	Set-Cookie: UserID=Yootk; Max-Age=3600;
23	Transfer-Encoding	文件传输编码	Transfer-Encoding:chunked
24	WWW-Authenticate	客户端请求实体应使用的授权方案	WWW-Authenticate: Basic

　　开发 HTTP 可以使用已有的成熟组件（例如 Tomcat、Apache、Nginx 等），或者也可以在 TCP 的基础上手动构建 HTTP 报文以实现服务的开发。本次将基于 Netty 框架并结合 HTTP 编解码器实现 HTTP 服务与客户端的开发。

4.1.1　搭建 HTTP 服务端应用

搭建 HTTP 服务端应用

　　视频名称　0402_【掌握】搭建 HTTP 服务端应用

　　视频简介　Netty 中提供了 netty-codec-http 开发包，以便 HTTP 服务的构建。本视频为读者分析 HTTP 编解码器结构，同时解释 HTTP 请求、响应以及数据内容的包装结构，最后通过一个完整的开发案例，基于 Spring Boot 与 Netty 开发一个 HTTP 服务。

　　HTTP 是在 TCP 基础之上构建的，其核心的操作为请求与响应，当用户通过浏览器发出请求后，所有的请求信息会被包裹在 HTTP 数据包中。为了便于 Reactor 模型的实现，可以基于已有的 Netty 结构进行 HTTP 服务的构建，而构建的核心就是基于特定的编解码器来实现请求与响应的处理，如图 4-3 所示。

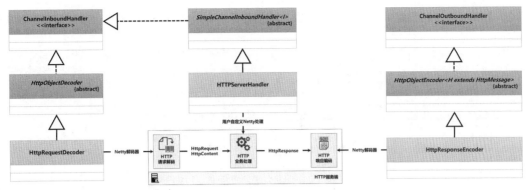

图 4-3　HTTP 编解码

　　每当客户端发出 HTTP 请求之后，服务端需要进行该请求数据的解码处理，为此 Netty 提供了 HttpRequestDecoder（HTTP 请求解码器）工具类，其相关类结构如图 4-4 所示。

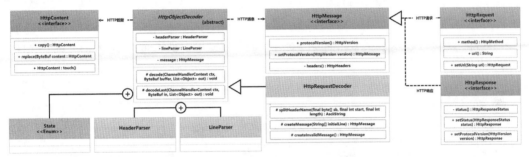

图 4-4　HttpRequestDecoder 工具类相关类结构

　　客户端通过浏览器所发送来的数据为二进制数据，除了基本的标记信息之外，还包含可变头信息，以及请求参数（普通文本参数以及上传文件），这些数据的读取是通过 HttpObjectDecoder 类中的 decode()方法完成的。该方法会根据当前数据读取的状态（HttpObjectDecoder.State 枚举类定义）依次读取指定数据内容，并将这些内容转换为 HttpRequest(HTTP 请求信息)以及 HttpContent(HTTP 数据内容)，交由后续的 ChannelHandler 节点进行处理。

> 💡 提示：HttpContent 与 LastHttpContent。
>
> 　　在 Netty 中，所有的用户主体数据都使用 HttpContent 接口进行封装，但是当用户发送的请求数据实体过大时，有可能会通过多个 HttpContent 实例进行描述，其中最后一个实体数据为 LastHttpContent，用于表明数据主体的结束。

　　当 Netty 服务端处理完 HTTP 请求之后，就需要构建 HTTP 响应对象，由于响应对象中同时包含响应数据以及响应头信息，因此 Netty 提供了一个 FullHttpReponse 接口类型。所有的响应消息内容要包装在该接口实例中，随后就可以通过 HTTP 编码器进行响应，如图 4-5 所示。为了便于读者理解这些系统类的作用，下面通过 Spring Boot 与 Netty 的整合开发形式，搭建一个简单的 HTTP 服务端应用。

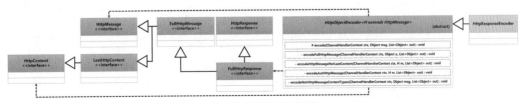

图 4-5　HTTP 响应解码

1．【netty 项目】创建 http-server 子模块，随后修改 build.gradle 配置文件，添加该模块所需依赖库。

```
project(":http-server") {                                               //HTTP服务端模块
    dependencies {                                                      //模块依赖配置
        implementation('io.netty:netty-buffer:4.1.89.Final')
        implementation('io.netty:netty-handler:4.1.89.Final')
        implementation('io.netty:netty-transport:4.1.89.Final')
        implementation('io.netty:netty-codec-http:4.1.89.Final')
        implementation('org.springframework.boot:spring-boot-starter:3.0.5')
        testImplementation('org.springframework.boot:spring-boot-starter-test:3.0.5')
        compileOnly('org.projectlombok:lombok:1.18.24')                 //lombok组件
        annotationProcessor('org.projectlombok:lombok:1.18.24')         //注解处理支持
    }
}
```

2．【http-server 子模块】创建属性配置类 HTTPServerProperties，定义 HTTP 服务器的监听端口。

```
package com.yootk.http.server.properties;
@Data
@ConfigurationProperties(prefix = "yootk.http")                         //配置项前缀
public class HTTPServerProperties {
    private int port;                                                   //服务监听端口
}
```

3．【http-server 子模块】在 src/main/resources 源代码目录中创建 application.yml 配置文件，并定义 HTTP 服务配置属性。

```
yootk:
  http:
    port: 80                                                            # HTTP服务监听端口
```

4．【http-server 子模块】创建一个 HTTP 服务处理工具类。

```
package com.yootk.http.util;
public class HTTPServerResponseUtil {
    public static void response(ChannelHandlerContext ctx, String content) { //数据响应
        ByteBuf buf = Unpooled.copiedBuffer(content, CharsetUtil.UTF_8);      //响应主体数据
        DefaultFullHttpResponse response = new DefaultFullHttpResponse(HttpVersion.HTTP_1_1,
                HttpResponseStatus.OK, buf);                                  //HTTP与状态码
        response.headers().set(HttpHeaderNames.CONTENT_TYPE,
                "text/html;charset=UTF-8");                                   //响应数据MIME
        response.headers().set(HttpHeaderNames.CONTENT_LENGTH,
                buf.readableBytes());                                        //响应数据长度
        ctx.writeAndFlush(response).addListener(
                ChannelFutureListener.CLOSE);                                //响应后断开HTTP连接
    }
}
```

5．【http-server 子模块】创建 HTTP 服务端处理类。

```
package com.yootk.http.server.handler;
@Slf4j
public class HTTPServerHandler extends SimpleChannelInboundHandler<Object> {
    @Override
    protected void channelRead0(ChannelHandlerContext ctx, Object msg) throws Exception {
        log.info("【HTTP请求】类型：{}", msg.getClass().getName());
        if (msg instanceof HttpRequest request) {                           //HTTP请求
            log.info("【请求信息】请求模式：{}、请求路径：{}", request.method(), request.uri());
            this.service(ctx, request);                                     //请求处理
        }
    }
    protected void service(ChannelHandlerContext ctx, HttpRequest request) {
        switch(request.uri()) {                                             //路径判断
            case "/": {                                                     //根路径
                String data = "<h1>沐言科技：www.yootk.com</h1>";
                HTTPServerResponseUtil.response(ctx, data);                 //数据响应
                break;
            }
        }
    }
}
```

本次案例中服务端主要向客户端响应一段文字数据，所以在用户发出请求时会直接返回对应的

HTML 代码。由于当前的客户端并没有向服务端发出任何请求参数，所以没有追加 HttpContent 类型的判断。

6.【http-server 子模块】创建 HTTPServer 处理类，基于 Netty 开发结构配置 HTTP 编解码器。

```
package com.yootk.http.server;
@Slf4j
public class HTTPServer implements InitializingBean, DisposableBean {
    @Autowired
    private HTTPServerProperties httpServerProperties;                         //HTTP属性
    private EventLoopGroup masterGroup = new NioEventLoopGroup();              //主线程池
    private EventLoopGroup workerGroup = new NioEventLoopGroup();              //从线程池
    public void start() throws Exception {                                      //服务启动
        ServerBootstrap serverBootstrap = new ServerBootstrap();
        serverBootstrap.group(masterGroup, workerGroup).channel(NioServerSocketChannel.class);
        serverBootstrap.childHandler(new ChannelInitializer<SocketChannel>() { //客户端处理
            @Override
            protected void initChannel(SocketChannel socketChannel) throws Exception {
                httpCodec(socketChannel);                                       //配置处理节点
            }
        });
        ChannelFuture future = serverBootstrap.bind(this.httpServerProperties.getPort()).sync();
        log.info("HTTP服务启动完成，监听端口为：{}", this.httpServerProperties.getPort());
        future.channel().closeFuture().sync();
    }
    private void httpCodec(SocketChannel channel) {                             //配置处理节点
        channel.pipeline().addLast(new HttpRequestDecoder());                   //HTTP请求解码
        channel.pipeline().addLast(new HTTPServerHandler());                    //HTTP请求处理
        channel.pipeline().addFirst(new HttpResponseEncoder());                 //HTTP响应编码
    }
    @Override
    public void afterPropertiesSet() throws Exception {                         //初始化后启动
        this.start();                                                          //启动HTTP服务
    }
    @Override
    public void destroy() throws Exception {
        this.masterGroup.shutdownGracefully();                                  //关闭主线程池
        this.workerGroup.shutdownGracefully();                                  //关闭工作线程池
    }
}
```

7.【http-server 子模块】创建自动装配类 HTTPServerAutoConfiguration。

```
package com.yootk.http.server.config;
@Configuration
@EnableConfigurationProperties({HTTPServerProperties.class})                    //属性自动配置
public class HTTPServerAutoConfiguration {
    @Bean
    public HTTPServer httpServer() {
        return new HTTPServer();                                               //HTTP服务端对象
    }
}
```

8.【http-server 子模块】创建 Spring Boot 应用程序启动类。

```
package com.yootk;
@SpringBootApplication
public class StartHTTPServerApplication {
    public static void main(String[] args) {
        SpringApplication.run(StartHTTPServerApplication.class, args);
    }
}
```

程序执行结果：

```
HTTP服务启动完成，监听端口为：80
```

9.【浏览器】通过浏览器访问 HTTP 服务。

```
http://localhost
```

程序执行结果：

```
【HTTP请求】类型：io.netty.handler.codec.http.DefaultHttpRequest（用户请求）
【HTTP请求】类型：io.netty.handler.codec.http.LastHttpContent$1（空数据）
```

用户通过浏览器发出根路径的访问请求后，服务端通过 HTTP 解码器进行相关数据的拆分，随后在业务处理完成后，将响应数据和头信息封装在 FullHttpResponse 接口实例中，随后就可以基于 HTTP 编码器将其发送到客户端浏览器以进行内容的展示。

 提问："/favicon.ico" 路径是什么？

当通过浏览器访问当前的 HTTP 服务之后，发现日志信息中除了当前请求的根路径 "/" 相关日志信息之外，还有一个额外的请求路径 "/favicon.ico"，同时在图 4-6 所示的界面中，在浏览器的调用跟踪中发现并未加载该数据，这是什么原因造成的？

图 4-6　favicon.ico 资源跟踪

 回答：HTML 语法中的图标项。

对于一个页面，除了页面内部的基本信息展示代码之外，在每一个窗口上部会提供一个站点的 Logo，在标准的 HTML 程序中可以通过<link rel="shortcut icon" href="favicon.ico"/>代码进行指定图标文件的加载（默认为 "/favicon.ico"）。

对于 Web 客户端来讲，其一般的流程为先通过 Web 服务器加载 HTML 代码，而后浏览器再针对 HTML 文件中配置的资源（ico、图片等）发出加载请求，即需要连接多次服务器才可以显示出一个完整的 Web 页面，关于资源的加载处理部分，本章后续会有详细的讲解。

4.1.2　HTTP 数据压缩

视频名称　0403_【了解】HTTP 数据压缩
视频简介　为了提高 Web 浏览器页面访问的速度，HTTP 内部提供了对压缩传输的支持。本视频为读者分析压缩传输的基本运行流程，同时介绍 3 种主流的数据压缩算法，并基于 Netty 框架提供的 HTTP 压缩传输编解码器实现数据压缩处理。

HTTP 数据压缩

为了节约数据传输的带宽资源，同时为了提高 HTTP 数据响应速度，可以在数据响应时通过特定的压缩算法减小传输数据的体积。此时的客户端浏览器在接收到响应数据后，需要先解压缩数据，然后进行 HTML 页面渲染，如图 4-7 所示。

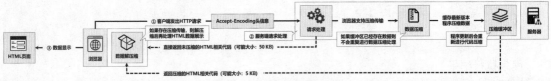

图 4-7　HTTP 压缩传输

是否使用 HTTP 压缩传输，主要是由浏览器来决定的，当用户发出请求时，可以通过 "Accept-Encoding" 请求头信息标记客户端是否支持压缩传输，如果客户端不支持，则直接响应原始程序代码，如果客户端支持压缩传输，则将对应的程序代码压缩后保存到压缩缓冲区中，再通过压缩缓冲区进行数据响应。

提示：压缩缓冲区。

为了提高服务端 HTTP 响应的速度，Netty 提供了一个压缩缓冲区，如果该缓冲区中存在指定程序文件的内容，则直接通过压缩缓冲区进行响应，如果不存在则需要先将代码保存到压缩缓冲区后再响应。由于动态 Web 响应时的代码不固定，因此其生成的 HTML 代码会被压缩传输，但是其生成的代码不会被保存在压缩缓冲区中。

HTTP 压缩处理的核心在于减少文本内容（HTML、CSS、JavaScript）的传输提交，并且客户端浏览器和服务器都需要采用相同的压缩算法，才可以正确地进行解压缩处理。在实际开发中存在 deflate、gzip、brotli 这 3 类压缩算法，这些算法的基本定义如下。

1．deflate 压缩算法。deflate 同时使用了 LZ77 算法与哈夫曼编码（Huffman Coding），可以实现数据无损压缩处理，最初是由菲尔·卡茨（Phil Katz）在 PKZIP 工具中定义的。

2．gzip（GNU Zip）压缩算法。gzip 是一种现在流行的压缩算法，在 Linux 平台使用较为常见，在文本压缩处理中表现较好，使用 gzip 进行数据部分压缩时会采用 deflate 算法进行处理。

3．brotli 压缩算法。brotli 压缩算法通过改进的 LZ77 算法、哈夫曼编码以及二阶文本建模等方式实现数据压缩，相比于其他压缩算法，它有着更高的压缩效率，更适合 HTTP 数据压缩。该算法由谷歌压缩团队成员于基尔（Jyrki）和佐尔坦（Zoltan）开发，其中于基尔亦是 Zotfli 压缩算法（brotil 前身）的创建者。

 提示：建议在代理中配置压缩传输。

Netty 框架内部支持 HTTP 压缩传输，但是从实际的项目生产环境的部署来讲，往往不会在 HTTP 服务器上进行数据压缩处理，而是会统一在代理服务（例如 Nginx）上进行压缩传输的配置，同理对于 SSL 证书的处理也会在代理服务上完成。但是为了帮助读者全面理解 Netty 中的 HTTP 实现，本书依然会对这些内容进行完整的讲解，使用时请读者根据实际情况选择技术实现方案。

在设计 Netty 时开发人员考虑到了对以上 3 种压缩算法的支持，所以在该框架中提供了 HttpContentDecompressor（HTTP 内容压缩解码器）以及 HttpContentCompressor（HTTP 内容压缩编码器）以实现数据的压缩传输，相关类结构如图 4-8 所示。

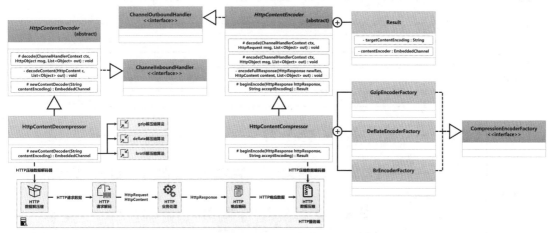

图 4-8　HTTP 内容压缩编解码器相关类结构

范例：【http-server 子模块】修改 HTTPServer 类中的 httpCodec()方法，添加 HTTP 压缩传输编解码处理节点。

```
private void httpCodec(SocketChannel channel) {                           //配置处理节点
    channel.pipeline().addLast(new HttpContentDecompressor());            //数据解压缩
    channel.pipeline().addLast(new HttpRequestDecoder());                 //HTTP请求解码
    channel.pipeline().addLast(new HTTPServerHandler());                  //HTTP请求处理
    channel.pipeline().addFirst(new HttpResponseEncoder());               //HTTP响应编码
    channel.pipeline().addFirst(new HttpContentCompressor());             //数据压缩
}
```

　　一旦启用了压缩处理，所有的请求内容都会以压缩数据的形式进行传输，所以在进行 ChannelPipeline 配置时，需要将 HTTP 压缩解码器放在 HTTP 请求解码器之前；同理在服务端进行数据响应时，也应将 HTTP 响应编码器放在 HTTP 压缩编码器之前，这样才可以实现正确的 HTTP 数据处理。

4.2　配置 SSL 证书

视频名称　0404_【了解】配置 SSL 证书

视频简介　HTTPS 可以实现安全的数据传输，是现在互联网开发中主要使用的安全技术之一。本视频为读者分析 HTTPS 中的七次握手网络连接机制，并且在 Linux 系统中基于 OpenSSL 工具实现 CA、Server 以及 Client 端的 PKCS12 证书的创建。

　　HTTP 虽然使用广泛，但是其传输却不属于安全的传输，随着互联网技术在生活中的日益推广，数据传输的安全就成了所有开发人员必须要考虑到的实际问题，因此行业中会基于 HTTPS [HTTP + SSL/TLS（Transport Layer Security，传输层安全）] 实现 Web 服务构建。

> 💡 **提示：HTTPS 基本概念请参考《Java Web 开发实战（视频讲解版）》。**
>
> 　　如果读者对 SSL/TLS 协议（实际工作中两者概念可以混用）不是很熟悉，建议看一下本系列提供的《Java Web 开发实战（视频讲解版）》一书，该书讲解了 HTTPS 的处理流程、SSL/TLS 的工作流程、OpenSSL 工具的使用、Tomcat 证书配置以及自定义 CA 在客户端浏览器上的导入配置。

　　HTTPS 是构筑在 TCP 基础之上的，而为了实现数据的加密传输，在创建 HTTPS 网络连接时，会采用七次握手的处理方式，如图 4-9 所示。同时基于 TCP 的三次握手创建可靠的网络连接，而后基于 SSL/TLS 的四次握手以确定数据发送的密钥，这四次握手的核心作用如下。

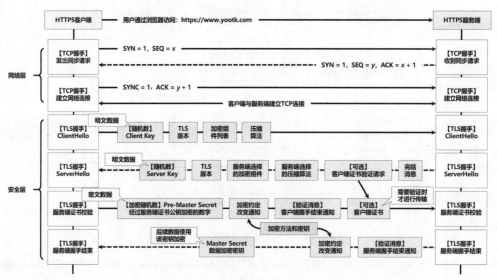

图 4-9　HTTPS 通信七次握手

【HTTPS】第一次握手（ClientHello）：客户端向服务端发送一个 Client Key（随机数，用于后续对称加密的计算因子）、TLS 版本、客户端支持的加密组件列表（交由服务端选择）、客户端支持的压缩算法（交由服务端选择）。

【HTTPS】第二次握手（ServerHello）：服务端接收到客户端的"ClientHello"申请后，对该申请进行处理，处理完成后向客户端发送一个 Server Key（随机数，用于后续对称加密的计算因子）、TLS 版本、服务端选择好的加密组件、服务端选择好的压缩算法、服务端证书、客户端证书验证请求（可选）、完结消息。

【HTTPS】第三次握手（服务端证书校验）：客户端需要进行服务端已发送证书的验证，所以会使用服务端证书发送第三个密钥（Pre-Master Secret，用服务端证书公钥加密过的一个随机数），而后还要告诉服务端以后通信要使用的加密方法和加密密钥以及一个客户端握手结束通知（该数据也是验证消息，是前面发送的所有内容的哈希值，用来供服务端校验）。

【HTTPS】第四次握手（服务端握手结束）：服务端对客户端发送的数据进行校验，校验通过后返回后续通信的加密方法和密钥与服务端握手结束通知。

> 💡 提示：PKCS12 资源。
>
> PKCS12 是一种标准的密钥库类型（通常证书文件的扩展名为.p12 或.pfx），可以在此结构中存储私钥、密钥和证书，同时支持多种开发语言，在 JDK 9 之后成为 Java 默认的密钥库类型（可以通过 JDK 安装目录中的 java.security 配置文件观察到。）

实现 HTTPS 访问的关键在于 SSL 证书的申请（PKCS12 格式），所有的证书都需要通过认证的 CA 机构进行购买（所有的主流浏览器中也都保存着这些已认证 CA 机构的列表信息），而后由运维人员在服务器或相关的应用程序中进行证书的部署，这样才可以实现 HTTPS 网络通信。由于当前属于模拟开发环境，本次将直接通过 Linux 系统提供的 OpenSSL 工具来实现相关证书的生成与签发处理，如图 4-10 所示。下面来看一下具体的实现步骤。

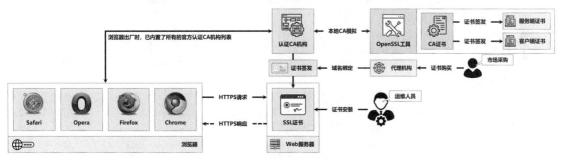

图 4-10 OpenSSL 模拟证书生成

1.【Linux 系统】创建一个目录保存所生成的证书：mkdir -p /usr/local/src/netty/{server,client,jks}。

2.【Linux 系统】生成一个长度为 1024 的 CA 密钥对。

```
openssl genrsa -out /usr/local/src/netty/cakey.pem 1024
```

3.【Linux 系统】生成根证书签发申请。

```
openssl req -new -key /usr/local/src/netty/cakey.pem -out /usr/local/src/netty/cacert.csr -subj
/CN=muyan-yootk
```

4.【Linux 系统】使用 x509 格式标准创建根证书签发，有效期为 10 年（3650 天）。

```
openssl x509 -req -days 3650 -sha1 -signkey /usr/local/src/netty/cakey.pem \
-in /usr/local/src/netty/cacert.csr -out /usr/local/src/netty/ca.cer
```

程序执行结果：

```
Certificate request self-signature ok
subject=CN = muyan-yootk
```

5.【Linux 系统】根证书创建完成后就可以进行服务端证书创建,首先生成服务器私钥,在私钥生成时需要设置一个服务端密钥的访问密码,本次将其设置为 helloyootk。

```
openssl genrsa -aes256 -out /usr/local/src/netty/server/server-key.pem 1024
```

程序执行结果:

```
Enter PEM pass phrase: helloyootk(输入密码,内容不回显)
Verifying - Enter PEM pass phrase: helloyootk(输入密码,内容不回显)
```

6.【Linux 系统】生成服务器证书签发申请。

```
openssl req -new -key /usr/local/src/netty/server/server-key.pem \
-out /usr/local/src/netty/server/server.csr -subj /CN=muyan-yootk
```

程序执行结果:

```
Enter pass phrase for /usr/local/src/netty/server/server-key.pem: helloyootk(输入密码,内容不回显)
```

7.【Linux 系统】服务端证书签发。

```
openssl x509 -req -days 3650 -sha1 -CA /usr/local/src/netty/ca.cer \
-CAkey /usr/local/src/netty/cakey.pem -CAserial /usr/local/src/netty/server/ca.srl \
-CAcreateserial -in /usr/local/src/netty/server/server.csr -out /usr/local/src/netty/server/server.cer
```

程序执行结果:

```
Certificate request self-signature ok
subject=CN = muyan-yootk
```

8.【Linux 系统】生成客户端私钥,随后需要设置一个私钥访问密码,本次将其设置为 helloyootk。

```
openssl genrsa -aes256 -out /usr/local/src/netty/client/client-key.pem 1024
```

程序执行结果:

```
Enter PEM pass phrase: helloyootk(输入密码,内容不回显)
Verifying - Enter PEM pass phrase: helloyootk(输入密码,内容不回显)
```

9.【Linux 系统】生成客户端签发申请。

```
openssl req -new -key /usr/local/src/netty/client/client-key.pem -out /usr/local/src/netty/client/
client.csr -subj /CN=muyan-yootk
```

程序执行结果:

```
Enter pass phrase for /usr/local/src/netty/client/client-key.pem: helloyootk(输入密码,内容不回显)
```

10.【Linux 系统】客户端证书签发。

```
openssl x509 -req -days 365 -sha1 -CA /usr/local/src/netty/ca.cer \
-CAkey /usr/local/src/netty/cakey.pem -CAserial /usr/local/src/netty/server/ca.srl \
-in /usr/local/src/netty/client/client.csr -out /usr/local/src/netty/client/client.cer
```

程序执行结果:

```
Certificate request self-signature ok
subject=CN = muyan-yootk
```

11.【Linux 系统】生成 CA 端的 PKCS12 格式证书。

```
openssl pkcs12 -export -name muyan-ca -inkey /usr/local/src/netty/cakey.pem \
-in /usr/local/src/netty/ca.cer -out /usr/local/src/netty/ca.p12
```

程序执行结果:

```
Enter Export Password: helloyootk(输入密码,内容不回显)
Verifying - Enter Export Password: helloyootk(输入密码,内容不回显)
```

12.【Linux 系统】生成服务端的 PKCS12 格式证书。

```
openssl pkcs12 -export -name muyan-server -inkey /usr/local/src/netty/server/server-key.pem \
-in /usr/local/src/netty/server/server.cer -out /usr/local/src/netty/server/server.p12
```

程序执行结果:

```
Enter pass phrase for /usr/local/src/netty/server/server-key.pem: helloyootk(输入密码,内容不回显)
Enter Export Password: helloyootk(输入密码,内容不回显)
Verifying - Enter Export Password: helloyootk(输入密码,内容不回显)
```

13.【Linux 系统】生成客户端的 PKCS12 格式证书。

```
openssl pkcs12 -export -name muyan-client -inkey /usr/local/src/netty/client/client-key.pem \
-in /usr/local/src/netty/client/client.cer -out /usr/local/src/netty/client/client.p12
```

程序执行结果：

```
Enter pass phrase for /usr/local/src/netty/client/client-key.pem: helloyootk（输入密码, 内容不回显）
Enter Export Password: helloyootk（输入密码, 内容不回显）
Verifying - Enter Export Password: helloyootk（输入密码, 内容不回显）
```

4.2.1 Netty 服务端整合 SSL 服务

视频名称　0405_【了解】Netty 服务端整合 SSL 服务

视频简介　Netty 提供 SSL/TLS 数据加密传输支持，而这些都是基于已有的 Java Security 机制实现的，本视频通过 SslHandler 类的定义结构，分析其内部的相关组成，以及与 JKS 证书资源有关类的定义，并通过具体的案例实现 HTTPS 服务的搭建。

Netty 服务端
整合 SSL 服务

常规的 HTTPS 服务部署中，用户都可以通过授权的 CA 机构获取 PKCS12 格式的证书，而如果要通过 Java 进行服务的开发，一般都需要将 PKCS12 证书格式转换为 JSK 格式，如图 4-11 所示。而后就可以在项目开发中，基于 JDK 所提供的一系列处理类的结构实现 SSL/TLS 服务的构建。

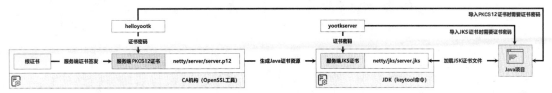

图 4-11　服务端证书转换处理

> **提示：JKS 资源。**
>
> JKS（Java KeyStore，Java 安全存储库）是特定于 Java 平台的安全资源，此资源的密钥库可以包含私钥和证书，但是不能用于存储密钥，在自定义 CA 访问时还需要导入服务端证书后才可以正常使用。

证书资源加载如图 4-12 所示。

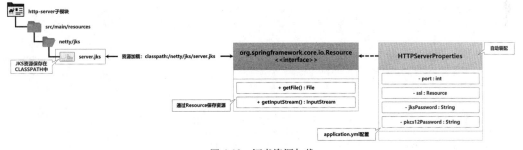

图 4-12　证书资源加载

在实际开发中，需要加载 JKS 资源数据，所以为了简化加载操作，本次的程序将基于 Spring Boot 框架进行开发，通过自定义的配置属性与 application.yml 的处理方式实现服务信息的定义。下面来看一下具体的实现步骤。

1. 【本地系统】将 OpenSSL 生成的证书文件保存在本地系统中，路径为 D:\workspace\netty，随后通过 Windows 系统自带的命令行工具进入该目录，以便进行 JSK 证书的生成操作，按照图 4-10 所示生成服务端证书。

2. 【本地系统】利用 JDK 自带的 keytool 工具将服务端的 PKCS12 证书转换为 JSK 证书，存储密码为 yootkserver。

```
keytool -importkeystore -srckeystore server/server.p12 -destkeystore jks/server.jks -srcstoretype
PKCS12 -deststoretype JKS
```

程序执行结果：

```
正在将密钥库 server/server.p12 导入jks/server.jks...
输入目标密钥库口令：yootkserver（输入密码，内容不回显）
再次输入新口令：yootkserver（输入密码，内容不回显）
输入源密钥库口令：helloyootk（输入密码，内容不回显）
已成功导入别名 muyan-server 的条目。
已完成导入命令：1 个条目成功导入，0 个条目失败或取消
```

3．【本地系统】在证书签发时，所绑定的主机名称为 muyan-yootk，修改本地的 hosts 配置文件，添加映射名称。

```
127.0.0.1    muyan-yootk
```

4．【http-server 子模块】将已经处理完成的 SSL 服务端 JKS 证书文件复制到 src/main/resources 源代码目录中，该资源可以通过 CLASSPATH 加载，加载路径为 classpath:/netty/jks/server.jks。

5．【http-server 子模块】为便于 HTTPS 服务端证书的配置，修改 HTTPServerProperties 属性配置类。

```
package com.yootk.http.server.properties;
@Data
@ConfigurationProperties(prefix = "yootk.http")          //配置项前缀
public class HTTPServerProperties {
    private int port;                                     //服务监听端口
    private Resource ssl;                                 //服务端证书
    private String jksPassword;                           //JKS导入密码
    private String pkcs12Password;                        //PKCS12证书密码
}
```

6．【http-server 子模块】修改 application.yml 配置文件，定义 JKS 证书路径以及相关配置密码。

```
yootk:
  http:
    port: 443                                    #HTTPS服务监听端口
    ssl: classpath:/netty/jks/server.jks         #JKS证书路径
    pkcs12-password: helloyootk                   #PKCS12证书密码
    jks-password: yootkserver                     #JSK导入密码
```

7．【http-server 子模块】创建 HTTPServerSecureSSLContextUtil 工具类，用于生成 SSLContext 对象实例。

```
package com.yootk.http.util;
public class HTTPServerSecureSSLContextUtil {
    private static final String PROTOCOL = "TLS";                    //协议类型
    private static SSLContext SSL_SERVER_CONTEXT;                    //SSL上下文实例
    public static SSLContext getServerSSLContext(HTTPServerProperties properties) throws Exception {
        if (SSL_SERVER_CONTEXT != null) {                           //已存在SSL配置
            return SSL_SERVER_CONTEXT;                              //直接返回已有实例
        }
        KeyStore store = KeyStore.getInstance("JKS");               //获取KeyStore类型
        //加载服务端JSK文件资源（server.jks），同时设置keytool导入时的JKS密码（内容为yootkserver）
        store.load(properties.getSsl().getInputStream(), properties.getJksPassword().toCharArray());
        KeyManagerFactory manager = KeyManagerFactory.getInstance("SunX509"); //密钥管理器
        //初始化JKS密钥管理器，同时设置PKCS12证书密码（内容为helloyootk）
        manager.init(store, properties.getPkcs12Password().toCharArray());
        SSL_SERVER_CONTEXT = SSLContext.getInstance(PROTOCOL);      //获取SSL实例（TLS协议）
        //初始化SSL服务上下文实例，在该方法中需要接收3个参数
        //参数一（KeyManager[]）：认证的密钥管理器
        //参数二（TrustManager[]）：SSL对等信任认证，它用于验证服务器证书以确保其与服务器之间的安全通信
        //参数三（SecureRandom）：伪随机数生成器，当前由于为单向认证，服务端不用验证客户端
        SSL_SERVER_CONTEXT.init(manager.getKeyManagers(), null, null);
        return SSL_SERVER_CONTEXT;                                  //返回SSL上下文实例
    }
}
```

SSLContext 是 Java 所提供的一个安全加密的处理类，该类的主要作用是进行 JKS 证书资源的配置（配置时需要使用 JSK 生成时所设置的密码），当用户获取了 SSLContext 实例之后，就可以基于该实例创建 SSLEngine 对象实例，从而实现 ChannelOutboundHandler 接口（实现类为

SslHandler）实例的配置，相关类结构如图 4-13 所示。

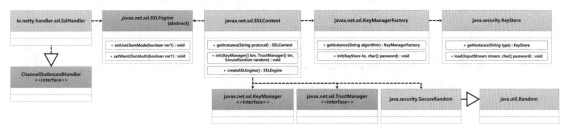

图 4-13　SSLContext 与 SslHandler 的相关类结构

8.【http-server 子模块】修改 HTTPServer 类中的 httpCodec()配置方法，添加 SSL 处理节点。

```
private void httpCodec(SocketChannel channel) {                          //配置处理节点
    channel.pipeline().addLast(new HttpContentDecompressor());          //数据解压缩
    channel.pipeline().addLast(new HttpRequestDecoder());               //HTTP请求解码
    channel.pipeline().addLast(new HTTPServerHandler());                //HTTP请求处理
    channel.pipeline().addFirst(new HttpResponseEncoder());             //HTTP响应编码
    channel.pipeline().addFirst(new HttpContentCompressor());           //数据压缩
    try {
        if (this.httpServerProperties.getSsl() != null) {              //存在SSL证书
            SSLEngine engine = HTTPServerSecureSSLContextUtil.getServerSSLContext(
                    this.httpServerProperties).createSSLEngine();       //获取SSL处理引擎
            engine.setUseClientMode(false);                            //当前为服务器模式
            channel.pipeline().addFirst(new SslHandler(engine));       //添加SSL处理节点
        }
    } catch (Exception e) {}
}
```

9.【浏览器】服务启动成功后，将在 443 端口实现 HTTPS 传输，访问路径为 https://muyan-yootk。

> 💡 提示：自定义证书不识别。
>
> 由于当前使用的是自定义 CA 文件，因此在访问时会出现非安全连接的提示信息，如图 4-14
> 所示，此时选择"继续访问"即可。如果想要消除掉此类信息，可以在浏览器中导入 CA 证书，
> 而这一机制能否使用，就要看浏览器内部是否支持了。
>
>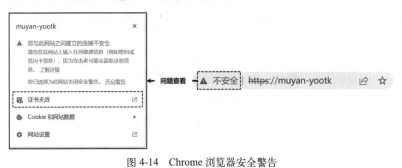
>
> 图 4-14　Chrome 浏览器安全警告

4.2.2　服务端证书导入

服务端证书导入

> 视频名称　0406_【了解】服务端证书导入
> 视频简介　Java 为便于证书的配置管理，提供了 keytool 命令，而为了方便命令的程序化
> 操作，还提供了匹配的类库结构。本视频基于已有的 HTTPS 实现本地化证书的保存，同
> 时分析 KeyStore 类的作用，以及 SSL 请求发出与 TrustManager 管理类的使用。

服务端启用了 SSL/TLS 加密传输之后，客户端需要基于服务端的证书才可以实现正确的网络
通信。如果基于 Java 开发程序，则需要在本地的密钥库中保存服务端证书，如图 4-15 所示。

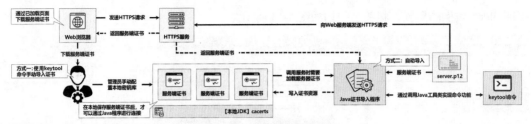

图 4-15　本地保存服务端证书

> **注意：备份 cacerts 密钥库文件。**
>
> 　　JDK 在安装时会存在 cacerts 默认密钥库（路径为 ${JAVA_HOME}\lib\security\cacerts），如果要进行本地证书的配置，有可能会导致 Maven 或 Gradle 依赖下载时出现 InvalidAlgorithmParameterException 异常信息。建议读者在学习此部分操作时先备份该文件，等学完本小节后再恢复原始文件，毕竟从实际的项目部署来讲，是不会直接在任何的 Web 应用中配置 HTTPS 的，都是基于代理的方式配置。

　　导入服务端证书可以采用手动模式与程序模式两种方式完成，如果采用手动模式，则需要通过已打开的 HTTPS 站点下载服务端证书，而后通过 keytool 命令将其导入本地密钥库，这样在后续通过 Java 程序发出 HTTPS 请求时，就可以直接加载已经保存在本地密钥库中的服务端证书进行服务访问，相关的命令如下。

导入服务端证书：

```
keytool -import -trustcacerts -alias muyan-yootk -file server.cer -keystore cacerts -storepass helloyootk
```

查看证书列表：

```
keytool -list -keystore cacerts -storepass helloyootk
```

删除本地证书：

```
keytool -delete -alias muyan-yootk -keystore cacerts -storepass helloyootk
```

　　采用手动证书导入的模式，开发人员需要不断地进行本地密钥库的维护，这种方式虽然简单，但是增大了运维的难度，所以较好的做法是利用服务端的 PKCS12 证书向 HTTPS 服务器发出请求，随后将其返回的证书自动保存在本地密钥库。而要想实现这样的操作，就需要开发人员基于程序进行编码，如图 4-16 所示。

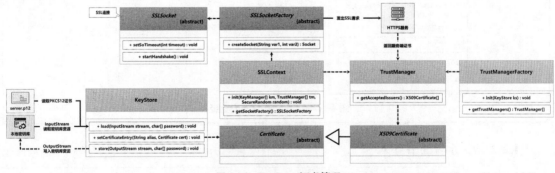

图 4-16　KeyStore 证书管理

　　Java 为了便于密钥库的管理，提供了 KeyStore 类，利用该类可以实现密钥库的添加、列表以及删除操作。在 HTTPS 通信过程中，Java 利用 SSLSocket 对象实例描述 SSL 连接信息，SSL 请求发出后，可以通过 TrustManager 类对象获取全部的服务端证书，最终利用 KeyStore 方法将 HTTPS 服务端返回的证书保存到本地密钥库中。下面来看一下具体的实现。

　　1.【netty 项目】新建 https-cacert 子模块，随后修改 build.gradle 配置文件，添加子模块定义。

```
project(":https-cacert") {                                                  //HTTP认证处理
    dependencies {                                                          //模块依赖配置
        implementation('org.springframework.boot:spring-boot-starter:3.0.5')
        testImplementation('org.springframework.boot:spring-boot-starter-test:3.0.5')
    }
}
```

2.【https-cacert 子模块】将 OpenSSL 生成的 server.p12 证书保存在 src/main/resources 源代码目录中，当前证书的资源加载路径为 classpath:/netty/server/server.p12。

3.【https-cacert 子模块】创建证书管理工具类，该类提供证书导入、证书查询以及证书删除的功能。

```
package com.yootk.util.cacert;
public class JDKSecureCertsManagerUtil {
    private static final Logger LOGGER = LoggerFactory.getLogger(JDKSecureCertsManagerUtil.class);
    public static void importServerCert(Resource servercertResource, String serverP12Password,
                            String host, int port) throws Exception { //证书导入
        KeyStore keyStore = KeyStore.getInstance(KeyStore.getDefaultType()); //获取证书实例
        keyStore.load(servercertResource.getInputStream(),
                serverP12Password.toCharArray());                      //加载服务端PKCS12证书
        TrustManagerFactory trustManagerFactory = TrustManagerFactory.getInstance(
                TrustManagerFactory.getDefaultAlgorithm());            //信任管理工厂类
        trustManagerFactory.init(keyStore);                            //初始化服务端证书
        X509TrustManager trustManager = (X509TrustManager) trustManagerFactory.getTrustManagers()[0];
        SSLContext context = SSLContext.getInstance("TLS");            //SSL协议
        context.init(null, new TrustManager[]{trustManager}, null);   //SSL初始化
        SSLSocketFactory factory = context.getSocketFactory();        //SSL工厂类
        SSLSocket socket = (SSLSocket) factory.createSocket(host, port); //SSL连接
        socket.setSoTimeout(10000);                                   //设置延迟时间
        socket.startHandshake();                                      //SSL握手
        socket.close();                                               //关闭连接
        X509Certificate[] certificate = trustManager.getAcceptedIssuers(); //获取服务端证书
        LOGGER.info("【{}】服务端返回证书信息，证书数量：{}", host, certificate.length);
        OutputStream output = new FileOutputStream(getCacerts());      //密钥库输出流
        for (X509Certificate cert : certificate) {                    //证书迭代
            LOGGER.info("【服务端证书】Subject：{}", cert.getSubjectX500Principal());
            keyStore.setCertificateEntry(host, cert);                 //配置证书实体
            keyStore.store(output, serverP12Password.toCharArray());  //证书保存
        }
        output.close();                                               //关闭输出流
    }
    public static Map<String, Certificate> listCacerts(String password) throws Exception { //证书保存
        Map<String, Certificate> result = new HashMap<>();            //保存查询结果
        KeyStore keyStore = KeyStore.getInstance(KeyStore.getDefaultType());
        keyStore.load(new FileInputStream(getCacerts()), password.toCharArray());
        LOGGER.info("【证书列表】当前保存的证书个数：{}", keyStore.size());
        Enumeration<String> enu = keyStore.aliases();                 //别名集合
        while (enu.hasMoreElements()) {                               //别名迭代
            String alias = enu.nextElement();                        //获取别名
            result.put(alias, keyStore.getCertificate(alias));       //保存证书
        }
        return result;
    }
    public static void deleteCert(String password) throws Exception {  //证书删除
        KeyStore keyStore = KeyStore.getInstance(KeyStore.getDefaultType());
        keyStore.load(new FileInputStream(getCacerts()), password.toCharArray());
        Enumeration<String> enu = keyStore.aliases();                 //别名集合
        //删除证书时会改变集合内容，所以需要先将证书别名保存在集合中，以便删除证书
        List<String> certAlias = new ArrayList<>();                   //保存删除信息
        while (enu.hasMoreElements()) {
            certAlias.add(enu.nextElement());                        //别名存储
        }
        certAlias.forEach((alias) -> {                                //删除操作
            try {
                OutputStream output = new FileOutputStream(getCacerts());
                LOGGER.info("【证书删除】删除证书别名：{}", alias);
                keyStore.deleteEntry(alias);                         //删除证书
                keyStore.store(output, password.toCharArray());      //证书存储
                output.close();
```

```
        } catch (Exception e) {}
    });
}
private static File getCacerts() {                                    //获取密钥库
    //JDK本地的认证库会被保存在${JAVA_HOME}/lib/security/目录中
    File dir = new File(System.getProperty("java.home") + File.separatorChar +
        "lib" + File.separatorChar + "security");
    File cacertsFile = new File(dir, "cacerts");
    LOGGER.info("【CA库路径】{}", cacertsFile);
    return cacertsFile;
}
}
```

4．【https-cacert 子模块】当前程序采用 Spring Boot 开发，所以需要创建一个程序主类以启动 Spring 容器。

```
package com.yootk;
@SpringBootApplication
public class YootkToolsApplication {
    public static void main(String[] args) {
        SpringApplication.run(YootkToolsApplication.class, args);
    }
}
```

5．【https-cacert 子模块】编写测试类实现证书管理。

```
package com.yootk.test;
@SpringBootTest(classes = YootkToolsApplication.class)
@ExtendWith(SpringExtension.class)
public class TestServerCertsImport {
    private static final Logger LOGGER = LoggerFactory.getLogger(TestServerCertsImport.class);
    @Value("${classpath:/netty/server/server.p12}")
    private Resource servercertResource;                             //服务端证书
    private String serverP12Password = "helloyootk";                 //PKCS12证书密码
    private String host = "muyan-yootk";                             //主机地址
    private int port = 443;                                          //连接端口
    @Test
    public void testImport() throws Exception {                      //证书导入测试
        JDKSecureCertsManagerUtil.importServerCert(this.servercertResource,
            this.serverP12Password, this.host, this.port);
    }
    @Test
    public void testList() throws Exception {                        //证书列表测试
        Map<String, Certificate> cacerts = JDKSecureCertsManagerUtil.listCacerts(serverP12Password);
        cacerts.forEach((key, value) -> {
            LOGGER.info("【本地证书】别名：{}、证书：{}", key, value);
        });
    }
    @Test
    public void testDelete() throws Exception {                      //证书删除测试
        JDKSecureCertsManagerUtil.deleteCert(serverP12Password);
    }
}
```

证书列表测试：

```
【CA库路径】D:\Java\jdk-17\lib\security\cacerts
【证书列表】当前保存的证书个数：2
【本地证书】别名：muyan-yootk、证书：[...]
【本地证书】别名：muyan-server、证书：[...]
```

当前的程序实现了服务端证书的本地存储，这样才可以在后续开发中基于 Java Security 代码机制，与 HTTPS 服务器实现正常通信。

4.2.3　Netty 客户端整合 SSL 服务

Netty 客户端整合 SSL 服务

视频名称　0407_【了解】Netty 客户端整合 SSL 服务

视频简介　OpenSSL 提供了与当前服务匹配的客户端 PKCS12 证书，以实现 HTTPS 服务端的访问。本视频通过实例讲解 Netty 与客户端证书的整合以及 HTTPS 服务调用。

使用 Netty 进行 HTTPS 客户端开发时，需要通过 client.p12 的证书创建 SSL/TLS 网络连接通道，而后才可以基于该通道发出请求路径并等待服务端响应，由于当前的应用基于 Java 开发，所以需要通过keytool工具将PKCS12格式证书转换为JKS格式证书后才可以在程序中使用，如图4-17所示，下面来看具体的实现。

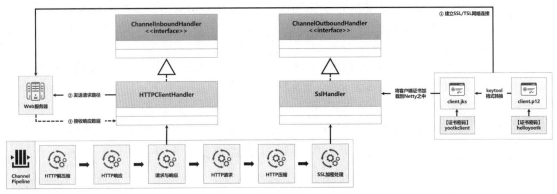

图 4-17　客户端整合 SSL 服务

1．【本地系统】利用 JDK 自带的 keytool 工具将客户端的 PKCS12 证书转换为 JSK 证书，存储密码为 helloclient。

```
keytool -importkeystore -srckeystore client/client.p12 -destkeystore jks/client.jks -srcstoretype
PKCS12 -deststoretype JKS
```

程序执行结果：

```
正在将密钥库 client/client.p12 导入 jks/client.jks...
输入目标密钥库口令：yootkclient（输入密码，内容不回显）
再次输入新口令：yootkclient（输入密码，内容不回显）
输入源密钥库口令：helloyootk（输入密码，内容不回显）
已成功导入别名 muyan-client 的条目。
已完成导入命令：1 个条目成功导入，0 个条目失败或取消
```

2．【netty 项目】创建 http-client 子模块，随后修改 build.gradle 配置文件，定义模块所需依赖。

```
project(":http-client") {                                                    //HTTP客户端模块
    dependencies {                                                           //模块依赖配置
        implementation('io.netty:netty-buffer:4.1.89.Final')
        implementation('io.netty:netty-handler:4.1.89.Final')
        implementation('io.netty:netty-transport:4.1.89.Final')
        implementation('io.netty:netty-codec-http:4.1.91.Final')
        implementation('org.springframework.boot:spring-boot-starter:3.0.5')
        testImplementation('org.springframework.boot:spring-boot-starter-test:3.0.5')
        compileOnly('org.projectlombok:lombok:1.18.24')                      //lombok组件
        annotationProcessor('org.projectlombok:lombok:1.18.24')              //注解处理支持
        annotationProcessor('org.springframework.boot:spring-boot-configuration-processor:3.0.5')
    }
}
```

3．【http-client 子模块】本次的开发将使用双向认证模式，所以将 client.jks 证书文件复制到 src/main/resources 源代码目录中，该资源的加载路径为 classpath:/netty/jks/client.jks。

4．【http-client 子模块】本模块基于 Spring Boot 开发，为便于自定义属性管理，创建 HTTPClientProperties 配置类。

```
package com.yootk.http.client.properties;
@Data
@ConfigurationProperties(prefix = "yootk.http")                              //配置项前缀
public class HTTPClientProperties {
    private String host;                                                     //服务连接地址
    private int port;                                                        //服务连接端口
    private Resource ssl;                                                    //服务端证书
    private String jksPassword;                                              //JKS导入密码
```

```
    private String pkcs12Password;                                    //PKCS12证书密码
}
```

5．【http-client 子模块】在 src/main/resources 源代码目录中创建 application.yml 配置文件。

```
yootk:
  http:
    host: muyan-yootk                                    #HTTP服务地址
    port: 443                                            #HTTP服务端口
    ssl: classpath:/netty/jks/client.jks                 #JKS证书路径
    pkcs12-password: helloyootk                          #PKCS12证书密码
    jks-password: yootkclient                            #JSK导入密码
```

6．【http-client 子模块】创建 HTTPClientSecureSSLContextUtil 工具类，该类的主要功能是基于 client.jks 证书文件创建客户端 SSLContext 类实例。

```
package com.yootk.http.util;
public class HTTPClientSecureSSLContextUtil {
    private static final String PROTOCOL = "TLS";                     //协议类型
    private static SSLContext SSL_CLIENT_CONTEXT;                     //SSL上下文实例
    public static SSLContext getClientSSLContext(HTTPClientProperties properties) throws Exception {
        if (SSL_CLIENT_CONTEXT != null) {                            //已存在SSL配置
            return SSL_CLIENT_CONTEXT;                               //直接返回已有实例
        }
        KeyStore store = KeyStore.getInstance("JKS");                //获取KeyStore类型
        //加载客户端JSK文件资源（client.jks），同时设置keytool导入时的JKS密码（内容为yootkclient）
        store.load(properties.getSsl().getInputStream(), properties.getJksPassword().toCharArray());
        KeyManagerFactory manager = KeyManagerFactory.getInstance("SunX509");  //密钥管理器
        //初始化JKS密钥管理器，同时设置PKCS12证书密码（内容为helloyootk）
        manager.init(store, properties.getPkcs12Password().toCharArray());
        SSL_CLIENT_CONTEXT = SSLContext.getInstance(PROTOCOL);       //获取SSL实例
        SSL_CLIENT_CONTEXT.init(manager.getKeyManagers(), null, null);
        return SSL_CLIENT_CONTEXT;                                   //返回SSL实例
    }
}
```

7．【http-client 子模块】当前模块主要为了发出 HTTPS 请求，创建一个 HTTPClientRequestUtil 工具类实现请求发送。

```
package com.yootk.http.util;
public class HTTPClientRequestUtil {
    private static final Logger LOGGER = LoggerFactory.getLogger(HTTPClientHandler.class);
    public static void requestBasic(Channel channel, String path) {    //构建基础请求
        LOGGER.info("【HTTP客户端】发出HTTP请求，请求路径为：{}", path);
        DefaultFullHttpRequest request = new DefaultFullHttpRequest(
                HttpVersion.HTTP_1_1, HttpMethod.GET, path);           //发送GET请求
        request.headers().set(HttpHeaderNames.HOST, "127.0.0.1");
        request.headers().set(HttpHeaderNames.CONNECTION, HttpHeaderValues.KEEP_ALIVE);
        request.headers().set(HttpHeaderNames.CONTENT_TYPE, "text/html");
        request.headers().set(HttpHeaderNames.ACCEPT_ENCODING, "gzip, deflate, br");  //压缩传输
        request.headers().set(HttpHeaderNames.ACCEPT_LANGUAGE, "zh-CN,zh;q=0.9");   //语言支持
        request.headers().set(HttpHeaderNames.ACCEPT, "text/html");    //接收数据类型
        request.headers().set(HttpHeaderNames.CONTENT_LENGTH,
                request.content().readableBytes());                    //请求内容长度
        channel.writeAndFlush(request);                                //发送请求
    }
}
```

8．【http-client 子模块】创建 ChannelHandler 类，在激活通道时发出 HTTPS 请求，并等待服务端响应。

```
package com.yootk.http.client.handler;
public class HTTPClientHandler extends SimpleChannelInboundHandler<Object> {
    private static final Logger LOGGER = LoggerFactory.getLogger(HTTPClientHandler.class);
    @Override
    public void channelActive(ChannelHandlerContext ctx) throws Exception {
        HTTPClientRequestUtil.requestBasic(ctx.channel(), "/");
    }
    @Override
    protected void channelRead0(ChannelHandlerContext ctx, Object msg) throws Exception {
        LOGGER.info("【响应处理】{}", msg.getClass());
        if (msg instanceof HttpResponse) {                             //HTTP响应
```

```
        HttpResponse response = (HttpResponse) msg;                     //对象转型
        LOGGER.info("【HTTP响应头信息】ContentType = {}",
                response.headers().get(HttpHeaderNames.CONTENT_TYPE));
        LOGGER.info("【HTTP响应头信息】ContentLength = {}",
                response.headers().get(HttpHeaderNames.CONTENT_LENGTH));
        LOGGER.info("【HTTP响应头信息】AcceptCharset = {}",
                response.headers().get(HttpHeaderNames.ACCEPT_CHARSET));
        LOGGER.info("【HTTP响应头信息】AcceptEncoding = {}",
                response.headers().get(HttpHeaderNames.ACCEPT_ENCODING));
    }
    if (msg instanceof HttpContent) {                                   //HTTP响应内容
        HttpContent content = (HttpContent) msg;                        //获取HTTP内容
        LOGGER.info("【HTTP响应数据】{}", content.content().toString(CharsetUtil.UTF_8));
    }
  }
}
```

9.【http-client 子模块】创建 HTTPClient 配置类。

```
package com.yootk.http.client;
@Slf4j
public class HTTPClient implements InitializingBean, DisposableBean {
    @Autowired
    private HTTPClientProperties httpClientProperties;                  //HTTP配置属性
    private EventLoopGroup group = new NioEventLoopGroup();
    public void start() throws Exception {                              //服务启动
        Bootstrap bootstrap = new Bootstrap();
        bootstrap.group(this.group).channel(NioSocketChannel.class);
        bootstrap.handler(new ChannelInitializer<SocketChannel>() {     //客户端处理
            @Override
            protected void initChannel(SocketChannel socketChannel) throws Exception {
                httpCodec(socketChannel);                               //配置处理节点
            }
        });
        ChannelFuture future = bootstrap.connect(this.httpClientProperties.getHost(),
                this.httpClientProperties.getPort()).sync();            //连接服务器
        future.channel().closeFuture().sync();
    }
    private void httpCodec(SocketChannel channel) {                     //配置处理节点
        channel.pipeline().addLast(new HttpContentDecompressor());      //数据解压缩
        channel.pipeline().addLast(new HttpResponseDecoder());          //HTTP响应解码
        channel.pipeline().addLast(new HTTPClientHandler());            //HTTP响应处理
        channel.pipeline().addFirst(new HttpRequestEncoder());          //HTTP请求编码
        channel.pipeline().addFirst(new HttpContentCompressor());       //数据压缩
        try {
            if (this.httpClientProperties.getSsl() != null) {           //存在SSL证书
                SSLEngine engine = HTTPClientSecureSSLContextUtil.getClientSSLContext(
                        this.httpClientProperties).createSSLEngine();   //获取SSL处理引擎
                engine.setUseClientMode(true);                          //当前为客户端模式
                channel.pipeline().addFirst(new SslHandler(engine));    //添加SSL处理节点
            }
        } catch (Exception e) {}
    }
    @Override
    public void destroy() throws Exception {
        this.group.shutdownGracefully();                               //关闭线程池
    }
    @Override
    public void afterPropertiesSet() throws Exception {
        this.start();                                                  //服务启动
    }
}
```

10.【http-client 子模块】创建 HTTP 客户端应用自动配置类。

```
package com.yootk.http.client.config;
@Configuration
@EnableConfigurationProperties({HTTPClientProperties.class})           //属性自动配置
public class HTTPClientAutoConfiguration {
    @Bean
    public HTTPClient httpClient() {
        return new HTTPClient();                                       //HTTP客户端对象
    }
}
```

11.【http-client 子模块】创建客户端应用启动类。

```
package com.yootk.http;
@SpringBootApplication
public class StartHTTPClientApplication {
    static {                                               //配置本地密钥库访问参数
        System.setProperty("javax.net.ssl.trustStore", "true");
        System.setProperty("javax.net.ssl.trustStorePassword", "helloyootk");
    }
    public static void main(String[] args) {
        SpringApplication.run(StartHTTPClientApplication.class, args);
    }
}
```

程序执行结果：

```
【HTTP客户端】发出HTTP请求，请求路径为：/
【响应处理】class io.netty.handler.codec.http.DefaultHttpResponse
【HTTP响应头信息】ContentType = text/html;charset=UTF-8
【HTTP响应头信息】ContentLength = 37
【HTTP响应头信息】AcceptCharset = null
【HTTP响应头信息】AcceptEncoding = null
【响应处理】class io.netty.handler.codec.http.DefaultLastHttpContent
【HTTP响应数据】<h1>沐言科技：www.yootk.com</h1>
```

此时客户端应用启动后，将通过 HttpClientHandler 类中的 channelActive() 方法发出 HTTP 请求，为保证该请求可以正确发送，客户端会使用 client.jks 证书进行 SSL 协议封装。

4.3　HTTP 会话管理

视频名称　0408_【掌握】HTTP 会话管理

视频简介　Session 会话管理是 HTTP 中保存个人信息的存储结构，由于 HTTP 属于无状态的协议，所以要通过与 Cookie 的整合实现 Session 管理。本视频为读者讲解 Session 在 HTTP 中的作用，并阐述 Redis 存储 Session 数据对分布式开发架构的意义。

HTTP 会话管理

为了提高 HTTP 的通信性能，HTTP 采用了无状态的设计方案，所以每次发出请求时，对于 HTTP 服务器来讲都属于一个全新的连接。但是在实际的运行环境中，每一个用户都有可能在服务端保存一些重要的数据信息，而为了实现这一操作，在 HTTP 的基础上产生了 Session 处理机制，如图 4-18 所示。

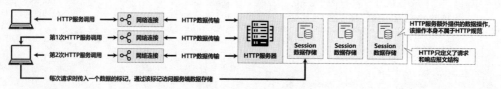

图 4-18　HTTP 与 Session

HTTP 本身只定义了数据请求和数据响应的报文结构，但是并没有规定服务端的具体实现，因此可以基于 HTTP 头信息的处理方式实现一些数据标记的传输，而通过这些数据标记（HTTP 头信息中的 Cookie）就可以找到保存在服务端上的相关数据，从而实现用户信息在服务端的存储。

> (!) **注意：本次将删除 HTTPS 的相关配置。**
>
> 　　已有的 application.yml 配置文件中提供了 yootk:http:xx 相关的 HTTPS 配置项，考虑到实际应用的需要，本次讲解时将删除此配置部分（同时删除 http-server 与 http-client 两个子模块），即不使用 HTTPS 传输，只使用传统的 HTTP 方式进行实现讲解。

由于在实际的生产环境下，Web 服务器会有大量的用户进行访问，因此就需要进行有效的会话数据管理，同时又需要考虑到多线程并发更新的数据安全问题，所以在 Java 开发中可以使用 ConcurrentMap 结构进行数据的存储。为了区分不同的用户数据，服务端会为每一个连接的用户分配一个唯一的 SessionID，而后每一个 SessionID 对应着各自的 Map 存储结构（保存会话属性的名称以及内容），如图 4-19 所示。

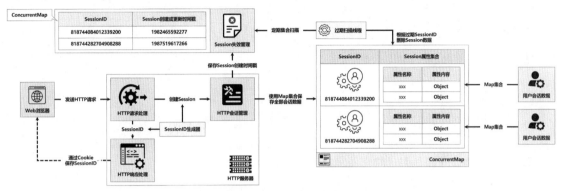

图 4-19　HTTP 会话管理

由于会话数据会长期占用服务器内存空间，所以对于长期（一般为 30 min）不使用的会话数据，应该进行及时的清理，因此会在整个 Web 服务器中配置一个后台扫描线程，当发现一个 SessionID 已经长期没有被访问时，就需要将对应的数据删除，以释放更多的内存空间。

会话数据的存储一定会占用大量的 JVM 内存，在高并发的处理环境中，就需要为其配置合理的 JVM 内存分配策略，但是如果将所有的数据直接保存在服务器上，也有可能影响到服务器的性能，同时为了满足服务集群中会话数据共享设计的需求，往往会通过 Redis 实现分布式会话管理，如图 4-20 所示。本次的会话管理将基于该存储架构实现。

图 4-20　HTTP 集群会话管理

 提示：Redis 与 Spring Data Redis。

　　本次开发中所使用的 Redis 数据库的内容在《Redis 开发实战（视频讲解版）》一书中讲解过，在程序内部将使用 Spring Data Redis 实现数据命令的操作，如果读者对此不熟悉请自行参考笔者的相关书籍。

在整个会话管理中，极为重要的组成为 SessionID，因为它是用户数据的唯一标记，考虑到 SessionID 的分配性能以及集群环境的开发要求，本次将使用雪花算法来生成该数据。下面将对已有的 http-server 模块进行一些修改，具体的配置步骤如下。

1.【netty 项目】修改 build.gradle 配置文件，为 http-server 子模块添加 Spring Data Redis 依赖库。

```
implementation('org.springframework.boot:spring-boot-starter-data-redis:3.0.5')
```

2.【http-server 子模块】修改 application.yml 配置文件，添加 Redis 服务配置项、雪花算法相关 ID。

```
yootk:
  http:
    port: 80                                                        #HTTP服务监听端口
  cluster:                                                          #集群配置
```

```
        datacenter-id: 1                                 #机房ID
        machine-id: 2                                    #机器ID
spring:
  data:                                                  #Spring Data Redis配置
    redis:                                               #Redis相关配置
      host: redis-server                                 #Redis服务器地址
      port: 6379                                         #Redis服务器连接端口
      username: default                                  #Redis服务器连接用户名
      password: yootk                                    #Redis服务器连接密码
      database: 0                                        #Redis数据库索引（默认值为0）
      connect-timeout: 200                               #连接超时时间，不能将其设置为0
      lettuce:                                           #配置Lettuce
        pool:                                            #配置连接池
          max-active: 100                                #最大连接数（负值表示没有限制）
          max-idle: 29                                   #连接池中的最大空闲连接
          min-idle: 10                                   #连接池中的最小空闲连接
          max-wait: 1000                                 #最长阻塞时间（负值表示没有限制）
          time-between-eviction-runs: 2000               #每2 s回收一次空闲连接
```

3.【http-server 子模块】创建雪花算法生成工具类。

```java
package com.yootk.http.util;
@Component
public class SnowFlakeUtils {                            //雪花算法工具类
    private final static long START_STAMP = 1487260800000L;    //2017-02-17 21:35:27.915
    private final static long SEQUENCE_BIT = 12;         //序列号占用的位数
    private final static long MACHINE_BIT = 5;           //机器ID占用的位数，256个机器
    private final static long DATACENTER_BIT = 5;        //数据中心占用位数，256个数据
    private final static long MAX_DATACENTER_NUM =
            -1L ^ (-1L << DATACENTER_BIT);               //数据中心最大值（31）
    private final static long MAX_MACHINE_NUM =
            -1L ^ (-1L << MACHINE_BIT);                  //机器ID最大值（31）
    private final static long MAX_SEQUENCE =
            -1L ^ (-1L << SEQUENCE_BIT);                 //序列号最大值（4095）
    private final static long MACHINE_LEFT = SEQUENCE_BIT;      //左位移
    private final static long DATACENTER_LEFT = SEQUENCE_BIT + MACHINE_BIT;      //左位移
    private final static long TIMESTMP_LEFT = DATACENTER_LEFT + DATACENTER_BIT; //左位移
    @Value("${yootk.cluster.datacenter-id}")            //读取配置属性
    private long datacenterId;                           //数据中心
    @Value("${yootk.cluster.machine-id}")               //读取配置属性
    private long machineId;                              //机器ID
    private long sequence = 0L;                          //序列号
    private long lastStamp = -1L;                        //上次时间戳
    public SnowFlakeUtils() {
        if (datacenterId > MAX_DATACENTER_NUM || datacenterId < 0) {
            throw new IllegalArgumentException("datacenterId can't be greater than " +
                MAX_DATACENTER_NUM + " or less than 0");
        }
        if (machineId > MAX_MACHINE_NUM || machineId < 0) {
            throw new IllegalArgumentException("machineId can't be greater than " +
                MAX_MACHINE_NUM + " or less than 0");
        }
    }
    public SnowFlakeUtils(long datacenterId, long machineId) {
        if (datacenterId > MAX_DATACENTER_NUM || datacenterId < 0) {
            throw new IllegalArgumentException("datacenterId can't be greater than " +
                MAX_DATACENTER_NUM + " or less than 0");
        }
        if (machineId > MAX_MACHINE_NUM || machineId < 0) {
            throw new IllegalArgumentException("machineId can't be greater than " +
                MAX_MACHINE_NUM + " or less than 0");
        }
        this.datacenterId = datacenterId;               //属性初始化
        this.machineId = machineId;                     //属性初始化
    }
    public synchronized long nextId() {                 //获取下一个ID

        long currentStamp = getCurrentStamp();          //获取当前时间戳
        if (currentStamp < this.lastStamp) {            //时间戳判断
            throw new RuntimeException("Clock moved backwards. Refusing to generate id");
        }
```

```
        if (currentStamp == lastStamp) {                    //相同时间内，序列号自增
            this.sequence = (this.sequence + 1) & MAX_SEQUENCE;
            if (this.sequence == 0L) {                       //同一时刻的序列数已经达到最大
                for (int i = 0; i < 100; i++) {              //多获取几次循环，尽量避免重复
                    currentStamp = getNextMillis();          //获取下一个时间戳
                    if (currentStamp != this.lastStamp) {    //结束判断
                        break;                               //退出循环
                    }
                }
            }
        } else {                                             //不同时间内，序列号被置为0
            this.sequence = 0L;
        }
        this.lastStamp = currentStamp;                       //保存当前时间戳
        return (currentStamp - START_STAMP) << TIMESTMP_LEFT //时间戳部分
            | datacenterId << DATACENTER_LEFT                //数据中心部分
            | machineId << MACHINE_LEFT                      //机器ID部分
            | sequence;                                      //序列号部分
    }
    private long getNextMillis() {
        long mills = getCurrentStamp();                      //获取当前时间戳
        while (mills <= this.lastStamp) {                    //如果当前时间戳小于或等于最后一次获取的时间戳
            mills = getCurrentStamp();                       //重新获取当前时间戳
        }
        return mills;                                        //返回当前时间戳
    }
    private long getCurrentStamp() {                         //获取当前时间戳
        return System.currentTimeMillis();
    }
}
```

使用雪花算法每秒可以产生 26 万个 ID 数据，所以使用该算法生成 SessionID 也可以很好地适应高并发的设计环境。而且本次基于 application.yml 的形式配置了雪花算法机房 ID 以及机器 ID，这样就避免了不同 Web 服务器产生主键碰撞，当需要生成 ID 时，只需要调用该类提供的 nextId() 方法即可。

4.3.1 HTTP 会话创建

HTTP 会话创建

视频名称　0409_【掌握】HTTP 会话创建
视频简介　用户第一次访问 Web 服务时需要保存其会话信息，而这一实现的核心在于 Cookie 数据处理。本次将基于 Redis 与雪花算法实现 HTTP 会话。

HTTP 中的会话管理主要依靠 Cookie 数据来实现。当用户第一次访问某一站点时，不会携带名称为 Yootk-Session 的 Cookie 数据，所以服务器会认为该用户为新用户，并为其分配 SessionID 以及 Redis 数据存储，如图 4-21 所示，随后通过 HTTP 响应将生成的 SessionID 保存在客户端浏览器中，在此之后用户每次发出的请求都会自动携带该 Cookie 数据，这样就可以利用此 SessionID 实现在服务端保留数据的操作。

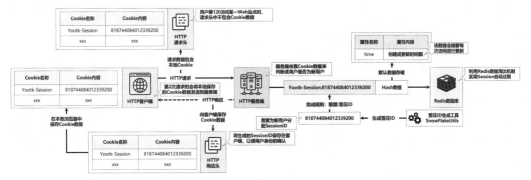

图 4-21　HTTP 会话管理

HTTP 的会话管理过程中，核心的部分就是 HTTP 请求头信息的解析以及 HTTP 响应头信息的设置，同时依据解析得到的 SessionID 实现 Redis 数据的读写操作。下面来看一下具体的代码实现。

1.【http-server 子模块】创建 Cookie 数据解析工具类，使用该类可以通过 HTTP 请求头获取数据集合。

```java
package com.yootk.http.util;
public class CookieUtil {                                                    //Cookie工具类
    public static Map<String, Cookie> cookies(HttpRequest request) {        //获取Cookie数据
        Map<String, Cookie> cookieMap = new HashMap<>();                    //保存Cookie数据
        String cookieContent = request.headers().get(HttpHeaderNames.COOKIE);
        if (StringUtils.hasLength(cookieContent)) {                         //存在Cookie数据
            Set<Cookie> cookieSet = ServerCookieDecoder.STRICT.decode(cookieContent); //Cookie解码
            for (Cookie cookie : cookieSet) {                              //集合迭代
                cookieMap.put(cookie.name(), cookie);                      //保存Cookie数据
            }
        }
        return cookieMap;
    }
}
```

客户端的 Cookie 数据是随着 HTTP 请求一起被发送到服务端的，而服务端实现 Session 管理的核心之一在于客户端 Cookie 数据的存储，所以就需要通过请求头信息解析 Cookie 数据。Netty 提供了解码操作类 ServerCookieDecoder，使用该类中的 decode()方法会将一组完整的 Cookie 数据拆分为 Set<Cookie>集合，而为了便于查询指定名称的 Cookie 数据，在 CookieUtil 工具类中又将 Set 集合转换为了 Map 集合，程序的实现结构如图 4-22 所示。

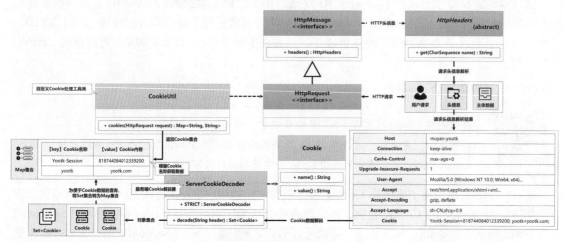

图 4-22　程序的实现结构

2.【http-server 子模块】为便于 Session 管理标准化，创建 HTTPSession 操作接口。

```java
package com.yootk.http.protocol;
public interface HTTPSession {
    public static final String SESSION_ID = "Yootk-Session";                //前缀标记
    public String getId();                                                  //获取SessionID
    public boolean isNew();                                                 //判断是否为新用户
    public long getLastAccessedTime();                                      //获取最后一次访问时间
}
```

HTTPSession 接口的组成结构参考了 Jakarta EE 设计标准，其接口方法的作用如图 4-23 所示。在该接口中定义的 SESSION_ID 常量将作为 Cookie 名称以及 Redis 数据 KEY 的标记，依据此标记可实现 HTTP 请求 Cookie 数据中指定内容的获取，而该标记的判断将成为 Session 处理逻辑的核心要素。

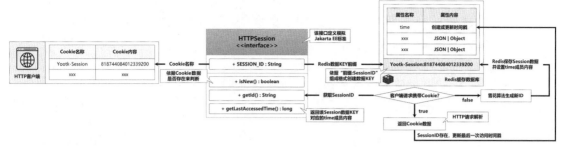

图 4-23 HTTPSession 接口方法的作用

如果服务端接收到的 SessionID 内容为空，则表示该用户第一次访问 Web 服务，所以需要为其分配一个新的 SessionID，同时在 Redis 中记录该 Session 数据（数据存在时效默认为 30 min），而如果该用户已经拥有了 SessionID，则需要对 Redis 中已有的数据进行更新，并延长其数据时效，其逻辑结构如图 4-24 所示。

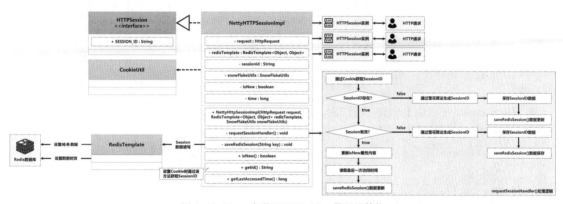

图 4-24 Netty 实现 HTTPSession 的逻辑结构

3.【http-server 子模块】创建 NettyHTTPSessionImpl 接口实现类。

```java
package com.yootk.http.protocol.impl;
public class NettyHTTPSessionImpl implements HTTPSession {          //HTTP会话操作
    public static final TimeUnit SESSION_TIMEOUT_TIMEUNIT = TimeUnit.MINUTES;    //分钟
    public static final long SESSION_TIMEOUT = 30;                  //会话超时时间
    private HttpRequest request;                                    //用户请求
    private RedisTemplate<Object, Object> redisTemplate;            //Redis模板
    private String sessionId;                                       //会话ID
    private SnowFlakeUtils snowFlakeUtils;                          //雪花算法
    private boolean isNew = true;                                   //保存用户状态
    private long time;                                              //最后一次访问时间
    public NettyHTTPSessionImpl(HttpRequest request,
                    RedisTemplate<Object, Object> redisTemplate,
                    SnowFlakeUtils snowFlakeUtils) {
        this.request = request;
        this.redisTemplate = redisTemplate;
        this.snowFlakeUtils = snowFlakeUtils;
        this.requestSessionHandler();                              //请求处理
    }
    private void requestSessionHandler() {                         //处理HTTP会话
        try { //获取用户请求头信息中发送的Cookie数据，尝试获取里面已保存的SessionID
            this.sessionId = CookieUtil.cookies(this.request).get(HTTPSession.SESSION_ID).value();
        } catch (Exception e) {}
        if (StringUtils.hasLength(this.sessionId)) {              //有SessionID
            String key = HTTPSession.SESSION_ID + ":" + sessionId; //缓存数据KEY
            if (this.redisTemplate.hasKey(key)) {                //Session有效
                this.isNew = false;                              //更新用户状态
                this.time = Long.parseLong(this.redisTemplate.opsForHash()
                    .get(key, "time").toString());              //获取最后一次访问时间
                this.saveRedisSession(key);                     //Redis数据存储
```

```
        } else {                                                    //Session已失效
            this.sessionId = String.valueOf(this.snowFlakeUtils.nextId());  //生成SessionID
            key = HTTPSession.SESSION_ID + ":" + sessionId;         //缓存数据KEY
            this.saveRedisSession(key);                             //Redis数据存储
        }
    } else {                                                        //没有SessionID
        this.sessionId = String.valueOf(this.snowFlakeUtils.nextId());  //生成SessionID
        String key = HTTPSession.SESSION_ID + ":" + this.sessionId;  //缓存数据KEY
        this.saveRedisSession(key);                                 //Redis数据存储
    }
}
private void saveRedisSession(String key) {                         //Session数据存储
    this.redisTemplate.opsForHash().put(key,
            "time", String.valueOf(System.currentTimeMillis()));   //保存Session数据
    this.redisTemplate.expire(key, SESSION_TIMEOUT, SESSION_TIMEOUT_TIMEUNIT);  //失效配置
}
@Override
public String getId() {                                            //返回SessionID
    return this.sessionId;
}
@Override
public boolean isNew() {                                           //Session状态判断
    return this.isNew;                                            //是新用户
}
@Override
public long getLastAccessedTime() {                               //上次访问时间
    return this.time;
}
}
```

4. 【http-server 子模块】创建 HTTPSession 工厂类。

```
package com.yootk.http.protocol;
@Component
public class HTTPSessionFactory {                                  //Session工厂
    @Autowired
    private RedisTemplate<Object, Object> redisTemplate;          //数据操作模板
    @Autowired
    private SnowFlakeUtils snowFlakeUtils;                        //雪花算法
    public HTTPSession getSession(HttpRequest request) {         //获取HTTPSession实例
        return new NettyHTTPSessionImpl(request, this.redisTemplate, this.snowFlakeUtils);
    }
}
```

5. 【http-server 子模块】服务端生成的 SessionID 或者用户发送过来的 SessionID 应该随着每次服务端的响应一起被发送给客户端，修改 HTTPServerResponseUtil 工具类，重载 response()响应方法。

```
package com.yootk.http.util;
public class HTTPServerResponseUtil {
    //重复的response()方法略
    public static void response(ChannelHandlerContext ctx, String content,
                        String sessionID) {                       //数据响应
        ByteBuf buf = Unpooled.copiedBuffer(content, CharsetUtil.UTF_8);  //响应主体数据
        DefaultFullHttpResponse response = new DefaultFullHttpResponse(HttpVersion.HTTP_1_1,
                HttpResponseStatus.OK, buf);                      //HTTP与状态码
        response.headers().set(HttpHeaderNames.CONTENT_TYPE,
                "text/html;charset=UTF-8") ;                      //响应数据MIME
        //使用Netty提供的Cookie数据编码器生成一组要保存的Cookie数据项
        String cookieSessionID = ServerCookieEncoder.STRICT.encode(HTTPSession.SESSION_ID, sessionID);
        response.headers().set(HttpHeaderNames.SET_COOKIE, cookieSessionID);  //Cookie数据保存
        response.headers().set(HttpHeaderNames.CONTENT_LENGTH,
                buf.readableBytes());                             //响应数据长度
        ctx.writeAndFlush(response).addListener(
                ChannelFutureListener.CLOSE) ;                    //响应后断开HTTP连接
    }
}
```

6. 【http-server 子模块】修改 HTTPServerHandler 类的 service()方法，追加/session_id 路径的请求处理。

```
protected void service(ChannelHandlerContext ctx, HttpRequest request) {
    switch(request.uri()) {                                       //路径判断
        case "/": {                                               //根路径
```

```
        String data = "<h1>沐言科技：www.yootk.com</h1>";
        HTTPServerResponseUtil.response(ctx, data);                        //数据响应
        break;
    }
    case "/session_id": {                                                   //Session操作路径
        HTTPSession session = this.httpSessionFactory.getSession(request);  //获取Session
        log.info("【HTTP会话】sessionId: {}、session状态: {}、最后访问时间: {}",
                session.getId(), session.isNew(), session.getLastAccessedTime());
        String data = "<h1>沐言科技：www.yootk.com</h1>";
        HTTPServerResponseUtil.response(ctx, data, session.getId());        //数据响应
        break;
    }
  }
}
```

7.【浏览器】通过浏览器发出/session_id 路径请求。

```
http://muyan-yootk/session_id
```

第 1 次访问：

```
【HTTP会话】sessionId: 818744084012339200、session状态: true、最后访问时间: 0
```

第 2 次访问：

```
【HTTP会话】sessionId: 818744084012339200、session状态: false、最后访问时间: 1682579980282
```

用户第一次访问时，由于未创建 Session，所以 isNew()方法返回新用户的状态，而如果已经成功创建 Session，则返回 false，同时也可以加载上一次的访问时间。

4.3.2　会话属性操作

会话属性操作

视频名称　0410_【掌握】会话属性操作
视频简介　HTTP 会话允许用户在服务端存储自定义的数据内容，本视频为读者分析该操作的实现机制，并扩充已有的 HTTPSession 接口功能，通过 Redis 实现属性读写操作。

HTTP 会话管理操作允许用户在服务端上实现属性的存储，存储属性时需要设置属性名称以及属性的类型，考虑到操作的灵活性，属性名称的类型一般为字符串，而属性内容可以使用 Object 来定义，这样在进行 Redis 存储时就可以基于对象序列化的处理方式保存任意的对象实例，如图 4-25 所示。下面来看一下具体的实现。

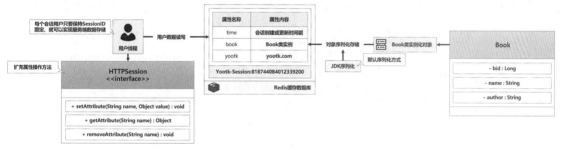

图 4-25　HTTP 会话管理

1.【http-server 子模块】在 HTTPSession 接口中追加属性操作方法。

```
public void setAttribute(String name, Object value);        //属性设置
public Object getAttribute(String name);                    //获取属性
public void removeAttribute(String name);                   //删除属性
```

2.【http-server 子模块】在 NettyHTTPSessionImpl 实现类中覆写属性操作方法。

```
@Override
public void setAttribute(String name, Object value) {
    String key = HTTPSession.SESSION_ID + ":" + this.sessionId;     //缓存数据KEY
    this.redisTemplate.opsForHash().put(key, name, value);          //属性设置
}
@Override
```

```
public Object getAttribute(String name) {
    String key = HTTPSession.SESSION_ID + ":" + this.sessionId;        //缓存数据KEY
    return this.redisTemplate.opsForHash().get(key, name);             //属性返回
}
@Override
public void removeAttribute(String name) {
    String key = HTTPSession.SESSION_ID + ":" + this.sessionId;        //缓存数据KEY
    this.redisTemplate.opsForHash().delete(key, name);                 //属性删除
}
```

3.【http-server 子模块】为便于测试对象序列化操作，创建一个 Book 类，并实现 Serializable 接口。

```
package com.yootk.http.vo;
public class Book implements java.io.Serializable {
    private Long bid;                                                  //图书编号
    private String name;                                               //图书名称
    private Double price;                                              //图书价格
    //Setter、Getter、无参构造、全参构造等方法的代码略
}
```

4.【http-server 子模块】修改 HTTPServerHandler 类中的 service()方法，为其追加属性操作的路径。

```
protected void service(ChannelHandlerContext ctx, HttpRequest request) {
    switch (request.uri()) {                                           //路径判断
        //已有路径的case语句略
        case "/set_attribute": {                                       //Session操作路径
            HTTPSession session = this.httpSessionFactory.getSession(request); //获取Session
            Book book = new Book(1L, "Netty开发实战", 99.80);          //创建对象
            session.setAttribute("book", book);                        //对象存储
            session.setAttribute("yootk", "yootk.com");                //对象存储
            String data = "<h1>属性设置成功！</h1>";
            HTTPServerResponseUtil.response(ctx, data, session.getId()); //数据响应
            break;
        }
        case "/get_attribute": {                                       //Session操作路径
            HTTPSession session = this.httpSessionFactory.getSession(request); //获取Session
            Book book = (Book) session.getAttribute("book");           //读取属性
            String data = "<h1>图书编号: " + book.getBid() + "、图书名称: " + book.getName() +
                    "、图书价格: " + book.getPrice() +
                    "、出版机构: " + session.getAttribute("yootk") + "</h1>";
            HTTPServerResponseUtil.response(ctx, data, session.getId()); //数据响应
            break;
        }
        case "/remove_attribute": {                                    //Session操作路径
            HTTPSession session = this.httpSessionFactory.getSession(request); //获取Session
            session.removeAttribute("book");                           //删除属性
            session.removeAttribute("yootk");                          //删除属性
            String data = "<h1>已删除自定义属性</h1>";
            HTTPServerResponseUtil.response(ctx, data, session.getId()); //数据响应
            break;
        }
    }
}
```

此时的程序实现了对会话属性的操作。在实际的开发中，可以基于当前的属性保存操作实现登录认证与授权检测机制，并且所有的属性被保存在 Redis 之中，即便存储的会话属性内容较大，也不会影响到 Web 服务器的处理性能。

4.3.3　会话注销

会话注销

视频名称　0411_【掌握】会话注销
视频简介　Session 中保存有用户的重要信息，所以为了数据的安全，往往要提供会话注销的功能。本视频为读者分析会话注销操作的处理流程，并且详细讲解注销操作与浏览器 Cookie 清除的意义，最后通过完整的实例讲解会话注销操作的具体实现。

所有的会话数据被保存在 Redis 缓存数据库之中，同时为了便于会话的管理，为每一项会话数据都提供了时效的配置。但是在实际的开发环境中，依然可能存在手动注销的需要，所以此时应按照图 4-26 所示的流程来实现这一机制。

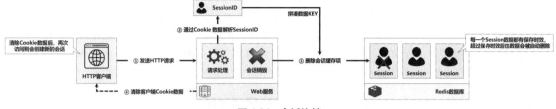

图 4-26　会话注销

会话身份的识别主要依靠的是客户端请求所传递的 Cookie 数据，利用请求 Cookie 数据解析 SessionID，从而实现缓存数据 KEY 的拼凑，这样就可以基于 Redis 提供的命令进行指定数据项的删除，同时还需要清除客户端的 Cookie 数据，以保证用户下一次的请求中不包含 SessionID。下面来看一下该操作的具体实现。

1．【http-server 子模块】在 HTTPSession 接口中创建注销方法。

```
public void invalidate(); //会话注销
```

2．【http-server 子模块】在 NettyHTTPSessionImpl 实现类中覆写 invalidate()方法，该方法主要用于删除 Redis 数据。

```
@Override
public void invalidate() {
    String key = HTTPSession.SESSION_ID + ":" + this.sessionId;      //缓存数据KEY
    this.redisTemplate.delete(key);                                  //删除数据项
}
```

3．【http-server 子模块】在 HTTPServerResponseUtil 工具类中创建一个注销响应的方法。

```
public static void responseInvalidate(ChannelHandlerContext ctx,
                    HttpRequest request, String content) {          //数据响应
    ByteBuf buf = Unpooled.copiedBuffer(content, CharsetUtil.UTF_8); //响应主体数据
    DefaultFullHttpResponse response = new DefaultFullHttpResponse(HttpVersion.HTTP_1_1,
        HttpResponseStatus.OK, buf);                                //HTTP与状态码
    response.headers().set(HttpHeaderNames.CONTENT_TYPE,
        "text/html;charset=UTF-8") ;                                //响应数据MIME
    //用户注销会话后需要同步清除客户端浏览器中保存的Cookie数据
    //Cookie数据的删除需要与原始数据的信息进行匹配，所以要解析请求头信息中的Cookie数据
    Map<String, Cookie> cookies = CookieUtil.cookies(request);      //获取全部Cookie数据
    final List<io.netty.handler.codec.http.cookie.Cookie> cookieList =
        new ArrayList<>(cookies.size());                            //Cookie数据集合
    cookies.forEach((key, value) -> {                               //请求Cookie迭代
        value.setMaxAge(0);                                         //保存时间为0
        cookieList.add(value);                                      //集合存储
    });
    List<String> cookieEncode = ServerCookieEncoder.STRICT.encode(cookieList); //Cookie数据编码
    response.headers().set(HttpHeaderNames.SET_COOKIE, cookieEncode); //Cookie数据保存
    response.headers().set(HttpHeaderNames.CONTENT_LENGTH,
        buf.readableBytes());                                       //响应数据长度
    ctx.writeAndFlush(response).addListener(
        ChannelFutureListener.CLOSE) ;                              //响应后断开HTTP连接
}
```

4．【http-server 子模块】在 HTTPServerHandler 类中创建一个会话注销的处理路径。

```
case "/invalidate": { //Session注销
    HTTPSession session = this.httpSessionFactory.getSession(request); //获取Session数据
    session.invalidate();                                           //Session数据清除
    String data = "<h1>Session已成功注销！</h1>";
    HTTPServerResponseUtil.responseInvalidate(ctx, request, data);  //数据响应
    break;
}
```

当前的程序提供了/invalidate 注销操作的路径，浏览器访问该路径后，首先会删除 Redis 中保存的当前数据项，而后要对已有的全部 Cookie 数据进行清除，从而保证用户数据的安全性。

> 💡 **提示：会话机制的灵活性。**
>
> 　　在默认情况下 Jakarta EE 都会对每一次请求进行 Session 的分配，这样一来可能在某些不需要保存会话状态的应用中造成严重的性能浪费（或者关闭 Session 机制）。而使用 Netty 实现的会话管理，可以根据用户的需要动态进行会话状态的处理，这一机制在开发中会更加灵活。

4.4　HTTP 参数传递

视频名称　0412_【掌握】HTTP 参数传递

视频简介　动态 Web 的交互性，主要体现在参数的传递中。本视频为读者分析 GET 参数的传递形式，同时讲解 Netty 中参数的解析与获取功能的实现。

HTTP 参数传递

动态 Web 的实现关键在于客户端与服务端之间的数据交互性，服务端依据客户端发送来的请求参数进行相应的业务逻辑处理，而后动态地进行内容的响应，如图 4-27 所示。

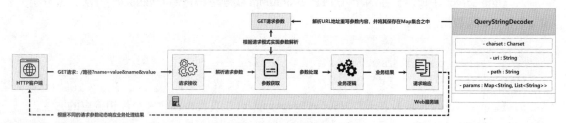

图 4-27　GET 请求处理

在用户进行请求访问时，默认采用的是 GET 请求模式，所有用户请求的数据将以地址重写的形式被附加在请求路径之后（同名的参数将以数组的形式保存），所以为了便于该内容的解析，Netty 提供了 QueryStringDecoder 字符串解析功能类，通过该类可以对参数内容进行拆解。下面就基于此工具类实现请求参数的接收，具体实现步骤如下。

1.【http-server 子模块】创建 RequestParameterUtil 工具类，利用该类中的方法进行请求参数的接收处理。

```java
package com.yootk.http.util;
public class RequestParameterUtil {                                    //请求参数处理
  private HttpRequest request ;                                        //HTTP请求对象
  //请求参数集合，key = 参数名称，value = 参数内容（每一个名称对应多个内容）
  private Map<String,List<String>> params = new HashMap<>() ;
  public RequestParameterUtil(HttpRequest request) {
     this.request = request ;
     this.parse();                                                     //参数解析
  }
  private void parse() {                                               //请求参数的解析处理
     if (HttpMethod.GET == this.request.method()) {                    //当前为GET请求模式
        //所有附加在HTTP请求地址之后的参数都可以通过queryString的形式被接收与处理
        QueryStringDecoder decoder = new QueryStringDecoder(this.request.uri());
        this.params.putAll(decoder.parameters());                      //将其保存到整体参数之中
     }
  }
  public List<String> getParameter(String paramName) {                 //获取指定名称的参数
     return this.params.get(paramName) ;
  }
  public Map<String, List<String>> getParams() {                       //获取参数集合
```

```
        return params;
    }
}
```

考虑到在后续开发之中会存在 GET 与 POST 两种请求参数的接收（包括二进制数据上传），所以本次定义了一个用于请求参数接收处理的工具类，该类封装了一个 Map 集合，后续所有请求参数都会被保存在该集合之中。这样在进行业务逻辑处理时，就可以不再关注用户的请求模式，只关注如何通过 Map 集合获取参数内容，如图 4-28 所示。

图 4-28　请求参数获取

2．【http-server 子模块】修改 HTTPServerHandler 类，并定义程序的匹配路径。

```
package com.yootk.http.server.handler;
@Slf4j
public class HTTPServerHandler extends SimpleChannelInboundHandler<Object> {
    private HTTPSessionFactory httpSessionFactory;
    public HTTPServerHandler(HTTPSessionFactory httpSessionFactory) {
        this.httpSessionFactory = httpSessionFactory;
    }
    @Override
    protected void channelRead0(ChannelHandlerContext ctx, Object msg) throws Exception {
        if (msg instanceof HttpRequest request) {                         //HTTP请求
            log.info("【请求信息】请求模式：{}、请求路径：{}", request.method(), request.uri());
            this.service(ctx, request);                                   //请求处理
        }
    }
    @Override
    public void exceptionCaught(ChannelHandlerContext ctx, Throwable cause) throws Exception {
        cause.printStackTrace();
    }
    private String requestUriHandler(String uri) {                        //真实地址解析
        if (uri.contains("?")) {                                          //地址重写
            return uri.substring(0, uri.indexOf("?"));
        }
        return uri;
    }
    protected void service(ChannelHandlerContext ctx, HttpRequest request) {
        switch (this.requestUriHandler(request.uri())) {                  //路径判断
            case "/param": {                                              //访问路径
                RequestParameterUtil rpu = new RequestParameterUtil(request) ; //处理参数
                StringBuffer buffer = new StringBuffer();                 //拼凑响应内容
                for (Map.Entry<String, List<String>> entry : rpu.getParams().entrySet()) { //参数迭代
                    buffer.append("<h1>").append("参数名称：").append(entry.getKey())
                        .append("、参数内容：").append(entry.getValue()).append("</h1>");
                }
                HTTPServerResponseUtil.response(ctx, buffer.toString());  //数据响应
                break;
            }
        }
    }
}
```

3．【浏览器】通过 GET 模式发送请求参数。

```
localhost/param?book=Netty开发实战&book=Spring开发实战&author=李兴华&yootk=yootk.com
```

浏览器显示：

```
参数名称：yootk、参数内容：[yootk.com]
参数名称：author、参数内容：[李兴华]
参数名称：book、参数内容：[Netty开发实战, Spring开发实战]
```

当前程序直接通过浏览器发出了 GET 请求，并且在地址上附加了请求参数，服务端会直接进行参数的解析，并且将参数的内容拼凑成 HTML 代码进行响应。

4.4.1　接收 POST 请求参数

接收 POST 请求
参数

视频名称　0413_【掌握】接收 POST 请求参数

视频简介　POST 是 HTTP 中表单提交数据的主要模式，本视频为读者分析 HttpContent 与
请求数据之间的关系，同时基于 HttpPostRequestDecoder 类实现请求参数的解析。

使用 GET 请求模式时所有的参数会被附加在地址上，这样既造成了安全隐患，同时也限制了
数据的传输长度。所以在实际 Web 交互的处理过程中，往往会通过表单来规范用户数据的输入，
同时以 POST 模式进行 HTTP 请求的发出，此时就需要在 Netty 中使用 HttpPostRequestDecoder 类
来实现对该数据的解析，如图 4-29 所示。

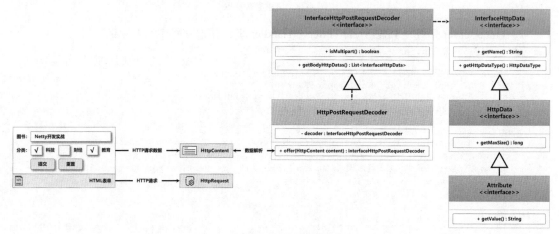

图 4-29　POST 参数处理

在 Netty 框架中，HTTP 请求分为 HttpRequest 与 HttpContent 两个组成部分，在 Netty 服务端的
ChannelHandler 处理结构中，第一次会接收到 HttpRequest 请求对象，以获取请求的基本信息（例如请
求路径、请求模式、请求头信息等）；第二次会接收到 HttpContent 请求对象，以获取请求的数据内容
（例如用户填写的表单数据），所以要想正确处理 POST 提交，就需要在 HTTPServerHandler 类中保存这
两个对象实例，如图 4-30 所示。

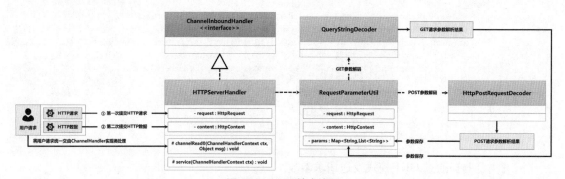

图 4-30　POST 请求处理

由于在 Netty 开发结构中，所有的用户请求会被统一发送到 ChannelHandler 实现类之中，所以
在实现类中就需要根据请求的类型实现 HttpRequest 与 HttpContent 对象实例的存储，当接收到
HttpContent 时就表示可以对用户所发送的数据进行处理与响应操作。下面通过实例进行分析。

1.【http-server 子模块】在 src/main/resources 源代码目录中创建 pages/input.html 代码文件，该
文件将提供一个表单定义，以便用户通过浏览器发送 POST 请求。

```html
<html>
<head><title>Netty开发实战</title></head>
<body>
    <form action="/param" method="post">
        图书：<input type="text" name="book" value="Netty开发实战"><br>
        分类：<input type="checkbox" name="item" value="science" checked>科技 
              <input type="checkbox" name="item" value="finance">财经 
              <input type="checkbox" name="item" value="education" checked>教育<br>
        <input type="hidden" name="msg" value="yootk.com">
        <button type="submit">提交</button><button type="reset">重置</button>
    </form>
</body>
</html>
```

为便于用户发送 POST 请求，本次将为用户提供一个 HTML 表单，考虑到 HTML 代码的维护问题，会在资源目录中创建相应的 HTML 文件，而后在 Netty 进行请求处理时，依据请求路径加载 HTML 文件内容，并将读取到的 HTML 代码发送给 HTTP 客户端，如图 4-31 所示。为了便于CLASSPATH 资源内容的读取，本次将使用 Spring 框架提供的 Resources 接口，该接口提供了getContentAsString()方法，可以直接以字符串对象的形式返回文件中的全部文本。

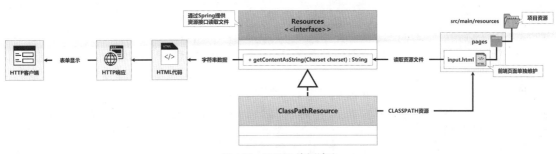

图 4-31　HTML 资源读取

2．【http-server 子模块】此时的 HTML 文件被保存在 CLASSPATH 路径之中，创建一个读取HTML 文件内容的工具类，将 HTML 代码以字符串的形式返回并响应给客户端。

```java
package com.yootk.http.util;
public class HTMLContentUtil {                                    //读取HTML文件
    public static String load(String path) {
        Resource resource = new ClassPathResource(path);         //CLASSPATH资源
        try {
            return resource.getContentAsString(CharsetUtil.UTF_8); //读取资源
        } catch (IOException e) {
            return "<h1>404, 请求路径不存在! </h1>";
        }
    }
}
```

3．【http-server 子模块】修改 RequestParameterUtil 工具类，在该类中追加 POST 请求参数的处理支持。

```java
package com.yootk.http.util;
public class RequestParameterUtil {                              //请求参数处理
    private HttpRequest request;                                 //HTTP请求对象
    private HttpContent content;                                 //HTTP请求内容
    //请求参数集合，key = 参数名称，value = 参数内容（每一个名称对应多个内容）
    private Map<String, List<String>> params = new HashMap<>();
    public RequestParameterUtil(HttpRequest request, HttpContent content) {
        this.request = request;
        this.content = content;
        this.parse();                                            //参数解析
    }
    private void parse() {                                       //请求参数的解析处理
        if (HttpMethod.GET == this.request.method()) {           //当前为GET请求模式
            QueryStringDecoder decoder = new QueryStringDecoder(this.request.uri());
            this.params.putAll(decoder.parameters());            //将其保存到整体参数之中
        } else if (HttpMethod.POST == this.request.method()) {   //POST请求模式
```

135

```
            HttpPostRequestDecoder decoder = new HttpPostRequestDecoder(this.request);
            decoder.offer(this.content);                        //请求内容解析
            List<InterfaceHttpData> httpDatas = decoder.getBodyHttpDatas();
            for (InterfaceHttpData data : httpDatas) {          //所有的上传数据
                Attribute attribute = (Attribute) data;         //进行属性内容的接收
                try {
                    List<String> values = null;                 //保存所有的参数内容
                    if (this.params.containsKey(attribute.getName())) {  //是否有指定的参数存在
                        values = this.params.get(attribute.getName());
                    } else {                                    //并未存储该参数
                        values = new ArrayList<>();             //实例化新的List集合
                    }
                    values.add(attribute.getValue());           //保存接收到的参数内容
                    this.params.put(attribute.getName(), values);
                } catch (Exception e) {}
            }
        }
    }
    public List<String> getParameter(String paramName) {        //获取指定名称的参数
        return this.params.get(paramName);
    }
    public Map<String, List<String>> getParams() {              //获取参数集合
        return params;
    }
}
```

4.【http-server 子模块】修改 HTTPServerHandler 类，添加 HTTP 请求和内容的处理逻辑，以及新的访问路径。

```
package com.yootk.http.server.handler;
@Slf4j
public class HTTPServerHandler extends SimpleChannelInboundHandler<Object> {
    private HttpRequest request;                                //HTTP请求
    private HttpContent content;                                //HTTP请求内容
    private HTTPSessionFactory httpSessionFactory;
    public HTTPServerHandler(HTTPSessionFactory httpSessionFactory) {
        this.httpSessionFactory = httpSessionFactory;
    }
    @Override
    protected void channelRead0(ChannelHandlerContext ctx, Object msg) throws Exception {
        log.info("【请求类型】{}", msg.getClass());
        if (msg instanceof HttpRequest request) {               //HTTP请求
            log.info("【请求信息】请求模式：{}、请求路径：{}", request.method(), request.uri());
            this.request = request;                             //保存HTTP请求
        }
        if (msg instanceof HttpContent content) {               //HTTP请求
            this.content = content;                             //保存HTTP请求内容
            this.service(ctx);                                  //请求处理
        }
    }
    @Override
    public void exceptionCaught(ChannelHandlerContext ctx, Throwable cause) throws Exception {
        cause.printStackTrace();
    }
    private String requestUriHandler(String uri) {              //请求地址
        if (uri.contains("?")) {                                //地址重写
            return uri.substring(0, uri.indexOf("?"));
        }
        return uri;
    }
    protected void service(ChannelHandlerContext ctx) {
        switch (this.requestUriHandler(request.uri())) {        //路径判断
            case "/input.html": {                               //表单响应路径
                String content = HTMLContentUtil.load("/pages/input.html");
                HTTPServerResponseUtil.response(ctx, content);  //数据响应
                break;
            }
            case "/param": {                                    //参数处理路径
                RequestParameterUtil rpu = new RequestParameterUtil(
                        this.request, this.content) ;           //处理参数
                StringBuffer buffer = new StringBuffer();       //拼凑响应内容
```

```
        for (Map.Entry<String, List<String>> entry : rpu.getParams().entrySet()) { //参数迭代
            buffer.append("<h1>").append("参数名称：").append(entry.getKey())
                .append("、参数内容：").append(entry.getValue()).append("</h1>");
        }
        HTTPServerResponseUtil.response(ctx, buffer.toString());                    //数据响应
        break;
    }
  }
}
```

5．【浏览器】通过浏览器输入表单路径 localhost/input.html，填写表单并提交后可以得到图 4-32 所示的处理结果。

图 4-32　处理结果

4.4.2　文件上传

视频名称　0414_【掌握】文件上传

视频简介　上传 HTTP 文件需要进行表单 enctype 封装处理，同时还需要对二进制数据进行解析，Netty 提供了对文件上传的支持。本视频为读者分析 Netty 文件上传操作的处理流程以及相关程序类的使用，并通过具体的实例实现上传文件的接收与保存。

文件上传

HTTP 表单之中除了实现普通文本数据的传输之外，还可以通过文件选择组件实现二进制文件的传输，而此时的表单要采用 multipart 模式进行提交。为了便于文件上传的处理，Netty 提供了一个 HttpObjectAggregator 处理类，在使用该类时可以明确定义允许上传内容的容量限制，如图 4-33 所示。

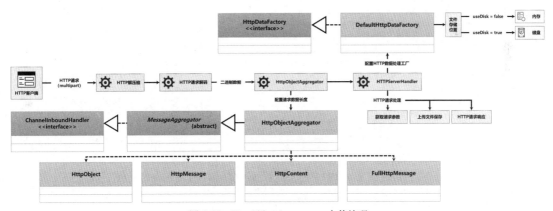

图 4-33　HttpObjectAggregator 上传处理

HttpObjectAggregator 处理类的主要作用是将用户请求发送过来的二进制数据拆分为 Netty 中可以访问的消息结构（例如 HttpRequest、HttpContent），而后就可以基于自定义的 ChannelHandler 子类实现请求的处理。

当前的请求数据中包含二进制文件，一般的做法是对该文件进行缓存，为此 Netty 提供了 HttpDataFactory 接口标准，用户可以根据自己的需要来决定临时文件是采用内存还是磁盘（推荐）进行存储。下面来看一下该功能的具体实现。

1．【http-server 子模块】修改 pages/input.html 文件，为其追加上传组件。

```
<html>
<head><title>Netty开发实战</title></head>
```

```
<body>
    <form action="/param" method="post" enctype="multipart/form-data">
        图书: <input type="text" name="book" value="Netty开发实战"><br>
        分类: <input type="checkbox" name="item" value="science" checked>科技 
            <input type="checkbox" name="item" value="finance">财经 
            <input type="checkbox" name="item" value="education" checked>教育<br>
        图片: <input type="file" name="photo"><br>
        <input type="hidden" name="msg" value="yootk.com">
        <button type="submit">提交</button><button type="reset">重置</button>
    </form>
</body>
</html>
```

2.【http-server 子模块】修改 RequestParameterUtil 工具类，添加上传文件的临时存储目录以及上传文件的解析集合。

```
package com.yootk.http.util;
public class RequestParameterUtil {                                      //请求参数处理
    public static final String TEMP = System.getProperty("user.dir") +
            File.separator + "temp" + File.separator;                   //临时目录
    private HttpRequest request;                                        //HTTP请求对象
    private HttpContent content;                                        //HTTP请求内容
    //请求参数集合, key = 参数名称, value = 参数内容 (每一个名称对应多个内容)
    private Map<String, List<String>> params = new HashMap<>();
    //保存所有的上传文件, key = 参数名称, value = 上传文件 (FileUpload)
    private Map<String, FileUpload> uploadParams = new HashMap<>();
    static {
        File tempDir = new File(TEMP);                                  //临时目录
        if (!tempDir.exists()) {                                        //临时目录不存在
            tempDir.mkdirs();                                          //创建目录
        }
    }
    public RequestParameterUtil(HttpRequest request, HttpContent content) {
        this.request = request;
        this.content = content;
        this.parse();                                                  //参数解析
    }
    private void parse() {                                              //请求参数解析处理
        if (HttpMethod.GET == this.request.method()) {                 //当前为GET请求模式
            QueryStringDecoder decoder = new QueryStringDecoder(this.request.uri());
            this.params.putAll(decoder.parameters());                  //将其保存到整体参数之中
        } else if (HttpMethod.POST == this.request.method()) {         //POST请求模式
            DefaultHttpDataFactory factory = new DefaultHttpDataFactory(true); //数据解析工厂
            factory.setBaseDir(TEMP);                                  //设置临时目录
            HttpPostRequestDecoder decoder = new HttpPostRequestDecoder(factory, this.request);
            decoder.offer(this.content);                               //请求内容解析
            List<InterfaceHttpData> httpDatas = decoder.getBodyHttpDatas(); //获取数据
            try {
                for (InterfaceHttpData data : httpDatas) {             //表单数据
                    if (data.getHttpDataType() ==
                            InterfaceHttpData.HttpDataType.FileUpload) { //当前为上传文件
                        FileUpload fileUpload = (FileUpload) data;     //获取上传文件
                        this.uploadParams.put(fileUpload.getName(), fileUpload); //保存上传文件
                    } else {                                           //普通属性
                        Attribute attribute = (Attribute) data;        //进行属性内容的接收
                        List<String> values = null;                    //保存所有的参数内容
                        if (this.params.containsKey(attribute.getName())) { //是否有指定的参数存在
                            values = this.params.get(attribute.getName());
                        } else {                                       //并未存储该参数
                            values = new ArrayList<>();                //实例化新的List集合
                        }
                        values.add(attribute.getValue());             //保存接收到的参数内容
                        attribute.delete();                           //删除临时文件
                        this.params.put(attribute.getName(), values);
                    }
                }
            } catch (Exception e) {}
        }
    }
}
```

```
    public List<String> getParameter(String paramName) {        //获取指定名称的参数
        return this.params.get(paramName);
    }
    public Map<String, List<String>> getParams() {              //获取参数集合
        return params;
    }
    public Map<String, FileUpload> getUploadParams() {          //获取上传文件
        return uploadParams;
    }
}
```

由于当前请求中可能包含二进制文件数据因此 RequestParameterUtil 类中提供了 params 与 uploadParams 两个 Map 集合，params 集合用于保存文本数据，而 uploadParams 集合用于保存上传文件（FileUpload 类）实例。由于所有的请求内容都被混合在一起，所以在接收数据时需要根据参数的类型来判断其所要保存的集合，本程序的相关类结构如图 4-34 所示。

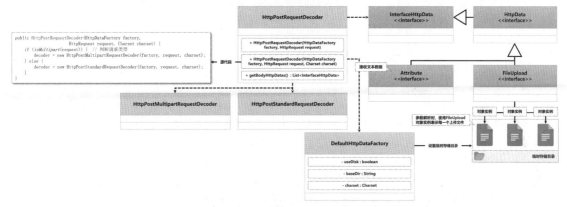

图 4-34 文件上传参数处理的相关类结构

3.【http-server 子模块】为便于上传文件的保存，创建一个 UploadStoreUtil 工具类。

```
package com.yootk.http.util;
@Slf4j
public class UploadStoreUtil {                                  //上传文件保存
    public static final String UPLOAD = System.getProperty("user.dir") +
        File.separator + "upload" + File.separator;
    public static final String PREFIX = "YootkImage-";          //文件前缀
    static {                                                     //创建目录
        log.info("【文件保存目录】{}", UPLOAD);
        File uploadDir = new File(UPLOAD);                       //上传目录
        if (!uploadDir.exists()) {                               //上传目录不存在
            uploadDir.mkdirs();                                  //创建目录
        }
    }
    private static final SnowFlakeUtils SNOW_FLAKE_UTILS = new SnowFlakeUtils(5, 9);
    public static String saveFile(FileUpload fileUpload) {
        if (fileUpload == null) {                                //没有上传文件
            return null;
        }
        String fileName = PREFIX + SNOW_FLAKE_UTILS.nextId() + "." +
            fileUpload.getContentType().substring(
                fileUpload.getContentType().lastIndexOf("/") + 1);  //文件名
        String filePath = UPLOAD + fileName;                    //文件存储路径
        try {
            fileUpload.renameTo(new File(filePath));            //文件保存
        } catch (IOException e) {}
        return fileName;
    }
}
```

每一个被保存在临时目录中的上传文件都使用 FileUpload 对象实例表示，所以当确定某一个文件需要被保存时，就需要根据上传文件的 MIME 类型，以及雪花算法动态拼凑文件名称。

4.【http-server 子模块】修改 HTTPServerHandler 类中的 service()方法实现上传文件的保存。

```
protected void service(ChannelHandlerContext ctx) {
    switch (this.requestUriHandler(request.uri())) {              //路径判断
        case "/input.html": {                                    //表单响应路径
            String content = HTMLContentUtil.load("/pages/input.html");
            HTTPServerResponseUtil.response(ctx, content);       //数据响应
            break;
        }
        case "/param": {                                          //参数处理路径
            RequestParameterUtil rpu = new RequestParameterUtil(
                    this.request, this.content) ;                 //处理参数
            StringBuffer buffer = new StringBuffer();             //拼凑响应内容
            for (Map.Entry<String, FileUpload> entry : rpu.getUploadParams().entrySet()) { //上传文件
                UploadStoreUtil.saveFile(entry.getValue());       //上传文件保存
            }
            for (Map.Entry<String, List<String>> entry : rpu.getParams().entrySet()) { //参数迭代
                buffer.append("<h1>").append("参数名称: ").append(entry.getKey())
                        .append("、参数内容: ").append(entry.getValue()).append("</h1>");
            }
            HTTPServerResponseUtil.response(ctx, buffer.toString());  //数据响应
            break;
        }
    }
}
```

5.【http-server 子模块】修改 HTTPServer 类中的 httpCodec()方法，配置 HTTP 数据的聚合处理节点。

```
private void httpCodec(SocketChannel channel) {                   //配置处理节点
    channel.pipeline().addLast(new HttpContentDecompressor());    //数据解压缩
    channel.pipeline().addLast(new HttpRequestDecoder());         //HTTP请求解码
    channel.pipeline().addLast(new HttpObjectAggregator(10485760)); //数据长度
    channel.pipeline().addLast(new HTTPServerHandler(this.httpSessionFactory)); //HTTP请求处理
    channel.pipeline().addFirst(new HttpResponseEncoder());       //HTTP响应编码
    channel.pipeline().addFirst(new HttpContentCompressor());     //数据压缩
}
```

程序修改完成后，用户可以通过/input.html 路径获取带文件组件的表单，当用户提交表单后，所有的数据（文本数据与二进制数据）会自动保存在临时目录之中，在请求数据处理完成后将其自动删除。最后通过 HTML 代码拼凑的方式，将文本数据回显给用户，上传文件会自动保存在指定的目录之中。

> 提示：结合 MinIO 管理文件。
>
> 　　一旦允许用户上传文件，那么最终所带来的问题就是磁盘的占用率会极高，对此，行业中的常见做法是搭建对象存储服务。为便于读者学习，本书将在第 9 章讲解 MinIO 对象存储服务的搭建，有兴趣的读者可以结合 MinIO 存储服务与当前应用实现上传文件管理。

4.4.3　HTML 资源加载

HTML 资源加载

　　视频名称　0415_【掌握】HTML 资源加载
　　视频简介　完整的 HTML 代码中会包含大量的样式、脚本以及图片等资源，所以在自定义 HTTP 服务时就需要配置响应资源的内容。本视频基于已上传文件图片展示的方式，讲解资源加载操作的流程与具体实现。

　　HTTP 服务器接收到用户的请求之后，默认会以 HTML 代码的形式进行用户请求的响应，客户端收到 HTML 代码之后需要对 HTML 代码的组成进行解析，而后针对一些额外的资源（例如 CSS 样式文件、JavaScript 程序文件或者图片等）再次发出 HTTP 请求，等所有资源加载完成后，才可以实现一个完整的页面展示，其操作流程如图 4-35 所示。

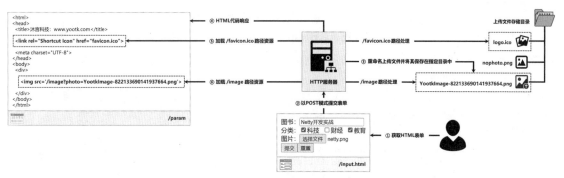

图 4-35　HTML 资源加载的操作流程

HTML 语法支持各类常见资源的加载，例如，加载 CSS 文件可以使用 link 元素，加载 JS 文件可以使用 script 元素。服务端会依据资源的名称进行相关文件的加载，并且在响应时也会明确地设置与该类型文件匹配的 MIME 类型，这样才能在客户端浏览器进行正确的解析。由于该类文件一般都较大，所以在进行传输时就会以二进制数据流的形式完成，为此需要在 Netty 服务端配置 ChunkedWriteHandler 处理节点，如图 4-36 所示。

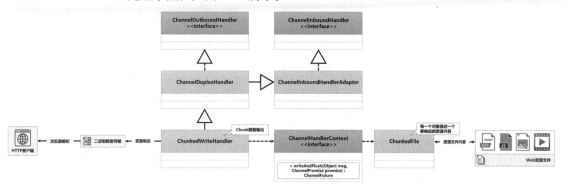

图 4-36　ChunkedWriteHandler 处理节点的配置

在 Netty 中，每一个资源文件的内容都使用 ChunkedFile 对象实例进行描述，由于该数据一般都较大，所以在输出时，可以通过 GenericFutureListener 接口实例实现处理状态的监听，如图 4-37 所示。

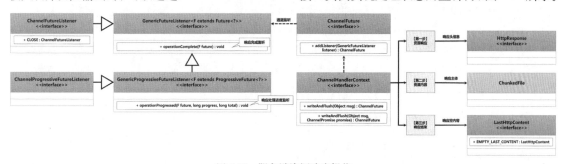

图 4-37　服务端资源响应操作

在 Netty 中进行资源响应时，需要经过 3 个处理步骤，首先要通过 HttpResponse 接口实例绑定响应的头信息，而后才是 ChunkedFile 内容的输出，当全部内容输出完成后，还需要响应一个空的消息项以表示输出的结束，这样客户端浏览器才能够正常地接收到响应的资源。下面来看一下该操作的具体实现。

1.【netty 项目】修改 build.gradle 配置文件，添加可以动态获取文件 MIME 类型的依赖库。

```
implementation('org.eclipse.angus:angus-mail:2.0.1')
implementation('jakarta.activation:jakarta.activation-api:2.1.2')
```

2．【http-server 子模块】在上传目录中保存 logo.ico 以及 nophoto.png 图像文件（用户自定义）。

3．【http-server 子模块】修改 HTTPServerResponseUtil 工具类，在该类中定义图片响应操作方法。

```
package com.yootk.http.util;
@Slf4j
public class HTTPServerResponseUtil {
    private static final File NOPHOTO_FILE = new File(UploadStoreUtil.UPLOAD, "nophoto.jpg");
    public static void responseImage(ChannelHandlerContext ctx, String fileName) {
        File file = new File(UploadStoreUtil.UPLOAD, fileName);          //文件路径
        if (!file.exists()) {                                           //文件不存在
            file = NOPHOTO_FILE;                                        //返回Nophoto内容
        }
        HttpResponse response = new DefaultHttpResponse(
                HttpVersion.HTTP_1_1, HttpResponseStatus.OK);          //HTTP响应
        MimetypesFileTypeMap mimeType = new MimetypesFileTypeMap();
        response.headers().set(HttpHeaderNames.CONTENT_TYPE,
                mimeType.getContentType(file));                        //响应MIME类型
        response.headers().set(HttpHeaderNames.CONNECTION,
                HttpHeaderValues.KEEP_ALIVE);                          //设置连接状态
        ctx.writeAndFlush(response);                                   //输出响应
        try {
            ctx.writeAndFlush(new ChunkedFile(file), ctx.newProgressivePromise())
                    .addListener(new ChannelProgressiveFutureListener() {
                @Override
                public void operationProgressed(ChannelProgressiveFuture future,
                                        long progress, long total) throws Exception {
                    log.info("【Chunk发送状态】资源文件长度：{}、已发送数据长度：{}。", total, progress);
                }
                @Override
                public void operationComplete(ChannelProgressiveFuture future) throws Exception {
                    log.info("【Chunk发送完毕】资源文件已经响应完成。");
                }
            });                                                        //文件发送处理
        } catch (IOException e) {}
        //图片响应的过程中，如果要使用Chunk来进行信息的发布，在发送完结后需要设置一个结束标记
        ctx.writeAndFlush(LastHttpContent.EMPTY_LAST_CONTENT)
                .addListener(ChannelFutureListener.CLOSE);             //发送一个空的消息
    }
    //其他响应方法的代码略
}
```

4．【http-server 子模块】修改 HTTPServerHandler 类中的 service()方法，添加图片资源处理路径以实现图片加载。

```
protected void service(ChannelHandlerContext ctx) {
    switch (this.requestUriHandler(request.uri())) {                   //路径判断
        case "/input.html": {                                         //表单响应路径
            String content = HTMLContentUtil.load("/pages/input.html");
            HTTPServerResponseUtil.response(ctx, content);            //数据响应
            break;
        }
        case "/param": {                                              //参数处理路径
            RequestParameterUtil rpu = new RequestParameterUtil(
                    this.request, this.content);                      //处理参数
            StringBuffer buffer = new StringBuffer();                 //拼凑响应内容
            for (Map.Entry<String, FileUpload> entry : rpu.getUploadParams().entrySet()) { //上传文件
                buffer.append("<div><img src='/image?photo=")
                        .append(UploadStoreUtil.saveFile(entry.getValue()))
                        .append("'></div>");                          //图片加载路径
            }
            for (Map.Entry<String, List<String>> entry : rpu.getParams().entrySet()) { //参数迭代
                buffer.append("<h1>").append("参数名称：").append(entry.getKey())
                        .append("、参数内容：").append(entry.getValue()).append("</h1>");
            }
            HTTPServerResponseUtil.response(ctx, buffer.toString());  //数据响应
            break;
        }
        case "/image": {                                              //图片显示
            RequestParameterUtil rpu = new RequestParameterUtil(this.request, this.content); //处理参数
            HTTPServerResponseUtil.responseImage(ctx, rpu.getParameter("photo").get(0));
```

```
        break;
    }
    case "/favicon.ico": {                                            //图片显示
        HTTPServerResponseUtil.responseImage(ctx, "logo.ico");
        break;
    }
  }
}
```

　　为了便于上传图片加载，本次程序在定义/param路径时，使用"/image?photo=上传文件名称"的形式定义了图片资源的加载路径，这样在显示页面后会通过/image路径加载已上传的图片。

　　5．【http-server子模块】修改HTTPServer类中的httpCodec()方法，添加输出图片文件的处理节点。

```
private void httpCodec(SocketChannel channel) {                                    //配置处理节点
    channel.pipeline().addLast(new HttpContentDecompressor());                    //数据解压缩
    channel.pipeline().addLast(new HttpRequestDecoder());                         //HTTP请求解码
    channel.pipeline().addLast(new HttpObjectAggregator(10485760));               //数据长度
    channel.pipeline().addLast(new HTTPServerHandler(this.httpSessionFactory));   //HTTP请求处理
    channel.pipeline().addFirst(new ChunkedWriteHandler());                       //文件输出处理
    channel.pipeline().addFirst(new HttpResponseEncoder());                       //HTTP响应编码
    channel.pipeline().addFirst(new HttpContentCompressor());                     //数据压缩
}
```

4.4.4　Netty客户端发送POST请求

Netty客户端
发送POST请求

> **视频名称**　0416_【理解】Netty客户端发送POST请求
> **视频简介**　除了基于浏览器的方式处理HTTP请求之外，还可以通过Netty框架对其进行配置。本视频为读者分析HTTP封装请求的创建步骤，并实现了本地磁盘文件的上传操作。

　　在大部分情况下，用户都会通过浏览器访问HTTP服务，并且基于表单实现数据交互。但是在一些特殊的环境下，也可以通过Java程序来模拟HTTP请求，以实现Web服务端的调用，如图4-38所示。

图4-38　Netty实现HTTP服务调用

　　为了便于HTTP数据的管理，Netty提供了InterfaceHttpData标准化接口（包括Attribute与FileUpload两个子接口，服务端在解析HTTP数据时也采用同样的方式），为了便于数据的配置，开发人员可以通过HttpPostRequestEncoder请求编码器类所提供的方法添加请求数据，如图4-39所示。在该类对象实例化时可以依据构造方法中的multipart参数来决定当前的请求是否采用multipart封装模式进行提交。

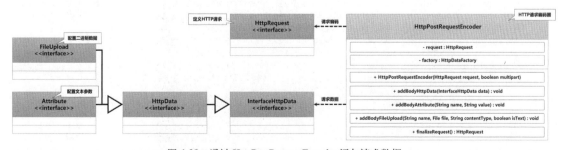

图4-39　通过HttpPostRequestEncoder添加请求数据

如果此时用户发送的只是一个基础的 POST 请求，可以直接依靠 HttpPostRequestEncoder 实现请求参数的配置。但是如果用户所发送的是一个 multipart 封装的 POST 请求，那么在使用 Netty 时就需要按照图 4-40 所示进行处理。

（1）构建 POST 请求：在该请求中配置所有要传递的基本信息，该请求为非 multipart 请求。

（2）构建上传请求：基于已有的 POST 请求数据进行表单封装（包含二进制文件），此时请求类型为 multipart 请求。

（3）构建最终 HTTP 请求：利用 HttpPostRequestEncoder 类中的 finalizeRequest()方法构建最终的 HTTP 请求，并且为该请求配置所需的请求头信息，这也是 Netty 客户端最终所发出的请求。

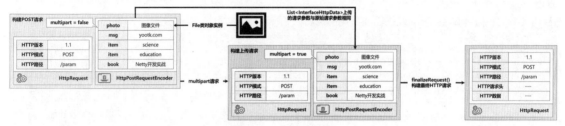

图 4-40　POST 封装请求

1.【netty 项目】修改 build.gradle 配置文件，为 http-client 子模块添加动态获取文件 MIME 类型的依赖库。

```
implementation('org.eclipse.angus:angus-mail:2.0.1')
implementation('jakarta.activation:jakarta.activation-api:2.1.2')
```

2.【http-client 子模块】在 HTTPClientRequestUtil 请求工具类中添加 multipart 请求发送方法。

```
public static void requestMultipart(Channel channel, String path) {    //构建基础请求
    DefaultFullHttpRequest request = new DefaultFullHttpRequest(
        HttpVersion.HTTP_1_1, HttpMethod.POST, path);                  //发送POST请求
    try {
        HttpPostRequestEncoder requestEncoder = new HttpPostRequestEncoder(request, false);
                                                                       //构建POST请求
        requestEncoder.addBodyAttribute("msg", "yootk.com");           //文本数据
        requestEncoder.addBodyAttribute("item", "science");            //文本数据
        requestEncoder.addBodyAttribute("item", "education");          //文本数据
        requestEncoder.addBodyAttribute("book", "Netty开发实战");       //文本数据
        File photoFile = new File("d:" + File.separator + "netty.png"); //上传文件
        MimetypesFileTypeMap mimeFile = new MimetypesFileTypeMap();     //文件类型
        requestEncoder.addBodyFileUpload("photo", photoFile,
            mimeFile.getContentType(photoFile), false);                //二进制文件
        //获取已经创建的HTTP请求编码中所保存的全部数据项（InterfaceHttpData接口集合）
        List<InterfaceHttpData> listAttributes = requestEncoder.getBodyListAttributes();
        HttpRequest uploadRequest = new DefaultHttpRequest(HttpVersion.HTTP_1_1,
            HttpMethod.POST, path);                                    //构建上传请求
        HttpPostRequestEncoder uploadEncoder = new HttpPostRequestEncoder(
            uploadRequest, true);                                      //multipart请求
        uploadEncoder.setBodyHttpDatas(listAttributes);                //设置请求内容
        HttpRequest finalRequest = uploadEncoder.finalizeRequest();    //构建最终HTTP请求
        finalRequest.headers().set(HttpHeaderNames.HOST, "127.0.0.1");
        finalRequest.headers().set(HttpHeaderNames.CONNECTION, HttpHeaderValues.KEEP_ALIVE);
        finalRequest.headers().set(HttpHeaderNames.CONTENT_LENGTH, uploadEncoder.length());
        finalRequest.headers().set(HttpHeaderNames.COOKIE, "author=LiXingHua;");
        if (channel.isActive() && channel.isWritable()) {              //允许写入
            channel.writeAndFlush(finalRequest);                       //进行请求的发送
            if (uploadEncoder.isChunked()) {                           //没有发送完成
                channel.writeAndFlush(uploadEncoder).awaitUninterruptibly();
            }
            uploadEncoder.cleanFiles();                                //清除配置信息
        }
    } catch (Exception e) {}
}
```

3.【http-client 子模块】修改 HTTPClientHandler 类中的 channelActive()方法，在连接通道时发

送 POST 请求。

```
public void channelActive(ChannelHandlerContext ctx) throws Exception {
    HTTPClientRequestUtil.requestMultipart(ctx.channel(), "/param");
}
```

4.【http-client 子模块】修改 HTTPClient 类中的 httpCodec()方法，配置新的处理节点。

```
private void httpCodec(SocketChannel channel) {                              //配置处理节点
    channel.pipeline().addLast(new HttpContentDecompressor());              //数据解压缩
    channel.pipeline().addLast(new HttpResponseDecoder());                  //HTTP响应解码
    channel.pipeline().addLast(new HttpObjectAggregator(10485760));
    channel.pipeline().addLast(new HTTPClientHandler());                    //HTTP响应处理
    channel.pipeline().addFirst(new ChunkedWriteHandler());                 //文件输出处理
    channel.pipeline().addFirst(new HttpRequestEncoder());                  //HTTP请求编码
    channel.pipeline().addFirst(new HttpContentCompressor());               //数据压缩
}
```

程序执行结果：

```
【HTTP响应数据】<h1>参数名称：msg、参数内容：[yootk.com]</h1><h1>参数名称：item、参数内容：[science,
education]</h1><h1>参数名称：book、参数内容：[Netty开发实战]</h1>
```

4.5 HTTP/2.0

HTTP/2.0

视频名称　0417_【掌握】HTTP/2.0

视频简介　HTTP 经过 30 多年的发展，一直都在根据技术的开发要求进行更新。本视频为读者深入讲解 HTTP/1.1 所存在的问题，并基于这些问题分析 HTTP/2.0 的作用、消息结构以及 TCP 多路复用的实现。

通过前文的介绍，读者已经清楚了 HTTP/1.1 的基本结构，以及网络通信的处理流程，同时也可以发现 HTTP/1.1 存在的主要问题是每一个客户端都需要独占一个连接，这样在进行互联网高并发处理时，为了保证应用的性能，就需要对客户端进行限流。同时 HTTP/1.1 基于 TCP 开发，所以一个连接之中还需要进行 TCP 三次握手（TLS 通信中需要七次握手），严重影响了 HTTP/1.1 通信性能，并且在实际的开发中由于 HTTP 无状态的特点，还需要在每次数据传输中附加大量的头信息，这样就进一步加剧了网络带宽的占用，从而导致处理性能的不足，如图 4-41 所示。

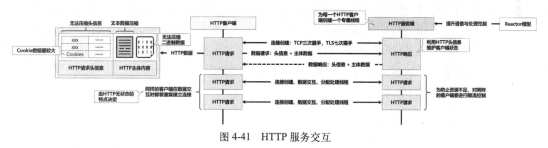

图 4-41　HTTP 服务交互

> 💡 提示：服务端性能优化的思考。
>
> 　　在 Java 技术发展的早期，由于计算机硬件性能与网络通信性能的不足，所以并不需要非常烦琐的开发协议或算法即可实现所需服务的构建。但是随着计算机硬件性能的提升以及网络传输性能的改善，已有的开发协议和实现出现了性能瓶颈，所以要想提升软件的性能，就需要对已有的协议进行修改。
>
> 　　HTTP 伴随着互联网技术的发展而不断更新，在 1991 年时提供了 HTTP/0.9，该版本只是一个基础的原型版本，一直到 1996 年才推出了正式版本 HTTP/1.0，而为了丰富 HTTP 数据处理形式，开发人员在 1997 年时将其升级为 HTTP/1.1，以满足互联网技术的开发要求。后来到了 2015 年才有了 HTTP/2.0，目的是解决 HTTP 数据传输性能的问题，2018 年 HTTP/3.0 推出了，在该

版本协议中使用 UDP 替换了 TCP 的实现，进一步减少了网络连接所带来的损耗，对于程序的优化来讲，其核心思路就是 "减少数据传输与改善通信模式"。

　　HTTP/1.0 主要是为了解决小容量文本的传输问题，所以其所创建的都属于 TCP 短连接，这样每当用户请求处理完成后会立即断开 Web 服务端的连接。但是随着 HTML 语法的完善，一个 Web 页面之中会包含大量的额外资源（JS 文件、CSS 文件、图片文件等），所以在 HTTP/1.0 中一个 Web 页面的显示需要重复地进行 TCP 连接与断开，反而增加了大量的额外开销，因此 HTTP/1.1 采用了长连接的处理模式，以实现一次用户请求操作中的 TCP 连接复用支持，如图 4-42 所示。

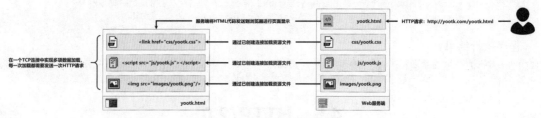

图 4-42　HTTP/1.1 长连接

 提示：keep-alive 实现长连接。

　　使用 HTTP/1.0 时，长连接机制主要是通过一个非标准的 Connection: keep-alive 头信息来实现的，该字段的主要功能是告诉 Web 服务器不要关闭 TCP 连接，以便其他请求复用，但是由于该操作不属于 HTTP 中的标准支持，所以有可能对一些 Web 服务器无效。

　　虽然 HTTP/1.1 解决了长连接问题，但是在同一个 TCP 连接之中，所有的数据通信是按照次序进行的，服务器只有处理完一个响应后，才会处理下一个响应。如果某一个响应处理得特别慢，就会导致后续响应排队，这样的问题称为 "队头阻塞"，而 HTTP/2.0 出现的主要目的是解决 HTTP 头部数据压缩以及 HTTP 长连接中的队头阻塞问题。

　　HTTP/1.1 中使用文本结构进行数据传输，这样可以采用直观的形式查看数据包中的数据内容，同时也便于调试程序，但是这样的处理方式容易产生安全漏洞，所以才需要基于 HTTPS 的方式进行改进。而 HTTP/2.0 中的数据传输采用了二进制模式，虽然无法直观地获取数据，但是可以实现高性能的数据传输。图 4-43 所示为 HTTP/2.0 消息结构，在该结构中使用 Frame 的概念来实现不同数据的描述，头信息为 Frame Header（简称 "头帧"），主体内容为 Frame Payload（简称 "数据帧"），头帧中每项数据的作用如下。

图 4-43　HTTP/2.0 消息结构

　　（1）数据帧长度（24 bit、3 Byte）：代表整个 Frame 的数据长度。

　　（2）数据帧类型（8 bit、1 Byte）：决定了数据帧的格式和语义，常见 HTTP/2.0 帧类型如表 4-6 所示。

　　（3）帧标识位（8 bit、1 Byte）：为帧类型预留的标识位，是一个布尔标识，可以携带一些帧的控制数据，常用的标识位有 END_HEADERS（头数据结束）、END_STREAM（单方向数据发送结束）。

（4）R：一个保留的比特位，该位没有任何定义，发送数据时该数据内容必须为 0x0。

表 4-6　常见 HTTP/2.0 帧类型

序号	帧类型	编码	描述
1	DATA	0x0	传递 HTTP 数据帧
2	HEADERS	0x1	传递 HTTP 头帧
3	PRIORITY	0x2	定义 Stream 流通道的优先级
4	RST_STREAM	0x3	终止 Stream 流通道
5	SETTINGS	0x4	修改连接或者 Stream 流通道的配置，包含如下几个配置参数。 ① SETTINGS_HEADER_TABLE_SIZE（0x1）：头帧压缩表的最大尺寸。 ② SETTINGS_ENABLE_PUSH（0x2）：配置服务端推送启用。 ③ SETTINGS_MAX_CONCURRENT_STREAMS（0x3）：最大并发流数。 ④ SETTINGS_INITIAL_WINDOW_SIZE（0x4）：流控制初始化窗口。 ⑤ SETTINGS_MAX_FRAME_SIZE（0x5）：允许接收的最大数据帧长度。 ⑥ SETTINGS_MAX_HEADER_LIST_SIZE（0x6）：索引表最大尺寸
6	PUSH_PROMISE	0x5	服务端推送资源时描述请求的帧
7	PING	0x6	心跳检测兼具测量 RTT（Round Trip Time，往返路程时间）的功能
8	GOAWAY	0x7	优雅地终止错误或通知错误
9	WINDOW_UPDATE	0x8	实现流量控制
10	CONTINUATION	0x9	传递较大 HTTP 头部时的持续帧

　　HTTP/2.0 中数据被分帧传输之后，服务端看见的并不是一个完整的 HTTP 请求报文，而是一堆乱序的二进制数据帧，这些二进制帧之间不存在先后关系，因此也就不存在排序等待响应的问题，从而解决了 HTTP/1.1 中的队头阻塞问题。

　　头帧和数据帧是分别发送的，会导致多个 HTTP 请求之间的发送顺序是混乱的，此时对于服务端来讲就可以基于标识符（或称为"StreamID"）进行数据包的重组。一个标识符对应一个完整的请求，且标识符不能复用，是由协议自动递增的，如图 4-44 所示。

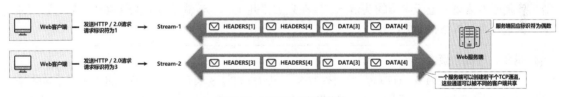

图 4-44　HTTP/2.0 数据传输

💡 提示：StreamID 的生成。

　　StreamID 作为二进制数据帧的重要标识，其本身也是有奇偶数以及上限定义的，一般来讲客户端会发送奇数的 StreamID，服务端会响应偶数的 StreamID，每一个客户端在一个连接中最多可以发出 2^{30}（约 10 亿）次请求，如果发送的请求数量过多，则可以再发送一个 GOAWAY 的控制帧，强制性关闭当前的 TCP 连接，再重新建立一个新的 TCP 连接。

　　在 HTTP/2.0 中可以创建若干个 TCP 连接，每一个 TCP 连接中又有若干个流（Stream）通道，每一个流通道中可以传递若干个不同的二进制数据帧消息，这样不仅提升了数据的传输性能，同时又实现了 TCP 连接复用。并且流通道为双向通道，既可以实现客户端与服务端数据的交互，又可以简化服务端数据推送功能的实现。

　　为了解决无法压缩 HTTP/1.1 头信息数据的问题，HTTP/2.0 中引入了 HPACK 算法以实现头信息的压缩处理。该算法是一个专为压缩 HTTP 头数据定制的算法，与传统的 gzip、zlib 等压缩算法不同的是，它属于一个有状态的算法，需要客户端和服务端各自维护一份"索引表"，而头帧的压缩就是基于该索引表的查找和更新操作实现的，如图 4-45 所示。

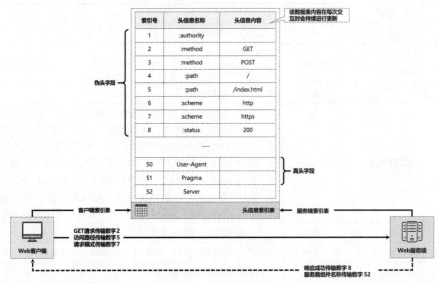

图 4-45　头信息压缩

HTTP/2.0 中将所有的标准头信息转换为了"伪头字段"的形式存储在一张索引表中（服务端和客户端都同时拥有相同的索引表定义，在进行一些可变头数据传输时，可以使用哈夫曼算法进行数据压缩）。为了与原始的头字段名称有所区分，所有的伪头字段名称前都追加了"："，例如，将 GET 请求模式替换为了数字 2，这样在每次请求时只要传输数字"2"即可，从而减小了头信息的体积。

但是考虑到一些动态获取的数据，例如 Cookie 数据或者是 User-Agent 等，可以在其第一次访问或更新时进行发送，并且将其动态地添加到索引表中，这样在下次重复发出请求时，就可以直接发送索引表的编码。随着 HTTP/2.0 连接上发送的报文越来越多，索引表也会越来越丰富，最终的结果就是原本需要传上千字节的头信息，现在只需要几十个字节就可以，压缩效果非常明显，同时也极大地减少了网络带宽的占用。

💡 提示：HTTP 模型。

从已知的 HTTP/1.0、HTTP/1.1、HTTPS 以及 HTTP/2.0 来讲，其本质上的差别是数据传输模式以及消息结构不同，为便于读者理解，可以通过图 4-46 所示的 HTTP 结构观察不同协议版本之间的区别。

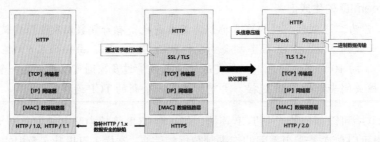

图 4-46　HTTP 结构

在设计 HTTP/2.0 时虽然已经考虑到了传输的性能问题，但是从实际的测试结果来看，HTTP/2.0 相较之前的 HTTP/1.1 并没有显著的性能提升，同时在一些特殊的场合内还会有性能下降的情况出现，所以是否使用 HTTP/2.0 通信还是需要根据实际的业务环境来决定。

从现在的实际应用来讲，大部分支持 HTTP/2.0 的 Web 服务器都同时支持 HTTP/1.1，但是很多浏览器或客户端并不支持 HTTP/2.0，所以在实际的生产环境中，就需要双方通过 ALPN（Application Layer Protocol Negotiation，应用层协议协商）进行决定，以确定最终所使用的 HTTP 版本。下面来看一下如何基于 Netty 实现 HTTP/2.0 服务端与客户端应用的开发。

4.5.1 Netty 开发 HTTP2 服务端

Netty 开发
HTTP2 服务端

视频名称　0418_【理解】Netty 开发 HTTP2 服务端

视频简介　HTTP/2.0 的网络应用开发，除了要实现自身的数据帧处理之外，还需要考虑到对 HTTP/1.1 的支持。本视频为读者分析 ALPN 在实际开发中的使用，同时通过 Netty 提供的扩展依赖库，实现基于 SSL 测试模式下的 HTTP2 服务的搭建。

Netty 内置了对 HTTP2 的开发支持，开发人员可以直接引入 "netty-codec-http2" 依赖库，以简化 HTTP2 服务的实现。同时在 HTTP2 服务开发过程中，还需要考虑到不同 HTTP 版本的问题，即需要在应用中提供 HTTP/1.1、HTTP/2.0 的开发，同时还需要考虑到 SSL 安全访问问题，如图 4-47 所示。

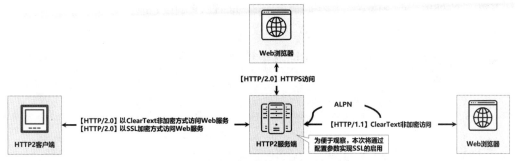

图 4-47　HTTP2 服务端开发

HTTP/2.0 在设计时已经明确地在协议中提供了 SSL 支持，且必须为 TLS 1.2 协议以上的版本，但是在开发中并不强制性要求其与 HTTPS 绑定在一起。如果当前的 Web 服务端未启用 SSL 加密处理（ClearText 模式），通过浏览器访问时，将通过 ALPN 处理机制进行请求协议的转换，将其转换为 HTTP/1.1 进行交互。而如果当前的 Web 服务端已启用 SSL 加密，则浏览器可以通过 HTTPS 模式直接以 HTTP/2.0 方式进行通信。为了便于读者观察，本次将实现这两类方式的 Web 应用开发，由于该操作所涉及的开发类和实现步骤较多，下面根据每一个实现步骤进行说明。

1.【netty 项目】创建 http2-server 子模块，随后修改 build.gradle 配置文件，添加项目依赖。

```
project(":http2-server") {                    //HTTP2服务端模块
    dependencies {                            //模块依赖配置
        implementation('io.netty:netty-buffer:4.1.89.Final')
        implementation('io.netty:netty-handler:4.1.89.Final')
        implementation('io.netty:netty-transport:4.1.89.Final')
        implementation('io.netty:netty-codec-http2:4.1.89.Final')
        //用于CMS、PKCS、EAC、TSP、CMP、CRMF、OCSP和证书生成的Java API
        //这些API可以与JCE/JCA提供者结合使用，例如Bouncy Castle Cryptography API的提供者
        implementation('org.bouncycastle:bcpkix-jdk15on:1.70')    //动态SSL证书
    }
}
```

在标准的 HTTPS 开发中，一般都会通过 OpenSSL 或者是 JDK 来模拟生成一个服务端或客户端的证书，以实现 SSL 加密传输。但是本次讲解考虑为测试环境，所以将基于 bcpkix-jdk15on（JDK-15 以上版本可用）依赖库，采用模拟 SSL 证书的方式实现 SSL 处理，简化程序开发步骤。

2.【http2-server 子模块】创建 HTTP/1.1 响应处理类，在设计该类时可以兼顾 HTTP/1.0 中的长连接支持。

```
package com.yootk.http2.handler;
public class HTTP1ServerHandler extends SimpleChannelInboundHandler<FullHttpRequest> {
    @Override
    protected void channelRead0(ChannelHandlerContext ctx, FullHttpRequest msg) throws Exception {
        ByteBuf content = Unpooled.wrappedBuffer(("【" + msg.protocolVersion() +
                "】沐言科技：www.yootk.com").getBytes());              //包装
        FullHttpResponse response = new DefaultFullHttpResponse(
                HttpVersion.HTTP_1_1, HttpResponseStatus.OK, content);      //构建HTTP响应
        response.headers().set(HttpHeaderNames.CONTENT_TYPE, "text/html; charset=UTF-8");
        response.headers().setInt(HttpHeaderNames.CONTENT_LENGTH, response.content().readableBytes());
        boolean keepAlive = HttpUtil.isKeepAlive(msg);                 //长连接判断
        if (keepAlive) {                                              //开启长连接
            if (msg.protocolVersion().equals(HttpVersion.HTTP_1_0)) {
                response.headers().set(
                        HttpHeaderNames.CONNECTION, HttpHeaderValues.KEEP_ALIVE);   //保持连接状态
            }
            ctx.writeAndFlush(response);                              //输出响应内容
        } else {                                                     //不保留连接
            ctx.writeAndFlush(response).addListener(ChannelFutureListener.CLOSE); //关闭服务
        }
    }
}
```

在 Web 开发中由于不确定客户端使用的差异性，所以本次提供了一个 HTTP/1.0（长连接）以及 HTTP/1.1 的处理节点，该节点主要进行了一个简单 HTTP 响应处理。

3.【http2-server 子模块】创建 HTTP/2.0 响应处理类。

```
package com.yootk.http2.handler;
public class HTTP2ServerHandler extends Http2ConnectionHandler implements Http2FrameListener {
    private static final Logger LOGGER = LoggerFactory.getLogger(HTTP2ServerHandler.class);
    public HTTP2ServerHandler(Http2ConnectionDecoder decoder, Http2ConnectionEncoder encoder,
                    Http2Settings initialSettings) {
        //传入HTTP2解码器、HTTP2编码器以及HTTP2设置项
        super(decoder, encoder, initialSettings);
    }
    private Http2Headers upgradeToHttp2Headers(FullHttpRequest request) {   //ALPN升级
        CharSequence host = request.headers().get(HttpHeaderNames.HOST);    //获取主机
        Http2Headers http2Headers = new DefaultHttp2Headers()               //HTTP头信息
                .method(HttpMethod.GET.asciiName())                         //HTTP方法
                .path(request.uri())                                        //请求地址
                .scheme(HttpScheme.HTTP.name());                            //协议模式
        if (host != null) {                                                 //主机地址不为空
            http2Headers.authority(host);                                   //设置头信息
        }
        return http2Headers;
    }
    @Override
    public void userEventTriggered(ChannelHandlerContext ctx,
                        Object event) throws Exception {                    //处理HTTP升级事件
        if (event instanceof HttpServerUpgradeHandler.UpgradeEvent) {       //判断事件类型
            HttpServerUpgradeHandler.UpgradeEvent upgradeEvent =
                    (HttpServerUpgradeHandler.UpgradeEvent) event;          //事件转型
            this.onHeadersRead(ctx, 2, this.upgradeToHttp2Headers(upgradeEvent.upgradeRequest()),
                    0, true);                                               //读取头信息
        }
        super.userEventTriggered(ctx, event);
    }
    @Override
    public void exceptionCaught(ChannelHandlerContext ctx, Throwable cause) throws Exception {
        ctx.close();
    }
    private void sendResponse(ChannelHandlerContext ctx, int streamId, ByteBuf payload) { //服务响应
        Http2Headers headers = new DefaultHttp2Headers().status(
                HttpResponseStatus.OK.codeAsText());                        //HTTP状态码
        headers.set(HttpHeaderNames.CONTENT_TYPE, "text/plain;charset=utf-8");  //MIME类型
        encoder().writeHeaders(ctx, streamId, headers, 0, false, ctx.newPromise());  //输出头帧
        encoder().writeData(ctx, streamId, payload, 0, true, ctx.newPromise());   //输出数据帧
    }
    @Override
    public int onDataRead(ChannelHandlerContext ctx, int streamId,
                    ByteBuf data, int padding, boolean endOfStream) {      //读取数据帧
```

```
        int processed = data.readableBytes() + padding;              //处理进度
        if (endOfStream) {                                           //读取完成
            this.sendResponse(ctx, streamId, data.retain());         //请求响应
        }
        return processed;
    }
    @Override
    public void onHeadersRead(ChannelHandlerContext ctx, int streamId,
                        Http2Headers headers, int padding, boolean endOfStream) { //读取头帧
        if (endOfStream) {                                           //读取完成
            ByteBuf content = Unpooled.wrappedBuffer(
                    "【HTTP/2.0】沐言科技: www.yootk.com".getBytes());    //定义响应内容
            this.sendResponse(ctx, streamId, content);              //数据响应
        }
    }
    @Override
    public void onHeadersRead(ChannelHandlerContext ctx, int streamId, Http2Headers headers,
            int streamDependency, short weight, boolean exclusive, int padding, boolean endOfStream) {
        this.onHeadersRead(ctx, streamId, headers, padding, endOfStream);
    }
    @Override
    public void onPriorityRead(ChannelHandlerContext ctx, int streamId, int streamDependency,
                        short weight, boolean exclusive) {}
    @Override
    public void onRstStreamRead(ChannelHandlerContext ctx, int streamId, long errorCode) {}
    @Override
    public void onSettingsAckRead(ChannelHandlerContext ctx) {}
    @Override
    public void onSettingsRead(ChannelHandlerContext ctx, Http2Settings settings) {}
    @Override
    public void onPingRead(ChannelHandlerContext ctx, long data) {}
    @Override
    public void onPingAckRead(ChannelHandlerContext ctx, long data) {}
    @Override
    public void onPushPromiseRead(ChannelHandlerContext ctx, int streamId, int promisedStreamId,
                        Http2Headers headers, int padding) {}
    @Override
    public void onGoAwayRead(ChannelHandlerContext ctx, int lastStreamId,
                        long errorCode, ByteBuf debugData) {}
    @Override
    public void onWindowUpdateRead(ChannelHandlerContext ctx, int streamId, int windowSizeIncrement) {}
    @Override
    public void onUnknownFrame(ChannelHandlerContext ctx, byte frameType, int streamId,
                        Http2Flags flags, ByteBuf payload) {}
}
```

HTTP2ServerHandler 类实现了一个 HTTP/2.0 数据的读写操作，为了便于数据读取的标准化，Netty 提供了 Http2FrameListener 数据监听接口，可以在读取到头帧以及数据帧时自动调用相关方法进行处理。同时该类也扩充了数据响应的方式，而响应处理中也分别输出了头帧与数据帧的内容。该类的设计结构如图 4-48 所示。

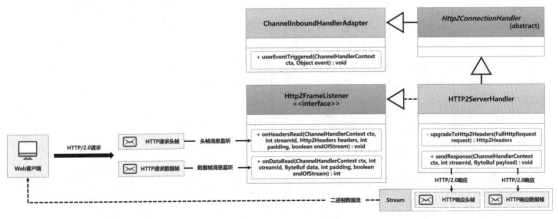

图 4-48 HTTP/2.0 数据读写

4．【http2-server 子模块】创建 HTTP2 构造器类，用于获取 HTTP2ServerHandler 实例。

```
package com.yootk.http2.builder;
public class HTTP2HandlerBuilder extends
        AbstractHttp2ConnectionHandlerBuilder<HTTP2ServerHandler, HTTP2HandlerBuilder> {
    @Override
    public HTTP2ServerHandler build() {
        return super.build();
    }
    @Override
    public HTTP2ServerHandler build(Http2ConnectionDecoder decoder, Http2ConnectionEncoder encoder,
                        Http2Settings initialSettings) throws Exception {
        HTTP2ServerHandler handler = new HTTP2ServerHandler(
                decoder, encoder, initialSettings);                    //创建HTTP2处理类实例
        super.frameListener(handler);                                  //监听数据帧
        return handler;
    }
}
```

HTTP/2.0 的数据传输，是采用二进制数据帧的结构实现的，因此，在构建 HTTP2 处理类时，需要配置解码器、编码器，以及进行相应的初始化设置。为便于这些结构的管理，可以通过 AbstractHttp2ConnectionHandlerBuilder 构造器类进行实现，在后续配置时直接传入该构造器类的实例即可获取 HTTP2 处理实例，构造器类的相关实现如图 4-49 所示。

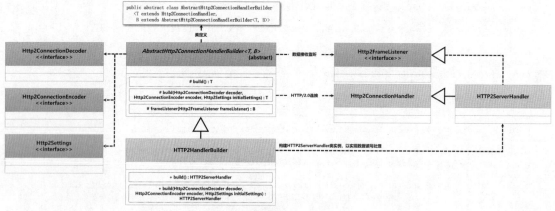

图 4-49　构建器类的相关实现

5．【http2-server 子模块】创建 ALPN 处理类，可以实现 HTTP 版本的切换。

```
package com.yootk.http2.protocol;
public class HTTP2ProtocolNegotiationHandler
        extends ApplicationProtocolNegotiationHandler {
    private static final int MAX_CONTENT_LENGTH = 1024 * 100;              //数据包大小
    public HTTP2ProtocolNegotiationHandler() {
        super(ApplicationProtocolNames.HTTP_1_1);
    }
    @Override
    protected void configurePipeline(ChannelHandlerContext ctx, String protocol) {
        if (ApplicationProtocolNames.HTTP_2.equals(protocol)) {    //HTTP/1.0
            ctx.pipeline().addLast(new HTTP2HandlerBuilder().build());
            return;
        }
        if (ApplicationProtocolNames.HTTP_1_1.equals(protocol)) {  //HTTP/1.1
            ctx.pipeline().addLast(new HttpServerCodec(),
                    new HttpObjectAggregator(MAX_CONTENT_LENGTH),
                    new HTTP1ServerHandler());
            return;
        }
        throw new IllegalStateException(protocol + "属于未知协议。");
    }
}
```

6．【http2-server 子模块】创建 HTTP2 服务初始化配置类，定义 HTTP2 处理中的相关节点。

```java
package com.yootk.http2.init;
public class HTTP2ServerInitializer extends ChannelInitializer<SocketChannel> {
    private static final Logger LOGGER = LoggerFactory.getLogger(HTTP2ServerInitializer.class);
    private SslContext sslContext;                                          //SSL上下文
    private int maxHttpContentLength;                                       //最大内容长度
    private static final HttpServerUpgradeHandler.UpgradeCodecFactory upgradeCodecFactory = protocol -> {
        if (AsciiString.contentEquals(Http2CodecUtil.HTTP_UPGRADE_PROTOCOL_NAME, protocol)) {
            return new Http2ServerUpgradeCodec(new HTTP2HandlerBuilder().build());
        } else {
            return null;
        }
    };                                                                     //HTTP升级处理
    public HTTP2ServerInitializer(SslContext sslContext) {
        this(sslContext, Integer.MAX_VALUE);
    }
    public HTTP2ServerInitializer(SslContext sslContext, int maxHttpContentLength) {
        this.sslContext = sslContext;                                      //属性初始化
        this.maxHttpContentLength = ObjectUtil.checkPositiveOrZero(
                maxHttpContentLength, "maxHttpContentLength");             //设置正数
    }
    @Override
    protected void initChannel(SocketChannel ch) throws Exception {         //配置Pipeline
        if (this.sslContext != null) {                                     //SSL启用
            this.configureSSLPipeline(ch);                                 //SSL处理队列
        } else {
            this.configClearTextPipeline(ch);                              //非加密处理队列
        }
    }
    private void configureSSLPipeline(SocketChannel ch) {                   //SSL处理节点
        ch.pipeline().addLast(this.sslContext.newHandler(ch.alloc()),
                new HTTP2ProtocolNegotiationHandler());
    }
    private void configClearTextPipeline(SocketChannel ch) {               //非加密处理节点
        final HttpServerCodec sourceCodec = new HttpServerCodec();         //HTTP服务编码器
        final HttpServerUpgradeHandler upgradeHandler =
                new HttpServerUpgradeHandler(sourceCodec, this.upgradeCodecFactory); //HTTP升级
        final CleartextHttp2ServerUpgradeHandler cleartextHttp2ServerUpgradeHandler =
                new CleartextHttp2ServerUpgradeHandler(sourceCodec, upgradeHandler,
                        new HTTP2HandlerBuilder().build());                //非加密传输
        ch.pipeline().addLast(cleartextHttp2ServerUpgradeHandler);         //配置节点
        ch.pipeline().addLast(new SimpleChannelInboundHandler<HttpMessage>() {
            @Override
            protected void channelRead0(ChannelHandlerContext ctx, HttpMessage msg) throws Exception {
                //如果当前所传入的数据类型为HttpMessage，则说明采用HTTP/1.1，没有进行HTTP升级处理
                LOGGER.info("【Web服务端】当前使用"{}"版本进行通信，不升级当前HTTP版本。",
                        msg.protocolVersion());
                //配置HTTP/1.1的处理节点
                ctx.pipeline().addAfter(ctx.name(), null, new HTTP1ServerHandler());
                ctx.pipeline().replace(this, null,
                        new HttpObjectAggregator(maxHttpContentLength));
                ctx.fireChannelRead(ReferenceCountUtil.retain(msg));       //触发通道数据读取操作
            }
        });
        ch.pipeline().addLast(new ALPNEventLogger());
    }
    private static class ALPNEventLogger extends ChannelInboundHandlerAdapter {
        @Override
        public void userEventTriggered(ChannelHandlerContext ctx, Object event) {
            //该事件是在通过非SSL访问时，产生ALPN操作后触发的，可以通过该事件观察到协议的更新
            LOGGER.info("ALPN触发事件: {}", event);
            ctx.fireUserEventTriggered(event);
        }
    }
}
```

　　由于HTTP/2.0处理中的支持问题，因此在当前的程序中为读者设计了SSL模式与非SSL模式，这样对通道中的处理节点配置就需要有所区分，为此创建了一个ChannelInitializer接口实现类以实现配置的定义，其结构如图4-50所示。

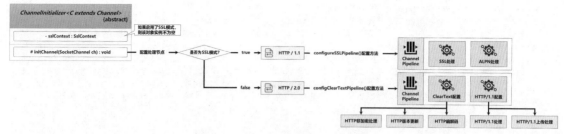

图 4-50 Channel Initializer 接口的结构

7.【http2-server 子模块】创建 HTTP2 服务启动类。

```java
package com.yootk.http2;
public class HTTP2Server {
    private static final Logger LOGGER = LoggerFactory.getLogger(HTTP2Server.class);
    private int port;                                                   //监听端口
    private boolean enableSSL;                                          //SSL启用标记
    private SslContext sslContext;                                      //SSL上下文
    public HTTP2Server() {
        this(443, true);                                               //默认端口为443
    }
    public HTTP2Server(int port, boolean enableSSL) {
        this.port = port;
        this.enableSSL = enableSSL;
    }
    public void start() throws Exception {
        if (this.enableSSL) {                                          //启用SSL
            SslProvider provider = SslProvider.isAlpnSupported(SslProvider.OPENSSL) ?
                SslProvider.OPENSSL : SslProvider.JDK;                 //判断当前SSL提供者
            LOGGER.info("SSL操作提供者：{}", provider);
            SelfSignedCertificate ssc = new SelfSignedCertificate();  //生成临时自签证书
            this.sslContext = SslContextBuilder.forServer(ssc.certificate(), ssc.privateKey())
                    .sslProvider(provider)                            //SSL提供者
                    .ciphers(Http2SecurityUtil.CIPHERS, SupportedCipherSuiteFilter.INSTANCE) //密码支持
                    .applicationProtocolConfig(new ApplicationProtocolConfig(
                            ApplicationProtocolConfig.Protocol.ALPN,  //ALPN协议支持
                            //目前OpenSSL和JDK Providers只支持NO_ADVERTISE（尽最大努力实现对话）
                            ApplicationProtocolConfig.SelectorFailureBehavior.NO_ADVERTISE,
                            //目前OpenSSL和JDK Providers只支持ACCEPT（假定TLS握手支持）
                            ApplicationProtocolConfig.SelectedListenerFailureBehavior.ACCEPT,
                            ApplicationProtocolNames.HTTP_2,          //支持HTTP/2.0
                            ApplicationProtocolNames.HTTP_1_1))       //支持HTTP/1.1
                    .build();
        }
        EventLoopGroup group = new NioEventLoopGroup();               //线程池
        ServerBootstrap serverBootstrap = new ServerBootstrap();     //服务端配置
        serverBootstrap.group(group).channel(NioServerSocketChannel.class); //NIO通道
        serverBootstrap.childHandler(new HTTP2ServerInitializer(this.sslContext)); //配置Pipeline
        ChannelFuture future = serverBootstrap.bind(this.port).sync(); //服务绑定
        future.channel().closeFuture().sync();
    }
}
```

本次的开发中采用了测试环境下的证书生成，所以在使用前首先会判断当前的 SSL 证书的提供者，而后根据此提供者实例配置 SSL 证书的相关选项以及支持的 HTTP 版本，从而省略了传统的证书文件的定义。

8.【http2-server 子模块】创建 HTTP2 服务启动类，通过 HTTP2Server 类提供的方法启动 Web 应用。

```java
package com.yootk;
public class StartWebServerApplication {
    public static void main(String[] args) throws Exception {
        new HTTP2Server(443, true).start();
    }
}
```

9.【浏览器】通过浏览器访问 Web 服务器。

服务访问地址:

```
https://localhost
```

程序执行结果:

```
【HTTP/2.0】沐言科技: www.yootk.com
```

此时由于默认开启的是 443 端口,并且启用了 SSL 模式,所以浏览器可以正常进行 HTTP/2.0 服务的访问。而如果此时采用的是 HTTP 模式,则在处理时就会自动进行 HTTP 版本更新(ALPN 支持),最终以 HTTP/1.1 进行请求处理。

4.5.2 Netty 开发 HTTP2 客户端

Netty 开发 HTTP2 客户端

视频名称   0419_【理解】Netty 开发 HTTP2 客户端

视频简介   基于应用程序开发 HTTP/2.0 的客户端,需要考虑 Setting、Data 以及 ALPN 处理的操作问题。本视频为读者讲解相关概念的处理模式,同时基于 ChannlHandler 的结构实现不同请求数据的读取,并利用 ChannelPromise 实现超时控制。

除了可以使用浏览器调用 HTTP/2.0 服务之外,开发人员也可以基于 Java 应用程序实现同样的功能。此时在实现的过程中就需要开发人员注意各类请求的处理操作,例如 Setting 请求处理、Upgrade 请求处理以及响应数据帧的接收,如图 4-51 所示。

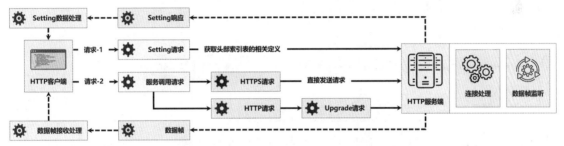

图 4-51 Java 客户端调用 HTTP/2.0 服务

由于 HTTP/2.0 本身支持 TLS 的处理机制,所以如果此时用户发出的是 HTTPS 请求,可以直接获取响应数据帧,而如果此时用户发出的是普通的非加密请求,则可以基于 ALPN 处理进行协议的升级,而后再实现响应数据的接收。下面来看一下具体的程序实现。

1.【netty 项目】创建 http2-client 子模块,随后修改 build.gradle 配置文件添加模块开发所需依赖。

```
project(":http2-client") {                                              //HTTP2客户端模块
    dependencies {                                                      //模块依赖配置
        implementation('io.netty:netty-buffer:4.1.89.Final')
        implementation('io.netty:netty-handler:4.1.89.Final')
        implementation('io.netty:netty-transport:4.1.89.Final')
        implementation('io.netty:netty-codec-http2:4.1.91.Final')
        implementation('org.bouncycastle:bcpkix-jdk15on:1.70')          //动态SSL证书
    }
}
```

此时的客户端采用了与服务端同样的证书生成工具包,这样做的目的是便于读者观察到 HTTP 与 HTTPS 请求时程序所产生的各类事件处理信息。

2.【http2-client 子模块】创建 Setting 处理类。

```
package com.yootk.http2.handler;
public class HTTP2SettingsHandler extends SimpleChannelInboundHandler<Http2Settings> {
    private static final Logger LOGGER = LoggerFactory.getLogger(HTTP2SettingsHandler.class);
    private ChannelPromise promise;                                     //异步I/O
    public HTTP2SettingsHandler(ChannelPromise promise) {
        this.promise = promise;
```

```
    }
    public void awaitSettingsResponse(long timeout, TimeUnit unit) {      //等待Setting响应
        if (!this.promise.awaitUninterruptibly(timeout, unit)) {
            throw new IllegalStateException("设置时间超时！");
        }
        if (!this.promise.isSuccess()) {                                  //操作未成功
            throw new RuntimeException(promise.cause());                   //抛出异常
        }
    }
    @Override
    protected void channelRead0(ChannelHandlerContext ctx, Http2Settings msg) throws Exception {
        LOGGER.info("接收到 HTTP/2.0 Settings消息，内容为：{}", msg);
        this.promise.setSuccess();                                        //设置成功
        ctx.pipeline().remove(this);                                      //处理完毕，删除当前Handler
    }
}
```

　　HTTP2SettingsHandler 封装了 Setting 请求的等待以及请求接收的处理，在程序运行时，会基于 ChannelPromise 实现异步 Setting 请求的发布，由于该发布操作需要等待服务端进行响应，所以在该类中创建了 awaitSettingsResponse()等待方法，如果服务端在指定的时间内完成响应，则表示操作正确，且在后续通信中不再重复处理该响应。因此需要保留 Promise 的实例，当正确处理请求后，要从已有的 ChannelPipeline 中删除此节点。如果在规定的时间内未完成响应，则表示服务端出现错误，程序也将无法进行后续数据请求的操作，该类的相关结构如图 4-52 所示。

图 4-52　HTTP2SettingsHandler 类的相关结构

　　3.【http2-client 子模块】创建响应数据帧接收处理类。

```
package com.yootk.http2.handler;
public class HTTP2StreamDataHandler extends SimpleChannelInboundHandler<FullHttpResponse> {
    private static final Logger LOGGER = LoggerFactory.getLogger(HTTP2StreamDataHandler.class);
    private Map<Integer, Map.Entry<ChannelFuture, ChannelPromise>> streamMap;   //数据记录
    public HTTP2StreamDataHandler() {
        this.streamMap = PlatformDependent.newConcurrentHashMap();             //创建Map集合
    }
    public void add(int streamId, ChannelFuture future, ChannelPromise promise) { //追加通道
        this.streamMap.put(streamId, new AbstractMap.SimpleEntry<>(future, promise));
    }
    public void awaitResponse(long timeout, TimeUnit unit) {                   //等待服务端响应
        Iterator<Map.Entry<Integer, Map.Entry<ChannelFuture, ChannelPromise>>> iter =
            this.streamMap.entrySet().iterator();                             //迭代通道集合
        while (iter.hasNext()) {                                              //通道迭代
            Map.Entry<Integer, Map.Entry<ChannelFuture, ChannelPromise>> entry = iter.next();
            ChannelFuture writeFuture = entry.getValue().getKey();
            if (!writeFuture.awaitUninterruptibly(timeout, unit)) {           //写入超时
                throw new IllegalStateException("【StreamID = {" + entry.getKey() +
                    "}】写入时间超时。");
            }
            if (!writeFuture.isSuccess()) {                                   //写入未成功
                throw new RuntimeException(writeFuture.cause());
            }
            ChannelPromise promise = entry.getValue().getValue();            //数据读取
            if (!promise.awaitUninterruptibly(timeout, unit)) {              //等待超时
                throw new IllegalStateException("【StreamID = {" + entry.getKey() +
                    "}】等待服务端响应超时。");
```

```
    }
    if (!promise.isSuccess()) {                                //未读取到数据
        throw new RuntimeException(promise.cause());
    }
    LOGGER.info("【StreamID = {}】接收到Stream数据", entry.getKey());
    iter.remove();                                             //移除该通道
    }
}
@Override
protected void channelRead0(ChannelHandlerContext ctx, FullHttpResponse msg) throws Exception {
    Integer streamId = msg.headers().getInt(HttpConversionUtil.ExtensionHeaderNames
        .STREAM_ID.text());                                   //获取响应头中所携带的StreamID
    if (streamId == null) {                                    //ID为空
        LOGGER.info("【StreamID = {}】接收到未知消息: {}", streamId, msg);
        return;                                                //结束处理
    }
    Map.Entry<ChannelFuture, ChannelPromise> entry = this.streamMap.get(streamId); //获取通道
    if (entry == null) {                                       //通道不存在
        LOGGER.info("【StreamID = {}】接收到未知的Stream数据", streamId);
    } else {                                                   //接收响应数据内容
        LOGGER.info("【数据帧】接收到服务端响应数据: {}", msg.content().toString(CharsetUtil.UTF_8));
        entry.getValue().setSuccess();                        //配置成功标记
    }
    }
}
```

  HTTP/2.0 中在进行数据发送时，都是基于 Frame 格式包装的，所以在进行数据响应接收时，也都是基于 StreamID 来实现头帧与数据帧关联的，为便于读写状态的管理，本类中定义了一个 Map 集合，如图 4-53 所示。每一个 Map 集合中的 key 为 StreamID（注意 StreamID 的取值要统一，否则无法正确接收响应），而 value 为一个 Map.Entry 实例，用于保存请求写入的 Future 接口实例，以及读取是否完成的 Promise 实例。当用户发出请求后会调用 awaitResponse()方法通过 Promise 的状态来判断当前的数据请求操作是否正确完成。

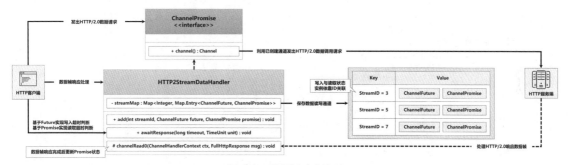

图 4-53　数据帧响应处理

  4.【http2-client 子模块】创建协议版本更新处理类。

```
package com.yootk.http2.handler;
public class HTTP2UpgradeRequestHandler extends ChannelInboundHandlerAdapter { //协议更新
    private static final Logger LOGGER = LoggerFactory.getLogger(HTTP2UpgradeRequestHandler.class);
    private HTTP2ClientInitializer initializer;                //客户端初始化类
    public HTTP2UpgradeRequestHandler(HTTP2ClientInitializer initializer) {
        this.initializer = initializer;
    }
    @Override
    public void channelActive(ChannelHandlerContext ctx) throws Exception {    //协议升级
        DefaultFullHttpRequest upgradeRequest = new DefaultFullHttpRequest(HttpVersion.HTTP_1_1,
            HttpMethod.GET, "/", Unpooled.EMPTY_BUFFER);      //构建HTTP/1.1请求
        InetSocketAddress remote = (InetSocketAddress) ctx.channel()
            .remoteAddress();                                 //设置upgradeRequest的地址
        String host = remote.getHostString();                //获取主机地址
        if (host == null) {                                   //地址为空
            host = remote.getAddress().getHostAddress();     //通过InetAddress获取地址
        }
```

```
        LOGGER.info("【HTTP/2.0升级请求】请求地址：{}:{}", host, remote.getPort());
        upgradeRequest.headers().set(HttpHeaderNames.HOST, host + ':' + remote.getPort());
        ctx.writeAndFlush(upgradeRequest);                        //发出请求
        ctx.fireChannelActive();                                  //触发通道激活处理
        ctx.pipeline().remove(this);                              //删除当前Handler
        ctx.pipeline().addLast(this.initializer.getSettingsHandler(),
            this.initializer.getStreamDataHandler());             //添加Handler
    }
}
```

5.【http2-client 子模块】创建 HTTP/2.0 客户端初始化处理类。

```
package com.yootk.http2.init;
public class HTTP2ClientInitializer extends ChannelInitializer<SocketChannel> { //节点配置类
    private static final Logger LOGGER = LoggerFactory.getLogger(HTTP2ClientInitializer.class);
    private static final Http2FrameLogger FRAME_LOGGER = new Http2FrameLogger(
            LogLevel.INFO, HTTP2ClientInitializer.class);          //帧处理日志
    private HTTP2StreamDataHandler streamDataHandler;              //数据处理节点
    private HTTP2SettingsHandler settingsHandler;                  //Setting处理节点
    private int maxContentLength;                                  //最大内容长度
    private HttpToHttp2ConnectionHandler connectionHandler;        //协议转换处理
    private SslContext sslContext;                                 //SSL上下文
    private String host;                                           //Web主机地址
    private int port;                                              //Web端口
    public HTTP2ClientInitializer(SslContext sslContext, String host, int port, int maxContentLength) {
        this.sslContext = sslContext;
        this.maxContentLength = maxContentLength;
        this.host = host;
        this.port = port;
    }
    public HTTP2StreamDataHandler getStreamDataHandler() {         //数据处理
        return streamDataHandler;
    }
    public HTTP2SettingsHandler getSettingsHandler() {            //Setting处理
        return settingsHandler;
    }
    @Override
    protected void initChannel(SocketChannel ch) throws Exception {   //初始化配置
        Http2Connection connection = new DefaultHttp2Connection(false);   //HTTP2连接
        this.connectionHandler = new HttpToHttp2ConnectionHandlerBuilder()
                .frameListener(new DelegatingDecompressorFrameListener(  //帧监听
                    connection,
                    new InboundHttp2ToHttpAdapterBuilder(connection)
                        .maxContentLength(maxContentLength)
                        .propagateSettings(true).build()))
                .frameLogger(FRAME_LOGGER)                        //日志记录
                .connection(connection)                           //服务连接
                .build();                                         //构建处理节点
        this.streamDataHandler = new HTTP2StreamDataHandler();    //数据处理
        this.settingsHandler = new HTTP2SettingsHandler(ch.newPromise()); //Setting处理
        if (this.sslContext != null) {                           //存在SSL上下文
            this.configureSSLPipeline(ch);                        //配置SSL处理
        } else {
            this.configureClearTextPipeline(ch);                  //配置非加密处理
        }
    }
    private void configureSSLPipeline(SocketChannel ch) {         //SSL处理
        ch.pipeline().addLast(this.sslContext.newHandler(ch.alloc(), this.host, this.port)); //TLS处理
        ch.pipeline().addLast(new ApplicationProtocolNegotiationHandler("") { //ALPN处理
            @Override
            protected void configurePipeline(ChannelHandlerContext ctx, String protocol) {
                if (ApplicationProtocolNames.HTTP_2.equals(protocol)) { //HTTP版本判断
                    ctx.pipeline().addLast(connectionHandler);    //添加处理节点
                    ctx.pipeline().addLast(settingsHandler);      //添加处理节点
                    ctx.pipeline().addLast(streamDataHandler);    //添加处理节点
                    return;
                }
                ctx.close();
                throw new IllegalStateException(protocol + " 未知协议，无法处理！");
            }
```

```
        });
    }
    private void configureClearTextPipeline(SocketChannel ch) {              //非加密传输
        HttpClientCodec sourceCodec = new HttpClientCodec();                  //HTTP编解码器
        Http2ClientUpgradeCodec upgradeCodec = new Http2ClientUpgradeCodec(
                this.connectionHandler);                                      //更新编解码器
        HttpClientUpgradeHandler upgradeHandler = new HttpClientUpgradeHandler(sourceCodec,
                upgradeCodec, 65536);                                         //更新处理节点
        ch.pipeline().addLast(new HTTP2UpgradeRequestHandler(this));          //配置处理节点
        ch.pipeline().addLast(new ALPNEventLogger());                        //配置处理节点
        ch.pipeline().addFirst(upgradeHandler);                              //配置处理节点
        ch.pipeline().addFirst(sourceCodec);                                 //配置处理节点
    }
    private static class ALPNEventLogger extends ChannelInboundHandlerAdapter {
        @Override
        public void userEventTriggered(ChannelHandlerContext ctx, Object event) {
            LOGGER.info("【ALPN处理】事件名称：{}", event);
            ctx.fireUserEventTriggered(event);
        }
    }
}
```

HTTP2ClientInitializer 类的主要功能是进行 SSL 或非 SSL 模式下的 ChannelPipeline 的配置，同时还需要兼顾 HTTP/2.0 中的 Setting 请求与数据请求的处理操作，所以将相关的处理类都定义在该类之中，图 4-54 所示为该类的定义结构。

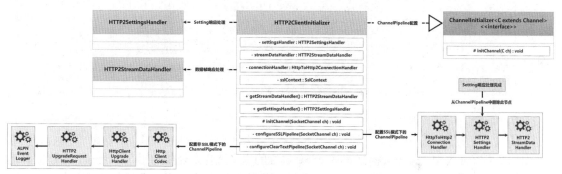

图 4-54　HTTP2ClientInitializer 类的定义结构

6．【http2-client 子模块】创建 HTTP2Client 类进行 HTTP 客户端配置。

```
package com.yootk.http2;
public class HTTP2Client {
    private static final Logger LOGGER = LoggerFactory.getLogger(HTTP2Client.class);
    private String host;                                                     //服务地址
    private int port;                                                        //服务端口
    private boolean enableSSL;                                               //SSL启用标记
    private SslContext sslContext;                                          //SSL上下文
    public HTTP2Client() {
        this("localhost", 443, true);                                        //默认连接地址
    }
    public HTTP2Client(String host, int port, boolean enableSSL) {
        this.host = host;                                                    //主机地址
        this.port = port;                                                    //端口号
        this.enableSSL = enableSSL;                                          //SSL启用标记
    }
    public void start() throws Exception {
        if (this.enableSSL) {                                                //启用SSL通信模式
            SslProvider provider = SslProvider.isAlpnSupported(SslProvider.OPENSSL) ?
                    SslProvider.OPENSSL : SslProvider.JDK;                    //获取SSL提供者
            this.sslContext = SslContextBuilder.forClient()
                    .sslProvider(provider)
                    .ciphers(Http2SecurityUtil.CIPHERS, SupportedCipherSuiteFilter.INSTANCE)
                    .trustManager(InsecureTrustManagerFactory.INSTANCE)      //信任测试证书
                    .applicationProtocolConfig(new ApplicationProtocolConfig(
                            ApplicationProtocolConfig.Protocol.ALPN,
```

```
                          ApplicationProtocolConfig.SelectorFailureBehavior.NO_ADVERTISE,
                          ApplicationProtocolConfig.SelectedListenerFailureBehavior.ACCEPT,
                          ApplicationProtocolNames.HTTP_2,
                          ApplicationProtocolNames.HTTP_1_1))
               .build();
      }
      EventLoopGroup group = new NioEventLoopGroup();                              //线程池
      HTTP2ClientInitializer initializer = new HTTP2ClientInitializer(
              this.sslContext, this.host, this.port, Integer.MAX_VALUE);          //初始化配置
      Bootstrap bootstrap = new Bootstrap();                                      //客户端配置
      bootstrap.group(group);                                                     //设置连接池
      bootstrap.channel(NioSocketChannel.class);                                  //客户端通道
      bootstrap.remoteAddress(this.host, this.port);                             //远程服务地址
      bootstrap.handler(initializer);                                             //配置节点
      Channel channel = bootstrap.connect().syncUninterruptibly().channel();
      LOGGER.info("连接{}服务,访问地址为: {}://{}:{}", this.enableSSL ? "HTTPS" : "HTTP",
              this.enableSSL ? "https" : "http", this.host, this.port);
      //发出HTTP/2.0设置请求,以获取Setting响应,这是服务器接收升级请求的前提下提供的头信息
      HTTP2SettingsHandler settingsHandler = initializer.getSettingsHandler();
      settingsHandler.awaitSettingsResponse(6, TimeUnit.SECONDS);                //等待Settings响应
      //服务端版本更新完成后等待服务端响应数据帧
      HTTP2StreamDataHandler dataHandler = initializer.getStreamDataHandler();
      HttpScheme scheme = this.enableSSL ? HttpScheme.HTTPS : HttpScheme.HTTP; //请求模式
      AsciiString hostName = new AsciiString(this.host + ":" + this.port);
      FullHttpRequest request = new DefaultFullHttpRequest(HttpVersion.HTTP_1_1, HttpMethod.GET,
              "/", Unpooled.EMPTY_BUFFER);                                        //HTTP请求
      request.headers().add(HttpHeaderNames.HOST, hostName);
      request.headers().add(HttpConversionUtil.ExtensionHeaderNames.SCHEME.text(), scheme.name());
      request.headers().add(HttpHeaderNames.ACCEPT_ENCODING, HttpHeaderValues.GZIP);
      request.headers().add(HttpHeaderNames.ACCEPT_ENCODING, HttpHeaderValues.DEFLATE);
      int streamId = 3;                                                           //StreamID
      dataHandler.add(streamId, channel.write(request), channel.newPromise()); //保存通道
      channel.flush();                                                           //通道刷新
      dataHandler.awaitResponse(6, TimeUnit.SECONDS);                           //等待服务端响应
      channel.close().sync();                                                    //等待响应结束
      group.shutdownGracefully();                                                //关闭线程池
   }
}
```

HTTP2Client 类中,首先会根据 enableSSL 属性的定义选择是否要启用 SSL 传输,当建立好连接后,会基于异步模式的方式发出 Setting 请求与数据请求,并且在数据请求时会将预估的 StreamID 内容保存在 HTTP2StreamDataHandler 类实例之中,这样就可以依据 StreamID 获取服务端返回的数据。

7.【http2-client 子模块】创建 Web 客户端应用启动类。

```
package com.yootk;
public class StartWebClientApplication {
   public static void main(String[] args) throws Exception {
      new HTTP2Client("localhost", 443, true).start();
   }
}
```

程序执行结果:

```
连接HTTPS服务,访问地址为: https://localhost:443
接收到 HTTP/2.0 Settings消息,内容为: {MAX_HEADER_LIST_SIZE=8192}(索引表最大尺寸)
【数据帧】接收到服务端响应数据:【HTTP/2.0】沐言科技:www.yootk.com
```

当前的应用程序采用了 SSL 运行模式,所以可以直接获取服务端返回的数据内容。而如果此时服务端与客户端基于非 SSL 模式运行,那么在服务端会进行 ALPN 处理,可以在服务端后台观察到如下的输出项。

服务端输出:

```
ALPN触发事件: UpgradeEvent
[protocol=h2c, upgradeRequest=HttpObjectAggregator$AggregatedFullHttpRequest(decodeResult: success,
version: HTTP/1.1, content: CompositeByteBuf(ridx: 0, widx: 0, cap: 0, components=0))
GET/HTTP/1.1
host: localhost:8080
```

```
upgrade: h2c
HTTP2-Settings: AAEAABAAAAIAAAABAAN_____AAQAAP__AAUAAEAAAAYAACAA
connection: HTTP2-Settings,upgrade
content-length: 0]
```

4.5.3 Http2FrameCodec

视频名称　0420_【理解】Http2FrameCodec

视频简介　虽然已经成功搭建 HTTP/2.0 服务，但是对于其代码的结构，Netty 又给出了另外一套处理模型。本视频为读者分析传统的 Http2FrameListener 接口实现操作的问题，同时讲解 Http2FrameCodec 类的组成以及相关结构，并基于该类修改已有的应用服务。

Http2Frame-
Codec

HTTP/2.0 服务端的开发核心是围绕帧（Frame）处理实现的，但是 HTTP2 本身定义了多种帧类型。为了便于不同类型帧的处理，Netty 提供了 Http2FrameListener 接口，利用其接口提供的回调方法进行帧处理，如图 4-55 所示，但是这样一来就需要在程序处理类中覆写 Http2FrameListener 接口中的全部抽象方法，给程序的开发带来不便。

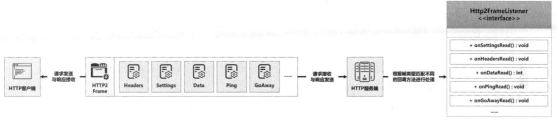

图 4-55　Http2FrameListener 与 HTTP/2.0 帧处理

为了进一步优化 HTTP/2.0 帧处理的程序结构，Netty 又在内部提供了一个 Http2FrameCodec 类，该类的内部定义了一个 Http2FrameListener 接口的实现类，同时该类继承了 Http2ConnectionHandler 类，该类结构如图 4-56 所示。这样的实现结构与之前项目开发中所定义的 HTTP2ServerHandler 类结构相同，并且 Netty 为了进一步描述不同的帧类型，也提供了 Http2Frame 接口，这样就可以实现对不同类型帧的处理。

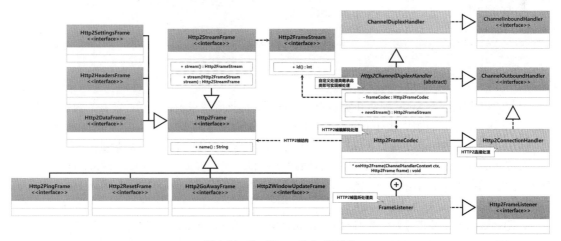

图 4-56　Http2FrameCodec 类结构

Netty 为了进一步简化 Http2FrameCodec 类的处理操作（隐藏 AbstractHttp2Connection HandlerBuilder 构造器模式的使用），提供了 Http2ChannelDuplexHandler 类，该类的内部包装了 Http2FrameCodec 类实例，这样开发人员就可以直接继承 Http2ChannelDuplexHandler 类实现自定义逻辑的处理。下面来看一下该操作的具体实现。

1．【http2-server 子模块】修改 HTTP2ServerHandler 类，基于 Http2ChannelDuplexHandler 实现请求处理。

```java
package com.yootk.http2.handler;
public class HTTP2ServerHandler extends Http2ChannelDuplexHandler {
    private static final Logger LOGGER = LoggerFactory.getLogger(HTTP2ServerHandler.class);
    @Override
    public void channelRead(ChannelHandlerContext ctx, Object msg) throws Exception {
        if (msg instanceof Http2HeadersFrame) {                    //头帧请求
            this.responseHeaderFrame(ctx, (Http2HeadersFrame) msg); //响应头帧
        } else if (msg instanceof Http2DataFrame) {                //数据帧请求
            this.responseDataFrame(ctx, (Http2DataFrame) msg);      //响应数据帧
        } else {                                                    //未知请求
            super.channelRead(ctx, msg);
        }
    }
    private void responseDataFrame(ChannelHandlerContext ctx, Http2DataFrame data) {
        Http2FrameStream stream = data.stream();                   //获取数据帧
        if (data.isEndStream()) {                                   //数据读取完成
            this.sendResponse(ctx, stream, data.content());         //数据响应
        } else {                                                    //未读取完成
            data.release();                                         //释放已读取数据
        }
        ctx.write(new DefaultHttp2WindowUpdateFrame(
                data.initialFlowControlledBytes()).stream(stream)); //更新窗口帧
    }
    private void responseHeaderFrame(ChannelHandlerContext ctx, Http2HeadersFrame headers) {
        if (headers.isEndStream()) {                                //头帧读取完毕
            ByteBuf content = Unpooled.wrappedBuffer(
                    "【HTTP/2.0】沐言科技：www.yootk.com".getBytes()); //定义响应内容
            this.sendResponse(ctx, headers.stream(), content);      //请求响应
        }
    }
    private void sendResponse(ChannelHandlerContext ctx, Http2FrameStream stream, ByteBuf payload) {
        Http2Headers headers = new DefaultHttp2Headers().status(HttpResponseStatus.OK.codeAsText());
        headers.set(HttpHeaderNames.CONTENT_TYPE, "text/plain;charset=utf-8");
        ctx.write(new DefaultHttp2HeadersFrame(headers).stream(stream));  //写入头帧
        ctx.write(new DefaultHttp2DataFrame(payload, true).stream(stream)); //写入数据帧
    }
    @Override
    public void channelReadComplete(ChannelHandlerContext ctx) throws Exception {
        ctx.flush();
    }
    @Override
    public void exceptionCaught(ChannelHandlerContext ctx, Throwable cause) throws Exception {
        LOGGER.error("{}", cause);
        ctx.close();
    }
}
```

当前的程序类符合 Netty 标准开发结构，在服务端接收到请求数据之后，所有的数据处理会由 channelRead()方法进行操作。由于 Http2ChannelDuplexHandler 类同时实现了 ChannelInboundHandler 和 ChannelOutboundHandler 接口，所以可以直接在其子类中实现 HTTP/2.0 帧数据的输入与输出。

2．【http2-server 子模块】删除 HTTP2HandlerBuilder 类，因为当前的 HTTP2ServerHandler 结构已经改变，所以当前的应用中已经不再需要通过自定义的 AbstractHttp2ConnectionHandlerBuilder 子类实现 HTTP/2.0 处理节点的构建。

3．【http2-server 子模块】修改 HTTP2ProtocolNegotiationHandler 类，追加对 HTTP/2.0 的判断。

```java
package com.yootk.http2.protocol;
public class HTTP2ProtocolNegotiationHandler
        extends ApplicationProtocolNegotiationHandler {
    private static final int MAX_CONTENT_LENGTH = 1024 * 100;           //数据包大小
    public HTTP2ProtocolNegotiationHandler() {
        super(ApplicationProtocolNames.HTTP_1_1);
    }
    @Override
    protected void configurePipeline(ChannelHandlerContext ctx, String protocol) {
```

```
        if (ApplicationProtocolNames.HTTP_2.equals(protocol)) { //HTTP/2.0
            ctx.pipeline().addLast(Http2FrameCodecBuilder.forServer().build());
            ctx.pipeline().addLast(new HTTP2ServerHandler());
            return;
        }
        if (ApplicationProtocolNames.HTTP_1_1.equals(protocol)) { //HTTP/1.1
            ctx.pipeline().addLast(new HttpServerCodec());
            ctx.pipeline().addLast(new HttpObjectAggregator(MAX_CONTENT_LENGTH));
            ctx.pipeline().addLast(new HTTP1ServerHandler());
            return;
        }
        throw new IllegalStateException(protocol + "属于未知协议。");
    }
}
```

由于当前使用 Http2FrameCodec 类实现了数据处理，所以在 HTTP2 协商处理类中就需要配置 Netty 框架内置的构造器类，同时还需要配置好不同协议的处理状态，从而实现 HTTP/2.0 帧的读写操作。在每个帧读取完成后，可以继续交由自定义的 HTTP2ServerHandler 按照传统的 Netty 编程方式实现数据处理，该类的相关继承结构如图 4-57 所示。

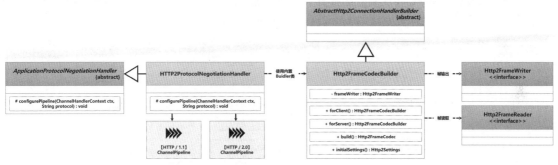

图 4-57　HTTP2ProtocolNegotiationHandler 类实现结构

4．【http2-server 子模块】修改 HTTP2ServerInitializer 初始化类中的 upgradeCodecFactory 属性定义。

```
private static final HttpServerUpgradeHandler.UpgradeCodecFactory upgradeCodecFactory = protocol -> {
    if (AsciiString.contentEquals(Http2CodecUtil.HTTP_UPGRADE_PROTOCOL_NAME, protocol)) {
        return new Http2ServerUpgradeCodec(
                Http2FrameCodecBuilder.forServer().build(), new HTTP2ServerHandler());
    } else {
        return null;
    }
};                                                                       //HTTP升级处理
```

5．【http2-server 子模块】修改 HTTP2ServerInitializer 初始化类中的 configClearTextPipeline() 配置方法。

```
private void configClearTextPipeline(SocketChannel ch) {                //非加密处理节点
    final HttpServerCodec sourceCodec = new HttpServerCodec();          //HTTP服务编码器
    ch.pipeline().addLast(sourceCodec);
    ch.pipeline().addLast(new HttpServerUpgradeHandler(sourceCodec, upgradeCodecFactory));
    ch.pipeline().addLast(new SimpleChannelInboundHandler<HttpMessage>() {
        @Override
        protected void channelRead0(ChannelHandlerContext ctx, HttpMessage msg) throws Exception {
            LOGGER.info("【Web服务端】当前使用"{}"版本进行通信，不升级当前HTTP版本。",
                    msg.protocolVersion());
            ctx.pipeline().addAfter(ctx.name(), null, new HTTP1ServerHandler());
            ctx.pipeline().replace(this, null,
                    new HttpObjectAggregator(maxHttpContentLength));
            ctx.fireChannelRead(ReferenceCountUtil.retain(msg));        //触发通道数据读取操作
        }
    });
    ch.pipeline().addLast(new ALPNEventLogger());
}
```

此时的程序修改完成后，由于只是数据处理类的实现结构发生了改变，核心的功能并没有任何改变，使用者依然可以通过浏览器或之前所编写的 HTTP/2.0 客户端进行服务调用。

4.5.4　HTTP/2.0 多路复用

HTTP/2.0 多路
复用

視频名称　0421_【理解】HTTP/2.0 多路复用

視频简介　HTTP/2.0 主要的特点是提高了 TCP 连接的复用支持，使多个 Stream 可以在同一个通道中进行双向传输。本视频通过 Http2MultiplexHandler 类的源代码，为读者分析 Netty 中多路复用模型的操作原理，同时分析@Sharable 注解的作用。

HTTP/2.0 通信中极为重要的一项就是支持通道的多路复用处理，即在一个 TCP 连接通道上可以同时创建若干个 Stream，从而避免了每一个 HTTP 客户端连接独占一个 TCP 通道的情况出现，进而提升了通信性能。

为便于用户实现多路复用模型，Netty 提供了 Http2MultiplexHandler 类，该类的相关结构如图 4-58 所示，Http2MultiplexHandler 类继承了 Http2ChannelDuplexHandler 类，所以该类内部可以通过 Http2FrameCodec 实现帧处理操作。该类中提供了一个 AbstractHttp2StreamChannel 类型的队列，该队列用来保存要处理的 Http2FrameStream 实例。

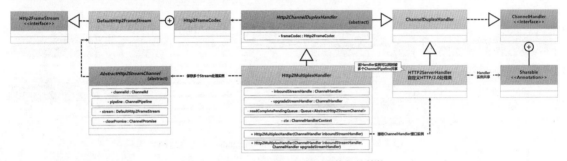

图 4-58　Http2MultiplexHandler 类的相关结构

由于每一个项目的业务有所不同，Netty 所能提供的只是一个协议的处理支持，而对于真正的业务逻辑，用户需要在构建 Http2MultiplexHandler 对象实例时，传输一个自定义 ChannelHandler 接口实例。下面将对已有的服务端程序进行改进，使其以多路复用的方式运行。

1．【http2-server 子模块】由于 Http2MultiplexHandler 直接继承了 Http2ChannelDuplexHandler 类，所以此时需要修改 HTTP2ServerHandler 类的定义，使其继承 ChannelDuplexHandler 类（该类中没有提供 Http2FrameCodec 成员）。同时由于该处理节点会被多个不同的 ChannelPipeline 所使用，因此在类定义时需要加上@ChannelHandler.Sharable 注解。

```
package com.yootk.http2.handler;
@ChannelHandler.Sharable
public class HTTP2ServerHandler extends ChannelDuplexHandler {}   //类中的其他结构与之前的相同，略
```

2．【http2-server 子模块】修改 HTTP2ProtocolNegotiationHandler 类中的 configurePipeline()方法，使其在处理 HTTP/2.0 时，基于多路复用模式来进行请求处理。

```
@Override
protected void configurePipeline(ChannelHandlerContext ctx, String protocol) {
    if (ApplicationProtocolNames.HTTP_2.equals(protocol)) {          //HTTP/2.0
        ctx.pipeline().addLast(Http2FrameCodecBuilder.forServer().build());
        ctx.pipeline().addLast(new Http2MultiplexHandler(new HTTP2ServerHandler()));
        return;
    }
    if (ApplicationProtocolNames.HTTP_1_1.equals(protocol)) {        //HTTP/1.1
        ctx.pipeline().addLast(new HttpServerCodec());
        ctx.pipeline().addLast(new HttpObjectAggregator(MAX_CONTENT_LENGTH));
        ctx.pipeline().addLast(new HTTP1ServerHandler());
        return;
    }
    throw new IllegalStateException(protocol + "属于未知协议。");
}
```

4.5.5 双端口绑定 Web 应用

双端口绑定 Web
应用

视频名称　0422_【理解】双端口绑定 Web 应用

视频简介　一个 Web 服务器往往要根据不同的请求路径进行用户的响应，本视频基于自定义 HTML 代码的形式，讲解基于 HTTP/2.0 的资源访问处理，并且利用用多线程的机制，实现 Web 应用中的 80 端口（HTTP/1.1）与 443 端口（HTTP/2.0）双绑定。

Netty 框架对 HTTP 的应用开发提供了良好的支持，经过之前 HTTP 实现分析可以发现，一般都建议 HTTP/2.0 基于 SSL 模式进行访问，而如果使用了非 SSL 模式进行访问，则需要通过 ALPN 协议进行处理。所以为了简化服务端的实现，在实际的开发中，可以在一个 Web 应用中开放两个端口，如图 4-59 所示。

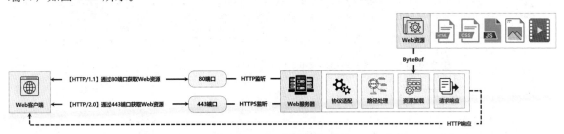

图 4-59　Web 应用双端口支持

对于 Web 应用来讲，不管开放多少个访问端口，其核心的处理逻辑是不会发生改变的，为了统一 HTTP 的处理操作，Netty 提供了一个 InboundHttp2ToHttpAdapterBuilder 适配器构建类。该类主要用于构建 InboundHttp2ToHttpAdapter 对象实例，而 InboundHttp2ToHttpAdapter 类的功能就是将 HTTP/2.0 数据形式转换为 HTTP/1.1 数据形式，从而简化服务端业务处理操作的实现，如图 4-60 所示。

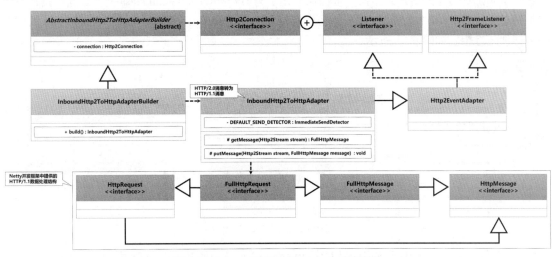

图 4-60　InboundHttp2ToHttpAdapter 数据转换

InboundHttp2ToHttpAdapter 类实现了 Http2FrameListener 数据监听接口，所有读取到的 HTTP/2.0 帧都会自动转换为 FullHttpMessage 对象实例，这样后续的业务处理就可以基于 HttpRequest 接口实例进行操作。下面来看一下具体的实现。

1.【http2-server 子模块】在 src/main/resources 源代码目录中创建 com/yootk/http2/resource 目录（该路径名称与资源读取类所在包的名称相同），随后在该目录中创建 index.html 页面文件（同时复制图片文件到该目录下，图片文件名称为 yootk.png），该文件内容定义如下。

```
<!DOCTYPE html>
<html>
<head lang="zh_CN">
    <title>《Netty开发实战》 —— HTTP/2.0</title>
    <meta charset="UTF-8">
</head>
<body>
    <h1>沐言科技：www.yootk.com</h1>
    <img src="/image?photo=yootk.png"/>
</body>
</html>
```

2.【http2-server 子模块】创建 ImageResourceUtil 处理类，该类可以实现指定 Web 资源的加载。

```
package com.yootk.http2.resource;                              //与资源目录相同
public class HTTPResourceUtil {
    private static final Logger LOGGER = LoggerFactory.getLogger(HTTPResourceUtil.class);
    private static final int INPUT_LOAD_SIZE = 2048;           //资源加载阈值
    public static ByteBuf loadResource(String fileName) throws IOException {  //加载资源
        InputStream input = HTTPResourceUtil.class.getResourceAsStream(fileName);
        LOGGER.info("【资源加载】文件路径：{}", HTTPResourceUtil.class.getResource(fileName));
        try {
            return readInputStreamToByteBuf(input);            //返回Web资源
        } finally {
            input.close();                                     //关闭输入流
        }
    }
    private static ByteBuf readInputStreamToByteBuf(InputStream input) throws IOException {
        ByteBuf resource = Unpooled.buffer();                  //创建空缓冲区
        int len = 0;                                           //每次读取的数据长度
        while ((len = resource.writeBytes(input, INPUT_LOAD_SIZE)) != -1) {
            ; //读取InputStream数据到ByteBuf缓冲区之中
        }
        return resource;
    }
}
```

　　由于当前的应用中需要向客户端响应 HTML 以及图片资源，因此需要创建一个资源加载类。考虑到资源加载路径的管理，本次将资源保存在了与 HTTPResourceUtil.class 文件相同的路径下，以便通过 InputStream 加载资源，这样就可以直接利用 ByteBuf 类提供的方法将 InputStream 的内容写入缓冲区之中，如图 4-61 所示。

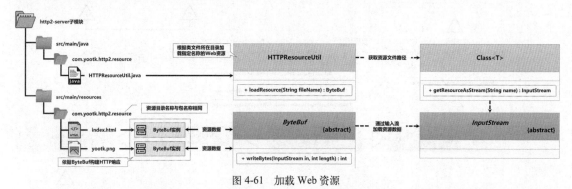

图 4-61　加载 Web 资源

3.【http2-server 子模块】修改 HTTP2ServerHandler 类，使其可以对资源文件请求进行响应。

```
package com.yootk.http2.handler;
@ChannelHandler.Sharable
public class HTTP2ServerHandler extends SimpleChannelInboundHandler<HttpRequest> {
    private static final Logger LOGGER = LoggerFactory.getLogger(HTTP2ServerHandler.class);
    @Override
    protected void channelRead0(ChannelHandlerContext ctx, HttpRequest msg) throws Exception {
        LOGGER.info("【用户请求路径】{}", msg.uri());
        this.doService(ctx, msg);                              //路径处理
    }
    private void doService(ChannelHandlerContext ctx, HttpRequest request) {
        String path = this.requestUriHandler(request.uri());  //解析请求路径
```

```java
        String streamId = this.getStreamId(request);                           //获取StreamID
        switch (path) {                                                         //路径判断
            case "/":                                                           //根路径
                try {
                    FullHttpResponse response = new DefaultFullHttpResponse(    //构建响应
                            HttpVersion.HTTP_1_1,                               //HTTP版本
                            HttpResponseStatus.OK,                              //HTTP状态
                            HTTPResourceUtil.loadResource("index.html"));       //响应内容
                    response.headers().set(HttpHeaderNames.CONTENT_TYPE,
                            "text/html; charset=UTF-8");                        //设置MIME
                    this.sendResponse(ctx, request, response, streamId);        //发送响应
                } catch (IOException e) {
                    LOGGER.error("【请求路径："{}"】出现错误：{}", path, e);
                }
                break;
            case "/image":                                                      //图像资源加载路径
                QueryStringDecoder decoder = new QueryStringDecoder(request.uri()); //参数解析
                try {
                    FullHttpResponse response = new DefaultFullHttpResponse(    //构建响应
                            HttpVersion.HTTP_1_1,                               //HTTP版本
                            HttpResponseStatus.OK,                              //HTTP状态
                            HTTPResourceUtil.loadResource(
                                    decoder.parameters().get("photo").get(0))); //响应内容
                    response.headers().set(HttpHeaderNames.CONTENT_TYPE, "image/png"); //设置MIME
                    this.sendResponse(ctx, request, response, streamId);        //发送响应
                } catch (IOException e) {
                    LOGGER.error("【请求路径："{}"】出现错误：{}", path, e);
                }
                break;
        }
    }
    protected void sendResponse(ChannelHandlerContext ctx, HttpRequest request,
                        FullHttpResponse response, String streamId) {           //发送响应
        response.headers().set(HttpHeaderNames.CONTENT_LENGTH, response.content().readableBytes());
        if (streamId != null) {                                                 //存在StreamID
            response.headers().set(HttpConversionUtil.ExtensionHeaderNames.STREAM_ID.text(), streamId);
        }
        ctx.writeAndFlush(response);
    }
    private String requestUriHandler(String uri) {                             //真实地址解析
        if (uri.contains("?")) {                                                //地址重写
            return uri.substring(0, uri.indexOf("?"));
        }
        return uri;
    }
    private String getStreamId(HttpRequest request) {                          //获取StreamID
        if (request instanceof FullHttpRequest) {
            return request.headers().get(HttpConversionUtil.ExtensionHeaderNames.STREAM_ID.text());
        }
        return null;
    }
}
```

4.【http2-server 子模块】修改 HTTP1ServerHandler 类。由于其对于用户请求的响应操作与 HTTP2ServerHandler 的相同，基于可重用的设计原则，使其直接继承 HTTP2ServerHandler 类，并根据自身的协议需要覆写 sendResponse()方法。

```java
package com.yootk.http2.handler;
public class HTTP1ServerHandler extends HTTP2ServerHandler {
    @Override
    protected void sendResponse(ChannelHandlerContext ctx, HttpRequest request,
                        FullHttpResponse response, String streamId) {
        HttpUtil.setContentLength(response, response.content().readableBytes());
        boolean keepAlive = HttpUtil.isKeepAlive(request);                      //长连接判断
        if (keepAlive) {                                                        //开启长连接
            if (request.protocolVersion().equals(HttpVersion.HTTP_1_0)) {
                response.headers().set(
                        HttpHeaderNames.CONNECTION, HttpHeaderValues.KEEP_ALIVE); //保持连接状态
            }
            ctx.writeAndFlush(response);                                        //输出响应内容
```

```
            } else {                                                            //不保留连接
                ctx.writeAndFlush(response).addListener(ChannelFutureListener.CLOSE); //关闭服务
            }
        }
    }
}
```

5．【http2-server 子模块】修改 HTTP2ProtocolNegotiationHandler 类，由于当前的 HTTP/1.1 与 HTTP/2.0 都使用同一类型的 Handler 处理方式，因此需要添加 InboundHttp2ToHttpAdapter 处理节点，实现 HTTP/2.0 消息格式转换，这样对于所有的请求可以统一使用 HttpRequest 进行处理。

```java
package com.yootk.http2.protocol;
public class HTTP2ProtocolNegotiationHandler
        extends ApplicationProtocolNegotiationHandler {
    private static final int MAX_CONTENT_LENGTH = 1024 * 100;                   //数据包大小
    public HTTP2ProtocolNegotiationHandler() {
        super(ApplicationProtocolNames.HTTP_1_1);
    }
    @Override
    protected void configurePipeline(ChannelHandlerContext ctx, String protocol) {
        if (ApplicationProtocolNames.HTTP_2.equals(protocol)) {                 //HTTP/2.0
            DefaultHttp2Connection connection = new DefaultHttp2Connection(true);
            //InboundHttp2ToHttpAdapter实现了HTTP/1.1与HTTP/2.0之间的消息格式转换
            InboundHttp2ToHttpAdapter listener = new InboundHttp2ToHttpAdapterBuilder(connection)
                    .propagateSettings(true).validateHttpHeaders(false)
                    .maxContentLength(MAX_CONTENT_LENGTH).build();
            ctx.pipeline().addLast(new HttpToHttp2ConnectionHandlerBuilder()
                    .frameListener(listener)
                    .connection(connection).build());
            ctx.pipeline().addLast(new HTTP2ServerHandler());
            return;
        }
        if (ApplicationProtocolNames.HTTP_1_1.equals(protocol)) {               //HTTP/1.1
            ctx.pipeline().addLast(new HttpServerCodec());
            ctx.pipeline().addLast(new HttpObjectAggregator(MAX_CONTENT_LENGTH));
            ctx.pipeline().addLast(new HTTP1ServerHandler());
            return;
        }
        throw new IllegalStateException(protocol + "属于未知协议。");
    }
}
```

6．【http2-server 子模块】创建 HTTP1Server 类，该类主要提供 HTTP/1.1 支持。

```java
package com.yootk.http2;
public class HTTP1Server {                                                      //HTTP/1.1服务类
    private static final Logger LOGGER = LoggerFactory.getLogger(HTTP1Server.class);
    private int port;                                                           //监听端口
    private EventLoopGroup master;                                              //主线程池
    private EventLoopGroup worker;                                              //从线程池
    public HTTP1Server(EventLoopGroup master, EventLoopGroup worker) {
        this(master, worker, 80);                                               //默认端口为80
    }
    public HTTP1Server(EventLoopGroup master, EventLoopGroup worker, int port) {
        this.port = port;
        this.master = master;
        this.worker = worker;
    }
    public ChannelFuture start() throws Exception {
        ServerBootstrap serverBootstrap = new ServerBootstrap();                //服务端配置
        serverBootstrap.group(this.master, this.worker);
        serverBootstrap.channel(NioServerSocketChannel.class);                  //NIO通道
        serverBootstrap.childHandler(new ChannelInitializer<SocketChannel>() {
            @Override
            protected void initChannel(SocketChannel channel) throws Exception {
                channel.pipeline().addLast(new HttpContentDecompressor());      //数据解压缩
                channel.pipeline().addLast(new HttpRequestDecoder());           //HTTP请求解码
                channel.pipeline().addLast(new HTTP1ServerHandler());           //HTTP请求处理
                channel.pipeline().addFirst(new HttpResponseEncoder());         //HTTP响应编码
                channel.pipeline().addFirst(new HttpContentCompressor());       //数据压缩
            }
        });                                                                     //配置Pipeline
```

```
            LOGGER.info("【HTTP/1.1】Web服务已经启动，监听端口为：{}", this.port);
            ChannelFuture future = serverBootstrap.bind(this.port).sync();        //服务绑定
            return future.channel().closeFuture();
    }
}
```

7.【http2-server 子模块】修改 HTTP2Server 配置类，该类主要提供 HTTP/2.0 支持。

```
package com.yootk.http2;
public class HTTP2Server {                                                        //HTTP/2.0服务类
    private static final Logger LOGGER = LoggerFactory.getLogger(HTTP2Server.class);
    private int port;                                                             //监听端口
    private SslContext sslContext;                                                //SSL上下文
    private EventLoopGroup master;                                                //主线程池
    private EventLoopGroup worker;                                                //从线程池
    public HTTP2Server(EventLoopGroup master, EventLoopGroup worker) {
        this(master, worker, 443);                                                //默认端口为443
    }
    public HTTP2Server(EventLoopGroup master, EventLoopGroup worker, int port) {
        this.port = port;
        this.master = master;
        this.worker = worker;
    }
    public ChannelFuture start() throws Exception {
        SslProvider provider = SslProvider.isAlpnSupported(SslProvider.OPENSSL) ?
                SslProvider.OPENSSL : SslProvider.JDK;                            //判断当前SSL提供者
        SelfSignedCertificate ssc = new SelfSignedCertificate();                 //生成临时自签证书
        this.sslContext = SslContextBuilder.forServer(ssc.certificate(), ssc.privateKey())
                .sslProvider(provider)                                           //SSL提供者
                .ciphers(Http2SecurityUtil.CIPHERS, SupportedCipherSuiteFilter.INSTANCE) //密码支持
                .applicationProtocolConfig(new ApplicationProtocolConfig(
                        ApplicationProtocolConfig.Protocol.ALPN,                 //ALPN协议支持
                        //目前OpenSSL和JDK Providers只支持NO_ADVERTISE（尽最大努力实现对话）
                        ApplicationProtocolConfig.SelectorFailureBehavior.NO_ADVERTISE,
                        //目前OpenSSL和JDK Providers只支持ACCEPT（假定TLS握手支持）
                        ApplicationProtocolConfig.SelectedListenerFailureBehavior.ACCEPT,
                        ApplicationProtocolNames.HTTP_2,                         //支持HTTP/2.0
                        ApplicationProtocolNames.HTTP_1_1))                     //支持HTTP/1.1
                .build();
        ServerBootstrap serverBootstrap = new ServerBootstrap();                 //服务端配置
        serverBootstrap.group(this.master, this.worker);                         //配置线程池
        serverBootstrap.channel(NioServerSocketChannel.class);                   //NIO通道
        serverBootstrap.childHandler(new ChannelInitializer<SocketChannel>() {
            @Override
            protected void initChannel(SocketChannel channel) throws Exception {
                channel.pipeline().addLast(sslContext.newHandler(channel.alloc()));
                channel.pipeline().addLast(new HTTP2ProtocolNegotiationHandler());
            }
        });                                                                      //配置Pipeline
        LOGGER.info("【HTTP/2.0】Web服务已经启动，监听端口为：{}", this.port);
        ChannelFuture future = serverBootstrap.bind(this.port).sync();           //服务绑定
        return future.channel().closeFuture();
    }
}
```

8.【http2-server 子模块】修改 StartWebServerApplication 实现类。

```
package com.yootk;
public class StartWebServerApplication {
    public static void main(String[] args) throws Exception {
        EventLoopGroup master = new NioEventLoopGroup();                         //主线程池
        EventLoopGroup worker = new NioEventLoopGroup();                         //从线程池
        new Thread(()->{
            try { //启动HTTP/1.1服务，默认监听80端口
                new HTTP1Server(master, worker).start().sync();
            } catch (Exception e) {
                throw new RuntimeException(e);
            }
        }, "HTTP/1.1-线程").start();
        new Thread(()->{
            try { //启动HTTP/1.1服务，默认监听443端口
                new HTTP2Server(master, worker).start().sync();
```

```
    } catch (Exception e) {
        throw new RuntimeException(e);
    }
}, "HTTP/2.0-线程").start();
TimeUnit.DAYS.sleep(Long.MAX_VALUE);
    }
}
```

9.【浏览器】服务启动之后将同时在 80 和 443 两个端口有效，所以可以通过如下两个地址进行访问。

HTTP/1.1 访问：

```
http://localhost/
```

HTTP/2.0 访问：

```
https://localhost/
```

4.5.6　Http2StreamFrame 简化客户端实现

Http2StreamFrame
简化客户端实现

视频名称　0423_【理解】Http2StreamFrame 简化客户端实现

视频简介　Http2FrameCodec 可以在服务端与客户端同时使用，本视频带领读者修改已有的客户端结构，基于子通道的方式实现了请求发送，并通过标准结构实现了响应数据接收。

HTTP/2.0 服务端可以基于 Http2FrameCodec 类简化数据的处理操作，而该类也可以在 HTTP/2.0 客户端上使用，这样在客户端发送 HTTP 请求时，可以直接进行请求帧的编码，而在接收响应时，也可以直接通过 Http2StreamFrame 获取所需的数据内容，如图 4-62 所示。

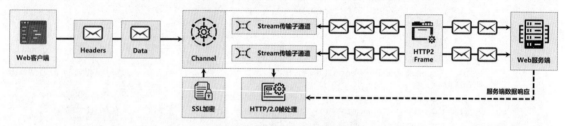

图 4-62　HTTP/2.0 客户端处理

由于 HTTP/2.0 进行传输时一般都要采用 SSL 加密处理，并且服务之中一切的操作都是基于帧结构包装的，同一次请求中可能会有多次帧传输与响应的需要，因此此时可以通过子通道的模式进行请求数据的发送，并采用 Netty 提供的 ChannelInboundHandler 接口实现响应数据的读取。所以本次将基于图 4-63 所示的结构进行开发，具体实现步骤如下。

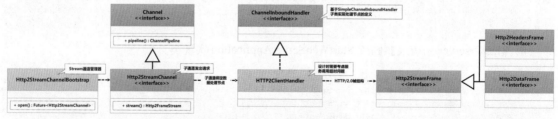

图 4-63　HTTP/2.0 客户端实现

1.【http2-client 子模块】创建 HTTP2ClientHandler 类，以完成 HTTP/2.0 响应数据帧接收。

```
package com.yootk.http2.handler;
public class HTTP2ClientHandler extends SimpleChannelInboundHandler<Http2StreamFrame> {
    private static final Logger LOGGER = LoggerFactory.getLogger(HTTP2ClientHandler.class);
    private ChannelPromise promise;                                    //超时处理
    public HTTP2ClientHandler(ChannelPromise promise) {
        this.promise = promise;
```

```
    }
    @Override
    protected void channelRead0(ChannelHandlerContext ctx, Http2StreamFrame msg) throws Exception {
        LOGGER.info("【HTTP/2.0】Http2StreamFrame: {}", msg);                      //记录帧信息
        if (msg instanceof Http2HeadersFrame headersFrameFrame) {               //当前为数据帧
            if (headersFrameFrame.isEndStream()) {                              //头帧读取完毕
                headersFrameFrame.headers().iterator().forEachRemaining((entry)->{
                    LOGGER.info("【头帧】{} = {}", entry.getKey(), entry.getValue());
                });
            }
        } else if (msg instanceof Http2DataFrame dataFrame) {                   //当前为数据帧
            if (dataFrame.isEndStream()) {                                      //数据帧读取完毕
                LOGGER.info("【数据帧】{}", dataFrame.content().toString(CharsetUtil.UTF_8));
            }
        }
        if (!this.promise.isSuccess()) {                                        //未设置成功
            this.promise.setSuccess();                                          //操作成功
        }
    }
    public void awaitResponseCompleted(long timeout, TimeUnit unit) {           //响应超时
        if (!this.promise.awaitUninterruptibly(timeout, unit)) {                //等待超时
            throw new IllegalStateException("等待服务端响应超时。");
        }
        if (!this.promise.isSuccess()) {                                        //未读取到数据
            throw new RuntimeException(promise.cause());
        }
    }
}
```

2．【http2-client 子模块】此时 Web 服务端的响应全部统一交由 HTTP2ClientHandler 类来处理，并且在当前应用中只需要考虑对 HTTP/2.0 的支持，因此可以删除其他的 Handler 处理程序（HTTP2SettingsHandler、HTTP2StreamDataHandler、HTTP2UpgradeRequestHandler 等）。

3．【http2-client 子模块】修改 HTTP2ClientInitializer 类。

```
package com.yootk.http2.init;
public class HTTP2ClientInitializer extends ChannelInitializer<SocketChannel> {   //节点配置类
    private static final Logger LOGGER = LoggerFactory.getLogger(HTTP2ClientInitializer.class);
    private SslContext sslContext;                                              //SSL上下文
    public HTTP2ClientInitializer(SslContext sslContext) {
        this.sslContext = sslContext;
    }
    @Override
    protected void initChannel(SocketChannel ch) throws Exception {
        if (this.sslContext != null) {                                          //加密传输
            ch.pipeline().addFirst(this.sslContext.newHandler(ch.alloc()));
        }
        Http2FrameCodec http2FrameCodec = Http2FrameCodecBuilder.forClient()
            .initialSettings(Http2Settings.defaultSettings())
            .build();
        ch.pipeline().addLast(http2FrameCodec);
        ch.pipeline().addLast(new Http2MultiplexHandler(new SimpleChannelInboundHandler<Object>() {
            @Override
            protected void channelRead0(ChannelHandlerContext ctx, Object msg) {}
        }));
    }
}
```

4．【http2-client 子模块】修改 HTTP2Client 配置类，在该类中通过子通道发送 Web 请求。

```
package com.yootk.http2;
public class HTTP2Client {
    private static final Logger LOGGER = LoggerFactory.getLogger(HTTP2Client.class);
    private String host;                                                        //服务地址
    private int port;                                                           //服务端口
    private SslContext sslContext;                                              //SSL上下文
    public HTTP2Client() {
        this("localhost", 443);                                                 //默认连接地址
    }
    public HTTP2Client(String host, int port) {
        this.host = host;                                                       //主机地址
        this.port = port;                                                       //端口号
```

```
        }
    public void start() throws Exception {
        SslProvider provider =
                SslProvider.isAlpnSupported(SslProvider.OPENSSL) ?
                        SslProvider.OPENSSL : SslProvider.JDK;                    //获取SSL提供者
        this.sslContext = SslContextBuilder.forClient()
                .sslProvider(provider)
                .ciphers(Http2SecurityUtil.CIPHERS, SupportedCipherSuiteFilter.INSTANCE)
                .trustManager(InsecureTrustManagerFactory.INSTANCE)              //信任测试证书
                .applicationProtocolConfig(new ApplicationProtocolConfig(
                        ApplicationProtocolConfig.Protocol.ALPN,
                        ApplicationProtocolConfig.SelectorFailureBehavior.NO_ADVERTISE,
                        ApplicationProtocolConfig.SelectedListenerFailureBehavior.ACCEPT,
                        ApplicationProtocolNames.HTTP_2))
                .build();
        EventLoopGroup group = new NioEventLoopGroup();                          //线程池
        HTTP2ClientInitializer initializer = new HTTP2ClientInitializer(this.sslContext); //初始化配置
        Bootstrap bootstrap = new Bootstrap();                                   //客户端配置
        bootstrap.group(group);                                                 //设置连接池
        bootstrap.channel(NioSocketChannel.class);                              //客户端通道
        bootstrap.remoteAddress(this.host, this.port);                         //远程服务地址
        bootstrap.handler(initializer);                                        //配置节点
        Channel channel = bootstrap.connect().syncUninterruptibly().channel();
        LOGGER.info("连接HTTPS服务，访问地址为：HTTPS://{}:{}", this.host, this.port);
        Http2StreamChannelBootstrap streamChannelBootstrap = new Http2StreamChannelBootstrap(channel);
        Http2StreamChannel streamChannel = streamChannelBootstrap.open().syncUninterruptibly().getNow();
        HTTP2ClientHandler clientHandler = new HTTP2ClientHandler(streamChannel.newPromise());
        streamChannel.pipeline().addLast(clientHandler);                       //响应处理
        DefaultHttp2Headers headers = new DefaultHttp2Headers();               //创建HTTP请求
        headers.method("GET");                                                 //请求模式
        headers.path("/");                                                     //访问路径
        headers.scheme("https");                                               //协议模式
        Http2HeadersFrame headersFrame = new DefaultHttp2HeadersFrame(headers, true);
        streamChannel.writeAndFlush(headersFrame);                            //发送请求
        clientHandler.awaitResponseCompleted(5, TimeUnit.SECONDS);
        channel.close().sync();                                               //等待响应结束
        group.shutdownGracefully();                                           //关闭线程池
    }
}
```

5.【http2-client 子模块】由于当前应用采用了 SSL 处理，所以修改客户端应用启动类，不再传入 SSL 启用标记。

```
package com.yootk;
public class StartWebClientApplication {
    public static void main(String[] args) throws Exception {
        new HTTP2Client("localhost", 443).start();
    }
}
```

后台日志输出：

```
连接HTTPS服务，访问地址为：HTTPS://localhost:443
【数据帧】<!DOCTYPE html> <html>...
```

当前客户端程序定义完成后，在启动应用时会自动通过子通道向服务端发出头帧（包含请求路径），随后通过自定义的 Handler 类接收响应的数据帧，并进行 HTML 代码内容的显示。

4.6　HTTP/3.0

HTTP/3.0

视频名称　0424_【掌握】HTTP/3.0

视频简介　HTTP/3.0 是当前 HTTP 的常用版本，基于 UDP 实现了高性能的通信处理。本视频为读者分析 HTTP/3.0 与 HTTP/2.0 之间的区别，并分析 HTTP/3.0 的主要特点。

HTTP/3.0 是基于 QUIC（Quick UDP Internet Connection，快速 UDP 互联网连接）开发出来的新型网络协议，其主要的目的是改进 Web 应用程序的性能与安全性，提高请求与响应数据传输速

度。HTTP/3.0 不仅继承了 HTTP/2.0 的特点（多路复用、数据流传输、TLS），同时基于 QUIC 通信协议，实现了低延迟的连接建立。

> 💡 **提示：QUIC 基于 UDP 实现。**
>
> QUIC 是谷歌推出的一个基于 UDP 与迪菲-赫尔曼（Diffie–Hellman）算法的低时延互联网传输层协议。
>
> 该协议于 2012 年部署上线，2013 年提交 IETF（The Internet Engineering Task Force，因特网工程任务组），最终在 2021 年 5 月，IETF 推出标准版 RFC 9000，图 4-64 所示为 QUIC 的工作模型。
>
>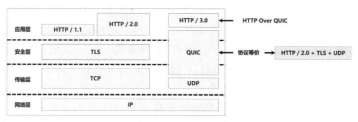
>
> 图 4-64　QUIC 的工作模型
>
> 在 QUIC 传输中每一个数据报文由头信息（Header）与主体数据（Data）两部分组成，其中头信息采用明文传输，数据信息采用加密传输，其中所传递的信息结构如图 4-65 所示。
>
>
>
> 图 4-65　信息结构
>
> QUIC 的优点包括低延迟连接的建立、改进的拥塞控制、无队头阻塞的多路复用、前向纠错以及连接迁移等。严格意义上来讲 HTTP/3.0 基于 QUIC 开发（HTTP Over QUIC），所以 QUIC 的优点也是 HTTP/3.0 的技术优点，但是对使用者来讲，能够见到的程序效果与传统 HTTP 的差别不大，并且如果要想大面积应用 HTTP/3.0，还需要一定的时间。

TCP 由于其自身可靠性的操作特点，因此基于该协议实现的 HTTP 或 HTTPS 传输都需要基于三次握手或七次握手的处理机制才可以创建连接，这样在每次连接时就需要消耗 2～4 个 RTT（一个请求从客户端浏览器发送一个请求数据包到服务器，再从服务器得到响应数据包的时间，是反映网络性能的一个重要指标），网络环境不好时，会导致 RTT 延长，HTTP/3.0 经过优化后可以基于 1-RTT 和 0-RTT 的方式实现连接的建立，这一点如图 4-66 所示。

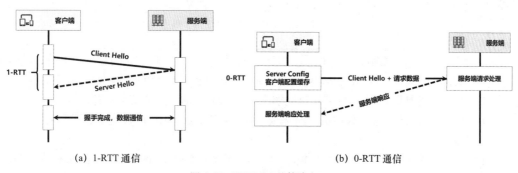

图 4-66　HTTP/3.0 连接建立

　　HTTP/3.0 中主要使用了 TLS 1.3 安全协议，而该版本安全协议简化了 SSL 握手处理操作。客户端在连接时会按照特定的算法生成一个 Client Hello 消息，服务端接收到此消息后会返回一个 Server Hello 确认消息，随后双方使用 ECDH（Elliptic Curve Diffie-Hellman Key Exchange，椭圆曲线迪菲-赫尔曼密钥交换）算法生成通信密钥，如图 4-66（a）所示。再次建立连接时，由于客户端已经缓存了服务端配置（Server Config），所以此时无须重复进行连接，直接发送数据即可，这样就实现了 0-RTT 快速连接，如图 4-66（b）所示。

> 💡 **提示：QUIC 迁移。**
>
> 　　在使用 HTTP/3.0 通信的过程中，UDP 连接不会持续保持，所以为了便于连接的重复使用，QUIC 中提供了一个 64 bit 的随机数作为连接 ID，不管用户的网络环境如何改变，只要连接的 ID 不变，那么就可以使用同一个连接进行通信（0-RTT 的实现）。
>
> 　　以往用户使用移动设备进行 TCP 通信时，通过 TCP 的五元组（源 IP、源端口、目标 IP、目标端口、四层通信协议）来表示唯一的一条连接，所以当用户使用移动设备访问网络时，一旦网络发生改变（Wi-Fi 转换为移动网络，或因为位置移动导致连接基站发生改变），就需要重新建立连接。而 QUIC 中的连接迁移技术，保证了连接的持续可用，即便切换了网络环境，也不会重复建立连接。

　　QUIC 在进行通信时，为了提高连接的处理性能，服务端会长期使用固定的密钥算法，这样会存在密钥泄露的可能性。一旦服务端的私钥泄露，就可以依据协议的组成轻松计算出通信密钥，从而轻松破解之前已经拦截到的数据信息，而这样的问题被称为前向安全问题。为了解决前向安全问题，QUIC 提供了 FEC（Forward Error Correction，前向纠错）机制以增加数据通信的可信度，在每次信息发送时会额外发送一个 FEC 校验数据，客户端接收到数据后会依据 FEC 进行校验和纠错。这样即便产生了密钥的泄露也只会丢失一条数据，但是由于历史数据的临时密钥都已经丢失，因此历史数据将无法正确解密，从而保证了历史数据的安全，如图 4-67 所示。

图 4-67　前向纠错与数据安全

4.6.1　Netty 开发 HTTP3 服务端

Netty 开发
HTTP3 服务端

视频名称　0425_【了解】Netty 开发 HTTP3 服务端

视频简介　为了适应 HTTP/3.0 的推广，Netty 内部提供了专属的编解码支持。本视频通过实例，并按照 Netty 开发标准，为读者讲解 HTTP3 服务端应用的开发。

　　随着 HTTP/3.0 标准的颁布，Netty 于 2021 年正式提供了 HTTP/3.0 的编解码支持，同时也对外公布了相关的开发库，库名称为 netty-incubator-codec-http3，常用的版本为 0.0.18.Final。

　　使用 Netty 开发 HTTP/3.0，可以有效地解决协议之中的琐碎处理细节问题，同时 HTTP/3.0 是基于 UDP 开发的，因此在进行代码编写时需要采用 NioDatagramChannel 类型。下面来看一下服务端应用的实现。

　　1.【netty 项目】创建 http3-server 子模块，随后修改 build.gradle 配置文件，添加模块所需依赖。

```
project(":http3-server") {                                        //HTTP3服务端模块
  dependencies {                                                   //模块依赖配置
```

```
        implementation('io.netty:netty-buffer:4.1.89.Final')
        implementation('io.netty:netty-handler:4.1.89.Final')
        implementation('io.netty:netty-transport:4.1.89.Final')
        implementation('io.netty.incubator:netty-incubator-codec-http3:0.0.18.Final')
        implementation('org.bouncycastle:bcpkix-jdk15on:1.70')                    //动态SSL证书
    }
}
```

2．【http3-server 子模块】使用 HTTP3，每次通信完成后都需要关闭相关的连接，为便于观察此操作，在激活连接通道时为其配置一个关闭监听器。

```
package com.yootk.http3.handler;
@ChannelHandler.Sharable
public class HTTP3CloseChannelListener extends ChannelInboundHandlerAdapter {   //关闭监听
    private static final Logger LOGGER = LoggerFactory.getLogger(HTTP3CloseChannelListener.class);
    @Override
    public void channelActive(ChannelHandlerContext ctx) throws Exception {        //通道激活
        if (ctx.channel() instanceof QuicChannel quicChannel) {                    //判断通道类型
            quicChannel.collectStats().addListener(
                new GenericFutureListener<Future<? super QuicConnectionStats>>() {  //连接状态监听
                    @Override
                    public void operationComplete(
                            Future<? super QuicConnectionStats> future) throws Exception {
                        if (future.isSuccess()) {                                  //I/O操作完成
                            LOGGER.info("【关闭连接】{}", future.getNow());         //日志记录
                        }
                    }
                });
        }
    }
}
```

HTTP3CloseChannelListener 类的主要作用是在服务端通道创建成功后，绑定一个关闭监听，这样一旦客户端关闭连接，将自动触发 GenericFutureListener 接口中的 operationComplete()方法进行日志记录。

3．【http3-server 子模块】创建服务端业务处理类。

```
package com.yootk.http3.handler;
public class HTTP3ServerHandler extends SimpleChannelInboundHandler<ByteBuf> {
    @Override
    protected void channelRead0(ChannelHandlerContext ctx, ByteBuf msg) throws Exception {
        if (msg.toString(CharsetUtil.UTF_8).toString().equalsIgnoreCase("GET /")) {
            ByteBuf content = Unpooled.wrappedBuffer("沐言科技: www.yootk.com".getBytes());
            ctx.writeAndFlush(content).addListener(QuicStreamChannel.SHUTDOWN_OUTPUT);
        }
    }
}
```

4．【http3-server 子模块】创建 HTTP3 服务配置类，基于 UDP 绑定网络通道。

```
package com.yootk.http3;
public class HTTP3Server {                                                       //HTTP3服务类
    private int port;                                                            //服务绑定端口
    private EventLoopGroup group = new NioEventLoopGroup();                       //线程池
    public HTTP3Server() {
        this(443);                                                               //默认绑定端口
    }
    public HTTP3Server(int port) {
        this.port = port;
    }
    public void start() throws Exception {                                       //服务启动
        Bootstrap bootstrap = new Bootstrap();                                   //UDP配置
        bootstrap.group(this.group);                                             //线程池
        bootstrap.channel(NioDatagramChannel.class);                             //UDP通道
        bootstrap.handler(this.codec());                                         //数据处理
        bootstrap.bind(new InetSocketAddress(this.port)).sync()
                .channel().closeFuture().sync();                                 //服务绑定
        this.group.shutdownGracefully();                                         //线程池关闭
    }
    private ChannelHandler codec() throws Exception {
        SelfSignedCertificate selfSignedCertificate = new SelfSignedCertificate();//自签名认证
```

```
        QuicSslContext context = QuicSslContextBuilder.forServer(                //服务端SSL上下文
                selfSignedCertificate.privateKey(), null, selfSignedCertificate.certificate())
            .applicationProtocols(Http3.supportedApplicationProtocols()).build();
        ChannelHandler codec = new QuicServerCodecBuilder().sslContext(context)
            .maxIdleTimeout(5000, TimeUnit.MILLISECONDS)                         //超时时间
            .initialMaxData(10000000)                                           //数据长度
            .initialMaxStreamDataBidirectionalLocal(1000000)                    //本地Stream数据长度
            .initialMaxStreamDataBidirectionalRemote(1000000)                   //远程Stream数据长度
            .initialMaxStreamsBidirectional(100)                                //双向流数量
            .initialMaxStreamsUnidirectional(100)                               //单向流数量
            .tokenHandler(InsecureQuicTokenHandler.INSTANCE)                    //Token处理
            .streamHandler(new ChannelInitializer<QuicStreamChannel>() {        //配置节点
                @Override
                protected void initChannel(QuicStreamChannel ch) {
                    ch.pipeline().addLast(new LineBasedFrameDecoder(4096));     //拆包处理
                    ch.pipeline().addLast(new HTTP3ServerHandler());            //业务处理
                }
            }).build();
        return codec;
    }
}
```

  HTTP3Server 类是 HTTP3 服务的核心配置类，该类利用了 SelfSignedCertificate 模拟证书的签发，并基于模拟的证书文件构建了 QUIS-SSL 加密传输通道，最后基于 QuicServerCodecBuilder 构造器类配置并创建了 ChannelHandler 对象实例，以完成最终 Stream 数据的传输处理。该类的核心结构如图 4-68 所示。

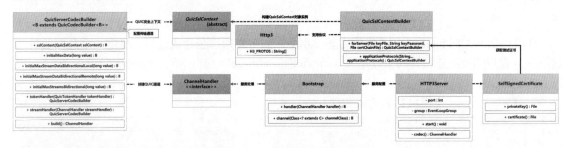

图 4-68 HTTP3Server 类的核心结构

  5.【http3-server 子模块】创建服务端应用启动类。

```
package com.yootk;
public class StartHTTP3ServerApplication {
    public static void main(String[] args) throws Exception {
        new HTTP3Server().start();                                              //服务启动
    }
}
```

  此时启动服务后将默认占用 443 端口，由于 SSL 的支持，用户在访问该服务时也必须基于加密的方式来进行服务调用，同时当前的 HTTP 服务端对所有请求路径的响应内容都是相同的。

4.6.2 Netty 开发 HTTP3 客户端

Netty 开发
HTTP3 客户端

视频名称　0426_【了解】Netty 开发 HTTP3 客户端

视频简介　*HTTP/3.0 设计中特别强调了 Stream 通道的使用，所以本视频将重点分析 UDP 连接、QUIC 通道以及 Stream 通道的作用，同时基于 Netty 框架提供的组件支持，实现已有 HTTP/3.0 服务端网络通道的连接以及数据交互操作。*

  基于 HTTP/3.0 在进行客户端开发时，客户端需要通过指定的路径获取相应的资源，由于 QUIC 基于 UDP 开发，因此如果想要在客户端实现请求数据的发送，必须按照顺序依次创建 UDP 通道、QUIC 通道以及 QuicStream 通道，如图 4-69 所示，并且在数据输出完成后要及时关闭输出通道。下面来看一下具体的代码实现。

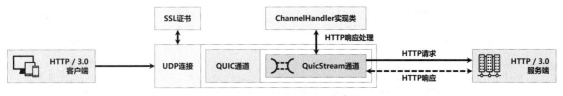

图 4-69 Netty 开发 HTTP3 客户端

1.【netty 项目】创建 http3-client 子模块，随后修改 build.gradle 配置文件，添加模块所需依赖。

```
project(":http3-client") {                                      //HTTP3客户端模块
    dependencies {                                              //模块依赖配置
        implementation('io.netty:netty-buffer:4.1.89.Final')
        implementation('io.netty:netty-handler:4.1.89.Final')
        implementation('io.netty:netty-transport:4.1.89.Final')
        implementation('io.netty.incubator:netty-incubator-codec-http3:0.0.18.Final')
        implementation('org.bouncycastle:bcpkix-jdk15on:1.70')  //动态SSL证书
    }
}
```

2.【http3-client 子模块】创建 HTTP3 客户端业务处理类。

```
package com.yootk.http3.handler;
public class HTTP3ClientHandler extends SimpleChannelInboundHandler<ByteBuf> {
    private static final Logger LOGGER = LoggerFactory.getLogger(HTTP3ClientHandler.class);
    @Override
    protected void channelRead0(ChannelHandlerContext ctx, ByteBuf msg) throws Exception {
        LOGGER.info("【服务端响应】{}", msg.toString(CharsetUtil.UTF_8));
    }
    @Override
    public void userEventTriggered(ChannelHandlerContext ctx, Object evt) throws Exception {
        if (evt.equals(ChannelInputShutdownReadComplete.INSTANCE)) {        //服务结束标记
            if (ctx.channel().parent() instanceof QuicChannel quicChannel) {
                quicChannel.close(true, 0,
                        Unpooled.wrappedBuffer("See You Again".getBytes()));  //关闭处理
            }
        }
    }
}
```

3.【http3-client 子模块】创建 HTTP3 客户端配置类，通过该类发出 HTTP 请求。

```
package com.yootk.http3;
public class HTTP3Client {
    private String host;                                            //服务主机地址
    private int port;                                               //服务主机端口
    private EventLoopGroup group = new NioEventLoopGroup();         //线程池
    public HTTP3Client() {
        this("localhost", 443);                                     //默认连接属性
    }
    public HTTP3Client(String host, int port) {
        this.host = host;
        this.port = port;
    }
    public void start() throws Exception {
        Bootstrap bootstrap = new Bootstrap();                      //客户端配置
        bootstrap.group(this.group);                                //配置线程池
        bootstrap.channel(NioDatagramChannel.class);                //UDP通道
        bootstrap.handler(this.codec());                            //UDP通道
        Channel channel = bootstrap.bind(0).sync().channel();       //UDP通道
        QuicChannel quicChannel = QuicChannel.newBootstrap(channel) //QUIC通道
                .streamHandler(new ChannelInboundHandlerAdapter(){})
                .remoteAddress(new InetSocketAddress(this.host, this.port)).connect().get();
        QuicStreamChannel streamChannel = quicChannel.createStream(
                QuicStreamType.BIDIRECTIONAL, new HTTP3ClientHandler()).sync().getNow(); //Stream通道
        streamChannel.writeAndFlush(Unpooled.wrappedBuffer("GET /\r\n".getBytes())) //HTTP请求
                .addListener(QuicStreamChannel.SHUTDOWN_OUTPUT);    //关闭通道
        streamChannel.closeFuture().sync();                         //等待通道关闭
```

```
        quicChannel.closeFuture().sync();                        //等待通道关闭
        channel.closeFuture().sync();                            //等待通道关闭
        this.group.shutdownGracefully();                         //关闭线程池
    }
    private ChannelHandler codec() {                             //编解码配置
        QuicSslContext context = QuicSslContextBuilder.forClient()    //客户端SSL上下文
                .trustManager(InsecureTrustManagerFactory.INSTANCE).
                applicationProtocols(Http3.supportedApplicationProtocols()).build();
        ChannelHandler codec = new QuicClientCodecBuilder()
                .sslContext(context)
                .maxIdleTimeout(5000, TimeUnit.MILLISECONDS)     //超时时间
                .initialMaxData(10000000)                        //传输数量
                //由于没有设置远程初始化流操作的支持，此处只需设置本地初始化流限制大小
                .initialMaxStreamDataBidirectionalLocal(1000000)
                .build();
        return codec;
    }
}
```

4．【http3-client 子模块】创建 HTTP3 客户端应用启动类。

```
package com.yootk;
public class StartHTTP3ClientApplication {
    public static void main(String[] args) throws Exception {
        new HTTP3Client("localhost", 443).start();              //客户端启动
    }
}
```

程序执行结果：

```
INFO com.yootk.http3.handler.HTTP3ClientHandler - 【服务端响应】沐言科技：www.yootk.com
```

当前的应用启动后，会自动根据配置的 QuicStreamChannel 实例，发出一个 GET 请求到服务端，当服务端响应请求内容时，将通过自定义的 HTTP3ClientHandler 类进行接收。

4.7　本章概览

1．HTTP 是互联网开发中使用广泛的通信协议，其发展过程中不断进行传输优化与连接优化，图 4-70 所示为 HTTP 版本更新的主要时间点，其中 HTTP/2.0 经历了 SPDY（谷歌开发的 TCP）与 QUIC 两种实现阶段，由于其性能与 HTTP/1.1 的接近，所以并未被大量使用，只属于 HTTP 发展的过渡版本。

图 4-70　HTTP 版本更新的主要时间点

2．HTTP/1.1 基于 TCP 连接，所以在创建连接时需要进行三次握手处理，在并发量较大时，将产生严重的性能问题。

3．HTTP 中在进行数据传输时，数据会被分为头信息与主体数据，并且在响应时可以根据状态码判断请求结果。

4．Netty 内部针对 HTTP 的支持，提供了不同版本的依赖库，当前 HTTP3 的依赖库属于非正式版本。

5．HTTPS 提供了安全访问支持，开发人员可以使用 OpenSSL 模拟私有 CA 的使用，但是在结合 Netty 开发时，就需要在本地信任库中配置私有 CA 后才能实现正常访问。

6．HTTP 采用无状态处理机制，为了便于状态的设计，HTTP 采用了 Cookie 与 Session 的应用机制，在客户端利用 Cookie 保存用户标记，在服务端通过特定的 ID 标记进行用户数据存储。考虑到性能问题，一般会在开发中引入第三方缓存数据库，例如 Memcached 或 Redis。

7．对于 HTTP/1.1 中的数据压缩，只允许进行文本压缩，但是对于二进制文件以及头信息无法进行压缩处理。

8．HTTP/2.0 基于 TCP 开发，主要解决了头信息的压缩，并且可以基于多路复用的方式提高 TCP 连接的处理性能。

9．HTTP/2.0 支持 SSL 与非 SSL 传输，但是考虑到服务的稳定性，建议使用 SSL 传输模式。

10．QUIC 基于 UDP 实现，这样的设计减小了数据传输的体积，同时又进一步优化加密模式，提供了 1-RTT 与 0-RTT 的处理性能。

11．HTTP/3.0 中考虑了移动设备应用环境，所以提供了连接迁移的支持，同一个用户可以根据连接 ID，简化连接的建立过程，这样的设计解决了 TCP 中因网络变化产生的重复连接操作。

第5章

Netty 应用编程

本章学习目标

1. 掌握 Affinity 模式的主要设计思想与实现；
2. 掌握 Native 实现 I/O 多路复用模型，并可以基于特定的系统使用 Epoll 或 KQueue 模式；
3. 理解 HTTP 服务代理的实现机制，并可以基于请求伪造的模式实现指定 Web 站点的访问；
4. 理解 RESP 的主要作用，并可以基于 Netty 框架实现 Redis 客户端应用的开发；
5. 理解 Netty 与 Memcached 服务的整合开发；
6. 理解 SCTP 的开发，并可以清楚地区分其与 TCP 传输之间的差别；
7. 理解 Netty 框架中的 WebSocket 服务开发；
8. 理解 STOMP 的主要特点，并可以基于 STOMP 命令机制实现数据交互；
9. 理解 MQTT 协议的特点，并可以基于 Netty 实现自定义 MQTT 服务端与客户端的开发。

Netty 框架的出现，极大地降低了 Java 网络应用开发的难度，但是在现实开发中除了常见的 TCP、UDP 以及 HTTP 开发之外，还会存在大量特定协议开发需求。本章将在已有的 Netty 框架结构上进行进一步的应用扩展，分析线程池优化、原生系统 I/O 多路复用模型，以及 HTTP 代理、UDT、SCTP、WebSocket、STOMP、MQTT 等协议的开发。

5.1 Affinity

Affinity

视频名称　0501_【掌握】Affinity

视频简介　Affinity 是一种 Java 多线程资源调度的扩展模式，本视频为读者分析该模式与传统线程池技术之间的区别，以及适用场景，并通过具体的案例讲解其与 Netty 的整合。

Java 线程池的设计有效地提高了 CPU 的利用率，通过内核线程与工作线程之间的协调，实现更加合理的 CPU 资源调度，并且利用阻塞队列也可以减少高并发处理环境下线程资源枯竭的问题，如图 5-1 所示。

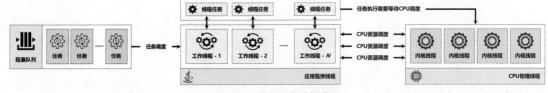

图 5-1　传统线程池调度

虽然线程池的设计提高了 CPU 资源利用率，但是某个任务有可能会因为执行时长或者算法复杂等问题，造成 CPU 资源的频繁切换，而此时较好的做法就是将任务与具体的 CPU 内核捆绑，而这样的处理模式称为 Affinity（线程亲和性）。Affinity 模式与传统执行模式的区别如图 5-2 所示。

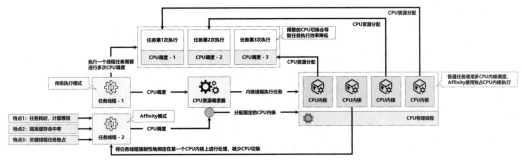

图 5-2　Affinity 与传统执行模式的区别

> 💡 提示：Linux 中的 Affinity。
>
> 　　Affinity 的概念最早是从 SMP（Symmetric Multi-Processing，对称多处理）硬件架构上体现的，指在一个计算机上汇集了多个 CPU，各 CPU 之间共享内存子系统以及总线子系统，本质上相当于多核架构，也是现在较为常见的计算机硬件模式。
>
> 　　Affinity 分为软实现与硬实现，软实现主要指的是某一个进程或者线程要在指定的 CPU 上尽量长时间地运行而不被迁移到其他处理器，属于 Linux 内核进程调度器具有的先天实现特征。而硬实现需要用户调用特定的 API 来强行地将进程或线程绑定到某一个 CPU 内核上运行。

　　Netty 本身已经提供了足够优秀的性能处理方案，并且基于 J.U.C 实现了线程池的管理机制，如果想要在 Netty 中引入 Affinity 模式，需要使用第三方工具包，而后基于图 5-3 所示配置 Netty 线程池。下面来看一下具体的实现。

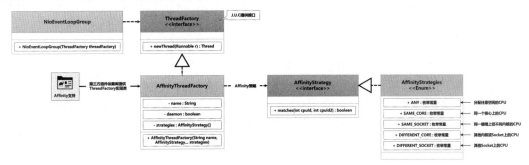

图 5-3　Affinity 模式与 Netty 整合

1．【netty 项目】创建 affinity 子模块，随后修改 build.gradle 配置文件，添加模块所需依赖。

```
project(":affinity") {                                                    //affinity子模块
    dependencies {                                                        //模块依赖配置
        implementation('io.netty:netty-buffer:4.1.89.Final')
        implementation('io.netty:netty-handler:4.1.89.Final')
        implementation('io.netty:netty-transport:4.1.89.Final')
        implementation('net.openhft:affinity:3.23.3')
    }
}
```

2．【affinity 子模块】创建基于 Affinity 线程管理的服务端应用。

```
package com.yootk.server;
public class AffinityServer {
    private static final Logger LOGGER = LoggerFactory.getLogger(AffinityServer.class);
    private int port;                                                     //服务绑定端口
    private EventLoopGroup boss;                                          //主线程池
    private EventLoopGroup worker;                                        //从线程池
    public AffinityServer() {
        this(8080);
    }
    public AffinityServer(int port) {
```

```
        this.port = port;                                                //服务监听端口
        this.boss = new NioEventLoopGroup();                             //主线程池
        ThreadFactory threadFactory = new AffinityThreadFactory("YootkAffinityThread",
                AffinityStrategies.DIFFERENT_CORE, AffinityStrategies.DIFFERENT_SOCKET,
                AffinityStrategies.ANY);
        this.worker = new NioEventLoopGroup(threadFactory);
    }
    public void start() throws Exception {
        try {
            ServerBootstrap serverBootstrap = new ServerBootstrap();     //服务配置
            serverBootstrap.group(this.boss, this.worker);               //配置线程池
            serverBootstrap.channel(NioServerSocketChannel.class);       //NIO通道
            serverBootstrap.childHandler(new ChannelInitializer<>() {
                @Override
                protected void initChannel(Channel ch) throws Exception {
                    ch.pipeline().addLast(new SimpleChannelInboundHandler<ByteBuf>() { //数据接收
                        @Override
                        protected void channelRead0(ChannelHandlerContext ctx,
                                                    ByteBuf msg) throws Exception {
                            LOGGER.info("【数据接收】{}", msg.toString(CharsetUtil.UTF_8));
                        }
                    });
                }
            });
            serverBootstrap.bind(this.port).sync().channel().closeFuture().sync();
        } finally {
            this.worker.shutdownGracefully();                            //关闭从线程池
            this.boss.shutdownGracefully();                              //关闭主线程池
        }
    }
}
```

3.【affinity 子模块】创建服务端应用启动类。

```
package com.yootk;
public class StartAffinityServerApplication {
    public static void main(String[] args) throws Exception {
        new AffinityServer().start();
    }
}
```

4.【本地系统】利用 telnet 命令进行服务连接测试。

```
telnet localhost 8080
```

此时的程序修改了 Netty 中默认的 ThreadFactory 配置，这样在执行时就会以 Affinity 将进程或线程捆绑在某一个具体的 CPU 内核上进行处理。如果面对长时间的高性能耗时网络处理，可以采用此开发模式。

5.2　Native 实现

视频名称　0502_【掌握】Native 实现

视频简介　Netty 为了进一步提升网络的处理性能，提供了本地操作系统模型的原生调用。本视频为读者分析该模式与传统模式调用之间的结构化差异，并且通过实例分析不同操作系统中 Epoll 与 KQueue 的引入，以及相关通道实现类的使用。

Netty 是基于 Java NIO 的封装，而 Java NIO 是 I/O 多路复用模型的一种实现，并且在实际的工作过程之中，是基于 Java 虚拟机方式提供的运行环境，这样一来在执行效率上就会存在一定的影响，如图 5-4 所示。

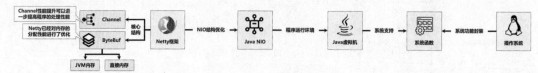

图 5-4　Netty 执行流程

Netty 为了提升性能已经基于jemalloc算法模型优化了内存分配机制,但是处理通道是基于NIO的形式完成的,而这一操作过程中就需要通过 Java 虚拟机来进行本地系统函数的调用,虽然该操作有助于程序移植性的保证,但是毕竟牺牲了部分的性能。此时较好的做法是根据不同的应用部署环境,选择不同的原生(Native)I/O 多路复用模型技术,如图 5-5 所示。

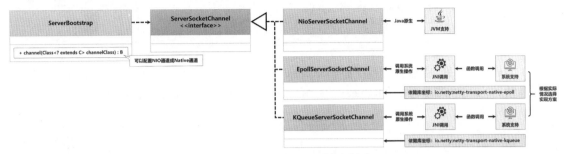

图 5-5 Netty 与系统 I/O 多路复用技术

如果当前用户使用的操作系统为 Linux 则可以基于 Epoll 实现,而如果使用的是 UNIX、macOS或 BSD 等操作系统,则可以基于 KQueue 实现,下面以 KQueue 实现为例,进行使用说明。

1.【netty 项目】本次将在 affinity 子模块中使用 KQueue 模型,修改 build.gradle 配置文件,添加新的依赖库,在配置依赖库时,需要根据当前系统的环境进行配置,这样才可以获取相应的 JNI程序库。

Aarch 架构:

```
implementation('io.netty:netty-transport-native-kqueue:4.1.89.Final:linux-aarch_64')
```

X86 架构:

```
implementation('io.netty:netty-transport-native-kqueue:4.1.89.Final:linux-x86_64')
```

OSX 架构:

```
implementation('io.netty:netty-transport-native-kqueue:4.1.89.Final:osx-x86_64')
```

2.【affinity 子模块】KQueue 内置了线程池的实现与 KQueueServerSocketChannel,修改AffinityServer 类。

```java
package com.yootk.server;
public class AffinityServer {
    private static final Logger LOGGER = LoggerFactory.getLogger(AffinityServer.class);
    private int port;                                                           //服务绑定端口
    private EventLoopGroup boss;                                                 //主线程池
    private EventLoopGroup worker;                                               //从线程池
    public AffinityServer() {
        this(8080);
    }
    public AffinityServer(int port) {
        this.port = port;                                                       //服务监听端口
        this.boss = new KQueueEventLoopGroup();                                 //主线程池
        ThreadFactory threadFactory = new AffinityThreadFactory("YootkAffinityWorker",
                AffinityStrategies.DIFFERENT_CORE, AffinityStrategies.DIFFERENT_SOCKET,
                AffinityStrategies.ANY);
        this.worker = new KQueueEventLoopGroup(threadFactory);
    }
    public void start() throws Exception {
        try {
            ServerBootstrap serverBootstrap = new ServerBootstrap();            //服务配置
            serverBootstrap.group(this.boss, this.worker);                      //配置线程池
            serverBootstrap.channel(KQueueServerSocketChannel.class);           //I/O通道
            serverBootstrap.childHandler(new ChannelInitializer<>() {
                @Override
                protected void initChannel(Channel ch) throws Exception {
                    ch.pipeline().addLast(new SimpleChannelInboundHandler<ByteBuf>() { //数据接收
                        @Override
                        protected void channelRead0(ChannelHandlerContext ctx,
                                    ByteBuf msg) throws Exception {
```

```
                         LOGGER.info("【数据接收】{}", msg.toString(CharsetUtil.UTF_8));
                    }
                });
            }
        });
        serverBootstrap.bind(this.port).sync().channel().closeFuture().sync();
    } finally {
        this.worker.shutdownGracefully();                              //关闭从线程池
        this.boss.shutdownGracefully();                                //关闭主线程池
    }
    }
}
```

3. 【affinity 子模块】此时的程序基于 KQueue 原生模型实现, 可以在 StartAffinityServerApplication 类中添加一个用于判断是否支持 KQueue 的检测代码, 如果不支持则在启动时会报错。

```
package com.yootk;
public class StartAffinityServerApplication {
    static {
        KQueue.ensureAvailability();                                   //判断当前系统是否支持KQueue
    }
    public static void main(String[] args) throws Exception {
        new AffinityServer().start();
    }
}
```

5.3 HTTP 服务代理

HTTP 服务代理

视频名称 0503_【理解】HTTP 服务代理

视频简介 HTTP 服务代理是较为常见的应用功能, 本视频为读者讲解 HTTP 代理的实现逻辑, 并基于 Netty 原生通道的处理结构, 分析代理服务转发的代码实现与注意事项。

在一些服务应用的场景中, 为了保证目标访问服务的安全性, 往往会基于代理的方式进行调用。即用户先访问代理服务, 而后代理服务确定该访问正确后, 再将请求转发到目标服务主机, 如图 5-6 所示。

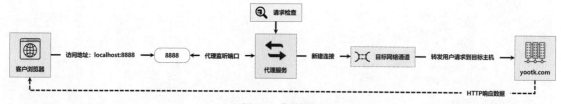

图 5-6 代理访问

Netty 提供了非常完善的通道管理机制, 利用通道之间的关联, 以及 HTTP 的控制, 就可以方便地实现代理转发的处理机制。下面来看一下该操作的具体实现。

1. 【netty 项目】创建 proxy 子模块, 随后修改 build.gradle 配置文件, 为模块添加所需依赖。

```
project(":proxy") {                                                    //服务代理模块
    dependencies {                                                     //模块依赖配置
        implementation('io.netty:netty-buffer:4.1.89.Final')
        implementation('io.netty:netty-handler:4.1.89.Final')
        implementation('io.netty:netty-transport:4.1.89.Final')
    }
}
```

2. 【proxy 子模块】创建代理工具类。

```
package com.yootk.proxy.util;
public class ProxyUtil {
    public static void closeOnFlush(Channel ch) {                      //关闭信息
        if (ch.isActive()) {                                           //通道激活
            ch.writeAndFlush(Unpooled.EMPTY_BUFFER).addListener(ChannelFutureListener.CLOSE);
```

```
        }
    }
    public static ByteBuf createProxyRequest(                                      //更改请求内容
            ByteBuf buf, String remoteHost, int remotePort) {
        ByteBuf newRequestBuf = Unpooled.buffer();                                 //创建请求缓冲区
        StringBuilder builder = new StringBuilder();                               //用于解析头信息
        while (buf.isReadable()) {                                                 //缓存中包含数据
            byte b = buf.readByte();                                               //读取数据
            builder.append((char) b);                                              //保存信息
            int len = builder.length();
            if (len >= 2 && builder.substring(len - 2).equals("\r\n")) {           //判断分隔符
                String line = builder.substring(0, len - 2);                       //获取数据项
                if (line.startsWith("Host")) {                                     //替换Host
                    newRequestBuf.writeBytes(("Host: " + remoteHost + ":" +
                            remotePort + "\r\n").getBytes());                       //请求主机
                } else {
                    newRequestBuf.writeBytes(builder.toString().getBytes());
                }
                builder.delete(0, len);                                            //删除读取到的数据行
            }
        }
        return newRequestBuf;
    }
}
```

ProxyUtil 类中较为重要的方法为 createProxyRequest()，由于用户通过浏览器发出访问请求，所以此时浏览器发出的头信息中的 Host 目标地址为 localhost，而这样的地址是无法进行目标服务调用的，所以在该方法中就要对传递过来的请求信息进行拆解，并将其转换为正确的目标地址，如图 5-7 所示。

图 5-7　HTTP 代理头

3．【proxy 子模块】创建目标主机访问的 ChannelHandler 类，该类的主要功能是将服务端返回的响应信息写入对应的代理通道之中。

```
package com.yootk.proxy.handler;
public class HTTPProxyInvokeHandler extends ChannelInboundHandlerAdapter {
    private Channel proxyChannel;                                                  //代理通道
    public HTTPProxyInvokeHandler(Channel proxyChannel) {
        this.proxyChannel = proxyChannel;
    }
    @Override
    public void channelActive(ChannelHandlerContext ctx) throws Exception {
        ctx.read();                                                               //读取通道数据
    }
    @Override
    public void channelInactive(ChannelHandlerContext ctx) throws Exception {
        ProxyUtil.closeOnFlush(this.proxyChannel);
    }
    @Override
    public void channelRead(ChannelHandlerContext ctx, Object msg) throws Exception {
        //将读取到的真实服务器的响应信息写入代理通道，以返回数据给调用者
        this.proxyChannel.writeAndFlush(msg);
    }
}
```

4．【proxy 子模块】创建代理操作节点。

```
package com.yootk.proxy.handler;
public class HTTPProxyHandler extends ChannelInboundHandlerAdapter {
    private static final Logger LOGGER = LoggerFactory.getLogger(HTTPProxyHandler.class);
    private String remoteHost = "www.yootk.com";                                   //代理站点
    private int remotePort = 80;                                                   //代理端口
    private Channel invokeChannel;                                                 //代理调用通道
    private Channel proxyChannel;                                                  //代理通道
    @Override
```

```java
public void channelActive(ChannelHandlerContext ctx) throws Exception {
    this.proxyChannel = ctx.channel();                                          //获取通道
    Bootstrap invokeBootstrap = new Bootstrap();                                //代理配置
    invokeBootstrap.group(this.proxyChannel.eventLoop());                       //线程池共用
    invokeBootstrap.channel(this.proxyChannel.getClass());                      //服务通道类型
    invokeBootstrap.handler(new HTTPProxyInvokeHandler(this.proxyChannel));     //远程代理操作
    invokeBootstrap.option(ChannelOption.AUTO_READ, false);
    ChannelFuture invokeFuture = invokeBootstrap.connect(
        this.remoteHost, this.remotePort);                                      //连接代理主机
    LOGGER.info("【代理路径】主机：{}、端口：{}", this.remoteHost, this.remotePort);
    this.invokeChannel = invokeFuture.channel();                                //获取调用通道
    invokeFuture.addListener(future -> {
        if (future.isSuccess()) {                                               //连接成功
            this.proxyChannel.read();                                           //读取发送请求
        } else {
            this.proxyChannel.close();                                          //关闭输入通道
        }
    });
}
@Override
public void channelRead(ChannelHandlerContext ctx, Object msg) throws Exception {
    ByteBuf buf = ProxyUtil.createProxyRequest((ByteBuf) msg, this.remoteHost, this.remotePort);
    if (this.invokeChannel.isActive()) {
        this.invokeChannel.writeAndFlush(buf).addListener(future -> {
            if (future.isSuccess()) {                                           //代理读取成功
                ctx.channel().read();                                           //读取下一条消息
            } else {
                ctx.channel().close();                                          //关闭通道
            }
        });
    }
}
@Override
public void channelInactive(ChannelHandlerContext ctx) throws Exception {
    if (this.invokeChannel != null) {
        ProxyUtil.closeOnFlush(ctx.channel());
    }
}
```

5.【proxy 子模块】创建代理配置类。

```java
package com.yootk.proxy;
public class HTTPProxy {
    private int port;                                                           //代理端口
    private EventLoopGroup boss = new NioEventLoopGroup();                       //主线程池
    private EventLoopGroup worker = new NioEventLoopGroup();                     //从线程池
    public HTTPProxy(int port) {
        this.port = port;                                                       //绑定服务端口
    }
    public void start() throws Exception {                                      //服务启动
        try {
            ServerBootstrap serverBootstrap = new ServerBootstrap();            //服务配置
            serverBootstrap.group(this.boss, this.worker);                      //配置线程池
            serverBootstrap.channel(NioServerSocketChannel.class);              //NIO通道
            serverBootstrap.childHandler(new ChannelInitializer<SocketChannel>() {
                @Override
                protected void initChannel(SocketChannel ch) throws Exception {
                    ch.pipeline().addLast(new LoggingHandler(LogLevel.INFO));    //调用记录
                    ch.pipeline().addLast(new HTTPProxyHandler());              //代理操作
                }
            });
            serverBootstrap.childOption(ChannelOption.AUTO_READ, false);
            serverBootstrap.bind(this.port).sync().channel().closeFuture().sync();
        } finally {
            this.worker.shutdownGracefully();                                   //关闭从线程池
            this.boss.shutdownGracefully();                                     //关闭主线程池
        }
    }
}
```

HTTPProxy 配置类主要定义了客户端与代理的连接，而在激活 HTTPProxyHandler 通道后，会

创建与目标主机之间的连接，用户的请求首先会被发送到 HTTPProxyHandler.channelRead()方法之中，而后根据目标请求的路径进行配置，发送目标服务的调用操作。目标主机的响应数据会被交给 HTTPProxyInvokeHandler.channelRead()方法处理，在该方法中直接将内容交给代理通道输出，最终就可以在浏览器上返回正确的页面数据，该操作的处理结构如图 5-8 所示。

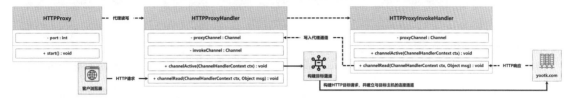

图 5-8　处理结构

6.【proxy 子模块】创建代理应用启动类，并绑定代理服务端口。

```
package com.yootk;
public class StartHTTPProxyApplication {
    public static void main(String[] args) throws Exception {
        new HTTPProxy(8888).start();
    }
}
```

程序执行结果：

【代理路径】主机：www.yootk.com、端口：80

5.4　Redis 编解码

Redis 编解码

视频名称　0504_【理解】Redis 编解码

视频简介　Redis 是现在流行的缓存数据库，同时为便于开发人员使用，提供了 RESP 设计标准，本视频基于 RESP 与 Netty 的扩展实现一个自定义应用客户端的开发，并通过实例分析相关编解码器的操作以及 RedisMessage 接口的作用。

在高并发系统设计之中，为了节约读取磁盘数据的耗时以及实现更加合理化的内存结构，往往会基于 Redis 数据库实现分布式缓存架构。在设计 Redis 数据库时，开发人员就已经充分地考虑到各类不同开发平台的技术需要，所以针对不同的编程语言，Redis 数据库都提供了专属的驱动程序包。Netty 提供了 Redis 操作的编解码支持扩展，这样就可以以 Netty 作为 Redis 客户端，并向 Redis 发出操作命令，如图 5-9 所示。

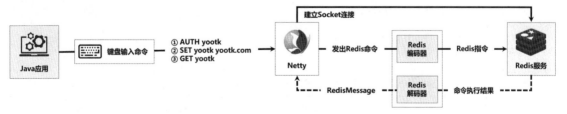

图 5-9　基于 Netty 开发 Redis 客户端

 提示：Redis 服务搭建。

Redis 是在现代项目开发之中重要的缓存组件，同时也是高并发实现的主要工具。本书不涉及 Redis 服务的安装以及使用的讲解，如果读者对此不熟悉请翻阅本系列的《Redis 开发实战（视频讲解版）》一书学习。

Redis 为了便于不同的应用客户端访问，提供了 RESP（REdis Serialization Protocol，Redis 序

列化协议）。而为了简化该协议的操作，Netty 提供了 netty-codec-redis 扩展组件，并且在该组件中提供了图 5-10 所示的 Redis 编码器与解码器，所有的 Redis 消息都通过 RedisMessage 接口实例进行描述。下面就利用这一机制来实现 Redis 客户端的开发。

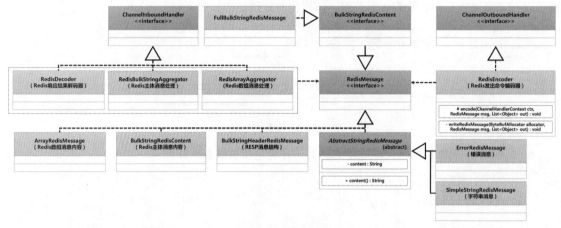

图 5-10　Redis 编码器与解码器

1．【netty 项目】创建 redis 子模块，随后在 build.gradle 配置文件中添加模块所需依赖。

```
project(":redis") {                                                  //Redis客户端模块
    dependencies {                                                   //模块依赖配置
        implementation(project(':common'))                          //引入公共模块
        implementation('io.netty:netty-buffer:4.1.89.Final')
        implementation('io.netty:netty-handler:4.1.89.Final')
        implementation('io.netty:netty-transport:4.1.89.Final')
        implementation('io.netty:netty-codec-redis:4.1.89.Final')
    }
}
```

2．【redis 子模块】创建 RedisClientHandler 类，此时该类中需要同时进行读写操作。

```
package com.yootk.redis.handler;
public class RedisClientHandler extends ChannelDuplexHandler {              //读写操作
    private static final Logger LOGGER = LoggerFactory.getLogger(RedisClientHandler.class);
    @Override
    public void write(ChannelHandlerContext ctx, Object msg, ChannelPromise promise) throws Exception {
        String[] commands = ((String) msg).split("\\s+");                  //命令拆分
        List<RedisMessage> part = new ArrayList<>(commands.length);        //创建命令集合
        for (String cmdString : commands) {                               //数据迭代
            part.add(new FullBulkStringRedisMessage(
                    ByteBufUtil.writeUtf8(ctx.alloc(), cmdString)));       //保存命令实例
        }
        RedisMessage request = new ArrayRedisMessage(part);               //构建命令请求
        ctx.write(request, promise);                                       //命令执行
    }
    @Override
    public void channelRead(ChannelHandlerContext ctx, Object msg) throws Exception {
        if (msg instanceof SimpleStringRedisMessage message) {
            LOGGER.info("【Redis响应】命令执行结果: {}", message.content());
        }
        if (msg instanceof FullBulkStringRedisMessage message) {
            LOGGER.info("【Redis响应】命令执行结果: {}",message.content().toString(CharsetUtil.UTF_8));
        }
        ReferenceCountUtil.release(msg);                                   //释放缓存
    }
}
```

ChannelDuplexHandler 是一个双向的读写通道处理类，本次的应用设计中将通过自定义的 RedisClientHandler 发出并接收 Redis 内容响应，当发出 AUTH 或 SET 指令成功时将返回 OK 的简单标记，而在使用 GET 指令查询时将返回具体的内容。所以在数据接收时，只针对 SimpleString-

RedisMessage 与 FullBulkStringRedisMessage 两种结构进行了处理，本类的相关实现结构如图 5-11
所示。

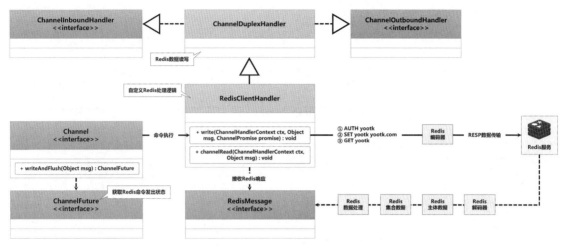

图 5-11　ChannelDuplexHandler 类的相关实现结构

3．【redis 子模块】创建 RedisClient 类，该类主要用于配置 Redis 连接，并通过键盘接收用户
发出的 Redis 命令。

```java
package com.yootk.redis;
public class RedisClient {
    private static final Logger LOGGER = LoggerFactory.getLogger(RedisClient.class);
    private String host;                                          //Redis连接地址
    private int port;                                             //Redis连接端口
    private EventLoopGroup group = new NioEventLoopGroup();        //主线程池
    public RedisClient(String host, int port) {
        this.host = host;                                         //Redis主机地址
        this.port = port;                                         //Redis连接端口
    }
    public void start() throws Exception {
        try {
            Bootstrap bootstrap = new Bootstrap();                //客户端配置
            bootstrap.group(this.group);                          //配置线程池
            bootstrap.channel(NioSocketChannel.class);            //NIO通道
            bootstrap.handler(new ChannelInitializer<SocketChannel>() {
                @Override
                protected void initChannel(SocketChannel ch) throws Exception {
                    ch.pipeline().addLast(new RedisDecoder());              //Redis解码
                    ch.pipeline().addLast(new RedisBulkStringAggregator()); //Redis数据接收
                    ch.pipeline().addLast(new RedisArrayAggregator());      //Redis集合数据接收
                    ch.pipeline().addLast(new RedisClientHandler());
                    ch.pipeline().addFirst(new RedisEncoder());             //Redis命令编码器
                }
            });
            Channel channel = bootstrap.connect(this.host, this.port).sync().channel(); //客户端通道
            ChannelFuture channelFuture = null;                   //通道异步返回
            String command = null;                                //用户命令
            while ((command = InputUtil.getString("请输入要执行的Redis命令：")) != null) {
                if ("quit".equalsIgnoreCase(command)) {           //命令结束
                    channel.close().sync();                       //关闭客户端
                    break;
                }
                final String tempCmd = command;                   //内部类使用
                channelFuture = channel.writeAndFlush(command);   //命令执行
                channelFuture.addListener(future -> {             //配置执行监听
                    if (future.isSuccess()) {                     //操作成功
                        LOGGER.info("【Redis命令】"{}"命令发送成功。", tempCmd);
                    } else {
                        LOGGER.info("【Redis命令】"{}"命令发送失败。", tempCmd);
```

```
        }
    });
        TimeUnit.SECONDS.sleep(1);                         //延缓下一条命令提示
    }
    if (channelFuture != null) {
        channelFuture.sync();                              //等待执行结果
    }
    } finally {
        this.group.shutdownGracefully();                   //关闭连接池
    }
}
}
```

4．【redis 子模块】创建 Redis 客户端应用启动类。

```
package com.yootk;
public class StartRedisClientApplication {
    public static void main(String[] args) throws Exception {
        new RedisClient("redis-server", 6379).start();     //启动Redis客户端
    }
}
```

用户执行命令：

请输入要执行的Redis命令：*auth yootk*
【Redis命令】"auth yootk"命令发送成功。
【Redis响应】命令执行结果：OK

用户执行命令：

请输入要执行的Redis命令：*set yootk yootk.com*
【Redis命令】"set yootk yootk.com"命令发送成功。
【Redis响应】命令执行结果：OK

用户执行命令：

请输入要执行的Redis命令：*get yootk*
【Redis命令】"get yootk"命令发送成功。
【Redis响应】命令执行结果：yootk.com

用户执行命令：

请输入要执行的Redis命令：*quit*

本次的操作采用键盘输入的模式，用户在命令提示符中输入要执行的 Redis 命令，每次执行命令后都会返回对应的结果，当用户执行 quit 命令时将结束本次应用。

 提示：Lettuce 组件基于 Netty 实现。

在 Java 与 Redis 的整合开发中，可以使用 Redission、Jedis 以及 Lettuce 这 3 种组件，其中 Lettuce 就是基于 Netty 实现的，并且在 Lettuce 中又引入了主从线程池的结构，以提高应用程序的开发效率。

5.5　Memcached 编解码

Memcached
编解码

视频名称　0505_【理解】Memcached 编解码
视频简介　Memcached 中可以直接通过二进制方式实现服务命令的执行，本视频为读者分析 Netty 中与 Memcached 客户端开发相关的类结构，并实现 SET 指令与 GET 指令的调用。

Redis 和 Memcached 同属于当前流行的分布式缓存组件，且都经历了长期的发展与更新，但是两相比较，Memcached 缓存组件更加小巧，所以在一些中小型开发中使用较多。在使用 Memcached 时并未使用特殊的数据传输结构，直接通过二进制方式即可实现服务的调用，为了简化这一操作，Netty 提供了 netty-codec-memcache 编解码支持库，可以基于其内部提供的 BinaryMemcacheClientCodec 类实现

Memcached 请求发送编码与命令执行结果解码操作，该类的相关定义结构如图 5-12 所示。

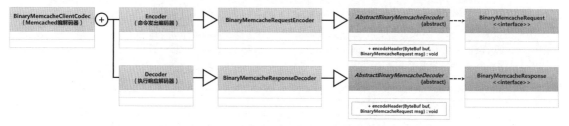

图 5-12　BinaryMemcacheClientCodec 类的相关定义结构

BinaryMemcacheClientCodec 类主要通过 MemcacheMessage 接口来描述调用请求与执行结果的消息，为便于用户使用，该接口提供了 BinaryMemcacheRequest 请求消息与 BinaryMemcache Response 响应消息两个子接口。用户在发出请求时，需要通过 BinaryMemcacheOpcodes 定义相关的指令编码，而后就可以向 Memcached 发出二进制形式的请求并等待服务端响应，本次将基于图 5-13 所示开发 Memcached 客户端。下面来看具体的实现。

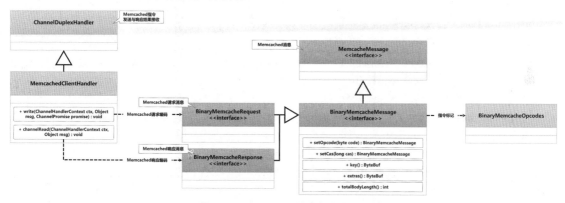

图 5-13　Memcached 请求与响应消息

> 💡 提示：Memcached 服务配置。
>
> Memcached 可以直接通过 Linux 系统进行安装，在本系列的《Spring 开发实战(视频讲解版)》一书中已经为读者详细讲解了该组件的安装步骤，如果读者对此不熟悉请自行参考相关书籍。

1.【netty 项目】创建 memcached 子模块，随后修改 build.gradle 配置文件，为其添加所需依赖

```
project(":memcached") {                                          //Memcached客户端模块
    dependencies {                                               //模块依赖配置
        implementation(project(':common'))                       //引入公共模块
        implementation('io.netty:netty-buffer:4.1.89.Final')
        implementation('io.netty:netty-handler:4.1.89.Final')
        implementation('io.netty:netty-transport:4.1.89.Final')
        implementation('io.netty:netty-codec-memcache:4.1.89.Final')
    }
}
```

2.【memcached 子模块】创建 MemcachedClientHandler 类，用于发送 Memcached 命令并接收执行响应结果。

```
package com.yootk.memcached.handler;
public class MemcachedClientHandler extends ChannelDuplexHandler {
    private static final Logger LOGGER = LoggerFactory.getLogger(MemcachedClientHandler.class);
    @Override
    public void write(ChannelHandlerContext ctx, Object msg,
                ChannelPromise promise) throws Exception {          //命令输出
        String command = (String) msg;                             //获取执行命令
        if (command.startsWith("set")) {                           //缓存设置命令
```

```
        String args[] = command.split(" ", 3);                        //命令拆分
        if (args.length < 3) {                                         //命令格式错误
            throw new IllegalArgumentException("SET命令格式错误，无法执行！");
        }
        ByteBuf key = Unpooled.wrappedBuffer(args[1].getBytes());      //缓存key
        ByteBuf content = Unpooled.wrappedBuffer(args[2].getBytes());  //缓存value
        ByteBuf extras = ctx.alloc().buffer(10);                       //附加内容
        extras.writeZero(8);                                           //附加内容为8
        BinaryMemcacheRequest request = new DefaultFullBinaryMemcacheRequest(
                key, extras, content);                                 //执行请求
        request.setOpcode(BinaryMemcacheOpcodes.SET);                  //命令代码
        ctx.write(request, promise);
    } else if (command.startsWith("get")) {                            //缓存获取命令
        String args[] = command.split(" ", 2);                         //命令拆分
        ByteBuf key = Unpooled.wrappedBuffer(args[1].getBytes());      //缓存key
        BinaryMemcacheRequest request = new DefaultBinaryMemcacheRequest(key); //执行请求
        request.setOpcode(BinaryMemcacheOpcodes.GET);                  //命令代码
        ctx.write(request, promise);
    } else {
        throw new IllegalStateException("未知命令：" + command);
    }
}
@Override
public void channelRead(ChannelHandlerContext ctx,
                Object msg) throws Exception {                         //执行响应
    FullBinaryMemcacheResponse response = (FullBinaryMemcacheResponse) msg;
    LOGGER.info("【Memcached执行结果】{}", response.content().toString(CharsetUtil.UTF_8));
    response.release();                                                //空间释放
}
}
```

3.【memcached 子模块】创建 MemcachedClient 配置类，用于建立 Memcached 连接并发送缓存操作命令。

```
package com.yootk.memcached;
public class MemcachedClient {
    private static final Logger LOGGER = LoggerFactory.getLogger(MemcachedClient.class);
    private String host;                                               //Memcached连接地址
    private int port;                                                  //Memcached连接端口
    private EventLoopGroup group = new NioEventLoopGroup();
    public MemcachedClient(String host, int port) {
        this.host = host;                                              //配置连接地址
        this.port = port;                                              //配置连接端口
    }
    public void start() throws Exception {                             //应用启动
        try {
            Bootstrap bootstrap = new Bootstrap();                     //客户端配置
            bootstrap.group(this.group);                               //线程池配置
            bootstrap.channel(NioSocketChannel.class);                 //NIO通道
            bootstrap.handler(new ChannelInitializer<SocketChannel>() {
                @Override
                protected void initChannel(SocketChannel ch) throws Exception {
                    ch.pipeline().addLast(new BinaryMemcacheClientCodec());
                    ch.pipeline().addLast(new BinaryMemcacheObjectAggregator(Integer.MAX_VALUE));
                    ch.pipeline().addLast(new MemcachedClientHandler());
                }
            });
            Channel channel = bootstrap.connect(this.host, this.port)
                    .sync().channel();                                 //连接Memcached服务器
            ChannelFuture channelFuture = null;                        //执行回调
            String command = null;                                     //保存输入命令
            while ((command = InputUtil.getString(
                    "请输入要执行的Memcached命令：")) != null) {        //使用键盘输入命令
                if ("quit".equalsIgnoreCase(command)) {
                    channel.close().sync();                            //关闭通道
                    break;                                             //结束循环
                }
                final String tempCmd = command;                        //内部类使用
                channelFuture = channel.writeAndFlush(command)
```

```
                    .addListener(future -> {                        //配置执行监听
                        if (future.isSuccess()) {                    //操作成功
                            LOGGER.info("【Memcached命令】"{}"命令发送成功。", tempCmd);
                        } else {
                            LOGGER.info("【Memcached命令】"{}"命令发送失败。", tempCmd);
                        }
                    }
                );
                TimeUnit.SECONDS.sleep(1);                           //延缓下次命令输入
            }
            if (channelFuture != null) {
                channelFuture.sync();                                //消息同步等待
            }
        } finally {
            this.group.shutdownGracefully();
        }
    }
}
```

4.【memcached 子模块】创建 Memcached 客户端应用启动类。

```
package com.yootk;
public class StartMemcachedClientApplication {
    public static void main(String[] args) throws Exception {
        new MemcachedClient("memcached-server", 6030).start();
    }
}
```

用户执行命令：

请输入要执行的Memcached命令：*set yootk yootk.com*
【Memcached命令】"set yootk yootk.com"命令发送成功。
【Memcached执行结果】

用户执行命令：

请输入要执行的Memcached命令：*get yootk*
【Memcached命令】"get yootk"命令发送成功。
【Memcached执行结果】yootk.com

用户执行命令：

请输入要执行的Memcached指令：*quit*

5.6 UDT 开发

UDT 开发

视频名称　0506_【了解】UDT 开发
视频简介　UDT 是一种适用于广域网大规模数据传输的协议，本视频为读者简单介绍 UDT
的特点，并分析 Netty 对 UDT 实现中的结构扩展以及具体的代码。

随着网络带宽时延积（Bandwidth-Delay Product，BDP）的增大，传统的 TCP 会开始逐步变得
更加低效，所以当带宽时延积增大到很高时，网络会比较容易受到攻击，同时 TCP 自身的问题使
其并不能实现带宽的公平分享，所以限制了其用于广域网分布式计算的效率，且对该类问题无法进
行有效的控制。所以为了支持高带宽时延积的网络环境，开发人员开发出了 UDT（UDP-based Data
Transfer Protocol，基于 UDP 的数据传输协议）。

> 💡 提示：带宽时延积。
>
> 　　带宽时延积是一种网络性能指标，指的是一个数据链路的能力（每秒传输的比特数量）与来
> 回通信延迟（单位：s）的乘积。

UDT 是一种互联网数据传输协议，主要目的是支持高速广域网上的海量数据传输，UDT 基于
UDP 开发，同时引入新的拥塞控制和数据可靠性控制机制，属于面向连接的全双工应用层协议。

UDT 的主要目标是效率、公平、稳定，使用单个的或少量的 UDT 数据流通信时，即便带宽的变化很剧烈，也要尽可能公平地共享带宽。UDT 适用于数据密集型的程序开发，例如网格计算、分布式数据挖掘以及高分辨率的多媒体数据流传输。

> **注意：UDT 在未来将被 Netty 废弃。**
>
> 如果读者打开 NioUdtProvider 源程序文件，可以发现在该类声明处使用了@Deprecated 注解声明，同时在注释中还提供了以下信息。
>
> `Deprecated The UDT transport is no longer maintained and will be removed.`
>
> 在未来的版本中，Netty 可能不再支持 UDT 的开发，所以本书并未对此协议的开发展开介绍，仅仅基于 ByteBuf 实现了 UDT 数据传输。

UDT 的开发中支持两种网络连接模式，分别为传统模式（C/S 架构）与合并模式（Rendezvous），前者采用传统的客户端服务连接模式进行通信，而后者将不再区分服务端与客户端的概念，而是进行平等的通信。Netty 内提供的依赖库支持这两种模式的开发，并且提供了 SelectorProviderUDT 与 UdtChannel 扩展结构，如图 5-14 所示。下面通过一个具体的实例开发一个 UDT 的应用。

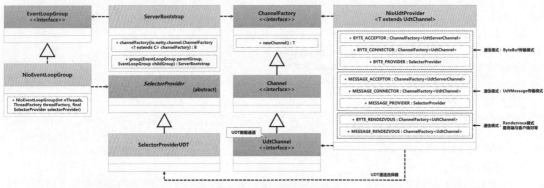

图 5-14　Netty 与 UDT 开发

1. 【netty 项目】创建 udt 子模块，随后修改 build.gradle 配置文件，添加模块所需依赖。

```
project(":udt") {                                                    //UDT开发模块
    dependencies {                                                   //模块依赖配置
        implementation(project(':common'))                          //引入公共模块
        implementation('io.netty:netty-buffer:4.1.89.Final')
        implementation('io.netty:netty-handler:4.1.89.Final')
        implementation('io.netty:netty-transport-udt:4.1.89.Final')
    }
}
```

2. 【udt-server 子模块】创建 UDTServerHandler 类。

```
package com.yootk.udt.server.handler;
public class UDTServerHandler extends SimpleChannelInboundHandler<ByteBuf> {
    private static final Logger LOGGER = LoggerFactory.getLogger(UDTServerHandler.class);
    @Override
    public void channelActive(final ChannelHandlerContext ctx) {
        LOGGER.info("【UDT通道激活】Monitor，UDT通道监控信息：{}",
                NioUdtProvider.socketUDT(ctx.channel()).toStringMonitor());
        LOGGER.info("【UDT通道激活】Options，UDT通道配置环境：{}",
                NioUdtProvider.socketUDT(ctx.channel()).toStringOptions());
    }
    @Override
    protected void channelRead0(ChannelHandlerContext ctx, ByteBuf msg) throws Exception {
        ctx.writeAndFlush(Unpooled.wrappedBuffer(
            ("【ECHO】" + msg.toString(CharsetUtil.UTF_8)).getBytes()));    //数据响应
    }
}
```

3．【udt-server 子模块】创建服务配置类 UDTServer。

```
package com.yootk.udt.server;
public class UDTServer {
    private int port;                                                      //服务绑定端口
    private NioEventLoopGroup acceptGroup;                                 //Accept线程池
    private NioEventLoopGroup connectGroup;                                //Connect线程池
    public UDTServer(int port) {
        this.port = port;                                                  //保存监听端口
        int threads = Runtime.getRuntime().availableProcessors() * 2;      //线程池数量
        ThreadFactory acceptThreadFactory = new DefaultThreadFactory("Accept");  //线程工厂
        ThreadFactory connectThreadFactory = new DefaultThreadFactory("Connect"); //线程工厂
        this.acceptGroup = new NioEventLoopGroup(threads, acceptThreadFactory,
            NioUdtProvider.BYTE_PROVIDER);                                 //使用UDT通道
        this.connectGroup = new NioEventLoopGroup(threads, connectThreadFactory,
            NioUdtProvider.BYTE_PROVIDER);                                 //使用UDT通道
    }
    public void start() throws Exception {
        try {
            ServerBootstrap serverBootstrap = new ServerBootstrap();       //服务端配置类
            serverBootstrap.group(this.acceptGroup, this.connectGroup);    //线程池
            serverBootstrap.channelFactory(NioUdtProvider.BYTE_ACCEPTOR);  //字节传输通道
            serverBootstrap.childHandler(new ChannelInitializer<UdtChannel>() {
                @Override
                protected void initChannel(UdtChannel ch) throws Exception {
                    ch.pipeline().addLast(new UDTServerHandler());
                }
            });
            serverBootstrap.bind(this.port).sync().channel().closeFuture().sync(); //服务绑定
        } finally {
            this.connectGroup.shutdownGracefully();
            this.acceptGroup.shutdownGracefully();
        }
    }
}
```

4．【udt-server 子模块】创建服务启动类 StartUDTServerApplication。

```
package com.yootk;
public class StartUDTServerApplication {
    public static void main(String[] args) throws Exception {
        new UDTServer(8080).start();
    }
}
```

5．【udt-client 子模块】创建数据处理类 UDTClientHandler。

```
package com.yootk.udt.client.handler;
public class UDTClientHandler extends SimpleChannelInboundHandler<ByteBuf> {
    private static final Logger LOGGER = LoggerFactory.getLogger(UDTClientHandler.class);
    @Override
    public void channelActive(ChannelHandlerContext ctx) throws Exception {
        ctx.writeAndFlush(Unpooled.wrappedBuffer("沐言科技: www.yootk.com".getBytes())); //发送数据
    }
    @Override
    protected void channelRead0(ChannelHandlerContext ctx, ByteBuf msg) throws Exception {
        LOGGER.info("【客户端接收响应】{}", msg.toString(CharsetUtil.UTF_8));
    }
}
```

6．【udt-client 子模块】创建客户端配置类 UDTClient。

```
package com.yootk.udt.client;
public class UDTClient {
    private String host;                                                   //UDT服务地址
    private int port;                                                      //UDT服务端口
    private NioEventLoopGroup group;
    public UDTClient(String host, int port) {
        this.host = host;                                                  //服务连接地址
        this.port = port;                                                  //服务连接端口
        ThreadFactory threadFactory = new DefaultThreadFactory("connect"); //线程工厂
        int threads = Runtime.getRuntime().availableProcessors() * 2;      //线程数量
        this.group = new NioEventLoopGroup(threads, threadFactory,
            NioUdtProvider.BYTE_PROVIDER);                                 //UDT字节通道
    }
}
```

```java
    public void start() throws Exception {                                    //客户端启动
        try {
            Bootstrap bootstrap = new Bootstrap();                            //客户端配置
            bootstrap.group(this.group);                                      //配置线程池
            bootstrap.channelFactory(NioUdtProvider.BYTE_CONNECTOR);          //通道工厂
            bootstrap.handler(new ChannelInitializer<UdtChannel>() {
                @Override
                protected void initChannel(UdtChannel ch) throws Exception {
                    ch.pipeline().addLast(new UDTClientHandler());
                }
            });
            bootstrap.connect(this.host, this.port).sync().channel().closeFuture().sync(); //服务连接
        } finally {
            this.group.shutdownGracefully();
        }
    }
}
```

7.【udt-client 子模块】创建客户端应用启动类。

```java
package com.yootk;
public class StartUDTClientApplication {
    public static void main(String[] args) throws Exception {
        new UDTClient("localhost", 8080).start();
    }
}
```

程序执行结果：

【客户端接收响应】【ECHO】沐言科技：www.yootk.com

此时的程序基于传统 C/S 架构开发，所以服务端使用 ServerBootstrap 配置，客户端采用 Bootstrap 配置，在数据通信过程中，基于 UDT 通道实现了字节型数据的传输。

5.7 SCTP 开发

SCTP 开发

视频名称　0507_【理解】SCTP 开发

视频简介　SCTP 是一款适用于信令传输的通信协议，是在 TCP 与 UDP 的优点上发展起来的。本视频为读者讲解 SCTP 的主要应用场景、数据报结构以及协议特点，同时分析 Netty 对 SCTP 的实现支持，最后基于 Linux 系统演示 SCTP 应用开发案例。

SCTP（Stream Control Transmission Protocol，流控制传输协议）是一种可靠的、面向连接的传输层协议，利用 SCTP 能够实现拥塞和流量控制、差错控制、数据的丢弃和复制等，并且支持选择重传机制，主要用于实现可靠的信令数据传输。

提示：信令与终端同步。

在进行多终端设计时，某一个终端状态的改变，都需要及时通知其他终端，以进行最终的状态同步，如图 5-15 所示，而这种消息就被称为信令。

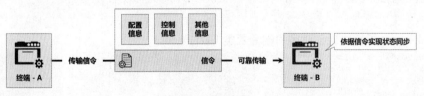

图 5-15　信令传输

一般来讲，信令的报文比较短小（可能只带有一些配置信息或者控制信息），同时信令又是决定网络终端状态同步的关键内容，所以其具有可靠传输与顺序传输的特点。

在一个多终端的交互环境中，不同的设备都需要向网络中的其他主机发送信令数据，这样一来就会造成信令数据传输密集的情况出现，而且信令本身包含顺序性的问题，如果直接基于 TCP 进

行传输，那么会产生如下问题。

1．TCP 基于二进制数据流实现传输，由于信令数据一般短小，所以会产生粘包机制，而为了最终能正确读取数据，需要配置合理的分隔符，在接收数据时进行拆包处理，降低了数据的处理性能。

2．TCP 可以保证数据传输的顺序性与可靠性，其中可靠性是基于滑动窗口的处理机制实现的，当在滑动窗口中检测到数据传输错误时，会重传窗口中的全部数据，而无法区分窗口中所包含的信令是否都需要重新传输，并且由于信令传输顺序的问题，有可能会出现队头阻塞，造成信令传输延迟的问题。

3．TCP 连接时需要使用三次握手处理机制，所以在连接建立后，服务端需要缓存 TCP 客户端的 SYN 消息，如果此时服务端收到大量的 SYN 消息，就造成了 SYN 攻击。

4．TCP 传输前需要通过三次握手的机制建立点到点连接，所以很难部署在多终端系统之中。

如果此时使用 UDP 传输信令，虽然可以有效地解决 TCP 中通道拥塞的问题，但是却无法保证可靠性，所以 TCP 与 UDP 都不适用于信令的传输，因此才产生了 SCTP。

SCTP 采用面向消息传输的处理机制，在每一次传输的 SCTP 数据包中会包含头信息以及若干个不同的数据块（Data Chunk），不同的数据块可以包含不同终端的不同消息。由于在数据块存储时已经对不同的消息进行了区分，所以服务端在进行数据读取时就容易许多，图 5-16 所示为 SCTP 数据包的组成结构。

图 5-16　SCTP 数据包的组成结构

SCTP 相较 TCP 来讲，在连接的可靠性上做出了优化。传统的 TCP 开发中，由于客户端和服务端都只有一个，因此需要创建一对一的网络连接，如果此时一端的网络出现问题，整个连接就直接崩溃了。而 SCTP 中允许客户端和服务端提供多个 IP 地址（主 IP 和备用 IP），每个 SCTP 节点都会基于心跳机制定时检查连接的可到达性，如果当前的 IP 无法使用，将自动切换到另外的备用 IP 上，以保证连接通道的顺畅，这样的机制被称为 Multihoming，如图 5-17 所示。

（a）多 IP 连接　　　　　　　　　　　　　　　（b）通道切换

图 5-17　Multihoming 机制

除此之外，SCTP 相比 TCP 提供了更高的安全性，在建立连接时采用了四次握手机制，如图 5-18 所示，而在关闭连接时采用了三次挥手机制，如图 5-19 所示。在建立连接时，客户端会向服务端发送一个 INIT 初始化消息（包括 IP 地址清单、初始序列号等），服务端接收到此消息后会响应一个 INIT ACK 消息（包括 IP 地址清单、初始化序列号、Cookie 数据等），随后客户端会向服务端再次发送一个 COOKIE ECHO 消息，如果服务端可以正确地进行 COOKIE ACK 响应，则该连接建立成功。在随后的通信过程中会一直传递该 Cookie 数据，服务端通过 Cookie 数据进行校验，从而避免了 TCP 中的 SYN 攻击。而在关闭连接时，SCTP 不会采用 TCP "半关闭"的状态，客户端只需要发送一个 SHUTDOWN 指令即可。

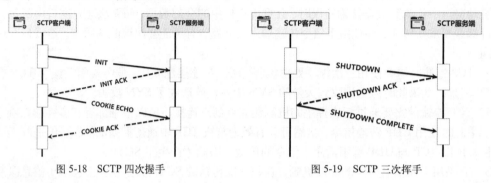

图 5-18 SCTP 四次握手   图 5-19 SCTP 三次挥手

> **注意：SCTP 运行环境。**
>
> SCTP 的支持需要与操作系统的支持捆绑，例如在 Linux 或 UNIX 新版系统中都对其协议有所支持，但是如果是在 Windows 系统或者 macOS 上开发，则需要配置额外的启动程序库才可以使用 SCTP，所以对于本次的程序，读者可以直接基于桌面版 Linux 使用。

SCTP 不仅弥补了 TCP 的缺点，同时还提供了 UDP 中无拥塞的实现特点，Java 开发人员可以依据 Netty 提供的相应开发包实现 SCTP 程序编写。下面来看一下该程序的具体实现。

1.【netty 项目】创建 sctp 子模块，随后修改 build.gradle 配置文件，配置模块所需依赖。

```
project(":sctp") {                                                    //sctp子模块
    dependencies {                                                    //模块依赖配置
        implementation(project(':common'))                           //引入公共模块
        implementation('io.netty:netty-buffer:4.1.89.Final')
        implementation('io.netty:netty-handler:4.1.89.Final')
        implementation('io.netty:netty-transport-sctp:4.1.89.Final')
    }
}
```

2.【sctp 子模块】创建服务端处理类 SCTPServerHandler，用于进行消息的响应。

```
package com.yootk.sctp.server.handler;
public class SCTPServerHandler extends SimpleChannelInboundHandler<SctpMessage> {    //SCTP消息
    private static final Logger LOGGER = LoggerFactory.getLogger(SCTPServerHandler.class);
    @Override
    protected void channelRead0(ChannelHandlerContext ctx, SctpMessage msg) throws Exception {
        String content = msg.content().toString(CharsetUtil.UTF_8);                  //消息接收
        LOGGER.info("【SCTP请求消息】{}", content);
        SctpMessage echoMessage = new SctpMessage(msg.protocolIdentifier(), msg.streamIdentifier(),
                Unpooled.wrappedBuffer(("【ECHO】" + content).getBytes())));            //数据处理
        ctx.writeAndFlush(echoMessage);                                              //请求响应
    }
}
```

3.【sctp 子模块】创建服务配置类 SCTPServer，基于 Multihoming 机制创建服务端应用。

```
package com.yootk.sctp.server;
public class SCTPServer {
    private String primaryHost;                                                     //主IP地址
    private String backupHost;                                                      //备用IP地址
    private int port;                                                               //主端口
    private NioEventLoopGroup boss;                                                 //主线程池
    private NioEventLoopGroup worker;                                               //从线程池
    public SCTPServer(String primaryHost, String backupHost, int port) {
        this.primaryHost = primaryHost;                                             //服务绑定地址1
```

```
            this.backupHost = backupHost;                                              //服务绑定地址2
            this.port = port;                                                          //服务绑定端口
            this.boss = new NioEventLoopGroup();                                       //创建主线程池
            this.worker = new NioEventLoopGroup();                                     //创建从线程池
        }
        public void start() throws Exception {
            try {
                ServerBootstrap serverBootstrap = new ServerBootstrap();              //服务端配置
                serverBootstrap.group(this.boss, this.worker);                         //配置线程池
                serverBootstrap.channel(NioSctpServerChannel.class);                   //配置服务通道
                serverBootstrap.childHandler(new ChannelInitializer<SctpChannel>() {
                    @Override
                    protected void initChannel(SctpChannel ch) throws Exception {
                        ch.pipeline().addLast(new LoggingHandler(LogLevel.DEBUG));
                        ch.pipeline().addLast(new SCTPServerHandler());
                    }
                });
                InetSocketAddress primaryAddress = SocketUtils.socketAddress(this.primaryHost, this.port);
                SctpServerChannel sctpServerChannel = (SctpServerChannel) serverBootstrap
                        .bind(primaryAddress).sync().channel();                        //绑定服务地址1
                InetAddress backupAddress = SocketUtils.addressByName(this.backupHost);
                sctpServerChannel.bindAddress(backupAddress).sync().channel()
                        .closeFuture().sync();                                         //绑定服务地址2
            } finally {
                this.worker.shutdownGracefully();
                this.boss.shutdownGracefully();
            }
        }
    }
```

4.【sctp 子模块】创建应用启动类 StartSCTPServerApplication，在该类中传入两个主机地址与服务绑定端口号。

```
package com.yootk;
public class StartSCTPServerApplication {
    public static void main(String[] args) throws Exception {
        new SCTPServer("127.0.0.1", "192.168.37.128", 8080).start();
    }
}
```

5.【sctp 子模块】创建 SCTPClientHandler 类。

```
package com.yootk.sctp.client.handler;
public class SCTPClientHandler extends SimpleChannelInboundHandler<SctpMessage> { //SCTP消息
    private static final Logger LOGGER = LoggerFactory.getLogger(SCTPClientHandler.class);
    @Override
    public void channelActive(ChannelHandlerContext ctx) throws Exception {
        SctpMessage msg = new SctpMessage(9, 0,
                Unpooled.wrappedBuffer("沐言科技: www.yootk.com".getBytes()));
        ctx.writeAndFlush(msg);                                                        //激活时发出请求
    }
    @Override
    protected void channelRead0(ChannelHandlerContext ctx, SctpMessage msg) throws Exception {
        String content = msg.content().toString(CharsetUtil.UTF_8);                    //消息接收
        LOGGER.info("【SCTP响应消息】{}", content);
    }
}
```

6.【sctp 子模块】创建客户端配置类 SCTPClient，基于 Multihoming 机制创建客户端应用。

```
package com.yootk.sctp.client;
public class SCTPClient {
    private String primaryHost;                                                        //主IP地址
    private String backupHost;                                                         //备用IP地址
    private int clientPort;                                                            //客户端口
    private String serverHost;                                                         //服务主机
    private int serverPort;                                                            //服务端口
    private EventLoopGroup group = new NioEventLoopGroup();                            //线程池
    public SCTPClient(String primaryHost, String backupHost, int clientPort,
                String serverHost, int serverPort) {
        this.primaryHost = primaryHost;                                               //绑定地址1
        this.backupHost = backupHost;                                                 //绑定地址2
        this.clientPort = clientPort;                                                 //客户端监听端口
```

```
        this.serverHost = serverHost;                                    //服务地址
        this.serverPort = serverPort;                                    //服务端口
    }
    public void start() throws Exception {
        try {
            Bootstrap bootstrap = new Bootstrap();                       //客户端配置
            bootstrap.group(this.group);                                 //配置线程池
            bootstrap.channel(NioSctpChannel.class);                     //SCTP客户端通道
            bootstrap.handler(new ChannelInitializer<SctpChannel>() {
                @Override
                protected void initChannel(SctpChannel ch) throws Exception {
                    ch.pipeline().addLast(new LoggingHandler(LogLevel.DEBUG));
                    ch.pipeline().addLast(new SCTPClientHandler());
                }
            });
            ChannelFuture primaryFuthre = bootstrap.bind(this.primaryHost,
                    this.clientPort).sync();                             //绑定地址1
            SctpChannel channel = (SctpChannel) primaryFuthre.channel();
            channel.bindAddress(SocketUtils.addressByName(this.backupHost)).sync(); //绑定地址2
            channel.connect(SocketUtils.socketAddress(this.serverHost, this.serverPort))
                    .sync().channel().closeFuture().sync();              //服务连接
        } finally {
            this.group.shutdownGracefully();
        }
    }
}
```

7.【sctp 子模块】创建应用启动类 StartSCTPClientApplication。

```
package com.yootk;
public class StartSCTPClientApplication {
    public static void main(String[] args) throws Exception {
        new SCTPClient("127.0.0.1", "192.168.37.128", 6666, "127.0.0.1", 8080).start();
    }
}
```

8.【Ubuntu 系统】本次的应用将运行在 Ubuntu 系统中，所以需要配置系统的 SCTP 支持库。

```
apt-get -y install lksctp-tools
```

SCTP 支持库配置完成之后，分别启动 SCTP 服务端与客户端应用，此时在客户端通道建立完成后，客户端会向服务端发送一个 SCTP 消息，服务端接收到此消息并对其进行处理后将其返回给客户端。

5.8　DNS 协议开发

视频名称　0508_【理解】DNS 协议开发

视频简介　DNS 协议是一种较为常见的网络协议，用于构建域名服务，本视频为读者分析 DNS 的主要作用以及报文结构，并且通过 CoreDNS 构建私有 DNS 服务搭建，最后基于 Netty 提供的 DNS 编解码支持库实现 DNS 客户端应用的开发。

DNS（Domain Name System，域名系统）提供了一种互联网的地址查询服务，可以根据指定的域名获取该域名所捆绑的主机地址，而后实现网络数据的传输操作。在服务集群架构开发环境中，由于服务主机众多，一般都会引入一个内部的私有 DNS 服务器，以进行所有主机地址的维护管理，如图 5-20 所示。DNS 服务采用了标准的请求与响应模型，客户端要根据自己的需要发出 DNS 查询请求，服务端也需要将查询结果返回给客户端，因此在 DNS 中就规定了如下的报文结构。

1. 事务 ID（Transaction ID）：DNS 报文的 ID 定义，在进行 DNS 请求与响应报文传输时，该字段的内容是相同的，用于区分不同报文的响应。

2. 标识（Flags）：DNS 报文中的标识部分，分为若干个字段。

① QR（Response）：查询请求/响应的标识信息位，发出查询请求时该内容为 0，响应请求时该内容为 1。

② Opcode：操作码，0 表示标准查询，1 表示反向查询，2 表示服务器状态请求。

③ AA（Authoritative）：授权应答，在响应报文中有效，内容为 1 时表示名称服务器为权威服务器，内容为 0 时表示名称服务器为非权威服务器。

④ TC（Truncated）：截断标记，当内容为 1 时，表示响应已超过 512 B 并已被截断，只返回 512 B。

⑤ RD（Recursion Desired）：期望递归，该字段在一个查询请求中设置，并在响应中返回。主要功能是告诉服务器必须处理这个查询，这种方式被称为一个递归查询。如果该位内容为 0，且被请求的名称服务器没有一个授权回答，将返回一个能回答该查询的其他名称服务器列表，这种方式称为迭代查询。

⑥ RA（Recursion Available）：可用递归，该字段只出现在响应报文中，当内容为 1 时，表示服务器支持递归查询。

⑦ Z：保留字段，在请求和响应报文中该内容必须为 0。

⑧ rcode（Reply Code）：返回码标记，表示响应的差错状态，有如下几种取值范围。

a. rcode = 0：没有错误。

b. rcode = 1：报文格式错误（Format Error），服务器不能理解请求报文。

c. rcode = 2：域名服务器失败（Server Failure），服务器导致没办法处理当前请求。

d. rcode = 3：名字错误（Name Error），只有对授权域名服务器有意义，指出解析的域名不存在。

e. rcode = 4：查询类型不支持（Not Implemented），域名服务器不支持该查询类型。

f. rcode = 5：表示拒绝（Refused），服务器由于设置的某些策略而拒绝应答。

3. 问题计数（Questions）：DNS 查询请求的数量。

4. 回答资源记录数（Answer RRs）：DNS 响应数量。

5. 权威名称服务器计数（Authority RRs）：权威名称服务器的数量。

6. 附加资源记录数（Additional RRs）：额外的记录数量（权威名称服务器对应 IP 地址的数量）。

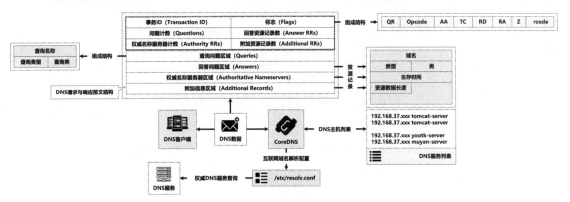

图 5-20　DNS 服务架构

除了使用权威 DNS 服务之外，在一些封闭的网络环境中也可以使用 CoreDNS 组件进行私有 DNS 的部署，该组件基于 Go 语言开发，同时项目被托管在 GitHub 之中。本次将基于该组件搭建 DNS 服务端，而后通过 Netty 来实现 DNS 客户端的编写，下面来看一下具体的实现步骤。

1.【coredns-server 主机】CoreDNS 源代码被托管在 GitHub 中，并且已经提供了打包程序，为便于后续配置，直接将打包程序下载到/usr/local/src 源代码目录中。

```
wget -P /usr/local/src/ https://******.com/coredns/coredns/releases/download/v1.10.1/coredns_
1.10.1_ linux_amd64.tgz
```

2.【coredns-server 主机】创建/usr/local/coredns 相关目录：mkdir -p /usr/local/coredns/{conf}。

3.【coredns-server 主机】创建 corefile 配置文件：vi /usr/local/coredns/conf/corefile。

```
.:530 {
  errors
  health {
    lameduck 5s
  }
  ready
  hosts {
    192.168.37.128 coredns-server
    192.168.37.129 tomcat-server
    192.168.37.130 tomcat-server
    ttl 60
    fallthrough
  }
  prometheus: 6153
  forward . /etc/resolv.conf {
    max_concurrent 1000
  }
  cache 30
  loop
  reload
  loadbalance
}
```

4．【coredns-server 主机】启动 CoreDNS 服务进程。

```
/usr/local/coredns/coredns --config /usr/local/coredns/conf/corefile
```

5．【coredns-server 主机】CoreDNS 进程会占用 530 端口，同时会启用 6153 监听端口以提供 Prometheus 监控数据（路径为/metrics），修改防火墙规则对外开放端口。

配置端口规则：

```
firewall-cmd --zone=public --add-port=530/tcp --permanent
```

配置端口规则：

```
firewall-cmd --zone=public --add-port=6153/tcp --permanent
```

重新加载配置：

```
firewall-cmd --reload
```

6．【netty 项目】创建 dns-client 子模块，随后修改 build.gradle 配置文件，添加模块所需依赖。

```
project(":dns-client") {                                              //DNS客户端模块
    dependencies {                                                   //模块依赖配置
        implementation('io.netty:netty-buffer:4.1.89.Final')
        implementation('io.netty:netty-handler:4.1.89.Final')
        implementation('io.netty:netty-transport:4.1.89.Final')
        implementation('io.netty:netty-codec-dns:4.1.89.Final')
    }
}
```

7．【dns-client 子模块】创建 DNSClientHandler 类，实现 DNS 响应数据接收。

```
package com.yootk.dns.handler;
public class DNSClientHandler extends SimpleChannelInboundHandler<DefaultDnsResponse> {
    private static final Logger LOGGER = LoggerFactory.getLogger(DNSClientHandler.class);
    @Override
    protected void channelRead0(ChannelHandlerContext ctx, DefaultDnsResponse msg) {
        try {
            readDNSMessage(msg);                                     //读取DNS服务端响应
        } finally {
            ctx.close();                                            //关闭连接
        }
    }
    private static void readDNSMessage(DefaultDnsResponse msg) {
        if (msg.count(DnsSection.QUESTION) > 0) {                   //DNS查询数量
            DnsQuestion question = msg.recordAt(DnsSection.QUESTION, 0);  //获取查询记录
            LOGGER.info("【DNS查询】{}", question);
        }
        int foot = 0;                                               //循环脚标
        int count = msg.count(DnsSection.ANSWER);                   //获取结果数量
        while (foot < count) {                                      //循环DNS查询结果
```

```
        DnsRecord record = msg.recordAt(DnsSection.ANSWER, foot);       //查询结果
        if (record.type() == DnsRecordType.A) {                         //获取主机地址
            DnsRawRecord raw = (DnsRawRecord) record;                   //获取记录
            String ip = NetUtil.bytesToIpAddress(ByteBufUtil.getBytes(raw.content())); //获取IP地址
            LOGGER.info("【DNS查询结果】IP地址: {}", ip);
        }
        foot++;                                                         //脚标自增
        }
    }
}
```

8.【dns-client 子模块】创建客户端配置类 DNSClient。

```
package com.yootk.dns;
public class DNSClient {
    private static final Logger LOGGER = LoggerFactory.getLogger(DNSClient.class);
    private String dnsServer;                                          //DNS主机
    private int dnsPort;                                               //DNS端口
    private EventLoopGroup group = new NioEventLoopGroup();            //线程池
    public DNSClient(String dnsServer, int dnsPort) {
        this.dnsServer = dnsServer;                                    //DNS主机
        this.dnsPort = dnsPort;                                        //DNS端口
    }
    public void query(String domain) throws InterruptedException {     //域名查询
        try {
            Bootstrap bootstrap = new Bootstrap();                     //客户端配置
            bootstrap.group(this.group)                                //线程池配置
                .channel(NioSocketChannel.class)                       //NIO通道
                .handler(new ChannelInitializer<SocketChannel>() {
                    protected void initChannel(SocketChannel ch) {
                        ch.pipeline().addLast(new TcpDnsResponseDecoder()); //DNS数据解码
                        ch.pipeline().addLast(new DNSClientHandler());      //DNS数据处理
                        ch.pipeline().addFirst(new TcpDnsQueryEncoder());   //DNS查询编码
                    }
                });
            Channel channel = bootstrap.connect(this.dnsServer, this.dnsPort)
                .sync().channel();                                     //DNS连接
            int randomID = (int) (System.currentTimeMillis() / 1000);
            DnsQuery query = new DefaultDnsQuery(randomID, DnsOpCode.QUERY) //DNS查询
                .setRecord(DnsSection.QUESTION, new DefaultDnsQuestion(domain, DnsRecordType.A));
            channel.writeAndFlush(query).sync();                       //发出查询请求
            boolean result = channel.closeFuture().await(10, TimeUnit.SECONDS); //等待查询结果
            if (!result) {
                LOGGER.error("DNS查询失败");
                channel.close().sync();                                //关闭DNS连接
            }
        } finally {
            this.group.shutdownGracefully();
        }
    }
}
```

9.【dns-client 子模块】创建 DNS 客户端应用启动类，查询 tomcat-server 的 IP 地址。

```
package com.yootk;
public class StartDNSClientApplication {
    public static void main(String[] args) throws Exception {
        DNSClient client = new DNSClient("192.168.37.128", 530);
        client.query("tomcat-server");                                //查询域名名称
    }
}
```

程序执行结果：

```
【DNS查询】DefaultDnsQuestion(tomcat-server. IN A)
【DNS查询结果】IP地址: 192.168.37.129
【DNS查询结果】IP地址: 192.168.37.130
```

Netty 为了便于 DNS 消息的管理，提供了 DnsMessage 接口，这样当用户发出 DNS 查询请求时，会以 DnsQuery 子接口实例的形式包装查询请求，会使用 DnsResponse 子接口包装查询结果，对每一条查询记录使用 DnsRecorder 接口实例来描述，如图 5-21 所示。

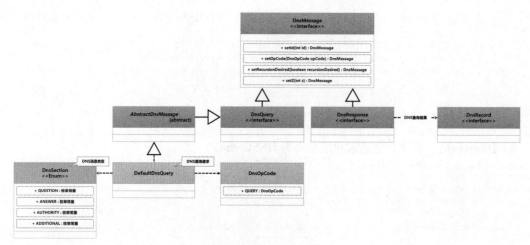

图 5-21　DNS 消息结构

5.9　WebSocket

WebSocket

视频名称　0509_【理解】WebSocket
视频简介　WebSocket 是一种在页面中实现 Socket 通信的技术，本视频为读者讲解 WebSocket 的技术特点，以及其与传统 Ajax 技术的区别。

Ajax 的出现为传统的 Web 开发带来丰富的数据展现形式，开发人员只需要利用 Ajax 就可以采用异步的方式实现资源加载，随后再基于 DOM 解析的处理结构进行页面内容局部替换操作，如图 5-22 所示。Ajax 是基于 HTTP 的一种技术实现，所以服务端不会保留客户端的状态，并且每一次都要创建新的 HTTP 连接，在持续交互的环境下就会产生较为严重的性能损耗。

由于 HTTP 本身不支持长连接，所以同一个客户端每次进行访问时都需要创建新的 HTTP 连接，为了解决用户持续交互的问题，在 HTML5 之后基于 TCP 开发出了一个 WebSocket 协议，开发人员可以在一个连接中持续进行多次的交互，WebSocket 通信处理结构如图 5-23 所示。

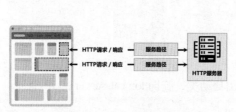

图 5-22　Ajax 处理模型

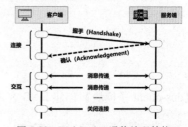

图 5-23　WebSocket 通信处理结构

 提示：Ajax 与服务端轮询。

使用 Ajax 发出的 HTTP 请求，本身依然需要满足 HTTP 报文结构，所以除了数据之外还会附加额外的头信息，这样在重复的操作结构中（例如网络聊天或数据推送）就会产生严重的性能浪费。同时为了保持服务端与客户端之间的连接，还需要不断地在客户端轮询服务端操作，增加了服务端的运行压力。

WebSocket 通信的前提条件是需要进行网络通道的连接，连接的建立过程被称为握手（Handshaker），服务端收到握手请求后，会向客户端返回一个握手确认的通知，如图 5-24 所示，随后在建立好的连接中进行数据交互。

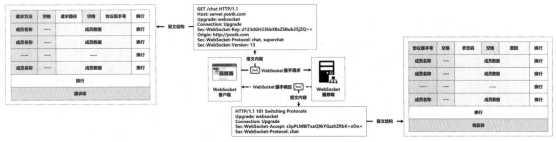

图 5-24　WebSocket 握手处理

> 💡 **提示：WebSocket 握手报文中的成员。**
>
> 在 WebSocket 请求和响应报文中，包含许多成员内容，这些内容的作用如下。
>
> （1）Sec-WebSocket-Key 是随机的字符串，服务端会用这些数据来构造 SHA-1 信息摘要，并利用这些数据计算出 Sec-WebSocket-Accept 头信息返回给客户端，从而避免普通 HTTP 请求被误认为 WebSocket 请求。
>
> （2）Sec-WebSocket-Protocol 是一个用户定义的字符串，用来区分同一个 URL 中不同服务所需要的协议。
>
> （3）Sec-WebSocket-Version 表示支持的 WebSocket 版本（RFC 6455 中要求使用的版本是 13，之前的版本均应当弃用），这是在 WebSocket 发展早期为解决浏览器支持问题所提供的一个成员项。

WebSocket 协议采用全双工通信模式，在此机制下客户端与服务端地位完全平等，可以互相发出请求（HTTP 只允许客户端发出请求），并且在每次传输数据时都只会附加较少的头部信息，同时也支持二进制数据的传输，由于数据传输长度的可变性，所以在 WebSocket 中使用数据帧的概念来进行数据的包装。图 5-25 所示为 WebSocket 数据传输时的帧结构，该结构中的主要组成单元如表 5-1 所示。

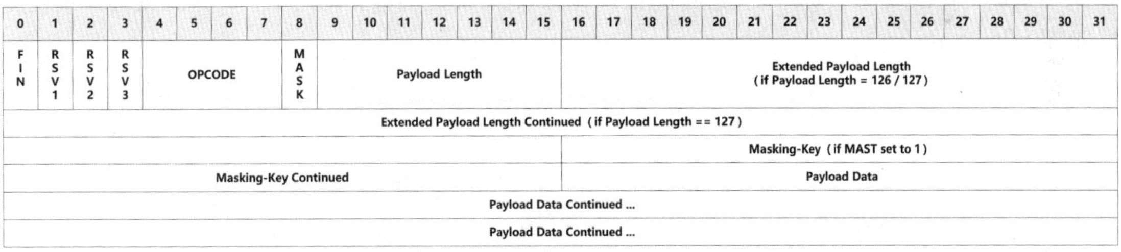

0	1	2	3	4	5	6	7	8	9	10	11	12	13	14	15	16	17	18	19	20	21	22	23	24	25	26	27	28	29	30	31
F I N	R S V 1	R S V 2	R S V 3	OPCODE				M A S K	Payload Length							Extended Payload Length (if Payload Length = 126 / 127)															
Extended Payload Length Continued (if Payload Length == 127)																															
																Masking-Key (if MAST set to 1)															
Masking-Key Continued																Payload Data															
Payload Data Continued ...																															
Payload Data Continued ...																															

图 5-25　WebSocket 数据传输时的帧结构

表 5-1　WebSocket 数据传输时的帧结构的主要组成单元

序号	帧标记	描述
1	FIN	完结标记，FIN=1 表示消息的最后一个分片，FIN=0 表示还有后续消息分片
2	RSV	RSV1、RSV2、RSV3 的值一般为 0，在使用 WebSocket 扩展时可以将其设置为非 0 数据
3	OPCODE	操作代码，用于定义解析后续数据载荷的方式，该值有如下几种定义。 ① %x0：表示本次数据采用了分片传输，当前仅为一个延续帧。 ② %x1：表示载荷为一个文本帧（Text Frame）。 ③ %x2：表示载荷为一个二进制帧（Binary Frame）。 ④ %x3～%x7：保留的操作代码，用于后续定义的非控制帧。 ⑤ %x8：表示连接关闭。 ⑥ %x9：表示当前为一个 PING 操作。 ⑦ %xA：表示当前为一个 PONG 操作。 ⑧ %xB～%xF：保留的操作代码，用于后续定义的非控制帧

续表

序号	帧标记	描述
4	MASK	表示客户端发送数据时,是否要对数据载荷进行掩码操作(服务端响应数据不需要掩码操作)。MASK=1(客户端向服务端发送数据帧时,MASK 内容都为 1)表示 Masking-Key 中会定义一个掩码 KEY,并使用这个掩码 KEY 来对数据载荷进行反掩码处理
5	Payload Length	数据载荷的长度(单位是 B),对于载荷长度的定义有如下 3 种。 ① 载荷长度为 0 ~ 126:数据的长度为 Payload Length 定义的字节个数。 ② 载荷长度为 126:后续 2 B 代表一个 16 bit 的无符号整数(数据长度)。 ③ 载荷长度为 127:后续 8 B 代表一个 64 bit 的无符号整数(数据长度)。 如果 Payload Length 占用多个字节,则 Payload Length 的二进制表达采用大端网络序(数据的低位字节序保存在内存的高地址中,数据的高位字节序保存在内存的低地址中)
6	Masking-Key	客户端发送数据帧到服务端时,数据载荷定义的掩码操作(4 B 长度)
7	Payload Data	载荷数据(数据过大会被分为多个数据帧传输),包括扩展数据(没有协商扩展时,扩展数据长度为 0 B)、应用数据(可以传输任意类型的数据)

5.9.1　Netty 开发 WebSocket 服务端

视频名称　0510_【理解】Netty 开发 WebSocket 服务端

视频简介　Netty 服务提供了 WebSocket 的解码器支持,提供了专属的协议解码器,同时也提供了 WebSocketFrame 数据结构。本视频为读者分析相关组成类之间的关联,并且基于具体的应用讲解一个 WebSocket 服务端 ECHO 操作实现,以及 HTML5 中的 WebSocket 访问。

WebSocket 协议与 HTTP 都是基于 TCP 实现的,所以两者属于平行关系,在一些 Web 容器之中也同时支持这两类服务应用的部署。除了请求协议标记不同之外,两者的运行模式都非常接近,所以 Netty 将 WebSocket 的实现保存在了 netty-codec-http 依赖库之中,在每次进行服务端应用构建时,都会依据指定的路径来实现 WebSocket 请求处理(该路径在 ChannelPipeline 中通过 WebSocketServerProtocolHandler 类进行配置),而其他的路径则依然使用 HTTP 进行处理,处理流程如图 5-26 所示。

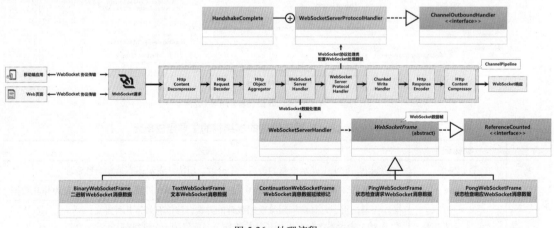

图 5-26　处理流程

WebSocket 支持文本、二进制数据以及状态检查消息的传输,所以针对消息结构的设计提供了 WebSocketFrame 公共父类,而后在进行数据接收时,开发人员可以依据当前的 WebSocketFrame 对象实例进行消息类型的判断与处理。下面通过具体的实例讲解 Netty 下的 WebSocket 服务端应用开发。

1.【netty 项目】创建 websocket-server 子模块,随后修改 build.gradle 配置文件,添加项目所需依赖。

```
project(":websocket-server") {                                          //WebSocket服务端模块
    dependencies {                                                      //模块依赖配置
        implementation('io.netty:netty-buffer:4.1.89.Final')
        implementation('io.netty:netty-handler:4.1.89.Final')
        implementation('io.netty:netty-transport:4.1.89.Final')
        implementation('io.netty:netty-codec-http:4.1.89.Final')
    }
}
```

2．【websocket-server 子模块】创建服务端处理类 WebSocketServerHandler。

```
package com.yootk.ws.handler;
public class WebSocketServerHandler extends SimpleChannelInboundHandler<WebSocketFrame> {
    private static final Logger LOGGER = LoggerFactory.getLogger(WebSocketServerHandler.class);
    @Override
    protected void channelRead0(ChannelHandlerContext ctx,
                        WebSocketFrame msg) throws Exception {
        LOGGER.info("【WebSocket消息处理】消息类型：{}", msg.getClass());
        if (msg instanceof TextWebSocketFrame text) {                   //判断实例类型
            String echo = "【ECHO】" + text.content().toString(CharsetUtil.UTF_8);
            ctx.writeAndFlush(new TextWebSocketFrame(echo));            //数据响应
        } else if (msg instanceof PingWebSocketFrame ping) {           //状态检测
            ctx.writeAndFlush(new PongWebSocketFrame(Unpooled.wrappedBuffer(
                "WebSocket HeartBeat Check".getBytes())));
        } else if (msg instanceof CloseWebSocketFrame close) {         //关闭消息
            ctx.channel().close() ;                                     //关闭通道
        }
    }
}
```

3．【websocket-server 子模块】创建服务配置类 WebSocketServer。

```
package com.yootk.ws;
public class WebSocketServer {                                          //服务端应用
    private int port;                                                   //监听端口号
    public WebSocketServer() {
        this(8080);                                                     //默认端口
    }
    public WebSocketServer(int port) {
        this.port = port;                                              //保存监听端口号
    }
    public void start() throws Exception {                             //服务器运行程序
        EventLoopGroup master = new NioEventLoopGroup() ;             //主线程池
        EventLoopGroup worker = new NioEventLoopGroup() ;             //工作线程池
        try {
            ServerBootstrap server = new ServerBootstrap();           //服务端配置
            server.group(master, worker).channel(NioServerSocketChannel.class);
            server.childHandler(new ChannelInitializer<SocketChannel>() {  //客户端处理
                @Override
                protected void initChannel(SocketChannel channel) throws Exception {
                    channel.pipeline().addLast(new HttpContentDecompressor());   //数据解压缩
                    channel.pipeline().addLast(new HttpRequestDecoder());        //HTTP响应解码
                    channel.pipeline().addLast(new HttpObjectAggregator(10485760));
                    channel.pipeline().addLast(new WebSocketServerHandler());    //HTTP响应处理
                    //配置WebSocket服务处理地址，该请求地址下的数据处理类型为WebSocketFrame
                    channel.pipeline().addLast(new WebSocketServerProtocolHandler("/websocket"));
                    channel.pipeline().addFirst(new ChunkedWriteHandler());      //文件输出处理
                    channel.pipeline().addFirst(new HttpResponseEncoder());      //HTTP请求编码
                    channel.pipeline().addFirst(new HttpContentCompressor());    //数据压缩
                }
            });
            ChannelFuture future = server.bind(this.port).sync();     //启动服务器获取异步操作接口
            future.channel().closeFuture().sync();                    //这里会持续进行等待
        } finally {
            master.shutdownGracefully();                              //关闭主线程池
            worker.shutdownGracefully();                              //关闭工作线程池
        }
    }
}
```

4．【websocket-server 子模块】创建服务端应用启动类。

```
package com.yootk;
public class StartWebSocketServerApplication {
    public static void main(String[] args) throws Exception {
```

```
            new WebSocketServer(80).start();                          //服务启动
    }
}
```

5.【HTML5 代码】通过 HTML 代码实现 WebSocket 数据交互。

```
<!DOCTYPE HTML>
<head>
    <title>WebSocket数据交互</title>
    <meta http-equiv="Content-Type" content="text/html;charset=UTF-8"/> <!-- 页面编码 -->
    <meta name="viewport" content="width=device-width,initial-scale=1">
    <script type="text/javascript" src="js/jquery.min.js"></script>
    <script type="text/javascript" src="bootstrap/js/bootstrap.min.js"></script>
    <link rel="stylesheet" type="text/css" href="bootstrap/css/bootstrap.min.css"/>
    <script type="text/javascript">                               //通过JavaScript实现WebSocket调用
        url = "ws://localhost/websocket";                          //WebSocket访问地址
        window.onload = function() {                               //页面加载时配置WebSocket连接
            webSocket = new WebSocket(url);                        //获取WebSocket对象实例
            webSocket.onopen = function(dev) {                     //服务连接
                document.getElementById("messageDiv").innerHTML +=
                    "<p>服务器连接成功，开始进行消息的交互处理。</p>"          //提示信息
            }
            webSocket.onclose = function() {                       //服务关闭
                document.getElementById("messageDiv").innerHTML +=
                    "<p>消息交互完毕，关闭连接通道。</p>"                   //提示信息
            }
            document.getElementById("send").addEventListener("click", function() {
                inputMessage = document.getElementById("msg").value;   //获取文本内容
                webSocket.send(inputMessage);                      //消息发送
                webSocket.onmessage = function(obj) {              //消息响应处理
                    document.getElementById("messageDiv").innerHTML +=
                        "<p>" + obj.data + "</p>";                 //接收内容响应
                    document.getElementById("msg").value = "";     //清空文本框
                }
            });
            document.getElementById("close").addEventListener("click", function() {
                webSocket.close(); //关闭
            })
        }
    </script>
</head>
<body><div> </div>
<div class="row" style="margin: 10px;">
    <div class="panel panel-success">
        <div class="panel-heading">
            <strong><i class="glyphicon glyphicon-th-list"></i> WebSocket数据交互</strong>
        </div>
        <div class="panel-body">
            <div id="inputDiv">
                <form class="form-horizontal" id="messageform">
                    <div class="form-group" id="midDiv">
                        <label class="col-md-2 control-label">输入信息：</label>
                        <div class="col-md-8">
                            <input type="text" id="msg" name="msg" class="form-control"
                                placeholder="请输入交互信息...">
                        </div>
                        <div class="col-md-2">
                            <button type="button" class="btn btn-primary btn-sm" id="send">发送</button>
                            <button type="button" class="btn btn-danger btn-sm" id="close">关闭</button>
                        </div>
                    </div>
                </form>
            </div>
            <div id="messageDiv"></div>
        </div>
    </div>
</div>
</body>
</html>
```

WebSocket 客户端应用可以通过任意的编程技术来实现，本次通过 JavaScript 原生操作实现了服务调用，在页面加载时将与服务端创建 WebSocket 连接，并且将每次发送到服务端中的数据进行回显，如图 5-27 所示。

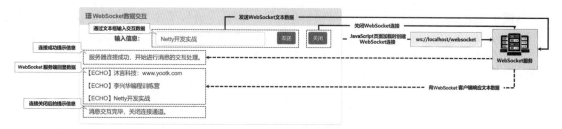

图 5-27　WebSocket 服务交互

5.9.2　Netty 开发 WebSocket 客户端

Netty 开发
WebSocket 客户端

视频名称　0511_【理解】Netty 开发 WebSocket 客户端

视频简介　Netty 提供了对 WebSocket 客户端的实现支持,本视频将为读者分析 WebSocket 客户端的详细处理流程,同时基于 ChannelInboundHandler 接口提供的不同方法实现异步 WebSocket 握手请求的处理以及不同数据的传输操作。

在 WebSocket 协议处理之中,如果直接基于浏览器开发,则所有的握手请求会由浏览器负责处理,用户只需要关心相应的回调处理操作即可。但是如果现在是基于应用程序实现的客户端开发,则需要手动发送 WebSocket 握手请求(在一个握手请求中还会包含版本号、子协议以及头信息等内容),当握手成功后才可以进行数据通信,如图 5-28 所示。

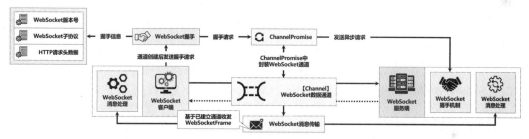

图 5-28　WebSocket 客户端实现

本次的 WebSocket 客户端将基于 Netty 框架实现,在建立通道时应该发送握手请求。一般的做法是利用 ChannelPromise 接口实现异步请求的发送,将握手信息发送到 WebSocket 服务端,并且基于 ChannelHandler 的方式来处理服务端的响应。为了便于握手请求的定义,Netty 提供了 WebSocketClientHandshaker 类,该类的相关定义如图 5-29 所示。

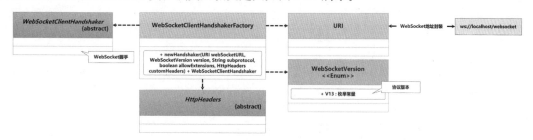

图 5-29　WebSocketClientHandshaker 类的相关定义

💡 提示：Future 与 Promise。

基于 Netty 进行异步处理操作,常规的做法是基于 Future 接口来实现。而在此基础上,Netty 内部又提供了一个 Promise 子接口,该接口实现了与 Future 接口类似的功能,可以依据其中的方法进行成功或失败状态的异步控制。

为便于通道数据的处理，ChannelInboundHandler 接口中提供了各类的处理方法定义，例如 channelRegistered()在注册通道时触发，channelActive()在激活通道时触发，那么本次就可以基于图 5-30 所示的结构来实现 WebSocket 数据通信。下面来看一下具体的代码实现。

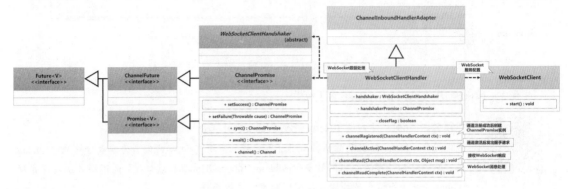

图 5-30　WebSocket 实现类结构

1.【netty 项目】创建 websocket-client 子模块，随后编辑 build.gradle 配置文件，添加模块所需依赖。

```
project(":websocket-client") {                                              //WebSocket客户端模块
    dependencies {                                                          //模块依赖配置
        implementation(project(':common'))                                 //引入公共模块
        implementation('io.netty:netty-buffer:4.1.89.Final')
        implementation('io.netty:netty-handler:4.1.89.Final')
        implementation('io.netty:netty-transport:4.1.89.Final')
        implementation('io.netty:netty-codec-http:4.1.89.Final')
    }
}
```

2.【websocket-client 子模块】创建 WebSocketClientHandler 类，实现 WebSocket 消息读写。

```
package com.yootk.ws.handler;
public class WebSocketClientHandler extends ChannelInboundHandlerAdapter {
    private static final Logger LOGGER = LoggerFactory.getLogger(WebSocketClientHandler.class);
    private WebSocketClientHandshaker handshaker;                           //WebSocket握手处理类
    private ChannelPromise handshakerPromise;                               //异步I/O
    private boolean closeFlag = false;                                     //关闭状态
    public WebSocketClientHandler(WebSocketClientHandshaker handshaker) {
        this.handshaker = handshaker;                                      //握手对象
    }
    public ChannelPromise getHandshakerPromise() {
        return this.handshakerPromise;
    }
    @Override
    public void channelRegistered(ChannelHandlerContext ctx) throws Exception {
        this.handshakerPromise = ctx.newPromise();                        //获取实例
    }
    @Override
    public void channelActive(ChannelHandlerContext ctx) throws Exception {
        this.handshaker.handshake(ctx.channel());                         //WebSocket握手请求
    }
    @Override
    public void channelReadComplete(ChannelHandlerContext ctx) throws Exception {
        if (this.closeFlag == false) {                                    //通道未关闭
            String message = InputUtil.getString("请输入要发送的信息：").trim();
            if ("close".equalsIgnoreCase(message)) {                       //当前的操作结束
                ctx.writeAndFlush(new CloseWebSocketFrame());              //关闭操作
                this.closeFlag = true;                                    //当前通道已经关闭
                ctx.channel().close() ;                                    //关闭通道
            } else if ("ping".equalsIgnoreCase(message)) {                //状态检测
                ctx.writeAndFlush(new PingWebSocketFrame());
            } else {                                                      //文本消息
                TextWebSocketFrame frame = new TextWebSocketFrame(message);
```

```
                    ctx.writeAndFlush(frame);
            }
        }
    }
    @Override
    public void channelRead(ChannelHandlerContext ctx, Object msg) throws Exception {
        if (!this.handshaker.isHandshakeComplete()) {                        //未握手
            try {
                this.handshaker.finishHandshake(ctx.channel(), (FullHttpResponse) msg); //握手处理
                LOGGER.info("【WebSocket握手】向WebSocket服务端发出握手请求");
                this.handshakerPromise.setSuccess();                        //握手完成
            } catch (Exception e) {
                LOGGER.error("【WebSocket握手】WebSocket服务器连接失败，无法发送握手请求");
                this.handshakerPromise.setFailure(e);                       //握手失败
            }
            return;                                                          //操作结束
        }
        if (msg instanceof TextWebSocketFrame text) {                        //文本消息
            LOGGER.info("【WebSocket消息】接收到文本数据，消息内容为：{}", text.text());
        } else if (msg instanceof PongWebSocketFrame pong) {                 //状态检测
            LOGGER.info("【WebSocket消息】接收到状态响应数据，检测结果为：{}",
                    pong.content().toString(CharsetUtil.UTF_8));
        }
    }
}
```

3．【websocket-client 子模块】创建 WebSocket 客户端配置类。

```
package com.yootk.ws;
public class WebSocketClient {
    private String host;                                                     //服务地址
    private int port;                                                        //服务端口
    public WebSocketClient() {
        this("localhost", 80);                                               //默认服务器地址
    }
    public WebSocketClient(String host, int port) {
        this.host = host;
        this.port = port;
    }
    public void start() throws Exception {                                   //服务启动
        EventLoopGroup group = new NioEventLoopGroup();
        try {
            Bootstrap bootstrap = new Bootstrap();                           //客户端配置
            String url = "ws://" + this.host + ":" + this.port + "/websocket"; //服务地址
            URI uri = new URI(url);                                          //URI地址包装
            WebSocketClientHandshaker handshaker = WebSocketClientHandshakerFactory.newHandshaker(uri,
                    WebSocketVersion.V13, null, true, new DefaultHttpHeaders());
            WebSocketClientHandler handler = new WebSocketClientHandler(handshaker); //处理节点
            bootstrap.group(group);                                         //设置连接池
            bootstrap.channel(NioSocketChannel.class);                       //客户端通道
            bootstrap.handler(new ChannelInitializer<SocketChannel>() {
                @Override
                protected void initChannel(SocketChannel channel) throws Exception {
                    channel.pipeline().addLast(new HttpContentDecompressor());//数据解压缩
                    channel.pipeline().addLast(new HttpResponseDecoder());    //HTTP响应解码
                    channel.pipeline().addLast(new HttpObjectAggregator(10485760));
                    channel.pipeline().addLast(handler);                     //WebSocket处理
                    channel.pipeline().addFirst(new ChunkedWriteHandler());   //HTTP请求编码
                    channel.pipeline().addFirst(new HttpRequestEncoder());    //HTTP请求编码
                    channel.pipeline().addFirst(new HttpContentCompressor()); //数据压缩
                }
            });
            Channel channel = bootstrap.connect(this.host, this.port).sync().channel();
            handler.getHandshakerPromise().sync();                           //发送握手请求
            channel.closeFuture().sync();
        } finally {
            group.shutdownGracefully() ;                                     //关闭线程池
        }
    }
}
```

4．【websocket-client 子模块】创建 WebSocket 客户端应用启动类。

```
package com.yootk;
public class StartWebSocketClientApplication {
    public static void main(String[] args) throws Exception {
        new WebSocketClient("localhost", 80).start();                              //客户端启动
    }
}
```

程序执行结果：

【WebSocket握手】向WebSocket服务端发出握手请求
请输入要发送的信息：*李兴华，《Netty开发实战》*
【ECHO】李兴华，《Netty开发实战》
请输入要发送的信息：*ping*
【WebSocket消息】接收到状态响应数据，检测结果为：WebSocket HeartBeat Check
请输入要发送的信息：*close*

本次应用将基于键盘实现请求数据的输入，服务端接收到请求数据后对其进行处理并进行响应，用户可以根据需要选择输入的内容，如果输入 ping 则表示检测服务运行状态，如果输入 close 则表示关闭客户端通道。

5.9.3　STOMP 开发

视频名称　0512_【理解】STOMP 开发
视频简介　STOMP 是一种消息传输的规范化协议，本视频为读者分析 STOMP 的主要作用，将 STOMP 数据结构与 Netty 设计类进行对比，并通过完整的实例讲解在 C/S 架构下的 STOMP 数据通信应用开发。

STOMP 开发

在网络通信的处理过程之中，数据的传输是核心的话题，而在数据传输过程中，除了要包含核心的业务功能外，还希望能为所传输的数据附加一些命令或与业务相关的头信息，此时可以基于 STOMP（Simple Text Orientated Messaging Protocol，简单文本定向消息协议）进行交互数据结构的定义。

> 💡 提示：WebSocket 与 STOMP。
>
> 　　WebSocket 连接建立成功后，客户端与服务端之间就可以进行持续的通信，但是 WebSocket 提供的仅仅是一种通信模式，并没有对 Payload 的结构进行定义，这样一来用户就可以基于自定义的数据结构实现消息的传输（例如基于 JSON 格式传输）。由于网络通信过程中的状态变化较为频繁，所以使用 STOMP 可以附加更多的控制信息。但是 STOMP 不仅能用于 WebSocket 上，它还适用于所有的通信协议，所以本小节将重点分析 STOMP 的组成结构，如果读者对此有兴趣可以将其与 WebSocket 整合在一起。

STOMP 是一种为 MOM（Message-Oriented Middleware，面向对象中间件）设计的简单文本协议，它提供一个可互操作的连接格式，允许客户端与任意 STOMP 消息代理（Broker）进行交互，也可以用于不同客户端之间的异步消息传输。STOMP 结构与 Netty 类关联如图 5-31 所示。

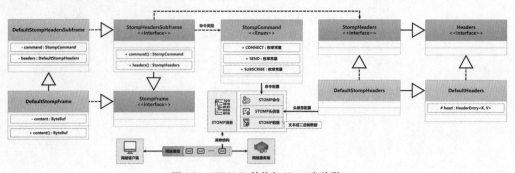

图 5-31　STOMP 结构与 Netty 类关联

STOMP 消息由命令（StompCommand）、头信息（StompHeaders）以及数据 3 个部分组成，其中数据采用二进制类型存储，这就意味着可以传输任意的内容。为了进一步规范每条消息的作用，STOMP 中又定义了消息的命令（核心命令类型说明见表 5-2），这样就可以区分不同类型的消息，如果有一些附加的内容需要一同传输，则可以通过头信息的方式进行定义，Netty 针对 STOMP 提供了完整的结构支持，下面来看代码的具体实现。

表 5-2　核心命令类型说明

序号	命令	数据流向	描述
1	CONNECT	客户端 ➜ 服务端	客户端向服务端发起 TCP 连接操作
2	SEND		将消息发送到服务端，可以包含正文数据
3	SUBSCRIBE		注册订阅者
4	UNSUBSCRIBE		删除当前订阅者
5	DISCONNECT		客户端断开与服务端的连接
6	CONNECTED	服务端 ➜ 客户端	服务端接收客户端请求，则响应该帧
7	MESSAGE		服务端将消息传送到订阅客户端，可以包含正文数据
8	ERROR		服务端出现问题则响应该帧，可以包含正文数据

1.【netty 项目】创建 stomp 子模块，随后修改 build.gradle 配置文件，为该模块添加所需依赖。

```
project(":stomp") {                                                        //stomp子模块
    dependencies {                                                         //模块依赖配置
        implementation(project(':common'))                                 //引入公共模块
        implementation('io.netty:netty-buffer:4.1.89.Final')
        implementation('io.netty:netty-handler:4.1.89.Final')
        implementation('io.netty:netty-codec-stomp:4.1.89.Final')
    }
}
```

2.【stomp 子模块】创建 STOMPServerHandler 类。

```
package com.yootk.stomp.server.handler;
public class STOMPServerHandler extends SimpleChannelInboundHandler<StompFrame> {
    private static final Logger LOGGER = LoggerFactory.getLogger(STOMPServerHandler.class);
    @Override
    protected void channelRead0(ChannelHandlerContext ctx, StompFrame msg) throws Exception {
        switch(msg.command()) {                                            //命令匹配
            case CONNECT -> {                                              //连接请求
                LOGGER.info("【CONNECT】ACCEPT_VERSION: {}",
                        msg.headers().getAsString(StompHeaders.ACCEPT_VERSION));
                DefaultStompFrame frame = new DefaultStompFrame(StompCommand.CONNECTED); //连接确认
                ctx.writeAndFlush(frame);                                  //连接请求响应
            }
            case SUBSCRIBE -> {                                           //订阅请求
                LOGGER.info("【SUBSCRIBE】ID: {}、RECEIPT: {}、DESTINATION: {}",
                        msg.headers().getAsString(StompHeaders.ID),
                        msg.headers().getAsString(StompHeaders.RECEIPT),
                        msg.headers().getAsString(StompHeaders.DESTINATION));
                DefaultStompFrame frame = new DefaultStompFrame(StompCommand.RECEIPT); //接收确认
                frame.headers().set(StompHeaders.RECEIPT_ID, "90019");     //回复ID
                ctx.writeAndFlush(frame);                                  //响应连接处理
            }
            case MESSAGE -> {                                             //消息处理
                LOGGER.info("【MESSAGE】CONTENT: {}", msg.content().toString(CharsetUtil.UTF_8));
                DefaultStompFrame frame = new DefaultStompFrame(StompCommand.DISCONNECT); //接收确认
                frame.content().writeBytes(("【ECHO】" + msg.content()
                        .toString(CharsetUtil.UTF_8)).getBytes());         //消息内容
                ctx.writeAndFlush(frame);
            }
        }
    }
}
```

3.【stomp 子模块】创建服务端配置类 STOMPServer。

```
package com.yootk.stomp.server;
public class STOMPServer {
```

```
    private int port;                                                          //服务绑定端口
    private EventLoopGroup boss = new NioEventLoopGroup();                      //主线程池
    private EventLoopGroup worker = new NioEventLoopGroup();                    //从线程池
    public STOMPServer(int port) {
        this.port = port;
    }
    public void start() throws Exception {
        try {
            ServerBootstrap serverBootstrap = new ServerBootstrap();           //服务端配置类
            serverBootstrap.group(this.boss, this.worker);                     //配置线程池
            serverBootstrap.channel(NioServerSocketChannel.class);             //NIO通道
            serverBootstrap.childHandler(new ChannelInitializer<SocketChannel>() {
                @Override
                protected void initChannel(SocketChannel ch) throws Exception {
                    ch.pipeline().addLast(new StompSubframeDecoder());         //解码器
                    ch.pipeline().addLast(new StompSubframeAggregator(100000)); //数据量
                    ch.pipeline().addLast(new STOMPServerHandler());
                    ch.pipeline().addFirst(new StompSubframeEncoder());        //编码器
                }
            });
            serverBootstrap.bind(this.port).channel().closeFuture().sync();
        } finally {
            this.worker.shutdownGracefully();
            this.boss.shutdownGracefully();
        }
    }
}
```

4.【stomp 子模块】创建应用启动类 StartSTOMPServerApplication。

```
package com.yootk;
public class StartSTOMPServerApplication {
    public static void main(String[] args) throws Exception {
        new STOMPServer(8080).start();
    }
}
```

5.【stomp 子模块】创建客户端处理类 STOMPClientHandler。

```
package com.yootk.stomp.client.handler;
public class STOMPClientHandler extends SimpleChannelInboundHandler<StompFrame> {
    private static final Logger LOGGER = LoggerFactory.getLogger(STOMPClientHandler.class);
    private String topic;                                                      //主体名称
    public STOMPClientHandler(String topic) {
        this.topic = topic;
    }
    @Override
    public void channelActive(ChannelHandlerContext ctx) throws Exception {
        DefaultStompFrame frame = new DefaultStompFrame(StompCommand.CONNECT); //连接请求
        frame.headers().set(StompHeaders.ACCEPT_VERSION, "1.2");               //版本号
        ctx.writeAndFlush(frame);
    }
    @Override
    protected void channelRead0(ChannelHandlerContext ctx, StompFrame msg) throws Exception {
        switch (msg.command()) {                                               //命令处理
            case CONNECTED -> {                                                //连接确认
                LOGGER.info("【CONNECTED】服务端响应连接消息。");
                DefaultStompFrame frame = new DefaultStompFrame(StompCommand.SUBSCRIBE); //订阅消息
                frame.headers().set(StompHeaders.DESTINATION, this.topic);     //主题
                frame.headers().set(StompHeaders.RECEIPT, "90019");            //接收编号
                frame.headers().set(StompHeaders.ID, "yootk");                 //客户端ID
                ctx.writeAndFlush(frame);
            }
            case RECEIPT -> {                                                  //接收确认
                LOGGER.info("【RECEIPT】RECEIPT_ID: {}",
                        msg.headers().getAsString(StompHeaders.RECEIPT_ID));
                DefaultStompFrame frame = new DefaultStompFrame(StompCommand.MESSAGE); //订阅消息
                frame.headers().set(StompHeaders.DESTINATION, this.topic);     //主题
                frame.headers().set(StompHeaders.RECEIPT, "90020");            //接收编号
                frame.headers().set(StompHeaders.ID, "yootk");                 //定义接收ID
                frame.content().writeBytes("沐言科技: www.yootk.com".getBytes()); //消息内容
                ctx.writeAndFlush(frame);
            }
            case DISCONNECT -> {
                LOGGER.info("【DISCONNECT】CONTENT: {}", msg.content().toString(CharsetUtil.UTF_8));
```

```
            }
        }
    }
```

6.【stomp 子模块】创建客户端配置类 STOMPClient。

```
package com.yootk.stomp.client;
public class STOMPClient {
    private String host;                                         //服务连接地址
    private int port;                                            //服务连接端口
    private String topic;                                        //消息主题
    private EventLoopGroup group = new NioEventLoopGroup();       //线程池
    public STOMPClient(String host, int port, String topic) {
        this.host = host;
        this.port = port;
        this.topic = topic;
    }
    public void start() throws Exception {
        try {
            Bootstrap bootstrap = new Bootstrap();               //客户端配置类
            bootstrap.group(this.group);                          //配置线程池
            bootstrap.channel(NioSocketChannel.class);            //NIO通道
            bootstrap.handler(new ChannelInitializer<SocketChannel>() {
                @Override
                protected void initChannel(SocketChannel ch) throws Exception {
                    ch.pipeline().addLast(new StompSubframeDecoder());        //解码器
                    ch.pipeline().addLast(new StompSubframeAggregator(100000)); //数据长度
                    ch.pipeline().addLast(new STOMPClientHandler(topic));      //业务处理
                    ch.pipeline().addFirst(new StompSubframeEncoder());        //编码器
                }
            });
            bootstrap.connect(this.host, this.port).sync().channel().closeFuture().sync();
        } finally {
            this.group.shutdownGracefully();
        }
    }
}
```

7.【stomp 子模块】创建应用启动类 StartSTOMPClientApplication。

```
package com.yootk;
public class StartSTOMPClientApplication {
    public static void main(String[] args) throws Exception {
        new STOMPClient("localhost", 8080, "Yootk:Topic").start();
    }
}
```

服务端日志：

```
【CONNECT】ACCEPT_VERSION: 1.2
【SUBSCRIBE】ID: yootk、RECEIPT: 90019、DESTINATION: Yootk:Topic
【MESSAGE】CONTENT: 沐言科技: www.yootk.com
```

客户端日志：

```
【CONNECTED】服务端响应连接消息。
【RECEIPT】RECEIPT_ID: 90019
【DISCONNECT】CONTENT:【ECHO】沐言科技: www.yootk.com
```

客户端应用启动后，会通过 channelActive()通道激活方法向服务端发送连接信息，当服务端响应连接确认信息后，就可以进行消息的订阅以及后续处理了。STOMP 主要的优势在于其可以灵活地进行不同类型的消息传输，在消息处理结构上较为灵活。

5.10 MQTT

MQTT

视频名称　0513_【理解】MQTT

视频简介　MQTT 是一种适合在不稳定的网络环境下使用的消息传输协议，本视频为读者分析 MQTT 协议的特点、技术架构、消息驻留、LWT 以及 QoS 等核心概念。

MQTT（Message Queuing Telemetry Transport，消息队列遥测传输）协议是一种基于"发布/订阅"（Publish/Subscribe）模式的轻量级通信协议，在 1999 年由 IBM 工程师安迪·斯坦福·克拉克（Andy Stanford Clark）和阿兰·尼普（Arlen Nipper）提出。该协议在 TCP/IP 基础上进行构建。MQTT 由于可以实现高效且可靠的消息服务传输，因此被广泛地应用在物联网、小型设备以及移动应用等开发环境之中。

MQTT 从诞生之初就是专为低带宽、高延迟或不可靠的网络环境而设计的，虽然历经几十年的更新和变化，但是 MQTT 协议的核心特点并没有任何改变，与最初不同的是，MQTT 协议的应用领域已经从嵌入式系统拓宽到开放的 IoT（The Internet of Things，物联网）。

MQTT 是一种基于网络消息的传输协议，所以在整体的架构中需要提供"发布者"、"代理服务器"以及"订阅者"（也可能是消息发布者）3 种角色，如图 5-32 所示，发布者要将消息发布到指定的代理服务器之中，而后代理服务器会将消息转发给连接到该服务器的每一个订阅者。每一次的网络通信都基于特定结构的消息进行主体数据的封装，一个 MQTT 数据包会包含固定头信息、可变头信息以及消息体 3 个部分，具体定义如下。

（1）固定头信息（Fixed Header）：存在于所有 MQTT 数据包中，有 3 个子组成结构。

① 报文类型：在 MQTT 协议中有多种报文结构，例如连接报文（CONNECT）、消息发布报文（PUBLISH）、消息订阅报文（SUBSCRIBE）、认证报文（AUTH）等，通过报文类型来确定不同的报文处理方式。

② 报文类型标识位：包括消息发送重复数（DUP）、消息服务质量等级（QoS）、消息驻留标记（RETAIN）。

③ 剩余长度：保存可变头信息和消息体的总长度，是一个变长的编码存储方案（占用 1～4 B），一个 MQTT 报文的最大长度为 256 MB。

（2）可变头信息（Variable Header）：存在于部分 MQTT 数据包中，可以利用该部分结构定义消息主题或者是与 MQTT 相关的配置属性，此部分的内容由具体的消息数据来定义，不是固定的配置。

（3）消息体（Payload）：存在于部分 MQTT 数据包中，表示每个订阅者收到的具体内容。

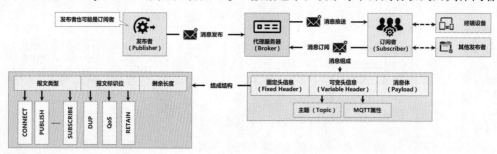

图 5-32　MQTT 技术架构

发布者在发送消息时会配置好消息的主题，所有的订阅者都需要提供与之匹配的主题才可以实现消息的接收。为了保证稳定的发布者与订阅者之间的消息传输机制，MQTT 提供了 3 种不同级别的 QoS（Quality of Service，服务质量）。

（1）QoS0：发布者只发送一次消息，订阅者也最多只能够接收到一次，如果消息发送失败，则不会重新发送，该机制完全依赖于 TCP 的数据重传机制，其操作流程如图 5-33 所示。

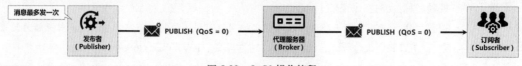

图 5-33　QoS0 操作流程

（2）QoS1：发布者需要根据发布响应（PUBACK）来确定消息是否重传，如果没有收到发布响应消息，则发布者会继续重试，一直到订阅者接收到该消息为止。由于重传机制的设计，订阅者可能会收到重复消息，其操作流程如图 5-34 所示，在实际开发中，此消息质量等级较为常见。

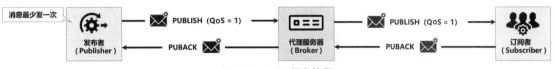

图 5-34　QoS1 操作流程

（3）QoS2（最高等级）：发布者向代理服务器发出消息，而后订阅者会向发布者发送一个收到消息的标记（PUBREC），随后发布者继续发送一个发布释放的标记（PUBREL），订阅者接收到 PUBREL 之后会向订阅者发布一个收到的标记（PUBCOMP），这样就可以实现消息的可靠传输，其操作流程如图 5-35 所示。

图 5-35　QoS2 操作流程

MQTT 现在被广泛地应用于物联网环境下，所以其发送的消息内容往往都属于设备的监控数据。现在假设有一个风力控制设备，平均每小时一次将设备状态信息发送到代理服务器之中，这样所有已经连接的订阅者就可以直接收到此条监控数据。而如果现在新增了一位订阅者，那么该订阅者无法立即实现设备已有状态数据的读取，所以为了解决此类问题，MQTT 提供了一个 Retain 消息标记，用于配置驻留消息标记，如图 5-36 所示。

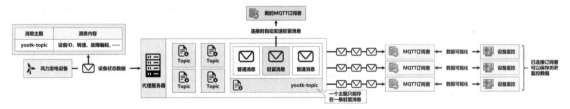

图 5-36　MQTT 驻留消息

MQTT 中的消息发布与订阅都是基于主题实现的，一个主题允许提供一条驻留（Retain）消息，如果现在发布者发布了新的驻留消息，则默认会进行覆盖。每一个新的订阅者都会收到驻留消息，发生了重连的订阅者也会收到驻留消息，当需要删除驻留消息时，只需要向该主题发送一条空消息（Payload 长度为 0）即可。

MQTT 的消息发布完全依赖于 TCP/IP，并且所有的设备可能工作在网络恶劣的环境之中，这样连接到代理服务器的终端有可能会出现非正常断开的问题。为了解决这一问题，MQTT 协议提供了一个 LWT（Last Will and Testament，最后的遗嘱）结构，在客户端非正常断开时，代理服务器会自动向 LWT 中写入一条消息。LWT 是在客户端连接到代理服务器时，通过 CONNECT 数据包中的可变头信息与 Payload 内容创建的，每一个 LWT 中会包含主题、QoS 以及消息等组成结构，如图 5-37 所示。如果客户端向代理服务器发送了 DISCONNECT 数据包，那么该客户端属于正常断开连接，不会触发 LWT 机制，并且会自动丢弃连接时所配置的 LWT 参数。

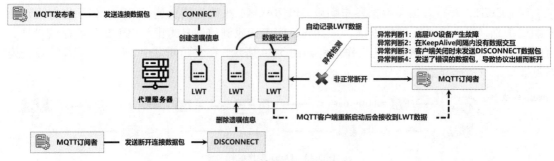

图 5-37　客户端 LWT 处理机制

MQTT 协议的开发可以基于各类语言实现，Netty 内部也提供了良好的 MQTT 协议支持，同时在实际开发中可以使用成熟的 MQTT 服务组件。下面来看一下具体的实现。

5.10.1　Netty 构建 MQTT 服务端

Netty 构建
MQTT 服务端

视频名称　0514_【理解】Netty 构建 MQTT 服务端

视频简介　Netty 提供了 MQTT 实现支持，本视频为读者分析 netty-codec-mqtt 依赖库中所提供的消息类以及编解码器的设计结构，并实现基础的 MQTT 服务端应用搭建。

MQTT 是一种开放式的通信协议，可以使用任何语言进行开发。在开发的过程中除了要配置 MQTT 协议的数据内容之外，还需要处理 MQTT 固定头信息以及 MQTT 可变头信息的定义，同时在数据传输的过程之中还要考虑相关数据的编码与解码处理。MQTT 消息配置如图 5-38 所示。

图 5-38　MQTT 消息配置

无论使用何种语言进行 MQTT 协议的开发，都需要按照其协议的组成进行二进制数据的编码处理。在 Java 开发环境下，可以使用 Netty 框架提供的 netty-codec-mqtt 支持库简化 MQTT 消息的配置，该依赖库提供了 MQTT 数据的编码和解码实现类，并且可以直接通过 MqttMessage 类结构来定义不同的消息类型，相关类的结构关联如图 5-39 所示。

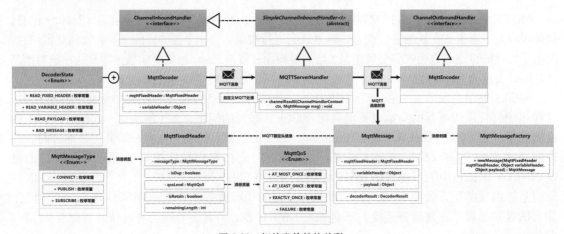

图 5-39　相关类的结构关联

Netty 提供了一个 MqttMessageFactory 类，在使用该类创建消息时，需要传入 3 类参数，分别为固定头信息、可变头信息以及消息体。其中固定头信息中必须设置有消息类型，为此提供了 MqttMessageType 枚举结构类，该类中所定义的枚举项与 MQTT 消息类型的对应关系如表 5-3 所示。

表 5-3　MqttMessageType 中定义的枚举项与 MQTT 消息类型的对应关系

序号	报文类型	MqttMessageType 枚举常量	数值	报文流动方向	描述
1	Reserved	—	0	禁止	保留
2	CONNECT	MqttMessageType.CONNECT	1	客户端 ➜ 服务端	客户端连接服务端
3	CONNACK	MqttMessageType.CONNACK	2	服务端 ➜ 客户端	连接报文确认
4	PUBLISH	MqttMessageType.PUBLISH	3	服务端 ⬌ 客户端	消息发布
5	PUBACK	MqttMessageType.PUBACK	4	服务端 ⬌ 客户端	QoS1 消息收到确认
6	PUBREC	MqttMessageType.PUBREC	5	服务端 ⬌ 客户端	QoS2 发布收到
7	PUBREL	MqttMessageType.PUBREL	6	服务端 ⬌ 客户端	QoS2 发布释放
8	PUBCOMP	MqttMessageType.PUBCOMP	7	服务端 ⬌ 客户端	QoS2 消息发布完成
9	SUBSCRIBE	MqttMessageType.SUBSCRIBE	8	客户端 ➜ 服务端	客户端订阅请求
10	SUBACK	MqttMessageType.SUBACK	9	服务端 ➜ 客户端	订阅请求报文确认
11	UNSUBSCRIBE	MqttMessageType.UNSUBSCRIBE	10	客户端 ➜ 服务端	客户端取消订阅请求
12	UNSUBACK	MqttMessageType.UNSUBACK	11	服务端 ➜ 客户端	取消订阅报文确认
13	PINGREQ	MqttMessageType.PINGREQ	12	客户端 ➜ 服务端	心跳请求
14	PINGRESP	MqttMessageType.PINGRESP	13	服务端 ➜ 客户端	心跳响应
15	DISCONNECT	MqttMessageType.DISCONNECT	14	客户端 ➜ 服务端	客户端断开连接
16	AUTH	MqttMessageType.AUTH	15	客户端 ➜ 服务端	客户端认证

不同的消息类型对应有不同的可变头信息，例如，在进行数据发送时可以通过可变头信息定义消息的主题，在订阅消息时又需要传递 LWT、心跳检测等配置项，所以 Netty 中也提供了不同的可变头信息结构类，如图 5-40 所示。下面来看一下如何使用 Netty 开发 MQTT 服务端应用。

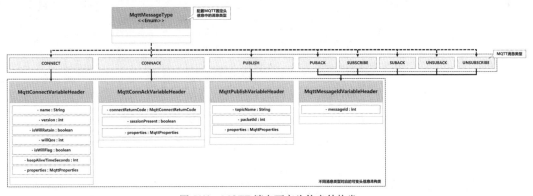

图 5-40　MQTT 消息可变头信息结构类

1.【netty 项目】创建 mqtt 子模块，随后修改 build.gradle 配置文件，添加模块所需依赖。

```
project(":mqtt") {                                                      //mqtt子模块
    dependencies {                                                      //模块依赖配置
        implementation('io.netty:netty-buffer:4.1.89.Final')
        implementation('io.netty:netty-handler:4.1.89.Final')
        implementation('io.netty:netty-transport:4.1.89.Final')
        implementation('io.netty:netty-codec-mqtt:4.1.89.Final')
    }
}
```

2.【mqtt 子模块】创建 MQTT 消息处理工具类。

```java
package com.yootk.util;
public class MQTTMessageHandlerUtil {                               //MQTT消息处理类
    private static final Logger LOGGER = LoggerFactory.getLogger(MQTTMessageHandlerUtil.class);
    public static void connack(Channel channel, MqttMessage msg) {   //连接确认
        MqttConnectMessage connectMessage = (MqttConnectMessage) msg; //MQTT连接消息
        MqttFixedHeader requestFixed = connectMessage.fixedHeader();  //获取固定头信息
        MqttConnectVariableHeader requestVariable =
                connectMessage.variableHeader();                     //获取可变头信息
        MqttFixedHeader responseFixed = new MqttFixedHeader(
                MqttMessageType.CONNACK, requestFixed.isDup(),
                MqttQoS.AT_MOST_ONCE, requestFixed.isRetain(), 2);   //固定头信息
        MqttConnAckVariableHeader responseVariable = new MqttConnAckVariableHeader(
                MqttConnectReturnCode.CONNECTION_ACCEPTED,
                requestVariable.isCleanSession());                   //可变头信息
        MqttMessage connAckMessage = MqttMessageFactory.newMessage(responseFixed,
                responseVariable, null);                             //构建响应消息
        LOGGER.info("【CONNACK】{}", connAckMessage);
        channel.writeAndFlush(connAckMessage);                       //信息输出
    }
    public static void puback(Channel channel, MqttMessage msg) {     //发布确认
        MqttPublishMessage publishMessage = (MqttPublishMessage) msg;
        MqttFixedHeader requestFixed = publishMessage.fixedHeader();  //获取固定头信息
        LOGGER.info("【PUBACK】发布消息：{}", getPublishContent(publishMessage));
        MqttQoS qos = requestFixed.qosLevel();                       //QoS等级
        switch (qos) {                                               //QoS等级处理
            case AT_MOST_ONCE:                                       //QoS0：最多一次
                break;
            case AT_LEAST_ONCE:                                      //QoS1：至少一次
                MqttFixedHeader responseFixedQoS1 = new MqttFixedHeader(
                        MqttMessageType.PUBACK, requestFixed.isDup(),
                        MqttQoS.AT_MOST_ONCE, requestFixed.isRetain(), 2); //固定头信息
                MqttMessageIdVariableHeader responseVariableQoS1 =
                        MqttMessageIdVariableHeader.from(
                                publishMessage.variableHeader().packetId()); //可变头信息
                MqttMessage pubAckMessage1 = MqttMessageFactory.newMessage(
                        responseFixedQoS1, responseVariableQoS1, null); //构建响应消息
                LOGGER.info("【PUBACK】{}", pubAckMessage1);
                channel.writeAndFlush(pubAckMessage1);
                break;
            case EXACTLY_ONCE:                                       //QoS2：保证接收一次
                MqttFixedHeader responseFixedQoS2 = new MqttFixedHeader(MqttMessageType.PUBREC,
                        false, MqttQoS.AT_LEAST_ONCE, false, 2);     //固定头信息
                MqttMessageIdVariableHeader responseVariableQoS2 =
                        MqttMessageIdVariableHeader.from(
                                publishMessage.variableHeader().packetId()); //可变头信息
                MqttMessage pubAckMessage2 = MqttMessageFactory.newMessage(responseFixedQoS2,
                        responseVariableQoS2, null);                 //构建响应消息
                LOGGER.info("【PUBREC】{}", pubAckMessage2);
                channel.writeAndFlush(pubAckMessage2);
                break;
            default:
                break;
        }
    }
    public static void pubcomp(Channel channel, MqttMessage msg) {    //QoS2：发布完成
        MqttMessageIdVariableHeader requestVariable =
                (MqttMessageIdVariableHeader) msg.variableHeader();  //获取可变头信息
        MqttFixedHeader responseFixed = new MqttFixedHeader(MqttMessageType.PUBCOMP, false,
                MqttQoS.AT_MOST_ONCE, false, 0x02);                  //创建固定头信息
        MqttMessageIdVariableHeader responseVariable =
                MqttMessageIdVariableHeader.from(requestVariable.messageId()); //创建可变头信息
        MqttMessage pubCompMessage = MqttMessageFactory.newMessage(responseFixed,
                responseVariable, null);                             //构建响应消息
        LOGGER.info("【PUBCOMP】{}", pubCompMessage);
        channel.writeAndFlush(pubCompMessage);
    }
```

```java
public static void suback(Channel channel, MqttMessage msg) {          //订阅确认
    MqttSubscribeMessage subscribeMessage = (MqttSubscribeMessage) msg; //获取订阅消息
    MqttMessageIdVariableHeader requestVariable =
            subscribeMessage.variableHeader();                          //获取可变头信息
    MqttMessageIdVariableHeader variableHeaderBack = MqttMessageIdVariableHeader.from(
            requestVariable.messageId());                               //可变头信息
    Set<String> topics = subscribeMessage.payload().topicSubscriptions().stream().map(
            mqttTopicSubscription -> mqttTopicSubscription.topicName())
            .collect(Collectors.toSet());                               //获取消息主题
    List<Integer> qosLevels = new ArrayList<>(topics.size());           //保存QoS级别
    for (int i = 0; i < topics.size(); i++) {                           //循环主题集合
        qosLevels.add(subscribeMessage.payload().topicSubscriptions()
            .get(i).qualityOfService().value());                        //获取消息级别
    }
    MqttSubAckPayload responsePayload = new MqttSubAckPayload(qosLevels); //报文数据
    MqttFixedHeader responseFixed = new MqttFixedHeader(MqttMessageType.SUBACK, false,
            MqttQoS.AT_MOST_ONCE, false, 2 + topics.size());            //固定头信息
    MqttMessage subAckMessage = MqttMessageFactory.newMessage(
            responseFixed, variableHeaderBack, responsePayload);        //构建响应消息
    LOGGER.info("【SUBACK】{}", subAckMessage);
    channel.writeAndFlush(subAckMessage);
}
public static void unsuback(Channel channel, MqttMessage msg) {         //取消订阅确认
    MqttMessageIdVariableHeader requestVariable = (MqttMessageIdVariableHeader)
            msg.variableHeader();                                       //获取请求消息的可变头信息
    MqttFixedHeader responseFixed = new MqttFixedHeader(MqttMessageType.UNSUBACK, false,
            MqttQoS.AT_MOST_ONCE, false, 2);                            //固定头信息
    MqttMessageIdVariableHeader responseVariable = MqttMessageIdVariableHeader.from(
            requestVariable.messageId());                               //可变头信息
    MqttMessage unsubAckMessage = MqttMessageFactory.newMessage(
            responseFixed, responseVariable, null);                     //构建响应消息
    LOGGER.info("【UNSUBACK】{}", unsubAckMessage);
    channel.writeAndFlush(unsubAckMessage);
}
public static void pingresp(Channel channel) {                         //心跳响应
    MqttFixedHeader requestFixed = new MqttFixedHeader(MqttMessageType.PINGRESP, false,
            MqttQoS.AT_MOST_ONCE, false, 0);
    MqttMessage pingrespMessage = MqttMessageFactory.newMessage(
            requestFixed, null, null);                                  //构建响应消息
    LOGGER.info("【PINGRESP】{}", pingrespMessage);
    channel.writeAndFlush(pingrespMessage);
}
public static void publishToSubscribes(List<Channel> channels, MqttMessage msg) { //消息转发
    MqttPublishMessage publishMessage = (MqttPublishMessage) msg;
    String content = getPublishContent(publishMessage);
    MqttFixedHeader responseFixed = new MqttFixedHeader(MqttMessageType.PUBLISH, false,
            MqttQoS.AT_LEAST_ONCE, false, 0x10);
    MqttPublishVariableHeader responseVariable = new MqttPublishVariableHeader(
            "yootk-topic", 1);
    MqttMessage message = MqttMessageFactory.newMessage(responseFixed,
            responseVariable, Unpooled.wrappedBuffer(content.getBytes()));
    channels.forEach((channel -> {
        LOGGER.info("【订阅传输】{}", channel.remoteAddress());
        channel.writeAndFlush(message);
    }));
}
public static String getPublishContent(MqttPublishMessage publishMessage) { //获取发布内容
    byte[] payload = new byte[publishMessage.payload().readableBytes()];    //消息内容
    publishMessage.payload().readBytes(payload);                            //消息内容读取
    return new String(payload);
}
}
```

MQTTMessageHandlerUtil 类是一个处理 MQTT 响应操作的方法集合,该类中定义了连接应答、心跳检测、订阅处理以及 QoS 质量等级的消息处理方法,而对于这些方法,需要在用户请求时,根据不同的消息类型来进行调用,相关的处理结构如图 5-41 所示。

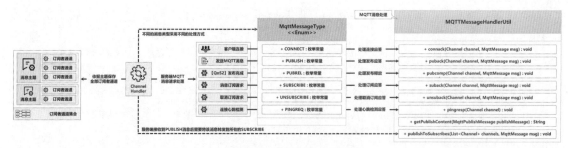

图 5-41　相关的处理结构

3.【mqtt 子模块】创建 MQTT 服务端应用启动类，添加 MQTT 编解码器以及自定义 MQTT 消息处理逻辑。

```java
package com.yootk.server;
public class MQTTServer {
    private static final Logger LOGGER = LoggerFactory.getLogger(MQTTServer.class);
    private int port;                                                   //服务绑定端口
    //订阅者数据集合，key为订阅主题名称，value是该主题订阅者通道
    private Map<String, List<Channel>> subscribes = new HashMap<>();    //保存订阅者通道
    public MQTTServer() {
        this(8080);                                                     //默认服务端口
    }
    public MQTTServer(int port) {
        this.port = port;
    }
    private class MQTTServerHandler extends
            SimpleChannelInboundHandler<MqttMessage> {
        @Override
        protected void channelRead0(ChannelHandlerContext ctx, MqttMessage msg) throws Exception {
            if (msg != null) {                                          //消息存在
                MqttFixedHeader mqttFixedHeader = msg.fixedHeader();    //获取固定头信息
                Channel channel = ctx.channel();                        //获取操作通道
                if (MqttMessageType.CONNECT.equals(mqttFixedHeader.messageType())) { //连接消息
                    MQTTMessageHandlerUtil.connack(channel, msg);
                }
                switch (mqttFixedHeader.messageType()) {                //消息处理
                    case PUBLISH:                                       //消息发布
                        MqttPublishVariableHeader variableHeader =
                            (MqttPublishVariableHeader) msg.variableHeader();
                        if (subscribes.containsKey(variableHeader.topicName())) {  //存在订阅者
                            MQTTMessageHandlerUtil.publishToSubscribes(
                                subscribes.get(variableHeader.topicName()), msg);//订阅者接收
                        }
                        MQTTMessageHandlerUtil.puback(channel, msg);    //QoS1响应
                        break;
                    case PUBREL:                                        //发布释放
                        MQTTMessageHandlerUtil.pubcomp(channel, msg);   //QoS2响应
                        break;
                    case SUBSCRIBE:                                     //客户端订阅
                        //一个客户端可以同时订阅多个主题，所以需要将每一个主题通道绑定在订阅者集合之中
                        MqttSubscribePayload subscribePayload = (MqttSubscribePayload) msg.payload();
                        subscribePayload.topicSubscriptions().forEach((topic) -> { //迭代订阅主题
                            List<Channel> channels = subscribes.get(topic.topicName());//获取主题通道
                            if (channels == null) {                     //通道集合为空
                                channels = new ArrayList<>();           //创建List集合
                            }
                            channels.add(ctx.channel());                //添加通道
                            subscribes.put(topic.topicName(), channels);//保存集合
                            LOGGER.info("【新增订阅通道】主题名称：{}", topic.topicName());
                        });
                        MQTTMessageHandlerUtil.suback(channel, msg);    //订阅应答
                        break;
                    case UNSUBSCRIBE:                                   //客户端取消订阅
                        MQTTMessageHandlerUtil.unsuback(channel, msg);  //订阅取消应答
                        break;
                    case PINGREQ:                                       //心跳检测
                        //心跳检测时客户端发出心跳检测请求，服务端要对该请求进行响应
```

```
                    MQTTMessageHandlerUtil.pingresp(channel);                  //心跳响应
                    break;
                case DISCONNECT:                                              //"伪实现"连接断开
                    //实际开发之中需要基于每个订阅者的ID进行判断,以确定订阅者信息的删除
                    subscribes.forEach((key, value) -> {                       //集合迭代
                        if (value.contains(channel)) {                         //存在订阅者通道
                            value.remove(channel);                             //删除通道
                        }
                    });
                    break;
                default:
                    break;
            }
        }
    }
}
public void start() throws Exception {
    EventLoopGroup bossGroup = new NioEventLoopGroup();                        //主线程池
    EventLoopGroup workerGroup = new NioEventLoopGroup();                      //从线程池
    ServerBootstrap serverBootstrap = new ServerBootstrap();                  //服务配置类
    serverBootstrap.group(bossGroup, workerGroup)                             //主从线程池配置
            .channel(NioServerSocketChannel.class);                           //采用Java NIO服务通道
    serverBootstrap = serverBootstrap.childHandler(
            //ChannelInitializer()覆写了channelRegistered()以及inboundBufferUpdated()两个方法,
            //另外定义了一个抽象方法initChannel(),并将其留给用户定义的类来实现
            new ChannelInitializer<SocketChannel>() {                          //如果不设置则无法设置子线程
                @Override
                public void initChannel(SocketChannel ch) throws Exception {
                    ch.pipeline().addLast(new MqttDecoder());                  //MQTT解码
                    ch.pipeline().addLast(new MQTTServerHandler());            //MQTT处理节点
                    ch.pipeline().addFirst(MqttEncoder.INSTANCE);             //MQTT编码
                }
            });
    ChannelFuture channelFuture = serverBootstrap.bind(this.port).sync();
    LOGGER.info("服务启动成功,监听端口为: {}", this.port);
    channelFuture.channel().closeFuture().sync();                             //等待Channel关闭
    bossGroup.shutdownGracefully();                                           //关闭线程池
    workerGroup.shutdownGracefully();                                         //关闭线程池
}
}
```

4.【mqtt 子模块】创建 MQTT 服务端应用启动类。

```
package com.yootk;
public class StartMQTTServerApplication {
    public static void main(String[] args) throws Exception {
        new MQTTServer().start();                                            //启动MQTT服务
    }
}
```

当前的程序实现了一个基础的 MQTT 消息服务处理端应用,由于 MQTT 消息类型较多,所以在每次处理消息前都需要通过固定头信息获取对应的类型,而后选择相应的处理方法进行响应。

> 💡 提示:当前采用 MQTT 自定义处理方式。
>
> 实际的开发之中对于 MQTT 服务端的设计,需要根据不同的业务场景进行实现,本次只是针对 MQTT 协议中的基本结构进行了 MQTT 服务端的简单实现。如果觉得以上的方式不方便,也可以使用一些成熟的 MQTT 服务端工具,例如 5.10.3 小节所讲解的 emqx 组件。

5.10.2 Netty 构建 MQTT 客户端

Netty 构建
MQTT 客户端

视频名称　0515_【理解】Netty 构建 MQTT 客户端

视频简介　发布者与订阅者是 MQTT 消息处理架构中的核心主题,本视频利用已经开发完成的 MQTT 服务端实现消息的传输,并针对不同的消息扩展进行类结构的设计。

在实际 MQTT 开发之中，需要提供多种不同类型的消息处理，同时基于 Netty 开发的 MQTT 应用还需要考虑数据的编码与解码操作。所以为了简化当前客户端应用的设计问题，本次可以按照图 5-42 所示的 MQTT 客户端实现类结构，定义一个抽象类，并在该类中定义好相关的 Netty 结构，而 MQTT 消息的处理方式则可以交由具体的子类完成。

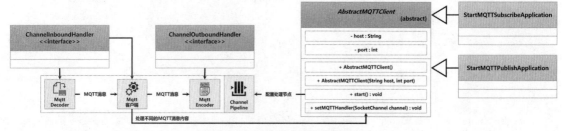

图 5-42　MQTT 客户端实现类结构

考虑到 MQTT 消息结构的复杂性，本次主要为读者展现消息的订阅与发布的基本实现，发布者发出一个字符串数据内容，订阅者接收到该内容后进行显示。考虑到代码的简洁性，本次将主要采用 QoS1 质量等级实现消息的处理，具体的代码实现步骤如下。

1.【mqtt 子模块】为便于 MQTT 客户端的开发，创建一个 MQTT 客户端的抽象类。

```
package com.yootk.client.abs;
public abstract class AbstractMQTTClient {                            //MQTT客户端
    private String host;                                             //服务主机
    private int port;                                               //监听端口
    public AbstractMQTTClient() {
        this("localhost", 8080);                                    //默认连接信息
    }
    public AbstractMQTTClient(String host, int port) {
        this.host = host;                                           //MQTT服务地址
        this.port = port;                                           //MQTT服务端口
    }
    public void start() throws Exception {
        EventLoopGroup group = new NioEventLoopGroup();             //创建线程池
        Bootstrap clientBootstrap = new Bootstrap();               //创建客户端的Bootstrap
        clientBootstrap.group(group)                               //线程池配置
            .channel(NioSocketChannel.class);                     //配置NIO通道
        clientBootstrap.handler(new ChannelInitializer<SocketChannel>() {
            @Override
            protected void initChannel(SocketChannel ch) throws Exception {
                ch.pipeline().addLast(new MqttDecoder());         //MQTT解码
                setMQTTHandler(ch);                               //配置MQTT消息处理机制
                ch.pipeline().addFirst(MqttEncoder.INSTANCE);     //MQTT编码
            }
        });
        ChannelFuture channelFuture = clientBootstrap.connect(this.host, this.port).sync(); //服务端连接
        channelFuture.channel().closeFuture().sync();             //等待客户端关闭
        group.shutdownGracefully();                               //关闭线程池
    }
    public abstract void setMQTTHandler(SocketChannel channel);
}
```

2.【mqtt 子模块】创建 MQTT 消息订阅者。

```
package com.yootk.client;
public class StartMQTTSubscribeApplication extends AbstractMQTTClient {    //MQTT消息订阅者
    public StartMQTTSubscribeApplication(String host, int port) {
        super(host, port);                                           //配置服务连接地址
    }
    private class MQTTSubscribeChannelHandler extends SimpleChannelInboundHandler<MqttMessage> {
        private static final Logger LOGGER = LoggerFactory.getLogger(MQTTSubscribeChannelHandler.class);
        public MqttSubscribeMessage subscribe(int messageId,
                                MqttTopicSubscription... topicSubscriptions) {
            int remainingLength = 2;                                 //保存消息长度
            remainingLength += topicSubscriptions.length;           //主题个数长度
```

```
            for (MqttTopicSubscription item : topicSubscriptions) {          //主题迭代
                remainingLength += item.topicName().getBytes(CharsetUtil.UTF_8).length; //主题长度
            }
            MqttFixedHeader fixedHeader = new MqttFixedHeader(MqttMessageType.SUBSCRIBE, false,
                    MqttQoS.AT_LEAST_ONCE, false, remainingLength);          //固定头信息
            MqttMessageIdVariableHeader variableHeader =
                    MqttMessageIdVariableHeader.from(messageId);             //可变头信息
            MqttSubscribePayload payload = new MqttSubscribePayload(         //订阅载荷
                    List.of(topicSubscriptions));
            return new MqttSubscribeMessage(fixedHeader, variableHeader, payload); //构建订阅消息
        }
        @Override
        public void channelActive(ChannelHandlerContext ctx) throws Exception {
            LOGGER.info("【通道激活】发出MQTT服务订阅请求。");
            ctx.writeAndFlush(this.subscribe(10202,
                    new MqttTopicSubscription("yootk-topic", MqttQoS.AT_MOST_ONCE)));
        }
        @Override
        protected void channelRead0(ChannelHandlerContext ctx, MqttMessage msg) throws Exception {
            if (msg != null) {                                               //存在消息
                if (msg instanceof MqttSubAckMessage) {                      //订阅确认
                    LOGGER.info("【SUBACK】MQTT服务订阅成功。");
                }
                if (msg instanceof MqttPublishMessage) {                     //消息接收
                    MqttPublishMessage publishMessage = (MqttPublishMessage) msg;
                    LOGGER.info("【订阅消息】{}", MQTTMessageHandlerUtil
                            .getPublishContent(publishMessage));             //获取消息内容
                    MQTTMessageHandlerUtil.puback(ctx.channel(), msg);       //消息应答
                }
            }
        }
    }
    @Override
    public void setMQTTHandler(SocketChannel channel) {                      //配置处理节点
        channel.pipeline().addLast(new MQTTSubscribeChannelHandler());
    }
    public static void main(String[] args) throws Exception {
        new StartMQTTSubscribeApplication("localhost", 8080).start();
    }
}
```

程序执行结果：

```
【通道激活】发出MQTT服务订阅请求。
【SUBACK】MQTT服务订阅成功。
【订阅消息】沐言科技：yootk.com
```

3.【mqtt 子模块】创建 MQTT 消息发布者。

```
package com.yootk.client;
public class StartMQTTPublishApplication extends AbstractMQTTClient {        //MQTT消息发布者
    public StartMQTTPublishApplication(String host, int port) {
        super(host, port);                                                  //配置服务连接地址
    }
    private class MQTTPublishChannelHandler extends SimpleChannelInboundHandler<MqttMessage> {
        private static final Logger LOGGER = LoggerFactory.getLogger(MQTTPublishChannelHandler.class);
        @Override
        public void channelActive(ChannelHandlerContext ctx) throws Exception {
            String topic = "yootk-topic";                                   //主题名称
            int remainingLength = 2;                                        //保存发布消息长度
            byte [] data = "沐言科技：yootk.com".getBytes();                  //发送数据内容
            remainingLength += data.length + topic.getBytes().length;       //计算数据包长度
            MqttFixedHeader fixedHeader = new MqttFixedHeader(MqttMessageType.PUBLISH, false,
                    MqttQoS.AT_LEAST_ONCE, false, remainingLength);         //固定头信息
            MqttPublishVariableHeader variableHeader =
                    new MqttPublishVariableHeader(topic, 1);                //可变头信息
            MqttMessage message = MqttMessageFactory.newMessage(fixedHeader, variableHeader,
                    Unpooled.wrappedBuffer(data));                          //构建消息
            ctx.writeAndFlush(message);
        }
        @Override
        protected void channelRead0(ChannelHandlerContext ctx, MqttMessage msg) throws Exception {
```

```
            LOGGER.info("【{}】{}", msg.fixedHeader().messageType(), msg.variableHeader());
        }
    }
    @Override
    public void setMQTTHandler(SocketChannel channel) {                        //MQTT消息处理
        channel.pipeline().addLast(
                new StartMQTTPublishApplication.MQTTPublishChannelHandler());
    }
    public static void main(String[] args) throws Exception {
        new StartMQTTPublishApplication("localhost", 8080).start();
    }
}
```

为了简化流程，本次在建立发布者通道后就立即向 MQTT 服务端发出了消息，而 MQTT 服务端会将此消息根据主题名称转发到相关的订阅者并进行消息内容的展示。

5.10.3　MQTT 服务工具

视频名称	0516_【了解】MQTT 服务工具
视频简介	MQTT 属于公版开发协议，所以用户除了手动进行服务的开发外，也可以采用已有的成熟产品进行服务构建。本视频为读者讲解 emqx 服务搭建，并通过第三方 MQTT 客户端实现 emqx 服务验证操作。

MQTT 服务工具

MQTT 是一个公版协议，所以用户除了根据协议手动实现服务开发之外，也可以采用一些开源的服务端组件来进行更为完善的 MQTT 服务构建，其中较为常用的组件为 emqx，读者可以直接通过 emqx 官网获取该组件，如图 5-43 所示。

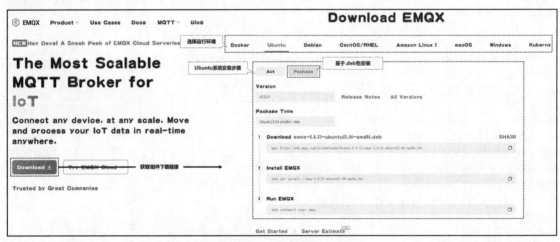

图 5-43　emqx 组件下载

emqx 组件理论上可以在任意的操作系统上进行部署，本次将基于 Ubuntu 系统讲解该服务的部署，直接使用*.deb 安装包进行服务的安装，具体的配置步骤如下。

1．【mqtt-broker 主机】从 empx 官网下载 emqx 代理组件到/usr/local/src 目录之中。

```
wget    https://www.****.com/en/downloads/broker/5.0.21/emqx-5.0.21-ubuntu22.04-amd64.deb    -P
/usr/local/src/
```

2．【mqtt-broker 主机】安装 emqx 代理组件。

```
apt install /usr/local/src/emqx-5.0.21-ubuntu22.04-amd64.deb
```

3．【mqtt-broker 主机】启动 emqx 服务。

```
systemctl start emqx
```

4．【mqtt-broker 主机】emqx 组件安装完成后，会提供/etc/emqx/emqx.conf 配置文件，可以通过该文件配置服务的运行状态，本次直接采用默认的账户信息（admin/public）。

打开配置文件：

```
vi /etc/emqx/emqx.conf
```

默认账户信息：

```
dashboard {
   listeners.http {
      bind = 18083
   }
   default_username = "admin"
   default_password = "public"
}
```

5.【mqtt-server 主机】emqx 服务启动后会占用 5370、1883、8083、8384、8883、18083 这 6 个端口，为便于服务的访问，修改防火墙配置规则。

配置访问端口：
```
firewall-cmd --zone=public --add-port=5370/tcp --permanent
```
配置访问端口：
```
firewall-cmd --zone=public --add-port=1883/tcp --permanent
```
配置访问端口：
```
firewall-cmd --zone=public --add-port=8083/tcp --permanent
```
配置访问端口：
```
firewall-cmd --zone=public --add-port=8384/tcp --permanent
```
配置访问端口：
```
firewall-cmd --zone=public --add-port=8883/tcp --permanent
```
配置访问端口：
```
firewall-cmd --zone=public --add-port=18083/tcp --permanent
```
重新加载配置：
```
firewall-cmd --reload
```

6.【本地系统】修改本地 host 配置文件，添加主机名称与虚拟机 IP 地址的映射。
```
192.168.37.128    mqtt-server
```

7.【本地系统】通过本地浏览器访问 MQTT 服务（地址为 mqtt-server:18083），随后输入默认账户信息 admin/public，在第一次登录时会要求用户修改密码，本次将密码修改为 yootk.com，随后可以进入 emqx 的管理首页，如图 5-44 所示。

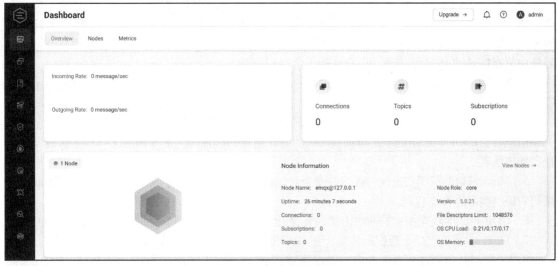

图 5-44 emqx 服务控制台

8.【MQTT 客户端】为测试 emqx 平台能否正常使用，本次将使用一个开源的 MQTT 客户端，通过官方站点下载 MQTTX 工具，如图 5-45 所示，本次采用 Windows 平台的测试工具。

图 5-45　MQTTX 客户端工具的下载

9.【MQTT 客户端】在 MQTTX 测试工具中进行配置并尝试传输消息，如图 5-46 所示。

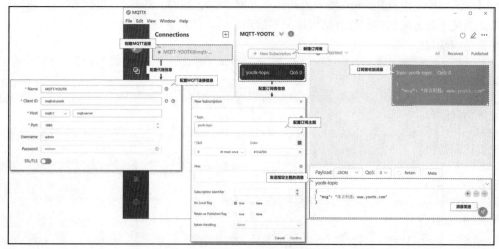

图 5-46　MQTTX 配置与传输消息

5.11　本章概览

1. 线程池虽然可以提高应用的并发处理性能，但是由于操作系统内部的设计，频繁的 CPU 切换会造成性能下降问题，所以可以基于 Affinity 模式将核心线程与特定的内核捆绑在一起。

2. Java NIO 作为 Netty 常用的 I/O 多路复用模型的实现，其依靠的是 Java 虚拟机的支持，而为了进一步提升 I/O 多路复用模型的处理性能，可以在特定的操作系统中选择原生的 I/O 多路复用模型。例如，在 Linux 系统中可以选择 Epoll 模式，在 macOS 中可以选择 KQueue 模式，而在 Windows 系统中只能够通过 JVM 来实现，所以性能上会存在瓶颈。

3. HTTP 服务代理可以通过一定的过滤手段保护客户端不被恶意的站点所侵害，核心主要是 Channel 的数据传输。

4. 为了便于第三方服务的调用，Redis 提供了 RESP 设计标准，Netty 针对此标准提供了专属的编解码器，Lettuce 就是基于此类机制实现的，比传统的线程池配置多增加了一层主从设计，以提高处理性能。

5. Memcached 基于二进制方式进行命令传输，Netty 为此提供了二进制数据的编解码器，以便用户轻松实现客户端应用。

6. UDP 可以实现无拥塞的网络协议，要提升 UDP 的稳定性，可以采用 UDT 进行数据传输。

7. SCTP 主要实现信令数据的传输，在多终端数据服务进行状态同步时使用。

8. WebSocket 可以在网页上开启 Socket 通道，以实现全双工的消息传输，由于其对应的 Payload 没有数据传输结构的限制，开发人员也可以通过 STOMP 定义消息传输结构。

9. MQTT 是一种在物联网开发中被广泛使用的消息传输协议，用户可以自定义 MQTT 协议的服务端与客户端，也可以使用开源的 MQTT 组件。

第6章

Dubbo 开发框架

本章学习目标

1. 掌握 Dubbo 框架的主要作用，并可以基于 Dubbo 实现 RPC 服务开发；
2. 掌握 Dubbo 与 Nacos 服务的整合；
3. 掌握 Dubbo 与 Sentinel 限流服务的整合，并可以使用 Sentinel 控制台实现流量控制；
4. 掌握 Dubbo 与 REST 协议的实现，并可以基于 Spring Cloud Gateway 实现网关访问；
5. 理解 Dubbo 核心源代码的设计实现。

Dubbo 是一款成熟的 RPC 开发框架，也是国内互联网企业中使用较多的组件，该组件基于 Netty 开发。本章将为读者讲解 Dubbo 组件的使用，并结合阿里巴巴集团的套件体系架构实现高可用、高可扩展性以及稳定的 RPC 服务架构。

6.1 Dubbo 服务架构

视频名称 0601_【理解】Dubbo 服务架构

视频简介 Dubbo 是一款流行的 RPC 服务组件，本视频通过 Dubbo 的官方文档为读者介绍该组件的基本作用以及服务架构，并解释不同服务组件选型的差别。

Dubbo 是由阿里巴巴集团开源的一款 RPC 开发框架，现在已经交由 Apache 维护。Dubbo 可以帮助使用者方便地构建分布式、高可用、高性能的应用开发架构，同时提供了构建云原生微服务业务的一站式解决方案，并且可以在 Java 与 GoLang 开发平台上使用，图 6-1 所示为 Dubbo 技术的核心架构。

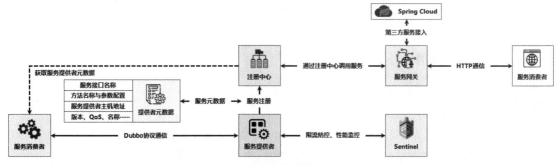

图 6-1　Dubbo 技术的核心架构

在一个完整的 Dubbo 设计架构之中，会存在 RPC 通信以及服务治理两个抽象层次，其中 RPC 通信是 Dubbo 的核心功能。考虑到所有 Dubbo 服务运行的稳定性，一般还会提供注册中心、流量防护、网关、可视化管理等支持，在实际开发过程中，Dubbo 的基本运行流程如下。

1．Dubbo 服务提供端向注册中心进行服务接口的元数据保存，并规定好服务的通信协议。

2．Dubbo 消费端通过注册中心获取服务提供端接口的元数据，随后基于服务端定义的通信协议进行远程接口调用。

3．每次调用时，都会通过配置的状态上报端口，将当前的流量信息发送给 Sentinel 服务，Sentinel 通过定义的流量规则进行服务保护，当超过流量限定后，将会进行服务熔断处理。

4．如果现在 Dubbo 服务需要对外提供整合，可以基于网关实现服务发布，基于 RESTful 模式进行服务调用。

> 💡 提示：Dubbo 技术选型。
>
> 　　考虑到 Dubbo 属于阿里巴巴集团技术体系，以及与 Spring Cloud Alibaba 的整合衔接，本次将采用 Nacos + Sentinel + Spring Cloud Gateway 的技术架构进行讲解，同时 Spring Cloud Gateway 与 Sentinel 都可以基于 Nacos 实现配置数据的持久化存储与快速加载，如图 6-2 所示。
>
>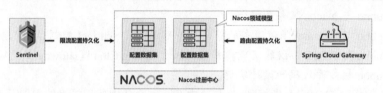
>
> 图 6-2　Spring Cloud Gateway 与 Sentinel 的配置数据持久化存储
>
> 　　由于这些技术已经在本系列的《Spring Cloud 开发实战（视频讲解版）》一书中进行了详细讲解，所以本次只为读者列出这些服务组件，详细的内容请读者自行翻阅相关图书。

本次将使用 Dubbo 3 进行开发实现的讲解，该版本支持 Spring Framework 6.x 以及 Spring Boot 3.x，并且 Dubbo 服务的开发也需要各类服务组件的支持。为便于理解，本次的开发环境将按照表 6-1 所示的 Dubbo 服务主机进行配置。

表 6-1　Dubbo 服务主机

序号	主机名称	IP 地址	端口	描述
1	nacos-server	192.168.37.131	7848：Nacos 集群通信端口。 8848：Nacos 服务端口。 9848：客户端 gRPC 通信端口。 9849：服务端 gRPC 通信端口	采用独立模式运行 Nacos 服务，同时基于 MySQL 实现配置信息的持久化存储
2	sentinel-server	192.168.37.132	8888：限流监控端口	流量防护
3	dubbo-server	192.168.37.134	9888、9988、9998：Dubbo 通信端口。 8760、8761、8762：Sentinel 上报端口	用户开发的 Dubbo 服务提供者，基于 Spring Boot 打包

6.1.1　Nacos 注册中心

视频名称　0602_【掌握】Nacos 注册中心
视频简介　Nacos 是阿里巴巴集团推出的高性能注册中心，基于 gRPC 实现服务通信。本视频为读者讲解 Nacos 的体系结构，并基于 Linux 环境实现 Nacos 单机服务的搭建。

Nacos 注册中心

Nacos 是由阿里巴巴集团提供的一款注册与配置中心组件，除了可以方便地实现微服务的注册之外，还可以快速地实现动态服务发现、服务配置、服务元数据以及流量管理。该组件基于 Raft 算法实现，同时提供了对 CP 与 AP 的支持。Nacos 的最新版本为 2.x，该版本基于 gRPC 通信，可以实现更高性能的注册管理服务。

图 6-3 所示为 Nacos 标准技术架构，在 Nacos 服务配置完成后，应该依据其提供的领域模型建

立命名空间,而每一个服务在注册时也需要为其指定有效的分组名称,这样它才可以被其他微服务所访问。下面来看一下 Nacos 服务的搭建。

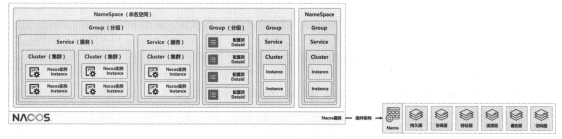

图 6-3　Nacos 标准技术架构

1.【nacos-server 主机】通过 GitHub 下载 Nacos 服务组件到/mnt/src 目录。

```
wget -P /mnt/src https://******.com/alibaba/nacos/releases/download/2.2.3/nacos-server-2.2.3.tar.gz
```

2.【nacos-server 主机】解压缩 nacos-server-2.2.3.tar.gz 文件到/usr/local 目录之中。

```
tar xzvf /mnt/src/nacos-server-2.2.3.tar.gz -C /usr/local/
```

3.【nacos-server 主机】修改 Nacos 配置文件:vi /usr/local/nacos/conf/application.properties。
开启认证授权:

```
nacos.core.auth.enabled=true
```

身份识别 key:

```
nacos.core.auth.server.identity.key=muyan-yootk
```

身份识别 value:

```
nacos.core.auth.server.identity.value=muyan-yootk
```

临时访问密钥:

```
nacos.core.auth.plugin.nacos.token.secret.key=SecretKey0123456789012345678 9012345...
```

数据源类型:

```
spring.datasource.platform=mysql
```

数据节点数量:

```
db.num=1
```

连接地址:

```
db.url.0=jdbc:mysql://192.168.37.131:3306/nacos?characterEncoding=utf8&connectTimeout=1000
&socketTimeout=3000&autoReconnect=true&useUnicode=true&useSSL=false&serverTimezone=UTC
```

连接用户名:

```
db.user.0=root
```

连接密码:

```
db.password.0=mysqladmin
```

4.【nacos-server 主机】启动本机的 MySQL 服务进程:service mysqld start。

5.【MySQL 客户端】使用 mysql 客户端连接 MySQL 服务。

```
/usr/local/mysql/bin/mysql -uroot -pmysqladmin
```

6.【MySQL 客户端】创建 nacos 数据库。

```
CREATE DATABASE nacos CHARACTER SET UTF8 ;
USE nacos;
```

7.【MySQL 客户端】通过 Nacos 给定的脚本导入所需认证数据。

```
source /usr/local/nacos/conf/mysql-schema.sql
```

8.【nacos-server 主机】以单实例方式启动 Nacos 服务进程。

```
bash -f /usr/local/nacos/bin/startup.sh -m standalone
```

程序执行结果:

```
nacos is starting with standalone
nacos is starting, you can check the /usr/local/nacos/logs/start.out
```

9.【nacos-server 主机】Nacos 服务启动后将占用 8848、9849、9848 以及 7848 这 4 个端口。修改防火墙配置规则。

配置端口规则：
```
firewall-cmd --zone=public --add-port=8848/tcp --permanent
```

配置端口规则：
```
firewall-cmd --zone=public --add-port=9849/tcp --permanent
```

配置端口规则：
```
firewall-cmd --zone=public --add-port=9848/tcp --permanent
```

配置端口规则：
```
firewall-cmd --zone=public --add-port=7848/tcp --permanent
```

重新加载配置：
```
firewall-cmd --reload
```

10.【Nacos 控制台】通过浏览器访问 Nacos 控制台，访问地址为 192.168.37.131:8848/nacos，用户名和密码均为 nacos。

11.【Nacos 控制台】创建名称为 dubbo 的命名空间，此时会自动生成命名空间 ID，如图 6-4 所示。

图 6-4　创建 Nacos 命名空间

6.1.2　Dubbo 应用开发

视频名称　0603_【掌握】Dubbo 应用开发

视频简介　Dubbo 提供了简化的开发模式，可以直接基于 Spring Boot 进行开发实现，本视频基于已配置的 Nacos 注册中心，通过实例讲解一个完整的 Dubbo 应用开发。

Dubbo 应用开发

Dubbo 服务的开发需要创建服务提供者（Provider）以及服务消费者（Consumer），为此本次将按照图 6-5 所示进行开发，通过 dubbo-common 模块定义公共的 IMessageService 业务接口，在 dubbo-provider 模块中定义业务接口的实现类，并通过 application.yml 配置 Nacos 连接信息，最终 dubbo-consumer 模块基于 REST 模式进行 Dubbo 服务的调用。下面来看一下具体的开发步骤。

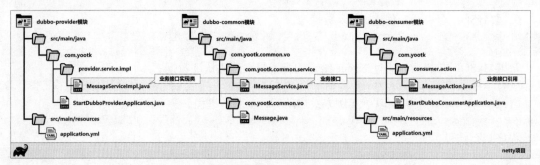

图 6-5　Dubbo 开发模块

1.【netty 项目】创建 dubbo-common 子模块，用于保存公共结构，随后在 build.gradle 配置文件中定义该模块。

```
project(":dubbo-common") {                                              //公共模块
    dependencies {                                                      //模块依赖配置
        compileOnly('org.projectlombok:lombok:1.18.24')                //lombok组件
        annotationProcessor('org.projectlombok:lombok:1.18.24')        //注解处理支持
    }
}
```

2.【dubbo-common 子模块】创建 Message 类保存消息数据。

```
package com.yootk.common.vo;
@Data                                                                  //生成Setter与Getter方法
@NoArgsConstructor                                                     //无参构造
@AllArgsConstructor                                                    //全参构造
public class Message implements Serializable {
    private String title;                                             //标题
    private String content;                                          //内容
    private String author;                                           //作者
}
```

3.【dubbo-common 子模块】创建 IMessageService 业务接口。

```
package com.yootk.common.service;
public interface IMessageService {                                   //业务接口
    public Message echo(Message msg);                               //消息响应
}
```

4.【netty 项目】创建 dubbo-provider 子模块，随后修改 build.gradle 配置文件，添加模块依赖。

```
project(":dubbo-provider") {                                          //RPC服务提供模块
    dependencies {                                                    //模块依赖配置
        implementation(project(':dubbo-common'))                    //引入公共模块
        implementation('org.springframework.boot:spring-boot-starter:3.1.0')
        implementation('org.apache.dubbo:dubbo-spring-boot-starter:3.2.2')
        implementation('org.apache.dubbo:dubbo-registry-nacos:3.2.2')
    }
}
```

5.【dubbo-provider 子模块】创建 MessageServiceImpl 业务接口实现类。

```
package com.yootk.provider.service.impl;
@DubboService                                                         //Dubbo服务注册
public class MessageServiceImpl implements IMessageService {
    @Value("${message.prefix}")
    private String prefix;                                           //响应消息前缀
    @Override
    public Message echo(Message msg) {                              //消息响应
        DubboAutoConfiguration s;
        return new Message("【" + prefix + "】" + msg.getTitle(),
            "【" + prefix + "】" + msg.getContent(), "【" + prefix + "】" + msg.getAuthor());
    }
}
```

6.【dubbo-provider 子模块】在 src/main/resources 源代码目录中创建 application.yml 配置文件，配置 Nacos 连接信息。

```
spring:
  profiles:
    active: dev                                                      #profile名称
  application:
    name: dubbo.message.provider                                    #应用名称
dubbo:
  registry:                                                         #注册中心地址
    address: nacos://192.168.37.131:8848                           #Nacos地址
    password: nacos                                                #用户名
    username: nacos                                                #密码
    group: DUBBO_GROUP                                             #配置分组
    parameters:                                                    #Nacos配置参数
      namespace: c5efaf19-796a-4e1d-ad5a-26588f03ce8c             #命名空间ID
```

7. 【dubbo-provider 子模块】在 src/main/resources 源代码目录中创建 application-dev.yml 配置文件。

```
dubbo:
  protocol:                                                    #协议配置
    name: dubbo                                               #协议类型
    port: 9888                                                #协议端口
  message:                                                    #自定义属性
    prefix: DEV                                               #信息响应标记
```

8. 【dubbo-provider 子模块】创建 Dubbo 服务端应用启动类。

```
package com.yootk;
@EnableDubbo                                                  //启用Dubbo支持
@SpringBootApplication
public class StartDubboProviderApplication {
    public static void main(String[] args) {
        SpringApplication.run(StartDubboProviderApplication.class, args);
    }
}
```

在启动类中需要使用@EnableDubbo 注解进行标记,这样就可以将当前类对应包中所有使用 @DubboService 注解标记的 Bean 自动发布到 Nacos 注册中心上。当应用启动后,就可以在 Nacos 控制台看见对应的服务注册信息,此时的 Nacos 控制台的显示结果如图 6-6 所示。

图 6-6   Nacos 控制台的显示结果

9. 【netty 项目】创建 dubbo-consumer 子模块,随后修改 build.gradle 配置文件,添加模块依赖。

```
project(":dubbo-consumer") {                                 //RPC服务消费模块
    dependencies {                                           //模块依赖配置
        implementation(project(':dubbo-common'))            //引入公共模块
        implementation('org.springframework.boot:spring-boot-starter-web:3.1.0')
        implementation('org.apache.dubbo:dubbo-spring-boot-starter:3.2.2')
        implementation('org.apache.dubbo:dubbo-registry-nacos:3.2.2')
        testImplementation('org.springframework.boot:spring-boot-starter-test:3.1.0')
    }
}
```

10. 【dubbo-consumer 子模块】在 src/main/resources 源代码目录中创建 application.yml 配置文件。

```
spring:
  application:
    name: dubbo.consumer                                     #应用名称
server:                                                      #服务配置
  port: 8080                                                 #服务端口
dubbo:
  consumer:
    check: false                                             #启动时不检查Provider状态
  registry:                                                  #注册中心地址
    address: nacos://192.168.37.131:8848                    #Nacos地址
    password: nacos                                          #用户名
    username: nacos                                          #密码
    group: DUBBO_GROUP                                       #配置分组
    parameters:                                              #Nacos配置参数
      namespace: c5efaf19-796a-4e1d-ad5a-26588f03ce8c       #命名空间ID
```

11. 【dubbo-consumer 子模块】创建 MessageAction 控制器类。

```
package com.yootk.consumer.action;
@RestController                                              //RESTful响应
@RequestMapping("/consumer/message/*")                      //父路径
public class MessageAction {
```

```
@DubboReference                                          //Dubbo接口实例引用
private IMessageService messageService;                  //业务接口
@GetMapping("echo")                                      //子路径
public Object echo(Message message) {
    return this.messageService.echo(message);            //业务调用
}
}
```

12.【dubbo-consumer 子模块】创建消费端应用启动类。

```
package com.yootk;
@EnableDubbo
@SpringBootApplication
public class StartDubboConsumerApplication {
    public static void main(String[] args) {
        SpringApplication.run(StartDubboConsumerApplication.class, args);
    }
}
```

13.【dubbo-consumer 子模块】创建测试类。

```
package com.yootk.test;
@SpringBootTest(classes = StartDubboConsumerApplication.class)
@ExtendWith(SpringExtension.class)
@WebAppConfiguration
public class TestMessageAction {
    private static final Logger LOGGER = LoggerFactory.getLogger(TestMessageAction.class);
    @Autowired
    private MessageAction messageAction;                      //控制层实例
    @Test
    public void testEcho() {
        Message message = new Message("yootk", "沐言优拓: yootk.com", "李兴华");
        LOGGER.info("{}", this.messageAction.echo(message));
    }
}
```

程序执行结果：

```
Message(title=【ECHO】yootk, content=【ECHO】沐言优拓: yootk.com, author=【ECHO】李兴华)
```

14.【Postman 测试】此时消费端已经可以正常使用，随后通过 Postman 进行测试，测试结果如图 6-7 所示。

图 6-7　测试结果

6.1.3　Sentinel 限流防护

Sentinel 限流防护

视频名称　0604_【掌握】Sentinel 限流防护

视频简介　为了防止高峰流量对应用的冲击，需要引入 Sentinel 组件实现限流防护。本视频讲解该组件的使用，以及如何通过 JVM 启动参数实现 Dubbo 应用的访问接入。

Sentinel 是由阿里巴巴集团提供的一款面向分布式服务架构的高可用流量防护开源组件，使用该组件可以有效地应对大规模并发请求所带来的流量冲击。该组件基于削峰填谷的设计思路，至多只允许满足预设量级的请求进行访问，而超过预设量级的请求将被丢弃，如图 6-8 所示。

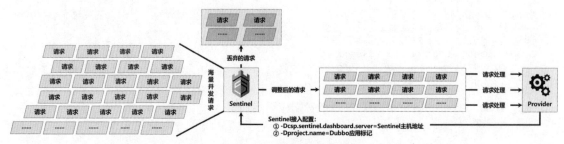

图 6-8 Sentinel 限流防护

Sentinel 项目被托管在 GitHub 中，开发人员可以直接下载该组件，同时 Dubbo 内部也实现了 Sentinel 组件支持，不需要采用硬编码的方式进行整合，直接通过简单的 JVM 参数即可实现连接。下面来看一下具体的实现步骤。

1．【sentinel-server 主机】通过 GitHub 下载 Sentinel 组件。

```
wget -P /usr/local/ https://******.com/alibaba/Sentinel/releases/download/1.8.6/sentinel- dashboard-
1.8.6.jar
```

2．【sentinel-server 主机】启动 Sentinel 服务。

```
java  -Dserver.port=8888  -Dproject.name=sentinel-dashboard  -Dcsp.sentinel.dashboard.server=
192.168.37.132:8888 \
-Dsentinel.dashboard.auth.username=muyan -Dsentinel.dashboard.auth.password=yootk \
-jar /usr/local/sentinel-dashboard-1.8.6.jar >/usr/local/src/sentinel.log 2>&1 &
```

3．【sentinel-server 主机】修改防火墙规则，开放 8888 端口访问权限。

配置端口规则：

```
firewall-cmd --zone=public --add-port=8888/tcp --permanent
```

重新加载配置：

```
firewall-cmd --reload
```

4．【Sentinel 控制台】通过浏览器访问 192.168.37.132:8888 登录 Sentinel 控制台，用户名/密码为 muyan/yootk。

5．【netty 项目】修改 build.gradle 配置文件，为 dubbo-provider 与 dubbo-consumer 两个子模块添加 Sentinel 依赖库。

```
implementation('com.alibaba.csp:sentinel-apache-dubbo3-adapter:1.8.6')
implementation('com.alibaba.csp:sentinel-transport-simple-http:1.8.6')
```

6．【dubbo-provider 子模块】在 StartDubboProviderApplication 启动类中追加 JVM 参数。

```
-Dcsp.sentinel.dashboard.server=192.168.37.132:8888 -Dcsp.sentinel.api.port=8730 -Dproject.name
=message.provider
```

7．【dubbo-consumer 子模块】在 StartDubboConsumerApplication 启动类中追加 JVM 参数。

```
-Dcsp.sentinel.dashboard.server=192.168.37.132:8888 -Dcsp.sentinel.api.port=8731 -Dproject.name
=message.consumer
```

8．【Sentinel 控制台】服务运行后打开 Sentinel 控制台查看监控信息，如图 6-9 所示。

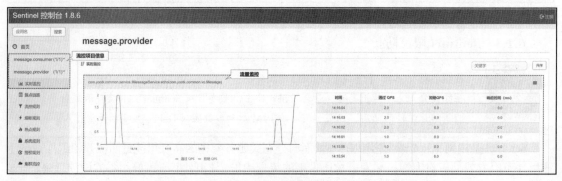

图 6-9 Sentinel 控制台监控信息

> ⓘ **注意：运行 Dubbo 服务后才会显示监控信息。**
>
> 　　启动 Dubbo 提供端和消费端后，Sentinel 控制台并不会显示任何的流量监控信息，只有在调用服务若干次并且产生监控数据后，才会通过"-Dcsp.sentinel.api.port"参数所定义的接口将流量数据发送到 Sentinel，这样才可以在 Sentinel 控制台中看见项目信息。

　　9.【Sentinel 控制台】将 Dubbo 服务接入 Sentinel 之后，可以根据需要进行流控配置，如图 6-10 所示。

图 6-10　Sentinel 配置流控

6.1.4　Dubbo 服务降级

　　视频名称　0605_【理解】Dubbo 服务降级

　　视频简介　Dubbo 服务运行过程中，经常会出现许多不稳定的因素，从而导致服务中断，为了保障稳定的服务运行环境，需要引入服务降级。本视频为读者讲解 Dubbo 服务降级的 3 种方法，并通过具体的实例分析服务降级的应用配置。

　　在正常的应用环境下，Dubbo 消费端会通过服务提供者获取相应的业务处理结果，如果此时服务提供端出现了错误，则在调用时就会抛出 org.apache.dubbo.rpc.RpcException 异常信息，所以此时为了保证消费端的调用稳定性，需要进行服务降级处理。Dubbo 中的服务降级主要通过 @DubboReference 注解中的 mock 属性进行配置，该属性的配置方法有如下 3 种。

　　（1）mock = "true"：该方法会自动加载业务接口所在包中的 Mock 类（类名称为"接口名称 + Mock"）。

　　（2）mock = "Mock 实现类名称"：任意可达的 Mock 类名称。

　　（3）mock="[fail|force]:return|throw xxx"：在消费端定义的服务降级规则，其中 fail（调用失败，为默认配置项）或 force（不调用，强制执行 mock()方法）关键字为可选配置，return 用于表示指定的返回结果，或者使用 throw 抛出异常。

　　由于 Dubbo 中的服务降级策略有 3 类机制，下面先演示 Mock 类处理机制，开发人员只需要根据图 6-11 所示创建 Mock 类，并在消费端的@DubboReference 注解中配置"mock="true""即可。下面来看一下具体配置。

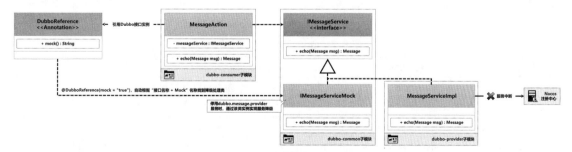

图 6-11　手动创建 Mock 类

1．【dubbo-common 子模块】创建服务降级业务实现类 IMessageServiceMock。

```
package com.yootk.common.service;                            //与业务接口在同一个包中
public class IMessageServiceMock implements IMessageService {  //服务降级处理
   @Override
   public Message echo(Message msg) {                        //消息响应
      return new Message(null, null, null);
   }
}
```

2．【dubbo-consumer 子模块】修改 MessageAction 类中的 IMessageService 接口引用注解配置。

```
@DubboReference(mock = "true")                               //Dubbo接口实例引用
private IMessageService messageService;                      //业务接口
```

服务降级响应：

```
{ "title": null, "content": null, "author": null }
```

当 dubbo.message.provider 服务不可用，消费端调用 IMessageService 业务接口时，会在后台抛出 RpcException 异常，同时会返回 IMessageServiceMock.echo()方法定义的数据项。但是在实际的开发中会存在大量的业务接口，所以采用 Mock 类的方式会增加代码的维护成本，所以此时也可以直接在消费端进行服务降级配置。

3．【dubbo-consumer 子模块】修改 MessageAction 类中的 IMessageService 接口引用注解，当服务提供者出现问题时，直接返回 null。

```
@DubboReference(mock = "force:return null")                  //Dubbo接口实例引用
private IMessageService messageService;                      //业务接口
```

6.1.5 Dubbo 性能监控

Dubbo 性能监控

视频名称　0606_【了解】Dubbo 性能监控
视频简介　Dubbo 内置了对 QoS 与 Metrics 状态监控的支持，开发人员只需要配置相关的依赖库，即可通过命令行进行服务管理，或者通过指定的 HTTP 地址获取当前监控状态。本视频通过实例为读者讲解这一服务的开启，同时解释 DubboAdmin 所存在的问题。

考虑到服务运维的需要，Dubbo 内置了对 QoS 与 Metrics 状态监控的支持，开发人员可以通过 QoS 实现服务的管理和限流操作，通过 Metrics 状态监控获取当前应用的使用状态(结合 Prometheus 进行监控)，而这样的两个配置结构在默认情况下都是关闭的，需要开发人员手动开启。

> 💡 **提示：请自行构建 Prometheus 服务。**
>
> Prometheus 是当下用于监控服务的主流工具，只需要提供一个监控服务的地址，就可以按照指定的时间间隔进行数据抓取，并生成相关的流量图，或者可以结合 Grafana 进行更加丰富的效果展示。由于该工具在本系列的《Spring Boot 开发实战（视频讲解版）》中已经进行讲解，所以本书不再讲解其构建过程，只为读者列出最终监控数据的访问地址。

QoS 是 Dubbo 提供的本地服务管理工具，可以进行已发布 Dubbo 服务状态的维护，并且可以进行服务的限流控制，以保证服务运行的稳定性，表 6-2 所示为 QoS 的相关配置属性。下面来看具体实现。

表 6-2　QoS 的相关配置属性

序号	参数名称	默认值	描述
1	dubbo.application.qos-enable	true	是否启用 QoS
2	dubbo.application.qos-port	22222	QoS 服务绑定端口
3	dubbo.application.qos-accept-foreign-ip	false	是否允许远程访问
4	dubbo.application.qos-accept-foreign-ip-whitelist	无	支持远端主机的 IP 地址或 IP 地址段

续表

序号	参数名称	默认值	描述
5	dubbo.application. qos-anonymous-access-permission-level	PUBLIC	支持匿名访问的权限级别，取值范围如下。 ① PUBLIC（1）：支持匿名访问权限级别，目前只支持生命周期探针相关的命令。 ② PROTECTED（2）：只有经过认证但未被授权的用户可以访问服务。 ③ PRIVATE（3）：保留的最高权限级别，目前尚未提供对此权限级别的支持。 ④ NONE（4）：最低权限级别，不支持匿名访问

1.【netty 项目】修改 build.gradle 配置文件，为 dubbo-provider 子模块引入 qos 依赖支持库。

```
implementation('org.apache.dubbo:dubbo-qos:3.2.2')
```

2.【dubbo-provider 子模块】修改 application.yml 配置文件，增加 QoS 启用配置。

```
dubbo:
  application:                                              #应用配置
    qos-enable: true                                       #启用QoS
    qos-port: 30000                                        #QoS监控端口
    qos-accept-foreign-ip: false                           #禁止远程访问
    qos-accept-foreign-ip-whitelist: 127.0.0.1,192.168.37.1/24   #访问白名单
    qos-anonymous-access-permission-level: PROTECTED       #访问权限级别
```

3.【本地系统】dubbo.message.provider 服务开启 QoS 支持后，可以通过本地的 telnet 命令登录 QoS 端口。

```
telnet localhost 30000
```

4.【QoS 客户端】QoS 内置了许多的命令，可以在访问成功后执行 help 命令进行查看。

5.【QoS 客户端】ls 命令可以查看当前的服务端应用列表。

```
ls
```

程序执行结果：

```
com.yootk.common.service.IMessageService nacos-A(Y)/nacos-I(Y)
```

此时在访问服务列表时，可以发现已注册的 IMessageService 接口，同时还有一个接口的应用状态，当前的返回信息为 nacos-A(Y)/nacos-I(Y)，表示服务在 Nacos 中注册，其中 nacos-A(Y)表示服务提供者处于正常可用状态（A 表示可用，Y 表示正常），nacos-I(Y)表示服务消费端处于正常可用状态，可以直接通过 Nacos 注册中心调用服务。此命令也可以通过浏览器查看，地址为 http://localhost:30000/ls。

6.【QoS 客户端】可以直接进行服务上线与下线控制。

服务上线命令：

```
online [服务接口名称]
```

服务下线命令：

```
offline [服务接口名称]
```

7.【QoS 客户端】输出 Dubbo 服务所占用的全部端口。

```
pwd
```

程序执行结果：

```
9888
```

虽然 QoS 提供了丰富的支持，但是由于其会受限于应用环境，所以常规的做法还是通过 Nacos 与 Sentinel 的整合来进行远程控制，而开启了 QoS 支持后，就可以基于该服务端口来获取 Metrics 监控数据。

8.【netty 项目】修改 build.gradle 配置文件，为 dubbo-provider 子模块引入 Metrics 依赖支持库。

```
implementation('org.apache.dubbo:dubbo-metrics-prometheus:3.2.2')
implementation('org.apache.dubbo:dubbo-monitor-default:3.2.2')
```

9.【dubbo-provider 子模块】修改 application.yml 配置文件，添加 Metrics 相关配置。

```
dubbo:
  metrics:                                                        # Dubbo性能监控
    enable: true                                                  # 开启监控
    protocol: prometheus                                          # Prometheus支持
    collection:                                                   # 数据采样配置
      interval: 1                                                 # 数据采样周期
```

10.【浏览器】此时启动 dubbo.message.provider 服务后，可以对外提供/metrics 的监控端口。

```
http://localhost:30000/metrics
```

程序执行结果：

```
dubbo_register_service_rt_milliseconds_sum{ ... } 909.0
dubbo_register_service_rt_milliseconds_sum{ ... } 249.0
dubbo_registry_register_requests_succeed_total{ ... } 1.0
（其他监控项，略）
```

所有的 Dubbo 状态监控数据都以 dubbo_ 作为默认的前缀，这样在使用 Prometheus 进行服务采样时，可以方便地找到对应的监控数据。

> 💡 **提示：Dubbo Admin 处于更新状态。**
>
> 　　早期的 Dubbo 开发环境中是没有 Nacos、Sentinel 等应用组件支持的，而是通过 Dubbo Admin 实现服务管理，包括 Mock 控制、服务限流、服务状态监控等，但是该组件现在处于更新状态（基于 Go 语言进行重构），当前只有 develop 分支还保留有 Java 开发的痕迹，在整合过程中会因版本问题面临极大的困扰，故本书没有讲解该组件的使用。

6.1.6 Dubbo 网关发布

Dubbo 网关发布

视频名称　0607_【了解】Dubbo 网关发布

视频简介　考虑到各类服务对接的支持，Dubbo 提供了对 REST 协议的支持，并且也可以基于网关实现路由配置。本视频通过实例分析 Dubbo 与 Spring Cloud Gateway 技术的整合。

　　一个完善的应用技术架构，需要充分地考虑对多开发平台的支持，因此 Dubbo 提供了对 REST 协议的支持，可以直接以 HTTP 的方式实现服务通信，而为了进一步完善所有 HTTP 服务接口的管理，也可以采用网关路由的方式实现访问代理，如图 6-12 所示。本次将基于 Spring Cloud Gateway 技术实现 Dubbo 网关的开发，具体实现步骤如下。

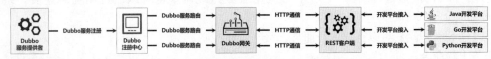

图 6-12　Dubbo 网关发布

1.【netty 项目】修改 build.gradle 配置文件，为 dubbo-provider 子模块添加 REST 协议支持库。

```
implementation('org.apache.dubbo:dubbo-rpc-rest:3.2.2')
implementation('org.codehaus.jackson:jackson-xc:1.9.13')
implementation('org.codehaus.jackson:jackson-jaxrs:1.9.13')
```

2.【dubbo-provider 子模块】修改 application-dev.yml 配置文件，使 Dubbo 同时支持多个通信协议。

配置方式一：

```
dubbo:
  protocol:                                                       #协议配置
    name: rest                                                    #协议名称
    port: 9998                                                    #协议端口
```

配置方式二：

```
dubbo:
  protocols:                                                      #协议配置
    rest:                                                         #REST协议支持
      name: rest                                                  #协议名称
      port: 9888                                                  #通信端口
```

此时的 Dubbo 服务提供端如果只支持一种协议，可以采用配置方式一进行定义，而如果现在需要同时支持多种协议（例如，同时支持 Dubbo 和 REST），则只能采用配置方式二的文件格式进行定义，在 dubbo.protocols 配置项后添加其他协议的信息即可。

3.【dubbo-consumer 子模块】修改 IMessageService 接口定义，为其配置 REST 访问地址。

```
package com.yootk.common.service;
@Path("/message")                                                    //REST父路径
@Consumes({MediaType.APPLICATION_JSON, MediaType.TEXT_XML})          //消费端支持类型
@Produces({MediaType.APPLICATION_JSON, MediaType.TEXT_XML})          //提供端支持类型
public interface IMessageService {
    @POST                                                            //请求模式
    @Path("/echo")                                                   //REST子路径
    public Message echo(Message msg);                                //消息响应
}
```

4.【Postman 测试工具】重新启动 Dubbo 服务后，可以直接通过 HTTP 进行访问，测试结果如图 6-13 所示。

POST 请求路径：

```
localhost:9888/message/echo
```

请求数据配置：

```
{"title":"Netty开发实战", "content": "yootk.com", "author": "李兴华"}
```

请求处理结果：

```
{ "author": "【DEV】李兴华", "content": "【DEV】yootk.com", "title": "【DEV】Netty开发实战" }
```

图 6-13　测试结果

5.【netty 项目】创建 dubbo-gateway 子模块，随后修改 build.gradle 配置文件，为模块添加所需依赖。

```
project(":dubbo-gateway") {                                                     //Dubbo网关模块
    dependencies {                                                              //模块依赖配置
        implementation('org.springframework.cloud:spring-cloud-starter-gateway:4.0.6')
        implementation('com.alibaba.cloud:spring-cloud-starter-alibaba-nacos-discovery:2022.0.0.0-RC2')
        implementation('org.springframework.boot:spring-boot-starter-actuator:3.1.1')
        implementation('org.springframework.cloud:spring-cloud-starter-loadbalancer:4.0.3')
        implementation('org.apache.dubbo:dubbo-spring-boot-starter:3.2.2')
        implementation('org.apache.dubbo:dubbo-registry-nacos:3.2.2')
    }
}
```

6.【dubbo-gateway 子模块】创建 application.yml 配置文件，采用静态路由的形式进行配置。

```
server:                                              #服务端配置
  port: 9500                                         #监听端口
spring:                                              #Spring配置
  application:                                       #应用配置
    name: dubbo.gateway                              #应用名称
  cloud:                                             #Spring Cloud配置
    nacos:                                           #Nacos注册中心
      discovery:                                     #发现服务
        username: nacos                              #用户名
        password: nacos                              #密码
```

```
        server-addr: 192.168.37.131:8848                          #服务地址
        namespace: c5efaf19-796a-4e1d-ad5a-26588f03ce8c           #命名空间
        group: DUBBO_GROUP                                        #组名称
  gateway:                                                        #网关配置
    httpclient:                                                   #HTTP客户端配置
      connect-timeout: 1000                                       #连接超时（单位：ms）
      response-timeout: 5s                                        #响应超时
    discovery:                                                    #服务发现
      locator:                                                    #资源定位
        enabled: true                                            #通过服务发现查找其他微服务
        lowerCaseServiceId: true                                 #将服务名转换为小写形式
    routes:                                                       #路由配置
      - id: message.route                                        #路由标记
        uri: lb://dubbo.message.provider                         #路由地址
        predicates:                                               #路由谓词工厂
          - Path=/message/**                                     #匹配全部路径
```

7.【dubbo-gateway 子模块】创建程序启动类 StartDubboGatewayApplication。

```
package com.yootk;
@SpringBootApplication
@EnableDubbo
@EnableDiscoveryClient                                           //启用Nacos发现服务
public class StartDubboGatewayApplication {
    public static void main(String[] args) {
        SpringApplication.run(StartDubboGatewayApplication.class, args);    //服务启动
    }
}
```

网关服务调用：

```
localhost:9500/message/echo
```

Spring Cloud Gateway 应用启动后，会自动通过 Nacos 找到指定 Dubbo 服务名称的地址，随后客户端直接访问网关中配置的静态路由即可实现 Dubbo 服务的调用。

6.1.7　应用打包部署

视频名称	0608_【掌握】应用打包部署

视频简介　Dubbo 微服务开发完成后，需要进行部署上线处理。本视频通过实际的操作讲解服务打包操作，同时基于 Profile 配置文件管理的模式，实现 Dubbo 服务集群的构建。

Dubbo 服务开发完成之后，一般都需要将其发布到具体的服务主机之中，而后对外提供服务，考虑到高性能、高可用以及高并发的设计需要，在实际的生产环境中往往会采用服务集群的方式进行多节点部署。

Nacos 中的 Dubbo 集群方案是依据服务名称实现管理的，同一个名称下可以提供不同的服务实例，每一个实例都是一个独立的 Dubbo 节点。由于消费端是依据服务名称进行调用的，因此在每次进行业务处理时，Nacos 会自动通过已有的实例列表获取一个实例进行服务处理。

由于当前的 Dubbo 服务全部都是基于 Spring Boot 框架进行开发的，因此本次将基于图 6-14 所示，采用不同的 Profile 实现服务集群的构建。下面来看一下具体的实现步骤。

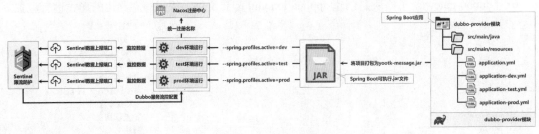

图 6-14　Dubbo 服务集群

1.【dubbo-provider 子模块】在 src/main/resources 源代码目录中创建不同环境的 profile 文件。

application-dev.yml 开发环境配置文件：

```
dubbo:                                                          #协议配置
  protocol:                                                     #协议名称
    name: dubbo                                                 #协议端口
    port: 9888                                                  #自定义属性
message:                                                        #信息响应标记
  prefix: DEV
```

application-test.yml 测试环境配置文件：

```
dubbo:                                                          #协议配置
  protocol:                                                     #协议名称
    name: dubbo                                                 #协议端口
    port: 9988                                                  #自定义属性
message:                                                        #信息响应标记
  prefix: TEST
```

application-prod.yml 生产环境配置文件：

```
dubbo:                                                          #协议配置
  protocol:                                                     #协议名称
    name: dubbo                                                 #协议端口
    port: 9998                                                  #自定义属性
message:                                                        #信息响应标记
  prefix: PROD
```

2.【dubbo-provider 子模块】修改 build.gradle 配置文件，添加应用打包配置。

```
buildscript {                                                   //定义脚本使用资源
    repositories {                                              //脚本资源仓库
        maven { url 'https://maven.******.com/repository/public' }
    }
    dependencies {                                              //依赖库
        classpath "org.springframework.boot:spring-boot-gradle-plugin:3.0.0"
    }
}
apply plugin: 'java'                                            //引入插件
apply plugin: 'org.springframework.boot'                        //引入插件
apply plugin: 'io.spring.dependency-management'                 //引入插件
bootJar {                                                       //打包文件
    archiveBaseName = 'yootk-message'                           //打包文件
    archiveVersion = project_version                            //打包版本
}
```

3.【dubbo-provider 子模块】通过 Gradle 提供的命令进行项目打包：gradle bootJar。

4.【message-server 主机】打包项目后可以得到 yootk-message-1.0.0.jar 程序文件，将其上传到服务器，文件保存目录为/usr/local。

5.【message-server 主机】通过 java 命令启动 Message 服务应用。

DEV 环境运行：

```
nohup java -Dcsp.sentinel.dashboard.server=192.168.37.132:8888 \
-Dproject.name=message.provider -Dcsp.sentinel.api.port=8760 \
-jar /usr/local/yootk-message-1.0.0.jar --spring.profiles.active=dev > /dev/null 2>&1 &
```

TEST 环境运行：

```
nohup java -Dcsp.sentinel.dashboard.server=192.168.37.132:8888 \
-Dproject.name=message.provider -Dcsp.sentinel.api.port=8761 \
-jar /usr/local/yootk-message-1.0.0.jar --spring.profiles.active=test > /dev/null 2>&1 &
```

PROD 环境运行：

```
nohup java -Dcsp.sentinel.dashboard.server=192.168.37.132:8888 \
-Dproject.name=message.provider -Dcsp.sentinel.api.port=8762 \
-jar /usr/local/yootk-message-1.0.0.jar --spring.profiles.active=prod > /dev/null 2>&1 &
```

6.【message-server 主机】修改防火墙规则，开放 Dubbo 协议访问端口，以及 Sentinel 数据上报端口。

配置端口规则：

```
firewall-cmd --zone=public --add-port=9888/tcp --permanent
```

配置端口规则：

```
firewall-cmd --zone=public --add-port=9988/tcp --permanent
```

配置端口规则：

```
firewall-cmd --zone=public --add-port=9998/tcp --permanent
```

配置端口规则：

```
firewall-cmd --zone=public --add-port=8760/tcp --permanent
```

配置端口规则：

```
firewall-cmd --zone=public --add-port=8761/tcp --permanent
```

配置端口规则：

```
firewall-cmd --zone=public --add-port=8762/tcp --permanent
```

重新加载配置：

```
firewall-cmd --reload
```

此时 3 个 Dubbo 节点已经正常启动,每一个节点都分别占用两个服务端口,随后可以通过 Nacos 控制台查看所有的服务列表，如图 6-15 所示。可以发现 dubbo.message.provider 服务的实例数量为 3 个，打开详情之后，可以看见每一个节点的元数据，而每当通过 Nacos 调用 Dubbo 服务时，客户端都会自动采用负载均衡的形式进行处理，如果要增加某一个服务节点的调用次数，可以通过修改权重的方式来进行配置。

图 6-15　Nacos 服务列表

6.2　Dubbo 核心源代码

Dubbo 核心
源代码

视频名称　0609_【掌握】Dubbo 核心源代码

视频简介　Dubbo 在 Spring 框架上扩充，其内部的处理流程与 Spring 框架的相同。本视频基于 Dubbo 自动装配类的核心结构，为读者解读 Dubbo 中 Bean 的扫描与注册操作源代码。

Dubbo 框架的设计与 Spring 深度捆绑,同时也完全支持 Spring Boot 3.x 开发框架,在进行 Dubbo 服务启动时，只需要在启动类中定义@EnableDubbo 注解即可进行自动的扫描配置。而这一切的实现都是基于 DubboAutoConfiguration 类实现的，所以对 Dubbo 的分析应该首先通过该类的实现机制进行，相关的类定义结构如图 6-16 所示。

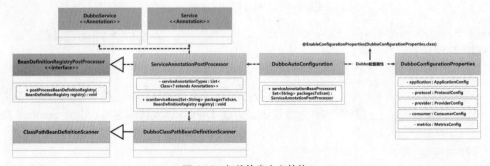

图 6-16　相关的类定义结构

Dubbo 应用启动时,需要通过 application.yml 配置文件进行相关属性的定义,这些属性在 Spring 容器启动时, 会自动根据名称装配到 DubboConfigurationProperties 实例之中, 这一点可以通过 DubboAutoConfiguration 类的源代码观察到。

1.【Dubbo 源代码】观察 DubboConfigurationProperties 源代码。

```
package org.apache.dubbo.spring.boot.autoconfigure;
@ConditionalOnProperty(prefix = DUBBO_PREFIX, name = "enabled", matchIfMissing = true)
@Configuration
@AutoConfigureAfter(DubboRelaxedBindingAutoConfiguration.class)
@EnableConfigurationProperties(DubboConfigurationProperties.class)
@EnableDubboConfig
public class DubboAutoConfiguration {
    @ConditionalOnProperty(prefix = DUBBO_SCAN_PREFIX, name = BASE_PACKAGES_PROPERTY_NAME)
    @ConditionalOnBean(name = BASE_PACKAGES_BEAN_NAME)
    @Bean
    public ServiceAnnotationPostProcessor serviceAnnotationBeanProcessor(
        @Qualifier(BASE_PACKAGES_BEAN_NAME) Set<String> packagesToScan) {
        return new ServiceAnnotationPostProcessor(packagesToScan);
    }
}
```

DubboAutoConfiguration 的主要功能是根据扫描包的配置,创建并注册 ServiceAnnotationPostProcessor 对象实例,该类主要进行 Bean 实例的扫描处理,该类的核心源代码如下。

2.【Dubbo 源代码】观察 ServiceAnnotationPostProcessor 核心源代码。

```
public class ServiceAnnotationPostProcessor implements BeanDefinitionRegistryPostProcessor,
    EnvironmentAware, ResourceLoaderAware, BeanClassLoaderAware,
    ApplicationContextAware, InitializingBean {
    public static final String BEAN_NAME = "dubboServiceAnnotationPostProcessor";
    private final static List<Class<? extends Annotation>> serviceAnnotationTypes = asList(
        DubboService.class,                                    //新版Dubbo使用的注解
        Service.class,                                         //老版Dubbo使用的注解
        com.alibaba.dubbo.config.annotation.Service.class     //老版Dubbo使用的注解
    );
}
```

ServiceAnnotationPostProcessor 实现了 BeanDefinitionRegistryPostProcessor 与 InitializingBean 两个生命周期的控制接口,其继承结构如图 6-17 所示。这样就意味着容器在启动时会自动进行相应的初始化与 Bean 配置操作,具体的操作可以通过源代码的定义来观察。

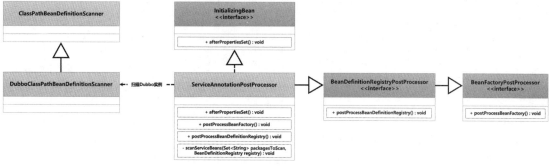

图 6-17 ServiceAnnotationPostProcessor 继承结构

3.【Dubbo 源代码】ServiceAnnotationPostProcessor.afterPropertiesSet()方法源代码。

```
@Override
public void afterPropertiesSet() throws Exception {
    this.resolvedPackagesToScan = resolvePackagesToScan(packagesToScan);    //解析扫描包
}
```

4.【Dubbo 源代码】ServiceAnnotationPostProcessor.postProcessBeanDefinitionRegistry()方法源代码。

```
@Override
public void postProcessBeanDefinitionRegistry(BeanDefinitionRegistry registry) throws BeansException {
    this.registry = registry;
```

```
    scanServiceBeans(resolvedPackagesToScan, registry);
}
```

　　scanServiceBeans()主要根据 serviceAnnotationTypes 属性定义注解类型进行 Bean 的扫描，为了便于 Dubbo 扩展注解的使用，所以提供了一个 DubboClassPathBeanDefinitionScanner 扫描类，该类为 Spring 内置 ClassPathBeanDefinitionScanner 类的子类。

　　5.【Dubbo 源代码】ServiceAnnotationPostProcessor.postProcessBeanFactory()方法源代码。

```
@Override
public void postProcessBeanFactory(ConfigurableListableBeanFactory beanFactory) throws BeansException {
    if (this.registry == null) {
        this.registry = (BeanDefinitionRegistry) beanFactory;
    }
    String[] beanNames = beanFactory.getBeanDefinitionNames();                    //Bean扫描
    for (String beanName : beanNames) {
        BeanDefinition beanDefinition = beanFactory.getBeanDefinition(beanName);
        Map<String, Object> annotationAttributes = getServiceAnnotationAttributes(beanDefinition);
        if (annotationAttributes != null) {
            //处理 @DubboService 注解以及在Spring类中使用 @bean 定义的方法
            processAnnotatedBeanDefinition(beanName, (AnnotatedBeanDefinition) beanDefinition,
                annotationAttributes);
        }
    }
    if (!scanned) {
        scanServiceBeans(resolvedPackagesToScan, registry);
    }
}
```

　　postProcessBeanFactory()方法中较为重要的一点就是调用了 processAnnotatedBeanDefinition()方法，该方法的主要功能是处理@DubboService 注解所配置的 Bean 实例。下面来观察该方法的定义。

　　6.【Dubbo 源代码】ServiceAnnotationPostProcessor.processAnnotatedBeanDefinition()方法源代码。

```
private void processAnnotatedBeanDefinition(String refServiceBeanName,
    AnnotatedBeanDefinition refServiceBeanDefinition, Map<String, Object> attributes) {
    Map<String, Object> serviceAnnotationAttributes = new LinkedHashMap<>(attributes);
    //获取当前Bean的名称，并根据Bean实例对应的Class实例获取业务接口名称
    String returnTypeName = SpringCompatUtils.getFactoryMethodReturnType(refServiceBeanDefinition);
    Class<?> beanClass = resolveClassName(returnTypeName, classLoader);
    String serviceInterface = resolveInterfaceName(serviceAnnotationAttributes, beanClass);
    //根据接口名称的定义生成Bean名称
    String serviceBeanName = generateServiceBeanName(serviceAnnotationAttributes, serviceInterface);
    AbstractBeanDefinition serviceBeanDefinition = buildServiceBeanDefinition(
        serviceAnnotationAttributes, serviceInterface, refServiceBeanName);
    serviceBeanDefinition.getPropertyValues().add(Constants.ID, serviceBeanName);    //设置ID
    registerServiceBeanDefinition(serviceBeanName, serviceBeanDefinition, serviceInterface); //Bean注册
}
```

　　通过以上分析的 Bean 注册的源代码可以发现，Dubbo 中在进行服务启动时，会根据当前所在的包或者是用户配置的包进行指定注解 Bean 的扫描，随后将其注册到 Spring 容器之中。这一点与原始的 Spring 处理机制差别不大，但是 Dubbo 属于一个分布式的开发框架，除了要在 Spring 容器中进行 Bean 注册之外，还需要将接口信息发布到注册中心，以便消费端引用。下面来看一下这些操作的实现源代码。

💡 提示：基础实现请参考本书中的手动 RPC 讲解。

　　本书的第 3 章，结合 Netty、Protobuf 以及 Spring Boot 框架实现了一个手动 RPC 的应用开发，里面所使用的技术结构虽然简单，但是对于该有的代理调用以及代理对象的依赖管理操作都已经讲解得非常清楚，如果读者不能理解以下的源代码解读，请参考《Spring 开发实战（视频讲解版）》中的课程讲解。

6.2.1 @EnableDubboConfig

@Enable-
DubboConfig

视频名称	0610_【理解】@EnableDubboConfig

视频简介　@EnableDubboConfig 是 Dubbo 内部配置的注解，同时也是实现 Dubbo 上下文中所有 Bean 结构注册的重要操作结构。本视频为读者分析相关类的作用，并且重点解释 ScopeModel 类的作用以及 3 个子类在逻辑概念上的区别。

为了便于 Dubbo 应用的管理，其内部提供了一个 Dubbo 上下文（或者称为 DubboSpringInitContext）的概念，通过该类实现 Dubbo 实例的注册。而 Dubbo 上下文的配置，主要是由@EnableDubboConfig 注解来定义的，该注解的相关结构如图 6-18 所示。

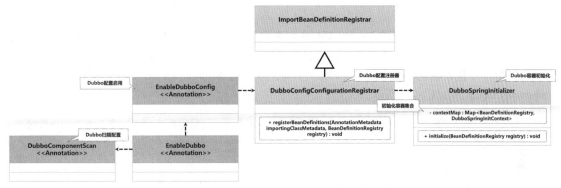

图 6-18　@EnableDubboConfig 注解的相关结构

@EnableDubboConfig 注解是定义在 @EnableDubbo 注解之中的，同时捆绑了一个 DubboConfigConfigurationRegistrar 注册处理类，该类继承自 ImportBeanDefinitionRegistrar 类，可以实现与 ImportSelector 类似的功能，主要用于 Bean 的动态注入管理。下面来看一下相关程序的源代码定义。

1．【Dubbo 源代码】DubboConfigConfigurationRegistrar 类源代码。

```
package org.apache.dubbo.config.spring.context.annotation;
public class DubboConfigConfigurationRegistrar implements ImportBeanDefinitionRegistrar {
  @Override
  public void registerBeanDefinitions(AnnotationMetadata importingClassMetadata,
      BeanDefinitionRegistry registry) {
    DubboSpringInitializer.initialize(registry);                    //初始化Dubbo中的Bean实例
  }
}
```

registerBeanDefinitions()方法主要实现 Bean 的动态注入，在该方法中通过 DubboSpringInitializer 类完成 Bean 注册的管理，下面继续观察该类中 initialize()方法的定义。

2．【Dubbo 源代码】DubboSpringInitializer.initialize()方法源代码。

```
public static void initialize(BeanDefinitionRegistry registry) {
  if (contextMap.putIfAbsent(registry, new DubboSpringInitContext()) != null) {
    return;                                                          //未准备好Spring容器
  }
  DubboSpringInitContext context = contextMap.get(registry);        //获取Dubbo上下文
  ConfigurableListableBeanFactory beanFactory = findBeanFactory(registry); //获取BeanFactory
  initContext(context, registry, beanFactory);                      //初始化Dubbo上下文
}
```

3．【Dubbo 源代码】观察 DubboSpringInitializer.initContext ()方法源代码。

```
private static void initContext(DubboSpringInitContext context, BeanDefinitionRegistry registry,
                   ConfigurableListableBeanFactory beanFactory) {
  context.setRegistry(registry);                                    //配置Bean注册器
  context.setBeanFactory(beanFactory);                              //配置BeanFactory
  customize(context);                                               //自定义上下文（提供用户扩充SPI）
  ModuleModel moduleModel = context.getModuleModel();               //初始化服务模型
  if (moduleModel == null) {                                        //服务模型为空
```

```
    ApplicationModel applicationModel;                              //应用模型
    if (findContextForApplication(ApplicationModel.defaultModel()) == null) {
        applicationModel = ApplicationModel.defaultModel();         //Spring默认实例
    } else {                                                        //创建新的应用模型
        applicationModel = FrameworkModel.defaultModel().newApplication();
    }
    moduleModel = applicationModel.getDefaultModule();              //获取默认ModuleModel实例
    context.setModuleModel(moduleModel);                           //初始化ModuleModel
} else { ... }
if (context.getModuleAttributes().size() > 0) {                    //存在模型属性
    context.getModuleModel().getAttributes().putAll(context.getModuleAttributes());//属性设置
}
registerContextBeans(beanFactory, context);                        //绑定Dubbo上下文
context.markAsBound();                       //定义绑定标记
moduleModel.setLifeCycleManagedExternally(true);                  //设置生命周期管理
DubboBeanUtils.registerCommonBeans(registry);                     //注册Bean实例
}
```

该方法的核心作用就是创建 ModuleModel 服务模型实例，每一个发布的 Dubbo 服务实际上就属于一个 ModuleModel，但是考虑到集群设计等不同的环境，所以 Dubbo 提供了一个 ScopeModel 的抽象模型，并且该抽象模型中提供了 3 个子类，分别为 ModuleModel、ApplicationModel 以及 FrameworkModel，如图 6-19 所示。

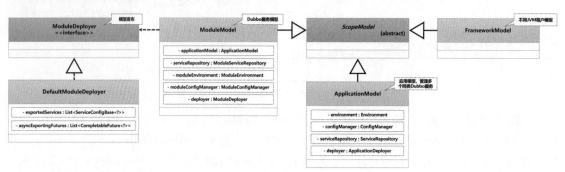

图 6-19　ScopeModel 抽象模型

ScopeModel 之所以提供 3 个不同的子类，主要是考虑到不同的隔离场景，而这三者之间的关系为 FrameworkModel 管理多个 ApplicationModel，每一个 ApplicationModel 管理多个 ModuleModel，因此可以得出图 6-20 所示的 ScopeModel 配置结构。

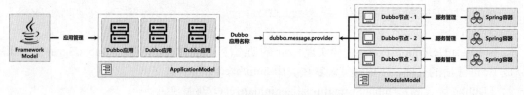

图 6-20　ScopeModel 配置结构

在 Dubbo 应用中，用户关注的就是服务的发布以及消费操作，所以 ModuleModel 中提供了 ModuleDeployer（模块发布）接口的引用，该接口提供一个 DefaultModuleDeployer 默认实现类，而该类主要通过 ServiceBean 实现服务的发布处理。

6.2.2　Dubbo 服务导出

视频名称	0611_【理解】Dubbo 服务导出

视频简介　Dubbo 提供端会提供若干个服务接口，所有的接口在 Spring 容器启动时会自动添加到所配置的注册中心，而这一机制被称为服务导出。本视频为读者分析 ServiceBean 类的作用，以及其与 Spring 事件架构的关联，并对相关服务导出源代码进行解读。

Dubbo 服务导出

Dubbo 内部充分使用了 Spring 框架中 Bean 的管理机制，所以每当进行服务发布时，就会将 Spring 容器中指定类型的 Bean 元数据（Metadata）发布到注册中心，以便消费端进行调用。因此 Dubbo 内部提供了服务的导出与注册机制，这一操作主要是通过 ModuleDeployer 接口来实现的，该接口的相关结构如图 6-21 所示。

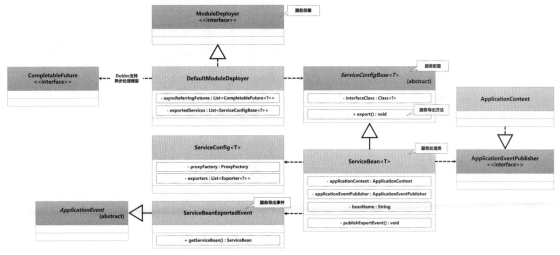

图 6-21　ModuleDeployer 接口的相关结构

ModuleDeployer 接口提供了 DefaultModuleDeployer 的实现类，在该类中会提供两个重要的 List 集合，用于保存服务导出配置，而所有的导出配置在 Dubbo 中都通过 ServiceConfigBase 抽象类进行描述，该接口还内置了 ServiceBean 实现类，如果要理解服务导出的操作则首先应该观察该类的具体实现。

1. 【Dubbo 源代码】观察 ServiceBean 类源代码。

```
package org.apache.dubbo.config.spring;
public class ServiceBean<T> extends ServiceConfig<T> implements
      InitializingBean, DisposableBean,
      ApplicationContextAware, BeanNameAware, ApplicationEventPublisherAware {
   private transient ApplicationContext applicationContext;              //Spring容器
   private transient String beanName;                                    //Bean名称
   private ApplicationEventPublisher applicationEventPublisher;          //事件发布器
   @Override
   public void setApplicationContext(ApplicationContext applicationContext) {
      this.applicationContext = applicationContext;
   }
   @Override
   public void afterPropertiesSet() throws Exception {                   //注册Service接口实例
      if (StringUtils.isEmpty(getPath())) {
         if (StringUtils.isNotEmpty(getInterface())) {
            setPath(getInterface());
         }
      }
      ModuleModel moduleModel = DubboBeanUtils.getModuleModel(applicationContext);
      moduleModel.getConfigManager().addService(this);                   //保存服务接口
      moduleModel.getDeployer().setPending();                            //服务部署
   }
   @Override
   protected void exported() {                                           //服务导出
      super.exported();
      publishExportEvent();                                              //服务导出事件
   }
   private void publishExportEvent() {                                   //服务导出事件
      ServiceBeanExportedEvent exportEvent = new ServiceBeanExportedEvent(this);
      applicationEventPublisher.publishEvent(exportEvent);               //事件发布
   }
```

```
@Override
public void destroy() throws Exception { ... }
@Override
protected Class getServiceClass(T ref) {                                    //获取服务类
    if (AopUtils.isAopProxy(ref)) {
        return AopUtils.getTargetClass(ref);
    }
    return super.getServiceClass(ref);
}
@Override
public void setApplicationEventPublisher(ApplicationEventPublisher applicationEventPublisher) {
    this.applicationEventPublisher = applicationEventPublisher;
}
}
```

ServiceConfigBase 类中定义了 exported()方法进行服务导出操作, 同时 Dubbo 中的服务导出操作是基于事件处理的方式实现的, 这样就可以与 Spring 容器的启动机制(AbstractApplicationContext.refresh()操作) 产生关联, 如图 6-22 所示。

图 6-22　Spring 容器启动与事件处理

ServiceBean 中提供了一个服务导出事件的发布, 而最终进行服务导出的操作, 则是由DefaultModuleDeployer 类所提供的 start()方法实现的, 在该方法的内部会利用 ApplicationDeployer 子类进行部署环境的初始化, 其核心结构如图 6-23 所示, 该操作会由 DefaultModuleDeployer 子类中的 start()方法进行调用。下面来继续观察该方法的定义。

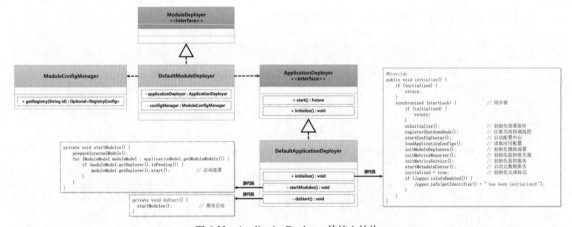

图 6-23　ApplicationDeployer 的核心结构

2.【Dubbo 源代码】DefaultModuleDeployer.start()方法源代码。

```
@Override
public Future start() throws IllegalStateException {
    applicationDeployer.initialize();                                       //应用部署初始化
    return startSync();                                                     //启动异步部署
}
```

3.【Dubbo 源代码】DefaultModuleDeployer.startSync()方法源代码。

```
private synchronized Future startSync() throws IllegalStateException {      //服务部署
    if (isStopping() || isStopped() || isFailed()) {
        throw new IllegalStateException(getIdentifier() + " is stopping or stopped, can not start again");
    }
    try {
```

```
        if (isStarting() || isStarted()) {
            return startFuture;                                          //中断部署
        }
        onModuleStarting();                                             //模块启动处理
        initialize();                                                   //服务导出初始化
        exportServices();                                              //服务导出
        if (moduleModel != moduleModel.getApplicationModel().getInternalModule()) {
            applicationDeployer.prepareInternalModule();
        }
        referServices();                                               //服务引用配置
        if (asyncExportingFutures.isEmpty() && asyncReferringFutures.isEmpty()) {
            onModuleStarted();                                         //服务启动
        } else {
            frameworkExecutorRepository.getSharedExecutor().submit(() -> {
                try {
                    waitExportFinish();                                //等待服务导出完成
                    waitReferFinish();                                 //等待服务引用完成
                } catch (Throwable e) {
                } finally {
                    onModuleStarted();                                 //模块启动
                }
            });
        }
    } catch (Throwable e) { ... }
    return startFuture;
}
```

4．【Dubbo 源代码】观察 DefaultModuleDeployer.exportServices()方法源代码。

```
private void exportServices() {
    for (ServiceConfigBase sc : configManager.getServices()) {          //ServiceBean实例
        exportServiceInternal(sc);
    }
}
```

5．【Dubbo 源代码】观察 DefaultModuleDeployer.exportServiceInternal()方法源代码。

```
private final List<CompletableFuture<?>> asyncExportingFutures = new ArrayList<>();
private final List<ServiceConfigBase<?>> exportedServices = new ArrayList<>();
private void exportServiceInternal(ServiceConfigBase sc) {
    ServiceConfig<?> serviceConfig = (ServiceConfig<?>) sc;
    if (!serviceConfig.isRefreshed()) {
        serviceConfig.refresh();                                        //更新配置属性
    }
    if (sc.isExported()) {                                              //服务已导出过
        return;                                                        //结束调用
    }
    if (exportAsync || sc.shouldExportAsync()) {
        ExecutorService executor = executorRepository.getServiceExportExecutor();
        CompletableFuture<Void> future = CompletableFuture.runAsync(() -> {
            try {
                if (!sc.isExported()) {
                    sc.export();                                       //服务导出
                    exportedServices.add(sc);                          //增加接口到集合之中
                }
            } catch (Throwable t) { ... }
        }, executor);
        asyncExportingFutures.add(future);                             //增加接口到异步集合之中
    } else {
        if (!sc.isExported()) {
            sc.export();
            exportedServices.add(sc);
        }
    }
}
```

使用 exportServiceInternal()方法会将所有的 Dubbo 接口保存在 exportedServices 集合之中，如果使用的是异步接口，则会将其保存在 asyncExportingFutures 集合之中，这样就会随着 Spring 容器的启动，实现所有服务接口注册。

6.2.3　Dubbo 服务调用

视频名称　0612_【理解】Dubbo 服务调用

视频简介　Dubbo 消费端采用了 Spring 提供的 FactoryBean 处理机制，通过 ProxyFactory 实现代理对象的调用。本视频通过引用的配置以及代理对象的生成进行源代码分析。

Dubbo 服务调用

Dubbo 分布式开发架构中，消费端是不会保留业务接口的具体内容的，所有通过消费端发出的接口调用命令，最终全部都会以代理的形式进行远程服务端的接口调用。DefaultModuleDeployer 类中的 startSync() 方法，除了会实现接口的导出操作之外，还会通过 referServices() 实现消费端业务接口的引用配置。下面来看一下具体的实现源代码。

1.【Dubbo 源代码】观察 DefaultModuleDeployer.referServices() 方法源代码。

```
private final ModuleConfigManager configManager;                        //模块配置管理
private final SimpleReferenceCache referenceCache;                      //引用缓存
private void referServices() {
    configManager.getReferences().forEach(rc -> {                       //引用对象迭代
        try {
            ReferenceConfig<?> referenceConfig = (ReferenceConfig<?>) rc;   //获取引用配置
            if (!referenceConfig.isRefreshed()) {
                referenceConfig.refresh();                              //引用配置
            }
            if (rc.shouldInit()) {
                if (referAsync || rc.shouldReferAsync()) {
                    ExecutorService executor = executorRepository.getServiceReferExecutor();
                    CompletableFuture<Void> future = CompletableFuture.runAsync(() -> {
                        try {
                            referenceCache.get(rc);                     //代理调用业务方法
                        } catch (Throwable t) { ... }
                    }, executor);
                    asyncReferringFutures.add(future);
                } else {
                    referenceCache.get(rc);
                }
            }
        } catch (Throwable t) { ... }
    });
}
```

Dubbo 中所有的模块配置管理，被统一封装在 ModuleConfigManager 对象实例之中，相关类结构如图 6-24 所示。所有需要被消费端引用的接口对象（使用@DubboRefernece 注解定义），所有服务的调用信息都通过 ReferenceConfig 子类实例进行读取。在最终进行远程方法调用时，通过 SimpleReferenceCache 类的 get() 方法获取代理对象，并采用异步的方式实现处理。

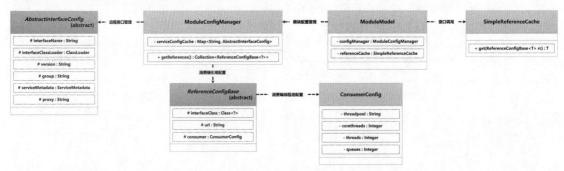

图 6-24　相关类结构

2.【Dubbo 源代码】观察 SimpleReferenceCache.get() 方法源代码。

```
public <T> T get(ReferenceConfigBase<T> rc) {
    String key = generator.generateKey(rc);
    Class<?> type = rc.getInterfaceClass();                             //获取业务接口类型
    boolean singleton = rc.getSingleton() == null || rc.getSingleton();  //单例状态判断
```

```
   T proxy = null;                                                         //代理对象
   if (singleton) {
      proxy = get(key, (Class<T>) type);                                  //获取代理实例
   } else { ... }
   if (proxy == null) {                                                    //代理对象不存在
      List<ReferenceConfigBase<?>> referencesOfType = ConcurrentHashMapUtils.computeIfAbsent(
         referenceTypeMap, type, _t -> Collections.synchronizedList(new ArrayList<>()));
      referencesOfType.add(rc);
      List<ReferenceConfigBase<?>> referenceConfigList = ConcurrentHashMapUtils.computeIfAbsent(
         referenceKeyMap, key, _k -> Collections.synchronizedList(new ArrayList<>()));
      referenceConfigList.add(rc);
      proxy = rc.get();
   }
   return proxy;
}
```

代理对象创建完成后，会通过 Spring 容器注入拥有@DubboReference 注解的属性之中，这样在进行外部调用时就可以基于动态代理创建的对象完成操作。Dubbo 中为了便于代理对象的管理，提供了 ReferenceBean 引用类，该类实现了 FactoryBean 接口，相关的继承结构如图 6-25 所示。

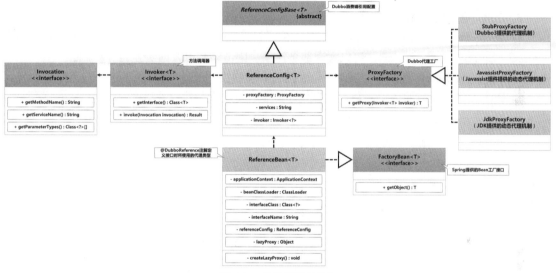

图 6-25　相关的继承结构

ReferenceBean 主要通过 ReferenceConfig 获取引用配置，以及用于生成远程代理对象的 ProxyFactory 接口实例，而后基于 FactoryBean 提供的 getObject()方法，实现代理对象与 Spring 依赖注入管理。下面来看一下 ReferenceBean 核心源代码。

3.【Dubbo 源代码】ReferenceBean.getObject()方法源代码。

```
private Object lazyProxy;                                                   //保存代理对象
@Override
public T getObject() {                                                      //获取依赖实例
   if (lazyProxy == null) {
      createLazyProxy();                                                    //创建代理对象
   }
   return (T) lazyProxy;
}
```

4.【Dubbo 源代码】ReferenceBean.createLazyProxy()方法源代码。

```
private void createLazyProxy() {
   ProxyFactory proxyFactory = new ProxyFactory();                         //代理工厂
   proxyFactory.setTargetSource(new DubboReferenceLazyInitTargetSource());//设置代理目标
   proxyFactory.addInterface(interfaceClass);                             //设置代理接口
   Class<?>[] internalInterfaces = AbstractProxyFactory.getInternalInterfaces(); //多接口配置
   for (Class<?> anInterface : internalInterfaces) {
      proxyFactory.addInterface(anInterface);
   }
```

```
if (!StringUtils.isEquals(interfaceClass.getName(), interfaceName)) {
    try {
        Class<?> serviceInterface = ClassUtils.forName(interfaceName, beanClassLoader);
        proxyFactory.addInterface(serviceInterface);                    //配置代理接口
    } catch (ClassNotFoundException e) { }
}
this.lazyProxy = proxyFactory.getProxy(this.beanClassLoader);           //创建代理对象
}
```

通过以上的分析，可以发现 Dubbo 最终的远程方法调用依然是结合代理设计模式实现的，通过代理封装远程接口的相关调用请求，并且基于 Spring 提供的 FactoryBean 实现代理对象的依赖配置。

6.3　本章概览

1．Dubbo 是由阿里巴巴集团开发并送给 Apache 的开源 RPC 框架，其因为简单且功能强大，被广泛使用。

2．Dubbo 的技术发展逐步走向多元化，可以通过 Java 或 Go 语言进行开发。

3．Dubbo 属于 Spring Cloud Alibaba 套件中的一员，所以 Java 开发中常见的技术架构为 Nacos + Sentinel + Spring Cloud Gateway，可以实现服务注册、限流防护以及网关发布等机制。

4．Dubbo 与 Spring 框架深度捆绑，会依赖 Spring 提供的 Bean 管理机制进行应用配置。

5．Dubbo 消费端的服务调用基于动态代理机制进行实例创建，并通过 FactoryBean 实现依赖注入。

第7章

Java NIO 编程详解

本章学习目标

1. 掌握 BIO 在网络应用开发中存在的性能问题;
2. 掌握 UNIX 系统提供的 5 种 I/O 处理模型,以及 I/O 多路复用模型中的 3 种处理形式;
3. 掌握 Buffer 类中不同类型的缓冲区分配,以及 position 与 limit 状态的处理;
4. 掌握 Channel 的作用,并可以理解 Channel 中各个常用子接口的作用;
5. 掌握 FileChannel 的使用,并可以基于 ByteBuffer 实现内存映射以提高文件 I/O 性能;
6. 掌握 NIO 通信模型与 AIO 通信模型的特点与实现;
7. 理解 Channels 工具类的使用,并可以基于此类实现 BIO 与 NIO 操作结构之间的转换;
8. 理解文件锁的作用,可以使用文件锁实现安全的文件更新处理;
9. 理解 Files 类的作用,并可以实现 NIO 下的路径处理、状态监控、属性配置等相关操作。

随着现代计算机硬件技术与软件技术的发展,BIO 通信模式的处理性能已经很难满足当前应用程序的开发,从 JDK 1.4 开始,Java 为了提升 I/O 处理性能,提供了 java.nio 开发包。本章将为读者全面地分析 NIO 技术的使用特点以及相关的底层通信知识。

7.1 I/O 模型综述

BIO 模型与性能分析

视频名称 0701_【掌握】BIO 模型与性能分析

视频简介 程序开发中的处理性能取决于 I/O 的性能。本视频为读者分析传统 Socket 网络模型之中所使用的 BIO 模型的弊端,以及服务端性能调优的三大核心支持。

现在的 Java 技术主要用于构建高性能网络服务端应用,用户可以通过专属的客户端应用进行服务器资源的访问,如图 7-1 所示。但是随着当前互联网技术的发展,以及各种电商应用平台的打折促销活动的增多,服务器并发访问量必然会加大,进而出现 I/O 资源枯竭的问题,如图 7-2 所示。这样的最终结果将导致服务响应速度慢,甚至会出现服务器宕机的问题,从而造成整个应用的瘫痪。

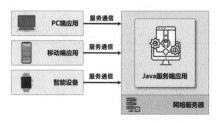

图 7-1 面向服务端编程

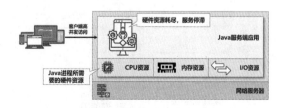

图 7-2 高并发访问造成资源枯竭

提问：服务集群能否提高服务端应用性能？

既然单台服务器在并发访问时会出现资源枯竭的问题，那么如果在项目开发中引入图 7-3 所示的服务集群架构，多增加一些处理业务的服务主机，这样一来是不是就可以提高服务端的应用性能了？

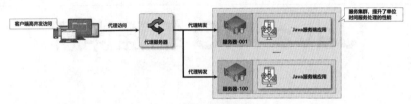

图 7-3　服务集群架构

 回答：服务集群的提升能力取决于单台服务器的性能优化。

如果现某些应用的并发访问量过高，的确可以通过服务集群的方式进行服务处理性能的提升，但是在使用服务集群之前需要解决一个核心的问题：单台服务器的性能是否已经被"榨取"得足够干净？如果单台服务器只发挥出了其性能的 30%，那么在这样的环境下启用集群也仅仅是通过金钱弥补了技术的不足。

从计算机硬件的传统设计来讲，影响最终服务处理性能的不仅是 CPU 的强弱（CPU 决定了内核线程的数量与数据的处理速度），更重要的是 I/O 传输性能的限制，因为所有 CPU 计算的数据都需要通过 I/O 才能被加载到内存之中，如图 7-4 所示。

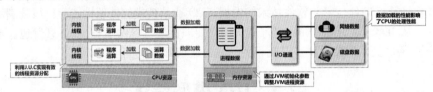

图 7-4　服务处理性能分析

一个完整的应用之中如果要想实现绝对的性能提高，需要充分考虑到 CPU 的资源利用、线程池的使用（J.U.C 提供支持）、JVM 进程内存分配策略以及 I/O 的处理性能。当这些全部都考虑到了之后，继续考虑程序算法的优化，才可以释放单台服务器的全部性能，而传统的 I/O 模型是无法做到这一点的，这也是在现代网络编程中广泛采用 NIO 开发的原因。

在 JDK 1.0 推出时，Java 为了解决网络程序开发所面临的问题，提供了 java.net 程序开发包，该包明确定义了 TCP 与 UDP 的实现类，但是这种传统的网络程序的开发是基于 BIO 模型来实现的，如图 7-5 所示。

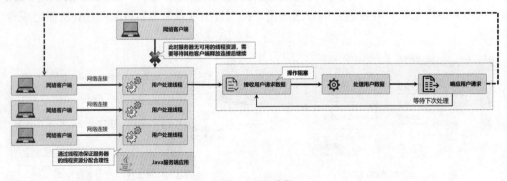

图 7-5　BIO 编程

在 BIO 编程中，服务端需要为每一个请求的客户端分配处理线程，由于服务端的线程资源有限，所以在高并发访问环境下，服务端的线程资源将很快被占满，这样新的客户端将无法进行服务端的连接。同时在每个用户线程处理的过程中，服务端也需要持续等待客户端请求数据发送，这样一来就会出现 I/O 阻塞的问题。而如果某一个客户端连接成功，并且长时间不进行任何 I/O 操作，该线程资源也无法被释放，这样就造成了严重的性能损耗。

7.1.1 UNIX 中的 5 种 I/O 模型

UNIX 中的 5 种
I/O 模型

视频名称　0702_【掌握】UNIX 中的 5 种 I/O 模型
视频简介　I/O 所带来的问题是随着计算机硬件与网络技术的发展而逐步形成的。从历史发展来讲，UNIX 提出了 5 种 I/O 模型。本视频为读者分析这 5 种 I/O 模型的操作特点。

在所有的网络通信模型之中，I/O 模型是核心的处理单元，服务端需要等待客户端发送请求数据后才可以进行后续的处理与响应，这样对于操作系统来讲，一个完整的 I/O 操作就分为以下几个部分。

（1）数据等待。系统内核等待用户发送的请求数据，当数据到达后，这些数据会被保存在内核中的某个缓冲区内。

（2）数据复制。将数据从内核进程缓冲区复制到应用进程缓冲区。

对于所有用户请求的数据，只有当保存到了用户进程缓冲区之后才可以实现进一步的数据处理。而对于此操作步骤的实现，在 UNIX 系统下一共有 5 种 I/O 模型，分别是 BIO 模型、NIO 模型、I/O 多路复用模型、信号驱动 I/O 模型、AIO 模型。如果开发人员想要充分理解 java.nio 开发包的功能，就必须首先清楚这 5 种 I/O 模型的实现特点。

> 💡 提示：内核空间与用户空间的定义。
>
> 在操作系统之中，为了便于应用程序的管理，进程被分为用户进程（或称为应用进程）与内核进程两类，并且在内存中为这两类进程分配了不同的保存空间，分别为用户空间与内核空间，如图 7-6 所示。
>
>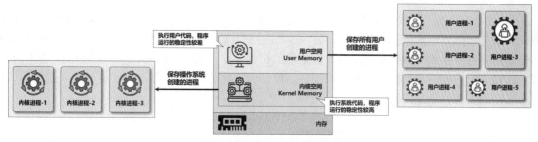
>
> 图 7-6　内核空间与用户空间

之所以这样划分，是考虑到 CPU 指令的执行安全问题（CPU 有很多底层的操作指令，如果使用不当，将导致系统崩溃的问题出现），所以对于一些特权指令（例如磁盘数据读取、网络端口监听），只允许系统进程访问，用户进程将无法对其进行访问。

每一个 JVM 进程都属于用户进程，这样在编写 Java 应用程序时，假设需要调用一些系统硬件指令，就会将一个进程由用户态切换到内核态，完成相应的处理。以 FileInputStream 类中的 read()数据流读取方法为例，由于该方法中需要进行磁盘操作，那么必然需要将进程由用户态切换为内核态才可以实现操作系统底层的硬件调用，如图 7-7 所示。

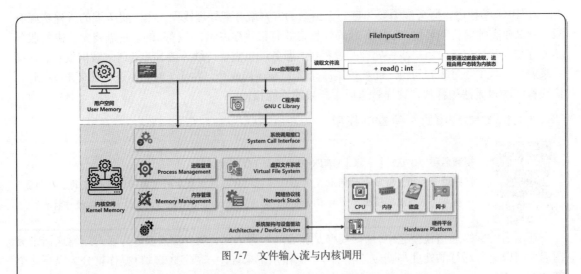

图 7-7　文件输入流与内核调用

综上所述，在进行网络通信的过程中，由于会涉及网络协议与 I/O 传输的处理，先将所有的数据保存在内核进程缓冲区，在数据接收完成后，再将其复制到用户进程缓冲区之中。

（1）BIO 模型。在进行数据读取时，用户进程将持续等待内核进程，一直到内核进程的数据被复制到用户进程缓冲区之中才返回，如图 7-8 所示。在该用户进程等待期间由于并不会占用 CPU 资源，因此其他的进程可以正常执行，但是在数据读取过程中会产生阻塞问题，即如果内核进程持续得不到数据，该操作将持续保持阻塞状态。

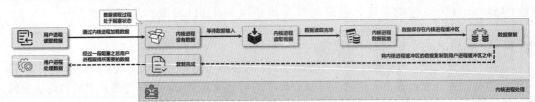

图 7-8　BIO 模型

（2）NIO 模型。设置一个切换的处理状态，如果发现现在内核进程没有读取到数据，则切换回用户态并继续处理其他的相关操作，随后不断进行内核进程数据状态的检查，一直到内核数据准备完成后再进行后续的数据复制以及数据处理的相关操作，如图 7-9 所示。相较于 BIO 模型，NIO 模型提供了对内核进程数据状态检查的支持，但是由于此时的 CPU 需要处理更多的系统调用，所以该模型的处理性能是比较低的。

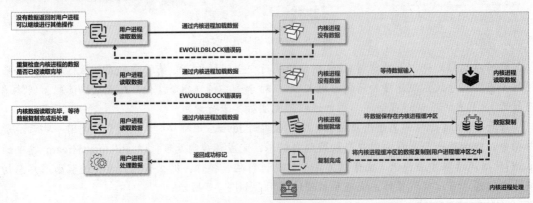

图 7-9　NIO 模型

（3）I/O 多路复用模型。用户进程不再直接进行数据读取操作，而是先使用 select 或 poll 的操作，同时该操作可以针对多个 Socket（套接字）进行数据读取，哪个 Socket 有数据，就将对应 Socket 的数据读取到内核进程之中。当内核进程读取完成后会自动通知用户进程进行内核进程数据的读取，如图 7-10 所示。

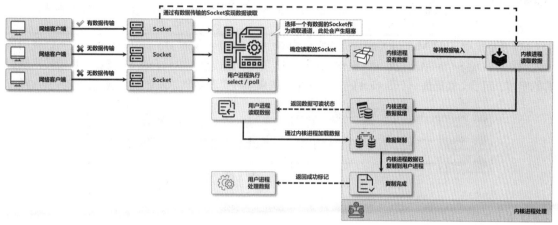

图 7-10　I/O 多路复用模型

（4）信号驱动 I/O 模型。用户进程向 sigaction 系统注册一个监听信息，而后用户进程返回并进行后续操作的执行，所以用户进程不会造成数据等待阶段的阻塞问题。内核进程在数据读取完成后，会发出一个 SIGIO 的信号，当用户进程接收到此信号时开始数据读取操作，如图 7-11 所示。由于此类操作不需要重复执行读取状态的轮询处理，所以相较于 NIO 模型，CPU 利用率更高。

> 💡 提示：sigaction 函数与 sigaction()函数的功能。
>
> 　　sigaction 函数的功能是检查或修改与指定信号相关联的处理动作，其属于 POSIX（Portable Operating System Interface of UNIX，可移植操作系统接口）的信号接口，而在非 POSIX 系统中如果想要使用此功能，则要通过标准的 C 函数库提供的 sigaction()函数完成操作。

（5）AIO 模型。当用户进程发出异步读取的信号后，用户进程就会返回并进行其他操作，一直到内核进程将数据复制到用户进程缓冲区之后，才会给用户进程发出一个读取信号，如图 7-12 所示。相较于信号驱动 I/O 模型，AIO 模型在数据读取完成后再发出信号。

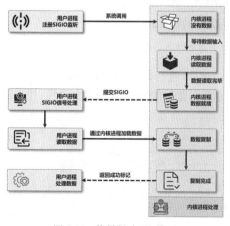

图 7-11　信号驱动 I/O 模型

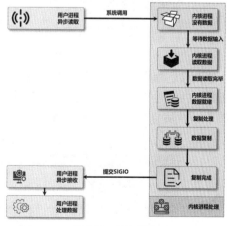

图 7-12　AIO 模型

7.1.2 I/O 多路复用模型

视频名称　0703_【掌握】I/O 多路复用模型
视频简介　I/O 多路复用模型是 NIO 采用的主要处理模型，而在该 I/O 模型中又根据历史
的发展出现了 select、poll、Epoll 这 3 种模式。本视频为读者分析这 3 种模式的特点。

I/O 多路复用（I/O Multiplexing）模型或称为事件驱动 I/O（Event Driven I/O）模型，可以使用单个处理程序实现多个网络连接的 I/O 操作，如图 7-13 所示。在该模型中只会在 SELECTOR 阶段出现短暂的阻塞，而后会根据每一个 Socket 的处理操作状态来同时管理多个 I/O 流，提高服务器的处理性能。

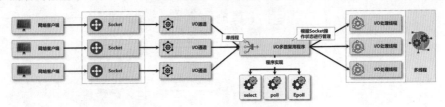

图 7-13　I/O 多路复用模型

I/O 多路复用是一个抽象的设计概念，要实现这一概念，有 select、poll 和 Epoll 这 3 种具体的模式。下面来分析这 3 种 I/O 多路复用实现模式的特点。

1．采用 select 模式实现 I/O 多路复用。

select 模式会对全部的 I/O 通道进行监听，当出现了 I/O 操作会轮询所有的 I/O 通道，找出可以读取数据或写入数据的 I/O 通道进行相关操作。由于每一次都需要轮询全部的 I/O 通道，所以其处理的时间复杂度为 $O(n)$。当处理的 I/O 通道越多，轮询的时间也就越长，为了得到良好的 select 处理性能，一般都会为其设置允许打开的最大连接数。

在 select 模式中，所有已连接的 Socket 都被保存在一个文件描述符的集合之中，该描述符集合保存在用户进程空间之中。但是所有的 I/O 操作都需要内核进程完成处理，这样就需要调用 select 函数将用户进程所保存的文件描述符集合复制到内核进程之中，并在内核进程内实现 Socket 状态的监听，此时的操作需要遍历全部的 Socket，如图 7-14 所示。

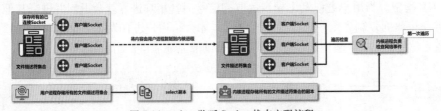

图 7-14　select 监听 Socket 状态实现流程

在内核进程完成文件描述符集合遍历后，会对相关的 Socket 进行标记（读或写操作），并且将当前的文件描述符集合重新复制回用户进程中。用户进程需要对此时的集合进行再次迭代，找出读、写的 Socket 后再对其进行处理，如图 7-15 所示。

图 7-15　select 标记完成

如果使用了 select 模式，则需要进行两次文件描述符集合的复制，而且还会发生两次文件描述

符集合的遍历操作，考虑到性能以及当时的硬件环境问题（select 模式是在 1983 年时的 BSD 系统中提出的），select 模式使用了一个定长的 BitsMap 来表示文件描述符的长度，其最大值为 1024（只能够监听 0~1023 个文件描述符）。

2. 采用 poll 模式实现 I/O 多路复用。

为了解决 select 模式中最大连接数的局限问题，在 select 模式的基础之上 poll 模式出现了（在 1997 年对 select 模式进行了修复），在该模式中使用链表替换了 BitsMap（文件描述符集合），所以可以保存更多文件描述符（会受到操作系统的文件描述符上限的限制）。但是由于其依然需要进行两次用户进程与内核进程的数据复制以及两次集合遍历，所以操作的时间复杂度依然为 $O(n)$。

> 💡 提示：select 模式与 poll 模式是非线程安全的。
>
> 在使用 select 模式进行 Socket 处理时，如果已经把一个 Socket 加入 select 之中，但是随后由于某些原因要关闭 Socket 时，可能是无法正常完成的。同理，poll 模式也存在同样的问题，所以只能够在一个线程中进行处理，这也是 select 模式与 poll 模式的通病。

3. 采用 Epoll 模式实现 I/O 多路复用。

在采用 Epoll 模式进行处理时，考虑到文件 Socket 检测状态的问题，使用了红黑树的结构进行存储，这样在进行 Socket 的增加、查询以及删除时，可以将时间复杂度控制在 $O(\log n)$ 的范围之内。Epoll 模式采用了事件驱动机制，每当有 Socket 产生了事件，当前的 Socket 会被保存在链表之中，这样复制回用户进程的 Socket 数量就变得有限，缩短了链表迭代所需的时间，从而提升了处理性能，如图 7-16 所示。

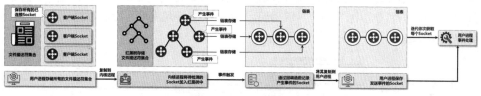

图 7-16 Epoll 模式

由于每一次由内核进程复制到用户进程的 Socket 数量有限，这样即便监听再多的 Socket（受到操作系统定义的单进程打开最大文件描述符的个数限定），处理的性能也不会大幅度降低，所以使用 Epoll 模式可以有效地解决 C10K 问题。

> 💡 提示：C10K 问题与 Epoll 模式。
>
> C10K 指的是 "Client 数量为 10×1000"，即每秒需要创建 10000 个进程或线程。传统的服务器在进行 I/O 处理时一般都使用了 BIO 模型，这样就会频繁地出现内核空间与用户空间之间的数据复制问题、进程与线程上下文切换问题，以及阻塞问题，而这些实质上都是操作系统问题。所以解决 C10K 问题的关键就是减少无用的 CPU 资源消耗，而这就是 Epoll 模式存在的意义。

Epoll 模式基于事件驱动的方式实现 Socket 事件处理，每当内核进程中的活跃 Socket 发生状态事件，就会通过回调函数来处理。Epoll 模式中的事件触发模式分为两种。

（1）LT（Level Trigger，条件触发或称为水平触发）模式。默认的 Epoll 模式，只要 Socket 一直处于可用状态，就会持续通知用户进程（Socket 由可用变为不可用状态时不会通知）。LT 模式支持阻塞、非阻塞两种处理形式，并且应用进程的业务逻辑编写较为简单，不容易出现事件遗漏的问题，在并发量较小时推荐使用 LT 模式（select 模式与 poll 模式只支持 LT 模式）。

（2）ET（Edge Trigger，边缘触发）模式。在发生读写操作时，只会通知用户进程一次。ET 模式主要关注 Socket 的可用与不可用状态切换，所以使用 ET 模式容易出现事件遗漏的问题，并且用户编写的业务逻辑较为复杂，只支持非阻塞模式，在并发量较大时，推荐使用 ET 模式。

 提示：Epoll 与 KQueue。

Epoll 为现在主要使用的 I/O 多路复用模型实现模式，但是其只能够在 Linux 系统上使用。为了使其可以在 BSD 等系统上使用，2000 年，乔纳森·莱蒙（Jonathan Lemon）基于 FreeBSD 系统，开发出了 KQueue 模型，所以在 UNIX、macOS 中使用 KQueue 来代替 Epoll。

7.2　Buffer

视频名称　0704_【掌握】Buffer

视频简介　为了进一步规范缓存操作的管理，java.nio 包中提供了 Buffer 程序类。本视频为读者分析该类的主要作用、相关缓存子类以及常用操作方法的定义。

I/O 操作属于操作系统的特权指令，在进行系统 I/O 操作时，需要将当前进程由用户态切换到内核态。而为了保证切换的稳定，需要在调用系统操作前保存好相关的内存堆栈环境。当内核态的进程处理完成后，CPU 会将进程切换回用户态，并且恢复该进程在用户态下的相关内存堆栈环境。

但是这样的进程状态切换会带来大量的系统开销，所以要想提升 I/O 的读写性能就必须减少这样的切换次数。而为了解决这样的问题，往往在 I/O 读或写时都会引入缓冲区的概念。缓冲区可以是一个数组或者是一个专属的缓冲区处理类，每次进行数据读取时都会申请一块内存数组，利用该数组形成一个缓冲区，每次通过该缓冲区读取定长的部分数据到内核进程缓冲区之中，而后将该数据复制到用户进程缓冲区之中，如图 7-17 所示。这样只需要几次就可以将数据读取完成，从而避免了频繁的进程状态切换所带来的性能开销。

图 7-17　I/O 读取时的缓冲区作用

在传统的 I/O 开发中都基于字节或字符数组并结合 read() 方法实现数据的缓冲区加载。而在 NIO 之中，为了便于缓冲区的管理，提供了一个缓冲区处理类 java.nio.Buffer。根据不同的应用场景，可以选择不同数据类型的缓冲区的处理类，例如 ByteBuffer、IntBuffer 或 LongBuffer 等，这些都属于 Buffer 的子类。Buffer 类的继承结构如图 7-18 所示。

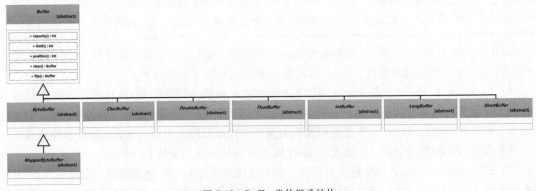

图 7-18　Buffer 类的继承结构

java.nio.Buffer 类提供了一个缓冲区操作的父类标准。相较于数组实现的缓冲区，Buffer 类的功能更加强大，使用的形式也更加灵活。表 7-1 所示为 Buffer 类中的常用处理方法。

表 7-1 Buffer 类中的常用处理方法

序号	方法	类型	描述
1	public Object array()	普通	返回缓冲区中的全部数据
2	public final int capacity()	普通	返回缓冲区的容量
3	public Buffer clear()	普通	清空缓冲区
4	public abstract Buffer duplicate()	普通	通过已有缓冲区复制一个新的缓冲区
5	public Buffer flip()	普通	翻转缓冲区
6	public final boolean hasRemaining()	普通	判断缓冲区之中是否还有数据
7	public abstract boolean isDirect()	普通	判断缓冲区是否为直接内存缓冲区
8	public abstract boolean isReadOnly()	普通	判断缓冲区是否为只读状态
9	public final int limit()	普通	返回当前缓冲区可用上限
10	public Buffer limit(int newLimit)	普通	设置缓冲区的上限
11	public Buffer mark()	普通	设置缓冲区的位置标记
12	public final int remaining()	普通	返回 position 与 limit 之间的元素个数
13	public Buffer reset()	普通	重置缓冲区
14	public abstract Buffer slice()	普通	创建新的子缓冲区
15	public abstract Buffer slice(int index, int length)	普通	创建指定范围的子缓冲区

7.2.1 IntBuffer

视频名称　0705_【掌握】IntBuffer

视频简介　IntBuffer 提供了整型缓存数据的存储支持。本视频借助此类讲解缓存的基本操作，同时分析 Buffer 类所提供的缓存状态属性的作用。

为便于整型缓存数据的操作，java.nio 包中提供了 IntBuffer 工具类。该类继承自 Buffer 类，同时也是一个抽象类，其继承结构如图 7-19 所示。在进行整型缓冲区分配时，需要通过 IntBuffer.allocate()方法完成，该方法封装了 HeapIntBuffer 子类的实例化操作，同时需要指定缓冲区的大小。

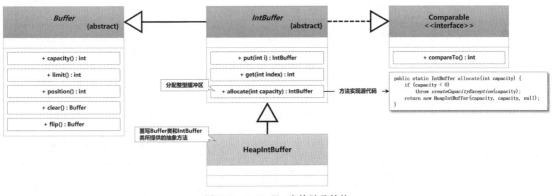

图 7-19　IntBuffer 类的继承结构

范例：使用 IntBuffer 类进行缓冲区操作。

```
package com.yootk;
import java.nio.IntBuffer;
public class YootkDemo {
```

```java
public static void main(String[] args) {
    IntBuffer buf = IntBuffer.allocate(10);                              //开辟缓冲区
    System.out.printf("【1】数据写入前的缓冲区状态：position = %d、limit = %d、capacity = %d%n",
        buf.position(), buf.limit(), buf.capacity());
    buf.put(3);                                                          //向缓冲区写入数据
    buf.put(new int[]{5, 7, 9});                                        //向缓冲区写入数据
    System.out.printf("【2】数据写入后的缓冲区状态：position = %d、limit = %d、capacity = %d%n",
            buf.position(), buf.limit(), buf.capacity());
    buf.flip();                                                          //翻转缓冲区，准备输出
    System.out.printf("【3】flip()后的缓冲区状态：position = %d、limit = %d、capacity = %d%n",
            buf.position(), buf.limit(), buf.capacity());
    System.out.print("【4】获取缓存数据：");
    while (buf.hasRemaining()) {                                        //判断是否还有数据
        System.out.print(buf.get() + "、");                            //获取数据
    }
    System.out.println();                                              //换行
    System.out.printf("【5】数据获取后的缓冲区状态：position = %d、limit = %d、capacity = %d%n",
            buf.position(), buf.limit(), buf.capacity());
}
}
```

程序执行结果：

【1】数据写入前的缓冲区状态：position = 0、limit = 10、capacity = 10
【2】数据写入后的缓冲区状态：position = 4、limit = 10、capacity = 10
【3】flip()后的缓冲区状态：position = 0、limit = 4、capacity = 10
【4】获取缓存数据：3、5、7、9、
【5】数据获取后的缓冲区状态：position = 4、limit = 4、capacity = 10

　　为了维护缓冲区的缓存状态，Buffer 类中提供了一系列的状态属性（包括 position、limit、capacity）。这些状态属性会随着不同缓冲区数据的操作而发生改变，每一个状态属性的作用如下。

　　（1）position 属性：表示下一个缓冲区读取或写入的操作指针。每当向缓冲区中写入数据的时候，此指针就会改变。该指针永远指向写入的最后一个元素之后，即如果写入了 4 个位置的数据，则 position 会指向第 5 个位置。

　　（2）limit 属性：表示当前可以读取到的最大缓冲区位置（position≤limit）。

　　（3）capacity 属性：表示缓冲区的最大容量（limit≤capacity）。此值在分配缓冲区时被设置，一般不会更改。

　　在以上的范例之中，写入数据、翻转缓冲区以及读取数据之后，position 与 limit 都会有相应的变化。为了便于读者理解，使用图 7-20 对当前的操作进行分析。

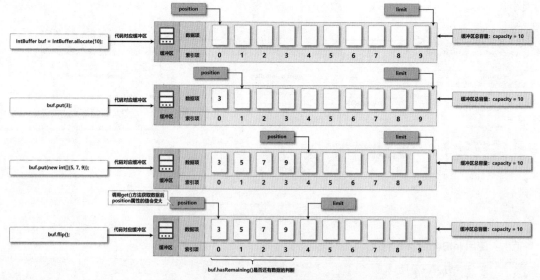

图 7-20　Buffer 缓冲区的索引状态指针操作

7.2.2　ByteBuffer

视频名称　0706_【掌握】ByteBuffer

视频简介　为了提升 I/O 的处理性能，可以通过内存来实现 I/O 处理的终端。NIO 中提供了专属的内存缓冲区的定义。本视频为读者分析内存缓冲区的作用，以及内存缓冲区中两种不同类型的缓冲区的使用。

I/O 操作中常用的数据类型是字节类型。java.nio 包中提供了字节缓冲区处理类 ByteBuffer，该类的继承结构如图 7-21 所示。该类的结构与 IntBuffer 类的结构类似。下面通过一个字符串的大小写转换实例来进行说明。

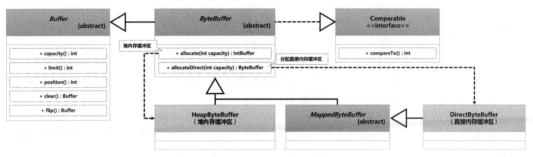

图 7-21　ByteBuffer 类的继承结构

范例：使用 ByteBuffer 类实现内存缓冲区操作。

```java
package com.yootk;
import java.nio.ByteBuffer;
public class YootkDemo {
    public static void main(String[] args) {
        String content = "www.yootk.com";                          //要操作的字符串
        ByteBuffer buffer = ByteBuffer.allocate(content.length()); //开辟字节缓冲区
        buffer.put(content.getBytes());                            //保存字节数组
        buffer.flip();                                             //缓冲区翻转
        while (buffer.hasRemaining()) {                            //缓冲区有数据
            System.out.print((char) Character.toUpperCase(buffer.get())); //获取缓冲区数据
        }
    }
}
```

程序执行结果：

```
WWW.YOOTK.COM
```

本程序根据字符串的长度创建了一个内存缓冲区，随后使用 put()方法将字符串数据转换为字节数组后保存，而在最终获取数据时通过 Character.toUpperCase()方法将小写字母转换为大写字母，整个处理操作的基本流程与 IntBuffer 的类似。

需要注意的是，ByteBuffer 类中实际上提供了两种缓冲区的分配方法：一个是 allocate()方法，实现堆内存缓冲区的分配；而另一个 allocateDirect()方法，实现了直接内存缓冲区的分配。同时这两种方法也对应了不同的实现类，进行直接内存分配时将使用 DirectByteBuffer 子类完成。为了便于读者理解这两种分配策略的区别，下面通过一个分配性能的测试进行比对。

范例：测试内存缓冲区两种分配形式的性能。

```java
package com.yootk;
import java.nio.ByteBuffer;
public class YootkDemo {
    public static void main(String[] args) {
        testHeapBufferExecuteTime(100000);                        //性能测试
        testDirectBufferExecuteTime(100000);                      //性能测试
    }
    public static void testHeapBufferExecuteTime(int count) {     //测试堆内存缓冲区
        long start = System.currentTimeMillis();                  //获取开始时间戳
```

```
    for (int x = 0; x < count; x++) {                                    //循环分配缓冲区
        ByteBuffer buffer = ByteBuffer.allocate(count);                  //分配缓冲区
    }
    long end = System.currentTimeMillis();                               //获取开始结束戳
    System.out.println("【堆内存缓冲区】测试分配耗时: " + (end - start));
}
public static void testDirectBufferExecuteTime(int count) {              //测试直接内存缓冲区
    long start = System.currentTimeMillis();                             //获取开始时间戳
    for (int x = 0; x < count; x++) {                                    //循环分配缓冲区
        ByteBuffer buffer = ByteBuffer.allocateDirect(count);            //分配缓冲区
    }
    long end = System.currentTimeMillis();                               //获取开始结束戳
    System.out.println("【直接内存缓冲区】测试分配耗时: " + (end - start));
}
}
```

程序执行结果：

【堆内存缓冲区】测试分配耗时：904
【直接内存缓冲区】测试分配耗时：4147

通过执行结果可以发现，堆内存缓冲区的分配性能要远远高于直接内存缓冲区的分配性能，而且随着分配次数的增加，性能的差异也就越大。

 提问：为什么要提供直接内存缓冲区？

通过以上的测试结果可以发现，堆内存缓冲区的分配性能要比直接内存缓冲区的分配性能高很多倍，那么为什么 NIO 又要提供 allocateDirect() 分配策略？

 回答：直接内存缓冲区可以减少进程数据复制次数。

使用 HeapByteBuffer 是直接在当前 Java 用户进程中创建缓冲区，由于已经分配了 Java 堆内存，所以创建的速度较快，但是在 I/O 处理时却需要进行用户进程与内核进程数据的复制处理，所以性能较差。

但是如果使用 DirectByteBuffer 创建直接内存缓存，则可以在 Java 用户进程和内核进程之间创建映射，这样在进行 I/O 处理时，可以减少一次数据复制（或称为 "Zero Copy"，零拷贝），从而提升了 I/O 的传输性能。当然具体的应用还需要结合 Channel 进行分析，这在本章的后续部分会介绍到。

7.2.3 子缓冲区

视频名称 0707_【掌握】子缓冲区
视频简介 在缓冲区中可以根据需要创建子缓冲区，同时又可以实现部分缓冲数据共享的目的。本视频通过具体的实例为读者分析子缓冲区的创建形式以及使用特点。

在每一个缓冲区之中都有可能存在大量的数据，但是在项目中会存在修改部分缓存数据的需要，所以 Buffer 类提供了一个 slice() 方法。利用该方法可以通过主缓冲区创建子缓冲区，而用户进行的子缓冲区操作也会自动同步到主缓冲区之中，如图 7-22 所示。

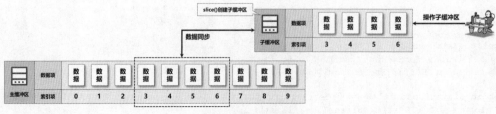

图 7-22 子缓冲区更新操作

范例：创建并更新子缓冲区数据。

```java
package com.yootk;
import java.nio.ByteBuffer;
public class YootkDemo {
    public static void main(String[] args) {
        String content = "www.yootk.com";                            //要操作的字符串
        ByteBuffer buffer = ByteBuffer.allocate(content.length());   //开辟字节缓冲区
        buffer.put(content.getBytes());                              //保存字节数组
        buffer.position(4);                                          //设置主缓冲区position位置
        buffer.limit(9);                                             //设置主缓冲区的limit位置
        ByteBuffer sub = buffer.slice();                            //获取子缓冲区
        for (int x = 0; x < sub.capacity(); x++) {                  //子缓冲区处理
            sub.put((byte) Character.toUpperCase(sub.get(x)));      //子缓冲区保存数据
        }
        buffer.flip();                                              //缓冲区翻转
        buffer.limit(buffer.capacity());                           //主缓冲区设置
        while (buffer.hasRemaining()) {                            //缓冲区有数据
            System.out.print((char) buffer.get());                //获取缓冲区数据
        }
    }
}
```

程序执行结果：

www.YOOTK.com

本程序通过主缓冲区的指定索引位置创建了子缓冲区，当修改子缓冲区的数据后将自动同步对应主缓冲区的数据。本程序的操作分析如图 7-23 所示。

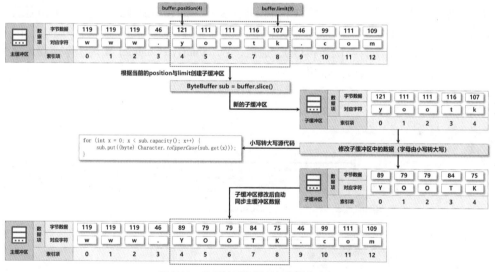

图 7-23　子缓冲区数据更新的操作分析

💡 提示：创建只读子缓冲区。

使用 slice()方法创建的子缓冲区支持读写，而在 Buffer 类中还有一个 asReadOnlyBuffer()方法，使用该方法可以创建只读子缓冲区，即无法修改子缓冲区的数据。

范例：创建只读子缓冲区（部分代码）。

```java
ByteBuffer sub = buffer.asReadOnlyBuffer();     //获取只读缓冲区
```

程序执行结果：

```
Exception in thread "main" java.nio.ReadOnlyBufferException
at java.base/java.nio.HeapByteBufferR.put(HeapByteBufferR.java:212)
```

当创建完只读子缓冲区之后，如果要使用 put()方法对子缓冲区的数据内容进行修改，则在执行时会产生 ReadOnlyBufferException 异常。

7.3 Channel

视频名称 0708_【掌握】Channel

视频简介 java.nio.channels.Channel 提供了对 I/O 的统一管理。本视频为读者讲解通道在 NIO 中的作用，并通过 JavaDoc 文档分析 Channel 的相关子接口的作用。

在程序开发中经常需要处理各类 I/O 资源，例如文件 I/O、网络 I/O、管道 I/O 等，这样一来就需要使用不同的类来完成特定的 I/O 处理，为程序管理带来了不便。NIO 为了简化这一问题，提供了通道（Channel）的概念，利用通道并结合数据缓冲区实现统一的 I/O 管理，如图 7-24 所示。

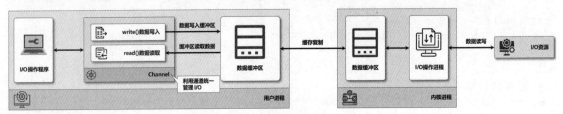

图 7-24 通道结合数据缓冲区实现 I/O 管理

为了便于通道的管理，Netty 提供了 java.nio.channels.Channel 接口，该接口为所有可用通道的父接口。需要注意的是，在 Channel 接口中并没有定义具体的读写操作，只定义了通道是否为打开状态的判断，而具体的读写处理，会由相关的子接口来定义，如图 7-25 所示。例如 ReadableByteChannel 实现了字节缓冲区的读通道，WritableByteChannel 实现了字节缓冲区的写通道，而具体的实现则需要依靠具体的子类完成。

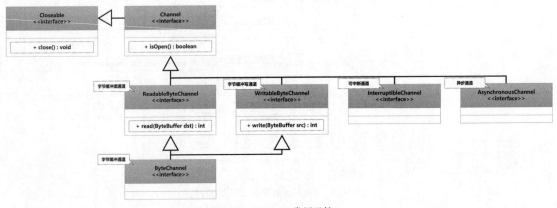

图 7-25 Channel 常用子接口

7.3.1 FileChannel

视频名称 0709_【掌握】FileChannel

视频简介 FileChannel 提供了文件读写的通道支持，该文件通道可以与 java.io 包中所提供的程序类进行连接，以实现文件读写处理。本视频为读者分析 FileChannel 类的继承特点，并通过 JavaDoc 文档为读者讲解相关方法的作用。

在程序进行 I/O 处理的过程中，主要是围绕着文件 I/O 和网络 I/O 进行的，所以在进行文件通道操作时，可以使用 FileChannel 的子类进行操作，其继承结构如图 7-26 所示。该类定义了一个文件的处理操作通道，类的定义如下。

```
public abstract class FileChannel
```

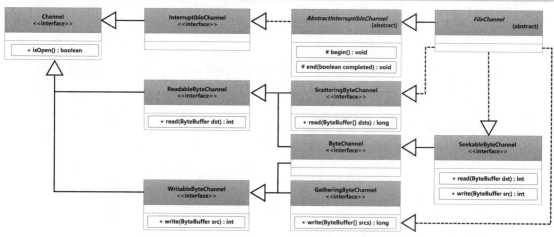

图 7-26 FileChannel 类的继承结构

通过图 7-26 所示的结构可以发现，在 FileChannel 类中同时实现了 3 个父接口，分别是 SeekableByteChannel（读写通道接口）、GatheringByteChannel（写入通道接口）、ScatteringByteChannel（读取通道接口），所以该类提供了完整的通道数据读写操作。FileChannel 类中的常用操作方法如表 7-2 所示。

表 7-2　FileChannel 类中的常用操作方法

序号	方法	类型	描述
1	public final FileLock lock() throws IOException	普通	获取文件锁
2	public final FileLock tryLock() throws IOException	普通	尝试获取文件锁
3	public static FileChannel open(Path path, OpenOption... options) throws IOException	普通	打开并创建文件，同时返回该文件的通道
4	public abstract long position() throws IOException	普通	返回当前通道的读写位置
5	public abstract FileChannel position(long newPosition) throws IOException	普通	设置通道读写位置
6	public abstract int read(ByteBuffer dst) throws IOException	普通	将数据读取到字节缓冲区之中
7	public final long read(ByteBuffer[] dsts) throws IOException	普通	将数据读取到字节缓冲区数组之中
8	public abstract long size() throws IOException	普通	获取当前通道中的文件大小
9	public abstract FileChannel truncate(long size) throws IOException	普通	将此通道的文件截断为指定大小
10	public abstract long transferFrom(ReadableByteChannel src, long position, long count) throws IOException	普通	将指定的读取通道转到此文件通道之中
11	public abstract long transferTo(long position, long count, WritableByteChannel target) throws IOException	普通	将文件通道转换为指定的写入通道
12	public abstract int write(ByteBuffer src) throws IOException	普通	将字节缓冲区的数据写入文件中
13	public final long write(ByteBuffer[] srcs) throws IOException	普通	将一组字节缓冲区的数据写入文件中

FileChannel 是一个抽象类，如果想获取此类的实例化对象，可以通过 FileOutputStream 以及 FileInputStream 类提供的 getChannel()方法实现。而通过该方法的实现源代码可以发现，其实现是利用 sun.nio.ch.FileChannelImpl 子类所提供的 open()方法完成的，在 open()方法中可以通过参数的配置实现读写模式的切换，如图 7-27 所示。

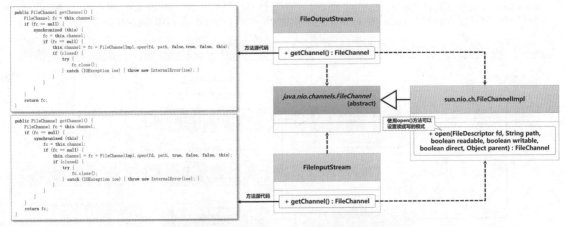

图 7-27 获取 FileChannel 类的实例化对象

范例：使用 FileChannel 类实现通道文件写入。

```java
package com.yootk;
import java.io.File;
import java.io.FileOutputStream;
import java.nio.ByteBuffer;
import java.nio.channels.FileChannel;
public class YootkDemo {
    public static void main(String[] args) throws Exception {
        File file = new File("h:" + File.separator + "muyan" + File.separator +
                "yootk" + File.separator + "happy.txt");        //文件路径
        if (!file.getParentFile().exists()) {                   //文件不存在
            file.getParentFile().mkdirs();                      //创建目录
        }
        FileOutputStream output = new FileOutputStream(file);   //文件输出流
        FileChannel channel = output.getChannel();              //写入文件通道
        byte content[] = "沐言科技：www.yootk.com".getBytes();    //输出数据
        ByteBuffer buffer = ByteBuffer.allocate(content.length); //创建字节缓冲区
        buffer.put(content);                                    //保存缓冲数据
        buffer.flip();                                          //缓冲区翻转
        channel.write(buffer);                                  //输出缓冲区数据
        channel.close();                                        //通道关闭
    }
}
```

本程序通过 FileOutputStream 设置了一个文件输出流对象，随后利用 getChannel()方法获取了 FileChannel 对象实例，这样就可以通过 write()方法实现字节缓冲区数据的输出。

范例：使用 FileChannel 类实现通道文件读取。

```java
package com.yootk;
import java.io.*;
import java.nio.ByteBuffer;
import java.nio.channels.FileChannel;
public class YootkDemo {
    public static void main(String[] args) throws Exception {
        File file = new File("h:" + File.separator + "muyan" + File.separator +
                "yootk" + File.separator + "happy.txt");        //文件路径
        if (file.exists()) {                                    //文件存在
            FileInputStream input = new FileInputStream(file);  //文件输出流
            FileChannel channel = input.getChannel();           //写入文件通道
            ByteBuffer buffer = ByteBuffer.allocate(10);        //创建字节缓冲区
            ByteArrayOutputStream bos = new ByteArrayOutputStream(); //内存
            while (channel.read(buffer) != -1) {                //数据读取
                buffer.flip();                                  //缓冲区翻转
                while (buffer.hasRemaining()) {                 //是否还有数据
                    bos.write(buffer.get());                    //读取并保存数据
                }
                buffer.clear();                                 //恢复缓冲区状态
```

```
        }
        System.out.println(bos);                                    //输出内存流数据
        channel.close();                                            //关闭文件通道
    }
  }
}
```

程序执行结果：

本程序通过 FileInputStream 获取了 FileChannel 的对象，所以此时的 channel 是一个读取文件的通道，由于不确定要读取的文件内容的数量，所以只开辟了 10 B 缓冲区，随后通过循环的形式将数据读取到了内存输出流之中，以实现全部数据的加载。

7.3.2 MMap 内存映射

MMap 内存映射

视频名称　0710_【掌握】MMap 内存映射

视频简介　MMap 是一种内存映射技术，可以有效地提升文件的 I/O 处理性能。本视频为读者讲解 MMap 的主要作用，并利用 FileChannel 与 MappedByteBuffer 实现这一功能。

在采用 BIO 进行文件读写操作时，操作进程需要进行用户态与内核态的切换，同时还需要对所操作的数据进行复制处理，这样就极大地影响了程序的处理性能。为了解决这一问题，NIO 提供了 MMap 支持，可以将要操作的文件内容直接映射到内存之中，这样用户操作内存数据时就会直接影响到文件数据的更新，如图 7-28 所示。

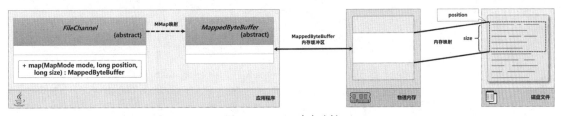

图 7-28　MMap 内存映射

在 NIO 中实现 MMap 内存映射，主要依靠 FileChannel 抽象类中提供的 map()方法来完成，在使用该方法进行操作时需要明确地设置映射的文件范围（通过 position 定义映射起始点，而后通过 size 定义映射长度）以及映射的模式，而映射模式主要是由 FileChannel.MapMode 类定义的，该类提供的映射模式如表 7-3 所示。

表 7-3　FileChannel.MapMode 类提供的映射模式

序号	常量	描述
1	public static final FileChannel.MapMode READ_ONLY	只读映射模式
2	public static final FileChannel.MapMode READ_WRITE	读/写映射模式
3	public static final FileChannel.MapMode PRIVATE	专用（写入时复制）映射模式，会形成一个新的缓冲区，不会影响到原始文件的内容

范例：实现 MMap 读映射。

```
package com.yootk;
import java.io.File;
import java.io.FileInputStream;
import java.nio.MappedByteBuffer;
import java.nio.channels.FileChannel;
public class YootkDemo {
    public static void main(String[] args) throws Exception {
        File file = new File("h:" + File.separator + "muyan" + File.separator +
                "yootk" + File.separator + "happy.txt");       //文件路径
```

```
        FileChannel channel = new FileInputStream(file).getChannel();                //输入流通道
        MappedByteBuffer buffer = channel.map(FileChannel.MapMode.READ_ONLY,
                0, file.length());                                                   //内存映射文件的全部内容
        byte data[] = new byte[(int) file.length()];                                 //根据文件大小开辟数组
        int foot = 0;                                                                //数组角标
        while (buffer.hasRemaining()) {                                              //是否还有数据
            data[foot++] = buffer.get();                                            //获取并保存数据
        }
        System.out.println("【文件内容】" + new String(data));                        //数据输出
        channel.close();                                                            //关闭通道
    }
}
```

程序执行结果：

【文件内容】沐言科技：www.yootk.com

本程序通过 FileInputStream 定义了一个文件输入流，随后通过 getChannel()方法打开了数据读取通道，在读取时通过 map()方法实现了内存映射处理，这样就可以直接实现文件数据的内存读取。需要注意的是，由于此时使用的是 FileInputStream，所以当前的内存映射类型为只读（READ_ONLY），而要想实现读写操作，可以通过 RandomAccessFile 类来获取通道。

范例：内存映射读写处理。

```
package com.yootk;
import java.io.File;
import java.io.RandomAccessFile;
import java.nio.MappedByteBuffer;
import java.nio.channels.FileChannel;
public class YootkDemo {
    public static void main(String[] args) throws Exception {
        File file = new File("h:" + File.separator + "muyan" + File.separator +
                "yootk" + File.separator + "happy.txt");                            //文件路径
        RandomAccessFile raf = new RandomAccessFile(file, "rw");                    //随机读写
        FileChannel channel = raf.getChannel();                                     //获取文件通道
        MappedByteBuffer buffer = channel.map(FileChannel.MapMode.READ_WRITE,
                50, 30);                                                            //部分文件内容读写映射
        byte data[] = new byte[30];                                                 //根据文件大小开辟数组
        int foot = 0;                                                               //数组角标
        while (buffer.hasRemaining()) {                                             //是否还有数据
            data[foot++] = buffer.get();                                           //获取并保存数据
        }
        System.out.println("【文件内容】" + new String(data));                       //数据输出
        buffer.clear();                                                             //重置缓冲区
        buffer.put("沐言科技：www.yootk.com".getBytes());                           //设置新数据
        channel.close();                                                           //关闭通道
    }
}
```

此时的程序利用 RandomAccessFile 类获取了 FileChannel 对象，所以此时的通道支持读写，而后利用 map()方法创建了文件内存映射，便于数据的读取与写入操作。

7.3.3　Pipe

Pipe

视频名称　0711_【掌握】Pipe

视频简介　Pipe 提供了管道操作流的高性能 I/O 支持，在 NIO 中提供了 SinkChannel 与 SourceChannel 支持类，本视频通过实例讲解 NIO 多线程的管道 I/O 操作实现。

为了便于两个线程之间的 I/O 操作，java.io 包提供了专属的管道操作流，而 java.nio 包提供了专属的 Pipe 工具类，可用该类创建 Sink 通道与 Source 通道，用于实现单向数据的发送，如图 7-29 所示。

java.nio.channels.Pipe 类中提供了 Pipe.SinkChannel 与 Pipe.SourceChannel 两个内部类，用于实现管道数据的发送与接收操作，而这两个类分别是 WritableByteChannel 与 ReadableByteChannel 接

口的实现类，这样就可以直接使用类中提供的通道读写方法，基于 ByteBuffer 实现数据的发送与接收。图 7-30 所示为 Pipe 的相关继承结构。

图 7-29　管道

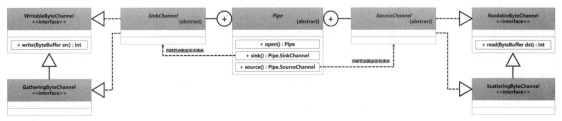

图 7-30　Pipe 的相关继承结构

范例：基于管道实现线程通信。

```java
package com.yootk;
import java.io.IOException;
import java.nio.ByteBuffer;
import java.nio.channels.Pipe;
import java.util.concurrent.TimeUnit;
public class YootkDemo {
    public static void main(String[] args) throws Exception {
        Pipe pipe = Pipe.open();                                          //创建管道
        startConsumerThreads(pipe);                                       //启动消费端
        startProducerThread(pipe);                                        //启动生产端
    }
    public static void startProducerThread(Pipe pipe) {                   //启动生产者线程
        Pipe.SinkChannel sink = pipe.sink();                             //发送通道
        ByteBuffer buffer = ByteBuffer.allocate(100);                    //开辟缓冲区
        Runnable runnable = () -> {                                       //线程主体
            for (int x = 0; x < 3; x++) {                                //发送循环处理
                try {
                    synchronized (YootkDemo.class) {                      //同步处理
                        TimeUnit.SECONDS.sleep(1);                        //延迟1 s执行
                        String message = String.format("【%s】第%d次发送数据：www.yootk.com",
                            Thread.currentThread().getName(), x);
                        buffer.put(message.getBytes());                  //设置缓冲区数据
                        buffer.flip();                                   //重置缓冲区
                        sink.write(buffer);                              //发送数据
                        buffer.clear();                                  //重置缓冲区
                    }
                } catch (Exception e) {}
            }
        };
        for (int x = 0; x < 2; x++) {
            new Thread(runnable, "发送者 - " + x).start();               //线程启动
        }
    }
    public static void startConsumerThreads(Pipe pipe) {                 //启动消费者线程
        Pipe.SourceChannel source = pipe.source();                      //接收通道
        ByteBuffer buffer = ByteBuffer.allocate(100);                   //开辟缓冲区
        new Thread(() -> {
            while (true) {                                              //消费端持续接收
                int length = 0;                                         //保存接收数据长度
                try {
                    while ((length = source.read(buffer)) != -1) {      //数据接收
```

```
                    buffer.flip();                                        //缓冲区翻转
                    System.out.println(new String(buffer.array(), 0, length)); //输出
                    buffer.clear();                                       //重置缓冲区
                }
            } catch (Exception e) {}
        }
    }).start();
}
}
```

程序执行结果：

【发送者 - 0】第0次发送数据：www.yootk.com
【发送者 - 0】第1次发送数据：www.yootk.com
【发送者 - 0】第2次发送数据：www.yootk.com
【发送者 - 1】第0次发送数据：www.yootk.com
【发送者 - 1】第1次发送数据：www.yootk.com
【发送者 - 1】第2次发送数据：www.yootk.com

本程序创建了两个发送者线程并通过 SinkChannel 发送数据，而后又创建了一个接收者线程并通过 SourceChannel 接收数据，所有的操作都依据读写通道接口标准来实现，而此时的数据传输要比传统 java.io 包中管道流的性能更高。

7.3.4　NIO 模型

视频名称　0712_【掌握】NIO 模型
视频简介　NIO 的核心作用在于解决服务端的 I/O 通信性能问题，所以在 NIO 中提供了 I/O 多路复用模型的实现，本视频通过实例讲解该模型的开发与使用。

NIO 模型

使用 BIO 进行项目开发时，由于需要为每一个网络用户分配一个处理线程，必然会造成线程资源的枯竭，同时也会带来严重的 I/O 性能问题。而 NIO 的出现可以有效地解决传统 BIO 的性能问题，同时提供了 I/O 复用的应用开发模型，使 Java 程序可以获得更高效的处理性能。

为便于实现 NIO 下的网络应用开发，java.nio.channels 开发包中提供了 ServerSocketChannel 与 SocketChannel 两个网络通道类，其继承结构如图 7-31 所示。开发人员可以通过 ServerSocketChannel 绑定服务通道，而后每一个具体的客户端可以通过 SocketChannel 实现 I/O 操作。而对于用户处理状态的选择，则可以由 Selector 类提供的 select()方法完成，在 SelectionKey 中定义了用户操作的 4 种状态，分别为 OP_ACCEPT（连接监听）、OP_CONNECT（连接）、OP_READ（数据读取）、OP_WRITE（数据写入），为便于读者理解 NIO 网络模型的开发，下面将采用具体的步骤实现一个 ECHO 程序的编写。

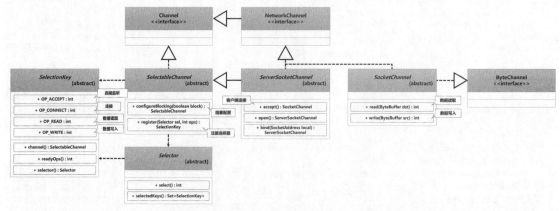

图 7-31　ServerSocketChannel 与 SocketChannel 的继承结构

1.【服务端】定义 ECHO 服务端的线程处理类，每一个线程通过 SocketChannel 实现 I/O 操作。

```java
package com.yootk.echo.server.handle;
import java.nio.ByteBuffer;
import java.nio.channels.SocketChannel;
public class EchoServerHandlerThread implements Runnable {
    private SocketChannel socketChannel;                            //客户端通道
    private boolean flag = true;                                    //循环标记
    public EchoServerHandlerThread(SocketChannel socketChannel) throws Exception {
        this.socketChannel = socketChannel;                         //保存客户端通道
        System.out.println("【新的客户端连接】客户端的IP地址为: " +
                            socketChannel.getRemoteAddress());
    }
    @Override
    public void run() {                                             //线程任务
        ByteBuffer buffer = ByteBuffer.allocate(50);                //创建缓冲区
        try {
            while (this.flag) {                                     //持续与客户端交互
                buffer.clear();                                     //重置缓冲区
                int readCount = this.socketChannel.read(buffer);    //接收客户端发送数据
                String readMessage = new String(buffer.array(),
                            0, readCount).trim();                   //将数据变为字符串
                System.out.println("【服务器接收到消息】" + readMessage); //提示信息
                String writeMessage = "【ECHO】" + readMessage + "\n"; //响应信息
                if ("exit".equals(readMessage)) {                   //结束指令
                    writeMessage = "【EXIT】拜拜, 下次再见! ";          //结束消息
                    this.flag = false;                              //修改标记
                }
                buffer.clear();                                     //清空缓冲区
                buffer.put(writeMessage.getBytes());                //缓冲区保存数据
                buffer.flip();                                      //重置缓冲区
                this.socketChannel.write(buffer);                   //响应信息
            }
            this.socketChannel.close();                             //关闭通道
        } catch (Exception e) {}
    }
}
```

2.【服务端】定义 EchoServer 类，在该类中绑定服务监听端口，并通过 Selector 来实现用户状态的轮询。由于本次要持续进行交互处理，所以可以在 ACCEPT 操作下进行处理线程的分配，同时考虑到线程的资源合理化，将通过固定大小的线程池进行资源管理。

```java
package com.yootk.echo.server;
import com.yootk.echo.server.handle.EchoServerHandlerThread;
import java.net.InetSocketAddress;
import java.nio.channels.*;
import java.util.*;
import java.util.concurrent.*;
public class EchoServer implements AutoCloseable {                  //创建EchoServer服务端
    public static final int DEFAULT_PORT = 9090;                    //默认端口
    private ExecutorService executorService = Executors.newFixedThreadPool(5); //线程池
    private ServerSocketChannel serverSocketChannel;                //服务端通道
    private Selector selector;                                      //选择器
    public EchoServer() {
        this(DEFAULT_PORT);                                         //调用单参构造
    }
    public EchoServer(int port) {                                   //保存端口
        try {
            this.serverSocketChannel = ServerSocketChannel.open();  //开启服务端通道
            this.serverSocketChannel.configureBlocking(false);      //非阻塞模式
            this.serverSocketChannel.bind(new InetSocketAddress(port)); //服务绑定端口
            this.selector = Selector.open();                        //打开选择器
            this.serverSocketChannel.register(this.selector,
                        SelectionKey.OP_ACCEPT);                     //连接监听模式
            System.out.println("ECHO服务端应用启动, 本程序在" + port +
                        "端口上监听, 等待客户端连接... ...");
        } catch (Exception e) {
            System.err.println("ECHO服务端应用启动失败, 错误原因: " + e.getMessage());
        }
```

```
    }
    public void start() throws Exception {                              //服务启动
        int currentKey = 0;                                             //接收连接状态
        while ((currentKey = this.selector.select()) > 0) {             //持续等待连接
            Set<SelectionKey> selectedKeys = this.selector.selectedKeys();  //获取全部状态
            Iterator<SelectionKey> selectionIter = selectedKeys.iterator(); //获取key
            while (selectionIter.hasNext()) {
                SelectionKey selectionKey = selectionIter.next();       //获取每一个通道
                if (selectionKey.isAcceptable()) {                      //模式为接收连接模式
                    SocketChannel clientChannel = this.serverSocketChannel.accept(); //连接
                    if (clientChannel != null) {                        //已经有了连接
                        this.executorService.submit(new EchoServerHandlerThread(
                            clientChannel));                            //处理用户请求
                    }
                }
                selectionIter.remove();                                 //移除掉此状态
            }
        }
    }
    @Override
    public void close() throws Exception {
        this.executorService.shutdown();                               //关闭线程池
        this.serverSocketChannel.close();                              //关闭服务通道
    }
}
```

3.【服务端】编写服务端应用启动类，本次将在 9999 端口上开启 ECHO 服务应用。

```
package com.yootk.echo;
import com.yootk.echo.server.EchoServer;
public class StartEchoServerApplication {
    public static void main(String[] args) throws Exception {
        new EchoServer(9999).start();                                  //服务启动
    }
}
```

4.【客户端】创建一个键盘输入类，方便客户端输入交互数据。

```
package com.yootk.util;
import java.io.*;
public class InputUtil {
    private static final BufferedReader KEYBOARD_INPUT = new BufferedReader(
            new InputStreamReader(System.in));                         //键盘缓冲输入流
    private InputUtil() { }
    public static String getString(String prompt) throws IOException { //接收键盘输入数据
        boolean flag = true;                                           //输入标记
        String str = null;                                             //接收输入字符串
        while (flag) {
            System.out.print(prompt);                                  //提示信息
            str = KEYBOARD_INPUT.readLine();                           //读取数据
            if (str == null || "".equals(str)) {                       //判断数据是否存在
                System.out.println("数据输入错误，请重新输入!!! ");
            } else {
                flag = false;                                          //输入结束
            }
        }
        return str;
    }
}
```

5.【客户端】创建 ECHO 客户端程序类，该类将利用 InputUtil 接收键盘输入数据并将数据发送到 ECHO 服务端进行处理。

```
package com.yootk.echo.client;
import com.yootk.util.InputUtil;
import java.net.InetSocketAddress;
import java.nio.ByteBuffer;
import java.nio.channels.SocketChannel;
import java.util.concurrent.TimeUnit;
public class EchoClient {
    private SocketChannel socketChannel;                               //客户端通道
```

```
    private ByteBuffer buffer;                                      //字节缓冲区
    public EchoClient(String host, int port) throws Exception {
        this.socketChannel = SocketChannel.open();                 //创建通道
        this.socketChannel.connect(new InetSocketAddress(host, port)); //连接服务端
        this.buffer = ByteBuffer.allocate(50);                     //开辟字节缓冲区
    }
    public void start() throws Exception {
        boolean flag = true;
        while (flag) {                                             //持续输入信息
            buffer.clear();                                        //清空缓冲区
            String msg = InputUtil.getString("请输入要发送的信息："); //提示信息
            buffer.put(msg.getBytes());                            //将数据保存在缓冲区
            buffer.flip();                                         //重设缓冲区
            this.socketChannel.write(buffer);                     //发送消息
            buffer.clear();                                        //清空缓冲区
            int readCount = this.socketChannel.read(buffer);      //读取服务端响应
            buffer.flip();                                         //重置缓冲区
            System.err.print(new String(buffer.array(), 0, readCount));
            if ("exit".equals(msg)) {                             //结束指令
                flag = false;                                      //结束循环
            }
            TimeUnit.MILLISECONDS.sleep(100);                     //延缓执行
        }
        this.socketChannel.close();                               //关闭通道
    }
}
```

6.【客户端】编写 ECHO 客户端应用启动类。

```
package com.yootk.echo;
import com.yootk.echo.client.EchoClient;
public class StartEchoClientApplication {
    public static void main(String[] args) throws Exception {
        new EchoClient("localhost", 9999).start();               //客户端连接
    }
}
```

程序执行结果：

```
请输入要发送的信息：沐言科技：www.yootk.com
【ECHO】沐言科技：www.yootk.com
请输入要发送的信息：沐言科技：李兴华老师
【ECHO】沐言科技：李兴华老师
请输入要发送的信息：exit
【EXIT】拜拜，下次再见！
```

本程序实现了 ECHO 客户端应用的启动类，启动之后将连接指定主机和端口的服务，在每次交互后服务端会对客户端的数据进行处理后将其返回，当客户端执行 exit 命令，表示本次交互结束。

7.3.5 AIO 模型

AIO 模型

视频名称 0713_【掌握】AIO 模型

视频简介 为了进一步提高网络服务器的处理性能，Netty 提供了 AIO 模型。本视频将为读者讲解 JDK 1.7 之后新增的 AIO 支持类，并通过具体的案例进行实战讲解。

NIO 基于事件驱动模式实现通信操作，主要解决 BIO 并发访问量高的性能问题，而所有的通信操作依然通过程序来完成，在进行通信处理时，I/O 操作性能较差也会影响到执行性能，所以从 JDK 1.7 开始提供 AIO 模型，与 NIO 模型不同的是，在 AIO 模型中，当前的 I/O 操作是由操作系统进行的，而应用程序只调用给定的类库实现读或写的操作调用即可。例如，当可以读取或写入数据流时，操作系统会将可操作的流传入 read() 或 write() 方法的缓冲区并发出操作通知，整个的操作完全是异步处理实现的，核心操作类的实现结构如图 7-32 所示。下面将通过具体的步骤，基于 AIO 的模式来开发 ECHO 应用。

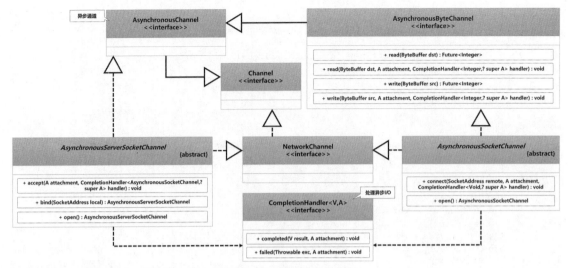

图 7-32 核心操作类的实现结构

1．【服务端】创建服务连接处理的异步处理类。

```java
package com.yootk.echo.server.handle;
import com.yootk.echo.server.EchoServer;                        //自定义AIO服务器程序
import java.nio.ByteBuffer;
import java.nio.channels.*;
public class EchoServerAcceptHandler implements
        CompletionHandler<AsynchronousSocketChannel, EchoServer> {
    @Override
    public void completed(AsynchronousSocketChannel channel, EchoServer attachment) {
        attachment.getServerChannel().accept(attachment, this);    //接收连接
        ByteBuffer buffer = ByteBuffer.allocate(100);              //接收缓冲区
        channel.read(buffer, buffer, new EchoMessageHandler(channel)); //交给其他异步处理类
    }
    @Override
    public void failed(Throwable exc, EchoServer attachment) {
        System.out.println("服务器连接处理失败... ...");
    }
}
```

2．【服务端】创建服务端消息接收与响应异步处理类。

```java
package com.yootk.echo.server.handle;
import java.nio.ByteBuffer;
import java.nio.channels.*;
public class EchoMessageHandler implements
        CompletionHandler<Integer, ByteBuffer>, AutoCloseable {
    private AsynchronousSocketChannel socketChannel;              //客户端通道
    private boolean exit = false;                                 //结束标记
    public EchoMessageHandler(AsynchronousSocketChannel socketChannel) {
        this.socketChannel = socketChannel;
    }
    @Override
    public void completed(Integer result, ByteBuffer attachment) {
        attachment.flip();                                       //重置缓冲区
        String readMessage = new String(attachment.array(), 0,
                attachment.remaining()).trim();                   //接收读取数据
        System.err.println("【服务端读取到数据】" + readMessage);      //信息提示
        String resultMessage = "【ECHO】" + readMessage;            //响应信息
        if ("exit".equalsIgnoreCase(readMessage)) {              //退出标记
            resultMessage = "【EXIT】拜拜，下次再见！";              //响应内容
            this.exit = true;                                    //退出
        }
        this.echoWrite(resultMessage);                           //消息响应
    }
    @Override
    public void failed(Throwable exc, ByteBuffer attachment) {
```

```
            try { this.close(); } catch (Exception e) {}
        }
        private void echoWrite(String result) {                              //数据响应
            ByteBuffer buffer = ByteBuffer.allocate(100);                    //响应缓冲区
            buffer.put(result.getBytes());                                   //响应处理
            buffer.flip();                                                   //重置缓冲区
            this.socketChannel.write(buffer, buffer,
                        new CompletionHandler<Integer, ByteBuffer>() {
                @Override
                public void completed(Integer result, ByteBuffer buffer) {
                    if (buffer.hasRemaining()) {                             //有数据
                        EchoMessageHandler.this.socketChannel
                                .write(buffer, buffer, this);                //服务端响应数据
                    } else {
                        if (EchoMessageHandler.this.exit == false) {         //继续下一次操作
                            ByteBuffer readBuffer = ByteBuffer.allocate(100);
                            EchoMessageHandler.this.socketChannel.read(readBuffer,
                                    readBuffer, new EchoMessageHandler(
                                            EchoMessageHandler.this.socketChannel));
                        }
                    }
                }
                @Override
                public void failed(Throwable exp, ByteBuffer buffer) {
                    try {
                        EchoMessageHandler.this.close();                     //关闭通道
                    } catch (Exception e) { }
                }
            });
        }
        @Override
        public void close() throws Exception {
            System.out.println("客户端连接有错误，中断与此客户端的处理！");
            this.socketChannel.close();                                      //通道关闭
        }
    }
}
```

3. 【服务端】创建 EchoServer 类并进行异步客户端连接处理。

```
package com.yootk.echo.server;
import com.yootk.echo.server.handle.EchoServerAcceptHandler;
import java.net.InetSocketAddress;
import java.nio.channels.AsynchronousServerSocketChannel;
public class EchoServer implements AutoCloseable {                           //创建EchoServer服务端
    public static final int DEFAULT_PORT = 9090;                             //默认端口
    private AsynchronousServerSocketChannel serverChannel = null;            //服务端通道
    public EchoServer() {
        this(DEFAULT_PORT);                                                  //调用单参构造
    }
    public EchoServer(int port) {                                            //传入服务端口
        try {
            this.serverChannel = AsynchronousServerSocketChannel.open();     //打开服务通道
            this.serverChannel.bind(new InetSocketAddress(port));            //端口绑定
            System.out.println("ECHO服务端应用启动，本程序在" + port +
                        "端口上监听，等待客户端连接... ...");
        } catch (Exception e) {
            System.err.println("ECHO服务端应用启动失败，错误原因: " + e.getMessage());
        }
    }
    public AsynchronousServerSocketChannel getServerChannel() {
        return this.serverChannel;
    }
    public void start() throws Exception {                                   //服务运行
        this.serverChannel.accept(this, new EchoServerAcceptHandler());      //连接处理
    }
    @Override
    public void close() throws Exception {
        this.serverChannel.close();                                          //关闭服务通道
    }
}
```

4.【服务端】创建 ECHO 服务端应用启动类。

```java
package com.yootk.echo;
import com.yootk.echo.server.EchoServer;
import java.util.concurrent.TimeUnit;
public class StartEchoServerApplication {
    public static void main(String[] args) throws Exception {
        new EchoServer(9999).start();                          //服务启动
        TimeUnit.MINUTES.sleep(Long.MAX_VALUE);                //持续运行
    }
}
```

5.【客户端】创建客户端的数据发送异步处理类。

```java
package com.yootk.echo.client.handle;
import java.io.IOException;
import java.nio.ByteBuffer;
import java.nio.channels.*;
import java.util.concurrent.*;
public class ClientWriteHandler implements CompletionHandler<Integer, ByteBuffer> {
    private AsynchronousSocketChannel socketChannel = null;    //客户端连接
    public ClientWriteHandler(AsynchronousSocketChannel socketChannel) {
        this.socketChannel = socketChannel;
    }
    @Override
    public void completed(Integer result, ByteBuffer buffer) {
        if (buffer.hasRemaining()) {                           //有数据发送
            this.socketChannel.write(buffer, buffer, this);    //数据发送
        } else {                                               //需要读取
            ByteBuffer readBuffer = ByteBuffer.allocate(50);   //读取数据
            this.socketChannel.read(readBuffer, readBuffer,
                new ClientReadHandler(this.socketChannel));    //读取回调
        }
    }
    @Override
    public void failed(Throwable exp, ByteBuffer buffer) {
        System.out.println("对不起，发送出现了问题，该客户端被关闭 ...");
        try {
            this.socketChannel.close();
        } catch (IOException e) { }
    }
}
```

6.【客户端】创建客户端、服务端响应数据异步读取类。

```java
package com.yootk.echo.client.handle;
import java.io.IOException;
import java.nio.ByteBuffer;
import java.nio.channels.*;
public class ClientReadHandler implements CompletionHandler<Integer, ByteBuffer> {
    private AsynchronousSocketChannel socketChannel = null;    //客户端连接
    public ClientReadHandler(AsynchronousSocketChannel socketChannel) {
        this.socketChannel = socketChannel;
    }
    @Override
    public void completed(Integer result, ByteBuffer buffer) {
        buffer.flip();                                         //重置缓冲区
        String receiveMessage = new String(buffer.array(),
                0, buffer.remaining());                        //读取返回内容
        System.err.println(receiveMessage);                    //输出响应数据
    }
    @Override
    public void failed(Throwable exp, ByteBuffer buffer) {
        System.out.println("对不起，发送出现了问题，该客户端被关闭 ...");
        try {
            this.socketChannel.close();
        } catch (IOException e) { }
    }
}
```

7.【客户端】创建客户端处理类。

```java
package com.yootk.echo.client;
```

```java
import com.yootk.echo.client.handle.ClientWriteHandler;
import java.net.InetSocketAddress;
import java.nio.ByteBuffer;
import java.nio.channels.AsynchronousSocketChannel;
import java.util.concurrent.TimeUnit;
public class EchoClient {
    private AsynchronousSocketChannel socketChannel = null;        //客户端连接
    public EchoClient(String host, int port) throws Exception {
        this.socketChannel = AsynchronousSocketChannel.open();      //客户端通道
        this.socketChannel.connect(new InetSocketAddress(host, port)); //进行客户端连接
    }
    public boolean sendMessage(String msg) throws Exception {
        ByteBuffer buffer = ByteBuffer.allocate(50);               //开辟缓冲区
        buffer.put(msg.getBytes());                                 //保存发送内容
        buffer.flip();                                             //重设缓冲区
        this.socketChannel.write(buffer, buffer, new ClientWriteHandler(
                this.socketChannel));                             //缓冲区输出
        if ("exit".equalsIgnoreCase(msg)) {                        //结束指令
            TimeUnit.SECONDS.sleep(1);                             //等待异步响应
            return false;
        }
        return true;
    }
}
```

8.【客户端】创建客户端应用启动类。

```java
package com.yootk.echo;
import com.yootk.echo.client.EchoClient;
import com.yootk.util.InputUtil;
import java.util.concurrent.TimeUnit;
public class StartEchoClientApplication {
    public static void main(String[] args) throws Exception {
        EchoClient client = new EchoClient("localhost", 9999);      //客户端连接
        while (client.sendMessage(InputUtil.getString("请输入要发送的消息：")))
            TimeUnit.MILLISECONDS.sleep(100);                      //等待异步响应
    }
}
```

程序执行结果：

```
请输入要发送的信息：沐言科技：www.yootk.com
【ECHO】沐言科技：www.yootk.com
请输入要发送的信息：沐言科技：李兴华老师
【ECHO】沐言科技：李兴华老师
请输入要发送的信息：exit
【EXIT】拜拜，下次再见！
```

此时的程序使用了多个异步调用的操作，实现了服务端与客户端之间的 AIO 处理，可以发现，AIO 的实现过程中主要依靠 CompletionHandler 类进行所有的异步读写操作。

7.4 Channels 工具类

Channels 工具类

视频名称　0714_【掌握】Channels 工具类

视频简介　NIO 与 BIO 之间并不存在替代关系，而是前者比后者性能有所提高，为了解决两者之间的操作转换问题，NIO 提供了 Channels 工具类。本视频将围绕此工具类提供的转换方法，基于内存操作流实现 BIO 与 NIO 操作的转变。

　　java.nio 与 java.io 属于两个不同阶段的设计产物，虽然 java.nio 中提供了高性能的数据 I/O 处理，但是对于很多应用来讲，如果全部将其修改为 NIO 实现，成本会非常高昂。为了解决 NIO 与 BIO 开发包之间的转换问题，java.nio.channels.Channels 工具类出现了，该类可以直接将 InputStream/Reader 或 OutputStream/Writer 转换为 NIO 的读写通道进行处理，相关的操作方法如表 7-4 所示。

表 7-4 相关的操作方法

序号	方法	类型	描述
1	public static ReadableByteChannel newChannel(InputStream in)	普通	将字节输入流转换为字节读取通道
2	public static WritableByteChannel newChannel(OutputStream out)	普通	将字节输出流转换为字节输出通道
3	public static InputStream newInputStream(AsynchronousByteChannel ch)	普通	将异步通道转换为字节输入流
4	public static InputStream newInputStream(ReadableByteChannel ch)	普通	将读取通道转换为字节输入流
5	public static OutputStream newOutputStream(WritableByteChannel ch)	普通	将写入通道转换为字节输出流

为了便于读写处理,java.io 包中提供了 ByteArrayInputStream 与 ByteArrayOutputStream 内存读写类,而 java.nio 包中并没有提供这样的内存处理通道,那么可以利用 Channels 提供的方法进行传统 I/O 流与通道的转换,从而实现内存通道的相关操作。

范例:将字节输出通道改为字节输出流。

```java
package com.yootk;
import java.io.ByteArrayOutputStream;
import java.io.OutputStream;
import java.nio.ByteBuffer;
import java.nio.channels.Channels;
import java.nio.channels.WritableByteChannel;
public class YootkDemo {
    public static void main(String[] args) throws Exception {
        OutputStream output = new ByteArrayOutputStream();        //内存输出流
        WritableByteChannel channel = Channels.newChannel(output); //输出流转换
        byte data[] = "沐言科技:www.yootk.com".getBytes();          //操作数据
        ByteBuffer buffer = ByteBuffer.allocate(data.length);      //开辟字节缓冲区
        buffer.put(data);                                          //缓冲区保存数据
        buffer.flip();                                             //缓冲区翻转
        channel.write(buffer);                                     //数据输出
        channel.close();                                           //关闭通道
        System.out.println(output);                                //内存输出流数据
    }
}
```

程序执行结果:

沐言科技:www.yootk.com

本程序定义了 ByteArrayOutputStream 输出流对象实例,ByteArrayOutputStream 类为 java.io 包提供的类,类的定义以及操作方法中并没有与 WritableByteChannel 建立任何的关联,但是由于 Channels.newChannel()方法的支持,可以将 OutputStream 转换为 WritableByteChannel 实例,并基于字节缓冲区实现内存输出流的相关操作,本程序的类关联结构如图 7-33 所示。

图 7-33 BIO 与 NIO 类型转换的类关联结构

范例:将字节输入流转换为字节读取通道。

```java
package com.yootk;
import java.io.ByteArrayInputStream;
import java.io.InputStream;
import java.nio.ByteBuffer;
```

```
import java.nio.channels.Channels;
import java.nio.channels.ReadableByteChannel;
public class YootkDemo {
    public static void main(String[] args) throws Exception {
        InputStream input = new ByteArrayInputStream(
            "沐言科技: www.yootk.com".getBytes());           //内存字节输入流
        ReadableByteChannel channel = Channels.newChannel(input);   //转换为字节读取通道
        ByteBuffer buffer = ByteBuffer.allocate(50);         //分配缓冲区
        int count = channel.read(buffer);                    //数据读取
        buffer.flip();                                       //缓冲区翻转
        System.out.println(new String(buffer.array(),0, count));   //关闭通道
        channel.close();                                     //关闭通道
    }
}
```

程序执行结果：

沐言科技: www.yootk.com

本程序实现了 InputStream 与 ReadableByteChannel 对象实例的转换处理，当转换完成后就可以通过 ByteBuffer 来获取内存中所保存的数据项。

7.5 文件锁

视频名称	0715_【掌握】文件锁
视频简介	NIO 提供了文件锁的处理支持，可以在文件进行 I/O 期间操作的实现锁定，以保证文件的写入安全。本视频通过 FileChannel 类提供的方法实现了文件锁定类 FileLock 实例获取与操作展示。

文件锁

在文件 I/O 的处理中，为了保证文件输入与输出操作的正确性，NIO 提供了文件锁支持，即可以通过 FileChannel 类提供的方法将一个文件锁定，这样其他的操作者在锁定期间将无法对该文件进行任何操作，如图 7-34 所示。

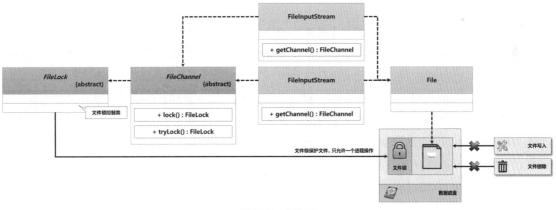

图 7-34　文件锁

文件锁的获取可以通过 FileChannel 类提供的 lock()或 tryLock()方法来完成，每一个文件的文件锁都使用 FileLock 类的对象进行表示,而后开发人员可以使用表 7-5 所示的方法对文件锁进行相应的处理。

表 7-5　FileLock 类常用方法

序号	方法	类型	描述
1	public final boolean isShared()	普通	判断锁定是否为共享锁定
2	public final FileChannel channel()	普通	返回锁定的 FileChannel

序号	方法	类型	描述
3	public abstract void release() throws IOException	普通	释放锁定（解锁）
4	public final long size()	普通	返回锁定区域的大小

范例：使用文件锁。

```java
package com.yootk;
import java.io.File;
import java.io.FileOutputStream;
import java.nio.channels.FileChannel;
import java.nio.channels.FileLock;
import java.util.concurrent.TimeUnit;
public class YootkDemo {
    public static void main(String[] args) throws Exception {
        File file = new File("h:" + File.separator + "muyan" + File.separator +
                "yootk" + File.separator + "happy.txt");          //文件路径
        FileOutputStream output = new FileOutputStream(file, true);   //实例化输出流
        FileChannel channel = output.getChannel();                //得到输入文件通道
        FileLock lock = channel.tryLock();                        //获取文件锁
        if (lock != null) {                                       //判断是否锁定
            System.out.println(file.getName() + "文件锁定300秒。");
            TimeUnit.SECONDS.sleep(300);                          //文件锁定300 s
            lock.release();                                       //释放文件锁
            System.out.println(file.getName() + "文件解除锁定。");
        }
        channel.close();                                          //关闭通道
    }
}
```

本程序使用 FileChannel 获取了指定文件的 FileLock 对象实例，这样在调用 release()方法之前，该文件将处于锁定状态，并且不允许其他的程序对该文件进行修改。

7.6　字符集

字符集

视频名称　0716_【掌握】字符集

视频简介　编码和解码是 I/O 正确传输的保证，NIO 中进行了编码操作的重新设计，提供了 Charset 工具类以及对应的编码器和解码器，本视频通过实例讲解相关操作的实现。

在 Java 中，所有的信息都是以 Unicode 进行编码的，但是在计算机的世界里并不只存在一种编码，而是存在多种，而且要是处理不好编码，就有可能产生乱码。Java 的 NIO 包中提供了 Charset 类来负责处理编码的问题，该类还包含创建编码器(CharsetEncoder)和创建解码器(CharsetDecoder)的操作，该类相关的定义结构如图 7-35 所示。

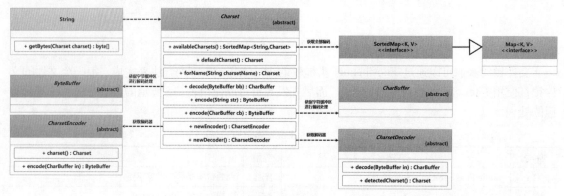

图 7-35　Charset 类相关的定义结构

提示：编码器和解码器。

编码和解码实际上最早是从电报发展起来的，如果需要使用电报传送所有的内容，则必须将其变为相应的编码，之后再通过指定的编码进行解码的操作。在新 I/O 中为了保证程序可以适应各种不同的编码，所以提供了编码器和解码器，通过解码器程序可以方便地读取各个平台上不同编码的数据，之后再通过编码器将程序的内容正确输出。

范例：获取当前系统全部的可用编码。

```java
package com.yootk;
import java.nio.charset.Charset;
import java.util.Map;
import java.util.SortedMap;
public class YootkDemo {
    public static void main(String[] args) {
        SortedMap<String, Charset> all = Charset.availableCharsets();      //获取全部编码
        for (Map.Entry<String, Charset> entry : all.entrySet()) {         //Map迭代
            System.out.println(entry.getKey() + " = " + entry.getValue());
        }
    }
}
```

程序执行结果（部分列出）：

```
Big5 = Big5
GB18030 = GB18030
GB2312 = GB2312
GBK = GBK
```

运行以上程序之后将返回系统支持的全部字符集，Map 集合中的 key 保存的是每种编码的别名，在实际使用时可以使用 forName() 方法根据编码的别名实例化 Charset 对象。

 提示：字符串编码处理。

在 String 类中可以通过 getBytes() 方法对字符串的文本进行编码的转换处理，而在该方法中可以通过设置的 Charset 实例来进行指定编码的转换。

范例：指定编码转换（部分代码）。

```java
Charset charset = Charset.forName("UTF-8");                               //加载指定编码
byte data[] = "沐言科技：www.yootk.com".getBytes(charset);                 //字符串编码
```

此时将字符串文本的内容变为了 UTF-8 编码。String 类所提供的 getBytes() 方法有许多重载，可以直接采用字符串的方式进行编码设置，例如 "getBytes("UTF-8")"。

为了便于数据的传输处理，NIO 提供了专属的编码与解码操作，在该操作中需要明确地设置编码的类型（Charset 对象实例）后才可以进行正确的转换处理。

范例：编码与解码操作。

```java
package com.yootk;
import java.nio.*;
import java.nio.charset.*;
public class YootkDemo {
    public static void main(String[] args) {
        Charset gbk = Charset.forName("GBK");                            //使用GBK编码
        CharsetEncoder encoder = gbk.newEncoder();                       //实例化编码对象
        CharsetDecoder decoder = gbk.newDecoder();                       //实例化解码对象
        //通过CharBuffer类中的wrap()方法，将一个字符串变为CharBuffer类型
        CharBuffer cb = CharBuffer.wrap("沐言科技：www.yootk.com");
        ByteBuffer buf = encoder.encode(cb);                             //进行编码操作
        System.out.println(decoder.decode(buf));                         //进行解码操作
    }
}
```

程序执行结果：

```
沐言科技：www.yootk.com
```

本程序在代码中使用了 GBK（汉字内码扩展规范）进行编码与解码的处理，在编码时为便于操作使用了 wrap()方法将要编码的数据保存在了字符缓冲区之中，而后对该字符缓冲区进行编码处理。由于编码和解码的字符集统一，所以最后可以获取正确的解码数据。

7.7　NIO 文件处理支持

NIO 文件处理支持

视频名称　0717_【理解】NIO 文件处理支持

视频简介　Files 是 NIO 提供的一个新的文件处理类，可以根据操作系统提供高效的文件处理支持，本视频为读者宏观地介绍了 Files 类的主要特点，并且通过 Files 类中的一系列操作方法进行了与之相关类结构的介绍。

I/O 技术除了可以用于实现网络服务器的处理性能提高之外，实际上也需要考虑到磁盘文件的相关处理。因为进行传统 java.io 文件操作时，都需要进行用户进程与内核进程之间的数据复制，这样在处理磁盘文件时必然会带来严重的性能问题，所以从 JDK 1.7 后提供了一个 java.nio.file 包，该包提供了一个 Files 类，该类定义了基于 NIO 的文件处理操作方法，这些方法如表 7-6 所示。

表 7-6　基于 NIO 的文件处理操作方法

序号	方法	类型	描述
1	public static long copy(InputStream in, Path target, CopyOption... options) throws IOException	普通	文件复制
2	public static long copy(Path source, OutputStream out) throws IOException	普通	文件复制
3	public static Path copy(Path source, Path target, CopyOption... options) throws IOException	普通	文件复制
4	public static Path createDirectories(Path dir, FileAttribute<?>... attrs) throws IOException	普通	创建多级目录
5	public static Path createDirectory(Path dir, FileAttribute<?>... attrs) throws IOException	普通	创建单级目录
6	public static Path createFile(Path path, FileAttribute<?>... attrs) throws IOException	普通	创建文件
7	public static Path createLink(Path link, Path existing) throws IOException	普通	创建连接
8	public static Path createSymbolicLink(Path link, Path target, FileAttribute<?>... attrs) throws IOException	普通	创建软连接
9	public static Path createTempDirectory(Path dir, String prefix, FileAttribute<?>... attrs) throws IOException	普通	创建临时目录
10	public static Path createTempFile(String prefix, String suffix, FileAttribute<?>... attrs) throws IOException	普通	创建临时文件
11	public static Path createTempFile(Path dir, String prefix, String suffix, FileAttribute<?>... attrs) throws IOException	普通	创建临时文件并设置父目录
12	public static void delete(Path path) throws IOException	普通	删除指定路径对应的文件或目录
13	public static boolean deleteIfExists(Path path) throws IOException	普通	若指定路径对应的文件或目录存在，则将其删除
14	public static boolean exists(Path path, LinkOption... options)	普通	判断路径是否存在
15	public static FileStore getFileStore(Path path) throws IOException	普通	获取 FileStore 对象实例
16	public static FileTime getLastModifiedTime(Path path, LinkOption... options) throws IOException	普通	获取最后一次修改时间
17	public static UserPrincipal getOwner(Path path, LinkOption... options) throws IOException	普通	获取路径的所有者信息

序号	方法	类型	描述
18	public static Path move(Path source, Path target, CopyOption... options) throws IOException	普通	路径移动
19	public static BufferedReader newBufferedReader(Path path) throws IOException	普通	通过指定路径创建 BufferedReader
20	public static SeekableByteChannel newByteChannel(Path path, OpenOption... options) throws IOException	普通	创建字节读写通道实例
21	public static InputStream newInputStream(Path path, OpenOption... options) throws IOException	普通	将路径转换为 InputStream 输入
22	public static OutputStream newOutputStream(Path path, OpenOption... options) throws IOException	普通	将路径转换为 OutputStream 输出
23	public static byte[] readAllBytes(Path path) throws IOException	普通	读取指定路径的全部字节型数据
24	public static List<String> readAllLines(Path path) throws IOException	普通	读取指定路径的全部数据行
25	public static String readString(Path path) throws IOException	普通	读取指定路径的全部内容
26	public static long size(Path path) throws IOException	普通	判断路径对应的文件长度
27	public static Stream<Path> walk(Path start, int maxDepth, FileVisitOption... options) throws IOException	普通	遍历指定路径
28	public static Path write(Path path, byte[] bytes, OpenOption... options) throws IOException	普通	向指定路径输出数据
29	public static Path writeString(Path path, CharSequence csq, OpenOption... options) throws IOException	普通	向指定路径输出字符串数据

通过 Files 类所提供的方法可以发现，其包含文件、目录、访问权限、数据读取、文件复制等与文件有直接关联的方法，同时还可以实现与传统 java.io 包中的 InputStream、OutputStream、BufferedReader 等操作类之间的关联操作，同时也增加了许多新的支持类，例如 Path、Watchable、FileAttribute 等核心类，这些类的关联结构如图 7-36 所示，而本节将针对这些类的使用进行讲解。

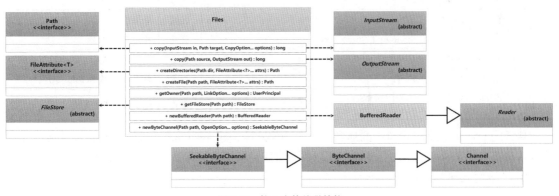

图 7-36 核心类的关联结构

7.7.1 Path

视频名称　0718_【掌握】Path

视频简介　Path 是 NIO 提供的用于进行路径描述的类。本视频讲解 Path 类的基本定义，并且以 Files 类提供的方法实现相关的文件操作。

java.nio.file.Path 是一个描述文件路径的程序接口，该接口可以通过指定的文件系统（File System）来获取一个路径的完整信息。考虑到不同文件系统中的文件路径问题，NIO 将 Path 定义为一个接口类型，而后根据不同运行环境的需要使用不同的 Path 子类即可，如图 7-37 所示。

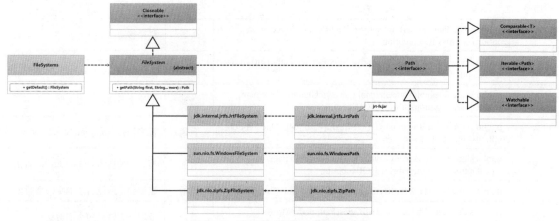

图 7-37 Path 接口的继承与关联结构

由于在设计 NIO 时需要直接与操作系统关联，其内部提供了与操作路径有关的处理方法，这些方法如表 7-7 所示。在获取 Path 接口对象前要利用 FileSystems.getDefault()方法获取当前可以使用的 FileSystem 类对象，而后通过 FileSystem 类提供的 getPath()方法进行字符串路径的设置，并将此路径转换为 Path 接口对象实例。

表 7-7 与操作路径有关的处理方法

序号	方法	类型	描述
1	public int compareTo(Path other)	普通	路径比较
2	fault boolean endsWith(String other)	普通	路径是否以指定的字符串结尾
3	public Path getFileName()	普通	获取文件名称
4	public FileSystem getFileSystem()	普通	获取文件系统实例
5	public Path getParent()	普通	获取父路径
6	Path getRoot()	普通	获取根路径
7	public static Path of(String first, String... more)	普通	构造 Path 对象实例
8	public default boolean startsWith(String other)	普通	路径是否以指定的字符串开头
9	public default File toFile()	普通	将 Path 转换为 File 实例
10	default WatchKey register(WatchService watcher, WatchEvent.Kind<?>... events) throws IOException	普通	注册服务监控服务实例

传统的 java.io 包通过字符串的形式来定义操作路径，而 java.nio.file 包使用 Path 类来定义文件路径，当获取了 Path 对象实例之后就可以利用 Files 类所提供的方法来进行路径操作。

范例：获取 Path 路径并进行方法调用。

```
package com.yootk;
import java.nio.file.*;
public class YootkDemo {
    public static void main(String[] args) throws Exception {
        //Path.of()方法源代码：FileSystems.getDefault().getPath(first, more);
        Path path = Path.of("H:", "muyan", "yootk", "happy.txt"); //定义Path路径
        System.out.println("文件完整路径: " + path);
        System.out.println("文件系统类型: " + path.getFileSystem());
        if (Files.exists(path)) {                                   //判断文件是否存在
            Path targetPath = Path.of("d:", "muyan.txt");          //复制目标路径
            Files.copy(path, targetPath);                           //文件复制
        }
    }
}
```

程序执行结果：

```
文件完整路径: H:\muyan\yootk\happy.txt
文件系统类型: sun.nio.fs.WindowsFileSystem@682a0b20
```

本程序利用 Path.of()方法使用默认文件系统实现了目标文件路径的定义，而后就可以利用 Files 类提供的操作方法判断文件是否存在以及进行文件复制操作。

> 💡 **提示：获取文件存储设备的信息。**
>
> Files 类提供了一个 getFileStore()方法，使用该方法可以根据当前文件的路径来获取文件存储介质的相关数据（例如磁盘大小、空闲空间等），这些数据会被 FileStore 类实例所管理。
>
> **范例：获取数据存储磁盘信息。**
>
> ```
> Path path = Path.of("H:", "muyan", "yootk", "happy.txt");
> FileStore store = Files.getFileStore(path);
> System.out.println("存储格式: " + store.type());
> System.out.println("磁盘空间: " + store.getTotalSpace());
> System.out.println("空闲磁盘: " + store.getUnallocatedSpace());
> ```
>
> 程序执行结果：
>
> ```
> 存储格式: NTFS
> 磁盘空间: 500104687616
> 空闲磁盘: 215910113280
> ```
>
> 基于 FileStore 抽象类可以获取文件存储磁盘的格式、空间使用率等信息，而有了这样的数据后，开发人员就可以根据需要进行一些资源监控的处理。

7.7.2 Watchable

Watchable

视频名称	0719_【掌握】Watchable
视频简介	NIO 提供了目录数据的监控支持，可以在创建、删除、修改、移出等操作出现时产生对应的操作事件并进行相关处理。本视频为读者详细分析 Watchable 接口的作用，并通过实例讲解目录操作监控的实现。

NIO 为了便于所有文件数据的管理，在项目中提供了一个路径操作监控的功能，该功能将一个路径下的每个组成部分（文件或子目录）都作为一个实体进行表示，当创建、删除或者修改实体时，都可以被监控程序捕捉并处理。由于该操作是针对磁盘路径的监控处理，不管是通过应用程序创建的实体还是用户手动创建的实体都可以被及时监控，如图 7-38 所示，所以该操作是直接基于文件系统实现的。

图 7-38 Path 路径监控

在 Path 接口所继承的父接口中包含一个 java.nio.file.Watchable 接口，该接口主要提供了 register()方法，使用此方法可以直接绑定要监控的数据服务对象（WatchService 接口实例），以及要监控的事件类型（WatchEvent.Kind 接口实例）。一个完整的路径监控操作，需要涉及的类和接口如

图 7-39 所示。

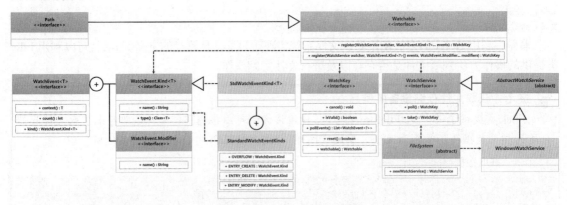

图 7-39 路径监控操作涉及的类和接口

范例：实现路径监控。

```java
package com.yootk;
import java.nio.file.*;
import java.util.concurrent.TimeUnit;
public class YootkDemo {
    public static void main(String[] args) throws Exception {
        startWatchThread();                                          //启动目录监控线程
        Path filePath = Path.of("H:", "muyan", "yootk", "hello.txt"); //文件路径
        while (true) {                                              //持续操作
            if (Files.exists(filePath)) {                          //文件存在
                Files.delete(filePath);                            //文件删除
            } else {
                Files.createFile(filePath);                        //创建文件
            }
            TimeUnit.SECONDS.sleep(2);                             //操作延迟
        }
    }
    public static void startWatchThread() {
        new Thread(() -> {
            try {
                Path path = Path.of("H:", "muyan", "yootk");       //定义Path路径
                WatchService service = FileSystems.getDefault()
                        .newWatchService();                        //获取服务实例
                WatchKey watchKey = path.register(service,
                    StandardWatchEventKinds.ENTRY_CREATE,
                    StandardWatchEventKinds.ENTRY_DELETE);         //绑定监控类型
                while (true) {                                     //持续监控
                    for (WatchEvent<?> event : watchKey.pollEvents()) { //获取监控事件
                        System.out.println("【WatchEvent】context = " + event.context() +
                            "、kind = " + event.kind());           //监控事件信息
                    }
                    watchKey.reset();                             //重置
                    TimeUnit.SECONDS.sleep(1);                    //延迟
                }
            } catch (Exception e) {}
        }).start();                                               //线程启动
    }
}
```

程序执行结果：

```
【WatchEvent】context = hello.txt、kind = ENTRY_CREATE
【WatchEvent】context = hello.txt、kind = ENTRY_DELETE
```

本程序通过线程绑定了一个目录的监控应用状态，并对文件实体的创建和删除进行事件监控。在对该目录中的文件进行创建或删除时就可以捕获到相应的事件并对其进行处理了。

7.7.3 FileAttribute

FileAttribute

视频名称 0720_【掌握】FileAttribute

视频简介 操作系统会为每个文件进行权限的分配，所以在 NIO 提供的文件中也支持文件权限的配置。本视频为读者分析常见的文件权限组成，并通过具体的代码讲解如何基于 FileAttribute 实现文件授权配置。

操作系统中考虑到文件存储安全的问题，一般都会为文件设置相应的权限。例如，在 Windows 操作系统中比较常见的文件权限包括读、写、执行。文件必须拥有相应的权限后才可以正确地运行。

> 💡 **提示：关于 Linux 操作系统的权限管理。**
>
> 本次所讨论的系统权限是基于 Linux 系统的，在 Linux 系统中使用 ll（macOS 没有提供此快捷命令，可以使用 ls -l）命令可以非常清楚地看到目录中每一个文件、子目录或者是链接都会有相应的权限信息，如图 7-40 所示。
>
> ```
> root@yootk-server:/usr/local/jdk# ll
> drwxr-xr-x   7 uucp 143      4096 Sep 19 10:56 ./
> drwxr-xr-x  17 root root     4096 Jul 10 18:02 ../
> drwxr-xr-x   2 uucp 143      4096 Oct  6  2018 bin/
> -r--r--r--   1 uucp 143      3244 Oct  6  2018 COPYRIGHT
> drwxr-xr-x   3 uucp 143      4096 Oct  6  2018 include/
> -rw-r--r--   1 uucp 143   5207154 Sep 12  2018 javafx-src.zip
> drwxr-xr-x   5 uucp 143      4096 Oct  6  2018 jre/
> ```
>
> 图 7-40　Linux 权限描述
>
> 通过图 7-40 所示可以发现，第 1 位描述的是文件类型，目录使用 d、文件使用 -，随后才是具体的权限定义。但是需要提醒读者的是，这样的权限结构信息在 Windows 系统中无法观察到，所以本次程序将在 Linux 系统下运行。

操作系统中的权限一共由 11 位组成，每一位的作用如图 7-41 所示。其中真正与用户权限有关的只有中间的 9 位，这 9 位又分为 3 组，每一组表示一种权限集合。各标记的作用如表 7-8 所示。

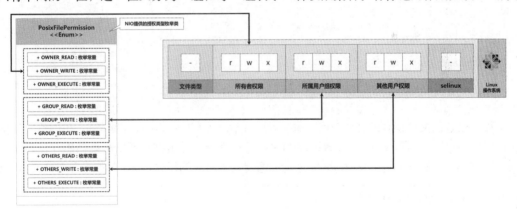

图 7-41　文件权限组成位的作用

表 7-8　标记的作用

序号	标记	数值	二进制	描述
1	r	4	00000100	读取权限（read）。当前用户可以读取文件内容或浏览目录
2	w	2	00000010	写入权限（write）。当前用户可以创建或修改文件及目录内容
3	x	1	00000001	执行权限（execute）。当前用户可以执行文件或进入目录

根据表 7-8 所述的权限标记，开发人员可以任意组合使用。在 Linux 系统中可以直接使用 chmod 命令进行权限定义，而在授权的时候往往会直接使用具体的数值来描述权限，常见的标记组合形式如表 7-9 所示。

表 7-9 常见的标记组合形式

序号	标记组合	数值	描述
1	-rw-------	600	文件所有者拥有读写权限
2	-rw-r--r--	644	文件所有者拥有读写权限，所属用户组和其他用户只有读权限
3	-rw-rw-rw-	666	文件所有者、所属用户组和其他用户都拥有读写权限
4	-rwx------	700	文件所有者拥有读、写、执行权限，所属用户组和其他用户无权操作
5	-rwx--x--x	711	文件所有者拥有读、写、执行权限，所属用户组和其他用户拥有执行权限
6	-rwxr-xr-x	755	文件所有者拥有读、写、执行权限，所属用户组和其他用户拥有读和执行权限
7	-rwxrwxrwx	777	所有用户都拥有读、写、执行权限

这些权限配置可以在文件或目录创建时，通过 FileAttribute 接口进行定义，开发人员可以通过 PosixFilePermissions 类提供的方法进行该接口实例的获取，在获取时需要传入相应的权限。图 7-42 所示为 FileAttribute 接口的实现类关联。

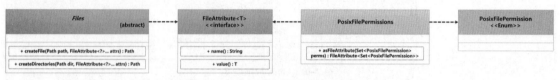

图 7-42 FileAttribute 接口的实现类关联

范例：创建文件并设置文件权限。

```java
package com.yootk;
import java.nio.file.*;
import java.nio.file.attribute.*;
import java.util.Set;
public class YootkDemo {
    public static void main(String[] args) throws Exception {
        FileAttribute attribute = PosixFilePermissions.asFileAttribute(
                Set.of(PosixFilePermission.OWNER_WRITE,
                        PosixFilePermission.OWNER_READ));         //定义文件属性
        Path path = Path.of("/usr", "local", "yootk", "happy.txt");   //定义文件路径
        if (!Files.exists(path.getParent())) {                    //目录不存在
            Files.createDirectory(path.getParent(), attribute);   //创建目录
        }
        Files.createFile(path, attribute);                        //文件创建
    }
}
```

本程序设置的文件操作路径为/usr/local/yootk/happy.txt（为 Linux 操作路径），在创建文件前需要保证父路径存在，所以先通过 Files.exists()方法进行判断，并根据判断结果来创建存储目录。而在创建文件和目录时都通过 FileAttribute 对象实例设置了对应的授权信息(文件所有者可读、可写)。

> 💡 提示：获取文件所有者信息。
>
> Files 类提供了一个 getOwner()方法，使用该方法可以获取指定路径对应的所有者信息，每一个所有者的信息都使用 UserPrincipal 接口进行表示。
>
> 范例：获取文件所有者信息（代码片段）。
>
> ```java
> Path filePath = Path.of("H:", "muyan", "yootk", "happy.txt");   //文件路径
> UserPrincipal principal = Files.getOwner(filePath);             //获取文件所有者信息
> System.out.println("文件所有者：" + principal.getName());        //所有者名称
> ```
>
> 程序执行结果：
>
> ```
> 文件所有者：MUYAN-Computer\yootk
> ```
>
> 本程序通过 Path 设置了要操作的文件路径，而当程序运行后会根据当前程序运行的环境动态获取指定文件的所有者的用户名。

7.7.4　AttributeView

AttributeView

视频名称　0721_【掌握】AttributeView
视频简介　文件中除了其内部定义的数据之外，还会存在许多的元数据信息。为了便于元数据的读取，NIO 提供了属性视图的概念。本视频为读者讲解属性视图接口的实现结构，并通过具体的操作演示元数据信息的获取。

　　每一个文件都会包含很多附加的元数据信息，例如是否可读、是否隐藏以及文件的创作者信息，这些信息在 NIO 中被称为属性视图，并且在 java.nio.file.attribute 包中提供了对应的属性视图接口，如图 7-43 所示。

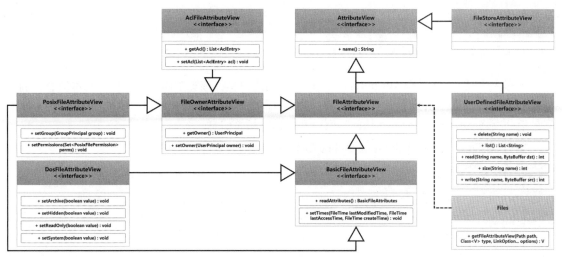

图 7-43　AttributeView 接口继承结构

　　如果开发人员想要获取文件的属性视图，那么需要通过 Files.getAttributeView()方法依据指定的路径以及相关的属性视图类型的 Class 对象完成。为便于读者理解这一操作，下面将通过几个属性视图的操作进行说明。

　　范例：使用 FileOwnerAttributeView 获取文件所有者信息。

```java
package com.yootk;
import java.nio.file.*;
import java.nio.file.attribute.FileOwnerAttributeView;
public class YootkDemo {
    public static void main(String[] args) throws Exception {
        Path path = Path.of("h:", "nacos.mp4");                          //文件路径
        FileOwnerAttributeView fileOwnerAttributeView = Files.getFileAttributeView(
                path, FileOwnerAttributeView.class);                    //获取属性视图
        System.out.println("属性视图名称: " + fileOwnerAttributeView.name());
        System.out.println("文件所有者: " + fileOwnerAttributeView.getOwner());
    }
}
```

　　程序执行结果：

```
属性视图名称: owner
文件所有者: muyan-computer\yootk (User)
```

　　本程序实现了一个获取属性视图的典型应用，利用 Path 绑定要操作的文件路径，随后设置 FileOwnerAttributeView 接口类型，表示当前要获取的属性视图的类别，这样就可以利用接口中提供的方法获取该文件的所有者信息。

　　范例：使用 BasicFileAttributeView 获取文件属性。

```java
package com.yootk;
```

```
import java.nio.file.*;
import java.nio.file.attribute.*;
public class YootkDemo {
    public static void main(String[] args) throws Exception {
        Path path = Path.of("h:", "nacos.mp4");                          //文件路径
        BasicFileAttributeView basicView = Files.getFileAttributeView(
                path, BasicFileAttributeView.class);                    //文件属性
        BasicFileAttributes basicFileAttributes = basicView.readAttributes();  //全部属性
        System.out.println("文件创建时间: " + new java.util.Date(
                basicFileAttributes.creationTime().toMillis()));
        System.out.println("最后修改时间: " + new java.util.Date(
                basicFileAttributes.lastAccessTime().toMillis()));
        System.out.println("文件长度: " + basicFileAttributes.size());
    }
}
```

程序执行结果:

```
文件创建时间: Tue Nov 09 16:17:16 CST 2022
最后修改时间: Tue Nov 09 16:17:18 CST 2022
文件长度: 137648698
```

本程序获取了 BaseFileAttributesView 属性视图的信息,该类型描述了文件的基本信息,例如文件创建时间、最后修改时间、文件长度。如果有需要也可以使用该接口提供的 setTimes()方法配置最后一次修改时间、最后一次访问时间以及创建时间等信息。

范例:使用 UserDefinedFileAttributeView 创建用户属性信息。

```
package com.yootk;
import java.nio.ByteBuffer;
import java.nio.charset.Charset;
import java.nio.file.*;
import java.nio.file.attribute.*;
public class YootkDemo {
    public static void main(String[] args) throws Exception {
        Path path = Path.of("h:", "nacos.mp4");                          //文件路径
        UserDefinedFileAttributeView userView = Files.getFileAttributeView(
                path, UserDefinedFileAttributeView.class);
        userView.write("作者", Charset.defaultCharset().encode("李兴华"));   //属性配置
        userView.write("机构", Charset.defaultCharset().encode("沐言科技")); //属性配置
        for (String name : userView.list()) {                           //获取自定义信息
            ByteBuffer buffer = ByteBuffer.allocate(userView.size(name));  //分配缓冲区
            userView.read(name, buffer);                                //读取信息
            buffer.flip();                                              //缓冲区翻转
            String value = Charset.defaultCharset().decode(buffer).toString();  //读取value
            System.out.printf("【用户定义属性】%s = %s %n", name, value);   //属性输出
        }
    }
}
```

程序执行结果:

```
【用户定义属性】作者 = 李兴华
【用户定义属性】机构 = 沐言科技
```

本程序获取了 UserDefinedFileAttributeView 属性视图,该视图可以通过 write()方法写入自定义的用户属性内容,也可以利用 list()方法获取全部的属性名称,利用该对象实例可以达到扩充文件元数据信息的目的。

范例:使用 DosFileAttributeView 获取文件状态。

```
package com.yootk;
import java.nio.file.*;
import java.nio.file.attribute.*;
public class YootkDemo {
    public static void main(String[] args) throws Exception {
        Path path = Path.of("h:", "nacos.mp4");                          //文件路径
        DosFileAttributeView attributeView = Files.getFileAttributeView(
                path, DosFileAttributeView.class);
```

```
        DosFileAttributes dosFileAttributes = attributeView.readAttributes();        //获取属性
        System.out.println("文件隐藏状态: " + dosFileAttributes.isHidden());
        System.out.println("文件只读状态: " + dosFileAttributes.isReadOnly());
        attributeView.setHidden(true);                                               //状态配置
        attributeView.setReadOnly(true);                                             //状态配置
    }
}
```

第一次程序执行结果：

```
文件隐藏状态: false
文件只读状态: false
```

第二次程序执行结果：

```
文件隐藏状态: true
文件只读状态: true
```

本程序获取了 DosFileAttributeView 属性视图，这样就可以获取当前路径文件的状态，也可以利用 setXxx()方法根据需要修改文件对应的状态项。

7.7.5　FileVisitor

FileVisitor

视频名称	0722_【掌握】FileVisitor
视频简介	FileVisitor 提供了方便的目录遍历处理支持，可以基于状态触发的形式实现目录的列表机制。本视频讲解 FileVisitor 的使用，并通过具体的案例实现目录列表。

传统 java.io.File 类中提供了一个 listFiles()方法，使用该方法可以列出指定目录下全部的组成结构，而要想基于此方法实现目录的列表操作，需要采用递归的形式进行处理。为了简化这一处理机制，Files 类提供了 walkFileTree()遍历方法，使用该方法需要设置起始路径以及 FileVisitor 接口实例，并利用 FileVisitor 接口提供的方法实现目录或文件的处理以及遍历控制（FileVisitResult 枚举类提供），如图 7-44 所示。

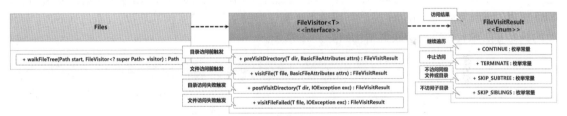

图 7-44　Files.walkFileTree()目录遍历

范例：实现目录遍历。

```
package com.yootk;
import java.io.IOException;
import java.nio.file.*;
import java.nio.file.attribute.BasicFileAttributes;
public class YootkDemo {
    public static void main(String[] args) throws Exception {
        FileVisitor<Path> visitor = new FileVisitor<>() {
            @Override
            public FileVisitResult preVisitDirectory(Path dir, BasicFileAttributes attrs)
                    throws IOException {                                          //目录访问前触发
                System.out.println("【目录】" + dir);
                if (dir.getFileName().toString().startsWith(".")) {              //不访问.开头的目录
                    return FileVisitResult.SKIP_SUBTREE;                         //不访问子目录
                }
                return FileVisitResult.CONTINUE;                                 //继续访问
            }
            @Override
            public FileVisitResult visitFile(Path file, BasicFileAttributes attrs)
                    throws IOException {                                         //文件访问前触发
```

```
            if (file.toString().endsWith("java")) {              //扩展名为.java的文件
                System.out.println("【文件】" + file);
            }
            return FileVisitResult.CONTINUE;                      //继续访问
        }
        @Override
        public FileVisitResult visitFileFailed(Path file, IOException exc)
            throws IOException {                                  //文件访问失败后触发
            return FileVisitResult.CONTINUE;                      //继续访问
        }
        @Override
        public FileVisitResult postVisitDirectory(Path dir, IOException exc)
            throws IOException {                                  //目录访问失败后触发
            return FileVisitResult.SKIP_SUBTREE;                  //不访问子目录
        }
    };
    Path path = Path.of("H:", "workspace");                       //Path路径
    Files.walkFileTree(path, visitor);                           //目录遍历
    }
}
```

在文件遍历过程中，如果发现是目录或文件则允许继续进行下次遍历操作，而如果在遍历的过程中出现了目录访问错误，则略过对应的目录列表操作。

7.7.6　FileSystemProvider

FileSystem-
Provider

视频名称　0723_【掌握】FileSystemProvider

视频简介　考虑到不同操作系统之间的程序移植，以及不同文件系统的影响，NIO 基于 SPI 机制提供了 FileSystemProvider 类。本视频分析该类与 Files 类的关联，并利用具体的案例演示该类中方法的使用。

Java 在其提出与设计中都是围绕着"可移植性"这一核心理念展开的，但是不同的操作系统之中会存在不同的底层函数，同时在文件管理中也会面临不同的文件系统。所以为了解决此类问题，NIO 提供了 FileSystemProvider 类，利用该类来实现当前文件系统实例的获取。FileSystemProvider 类的核心方法源代码以及关联类结构如图 7-45 所示。

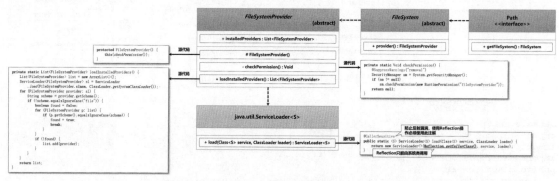

图 7-45　FileSystemProvider 类的核心方法源代码以及关联类结构

💡 **提示：关于 SPI 机制的应用。**

SPI（Service Provider Interface，服务提供者接口）是 JDK 内置的一种实现机制，开发人员可以通过此机制来实现服务功能的整合以及框架服务的定义。Java 所提供的 JDBC（Java DataBase Connectivity，Java 数据库连接）处理机制就采用了 SPI 的设计，会由 Java 提供 java.sql.Driver 接口，而后通过此接口实现服务的整合，开发人员在使用过程中不需要关心具体的服务实现过程，只需要通过接口即可实现最终所需的功能调用，如图 7-46 所示。

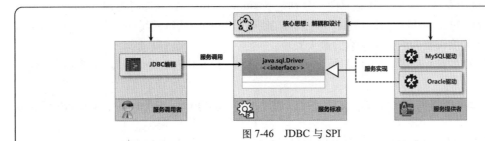

图 7-46 JDBC 与 SPI

在设计 NIO 的过程之中，由于需要考虑到不同的文件系统环境，所以也采用了 SPI 机制，并定义了 FileSystemProvider 服务提供类，在 Files 类中的很多方法都是通过此类来获取 FileSystem 接口实例的。

FileSystemProvider 在对象实例化的过程之中，可以根据当前应用的运行环境进行动态的文件服务加载，将这些信息全部都保存在 List 集合之中，开发人员可以通过此集合，或者依据 Path 对象来获取对应的 FileSystemProvider 实例。

范例：使用 FileSystemProvider 进行文件更名。

```
package com.yootk;
import java.nio.file.Path;
import java.nio.file.spi.FileSystemProvider;
public class YootkDemo {
    public static void main(String[] args) throws Exception {
        Path sourcePath = Path.of("h:", "nacos.mp4");                      //源文件路径
        Path targetPath = Path.of("h:", "cloud.mp4");                      //目标文件路径
        FileSystemProvider provider = FileSystemProvider.installedProviders().get(0);
        provider.move(sourcePath, targetPath);                            //文件移动
    }
}
```

本程序首先利用 FileSystemProvider.installedProviders()方法获取了当前可用的文件系统集合（ZIP、Windows、JRT），而后从里面获取了 WindowsFileSystemProvider，随后利用 move()方法实现了文件更名处理。

7.8 本章概览

1．Java 支持 3 种网络 I/O 模型，即 BIO、NIO、AIO，这三者的主要区别如下。

（1）BIO：同步阻塞 I/O。服务器为每一个连接的客户端分配一个线程，可以通过线程池提高线程的管理效率。

（2）NIO：同步非阻塞 I/O。服务器为每一次请求分配一个线程，所有的请求都会被注册到多路复用器之中，多路复用器通过轮询的形式针对每次请求创建处理线程。

（3）AIO：异步非阻塞 I/O。客户端的 I/O 请求都由系统先处理，当处理完成后再通知服务器启动线程进行处理。

2．UNIX 系统支持 5 种 I/O 模型：BIO 模型、NIO 模型、I/O 多路复用模型、信号驱动 I/O 模型、AIO 模型。

3．I/O 多路复用模型采用了"1 + N"的方式进行处理，即由一个 Selector 线程和 N 个处理线程实现 I/O 通信，而在该模型中存在 3 种实现模式，即 select、poll、epoll，实际开发中要根据不同的网络环境去选择使用何种实现模式。

4．Buffer 提供了数据缓冲区的支持，而后可以根据不同的需要选择 IntBuffer、ByteBuffer、CharBuffer 等进行数据的处理。

5．在缓冲区中有两个重要的状态属性，分别是 position、limit，在存储时使用 position 记录当前操作位置，此时的 limit 与 capcity 定义相同，而在使用了 flip()方法翻转缓冲区之后，position 的值为 0，将 limit 的值设置为当前可读取的最大长度。

6．为便于 I/O 的统一管理，NIO 提供了对 Channel 的支持，利用 Channel 可以实现 I/O 的统一管理。

7．FileChannel 类提供了文件读写支持，可以通过 FileInputStream 或 FileOutputStream 获取该类实例。

8．为了提高文件 I/O 的性能，可以采用 MMap 的方式进行文件与内存映射，这样对内存进行的 I/O 操作会直接影响到文件。

9．NIO 对线程也采用了同样的高性能处理，提供了 Pipe 操作管道。

10．NIO 通信机制中需要通过轮询的方式实现用户连接的接收，并且依据 ServerSocketChannel 进行通道连接与 SocketChannel 实例创建，在执行时依据给定的线程池异步执行。

11．AIO 可以直接利用操作系统实现 I/O 处理，采用异步的形式完成所有的读或写操作，利用 CompletionHandler 接口实现操作回调处理。

12．Channels 是提供通道管理的工具类，利用该类可以方便地创建 Channel 实例，也可以实现 BIO 操作类与 NIO 操作类之间的转换处理。

13．为了安全地实现文件更新操作，可以在获取 FileChannel 文件通道后获取 FileLock 以实现文件锁定。

14．在 NIO 中可以利用 Charset 类实现文本的编码与解码操作。

15．为了改善文件 I/O 的操作，NIO 针对不同的文件系统提供了高性能读写支持，以减少数据复制处理次数，可以使用 Files 类来进行相关方法的调用。

16．Path 类提供了文件路径的统一定义，可以通过该类实例获取对应的 FileSystem 与 FileStore 实例。

17．Watchable 提供了修改文件路径的统一监控，可以利用 WatchEvent.Kind 设置要监控的事件类型，这样只要发生对应操作就可以及时捕获到事件信息并对其进行处理。

18．FileAttribute 提供了完善的文件权限管理，可以与 Linux 系统下的文件管理配合以实现更丰富的文件操作。

19．AttributeView 提供了文件的属性视图，利用属性视图可以实现文件元数据的获取以及修改操作。

20．FileVisitor 提供了方便的目录遍历支持，利用 FileVisitorResult 的不同状态来实现遍历控制。

21．FileSystemProvider 采用了 SPI 管理机制，可以实现文件系统实例的统一获取。

第 8 章

ETCD 数据服务组件

本章学习目标

1. 掌握 ETCD 服务的主要作用，并可以搭建 ETCD 数据服务集群；
2. 掌握 ETCD 数据操作命令，并可以实现数据的增加、修改与删除操作；
3. 掌握 ETCD 授权管理，并可以根据需要进行用户管理与权限分配；
4. 理解 ETCD 代理的作用与配置，并可以实现 ETCD 节点的动态扩容与缩容配置；
5. 理解 ETCD 与 SSL 服务整合，并可以基于 OpenSSL 工具模拟 SSL 证书签发；
6. 理解 Raft 算法的主要作用；
7. 理解 Java 与 ETCD 数据管理操作的实现。

ETCD 是一款分布式数据存储工具，在分布式集群开发环境中经常需要通过其实现配置信息的统一管理。本章将为读者分析了 ETCD 服务的主要作用，并讲解 ETCD 服务集群的构建以及数据管理操作。

8.1 ETCD 简介

ETCD 简介

视频名称 0801_【掌握】ETCD 简介

视频简介 注册中心是现代软件架构设计中的核心服务，可以实现服务控制数据的统一管理。本视频为读者分析注册中心的作用，并分析常见的几款注册中心的技术特点。

在分布式系统架构设计中，往往会根据不同的业务模型来构建不同的服务应用节点，所以一个项目中会存在大量的节点地址，如果直接在客户端绑定具体服务的主机地址，则对于代码的维护就十分不利。因此常见的做法是引入注册中心，动态地保存所有节点的配置信息，如图 8-1 所示。

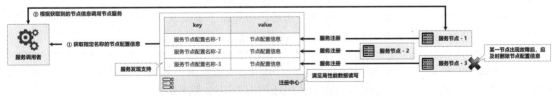

图 8-1　服务注册与发现

注册中心是基于 CAP 理论实现的服务管理组件，一般保存的是所有服务节点的控制信息，基于 key-value 的结构进行数据存储，启动所有服务节点后向注册中心写入配置数据，客户端依据注册中心中所提供的配置项实现服务的调用。每当节点发生改变后，注册中心都可以及时做出变更响应，以保证服务运行的可靠性，常见的注册中心包括 Consul、ZooKeeper、ETCD、Eureka 以及 Nacos，为便于读者理解，表 8-1 总结了这些注册中心的技术特点。

提示：注册中心与 CAP 理论。

　　CAP 理论主要考虑分布式系统中的设计猜想，由数据一致性（C：Consistency）、服务可用性（A：Availability）、分区容错性（P：Partition-tolerance）3 个部分所组成。在同一个分布式系统中不可能同时满足这 3 个条件，只能是 CP 或者是 AP 二选一的设计方案，ETCD、ZooKeeper、Consul 支持 CP 模型，Eureka 支持 AP 模型，而 Nacos 同时支持 CP 与 AP 两类模型，可以由用户根据实际环境动态配置。

　　CAP 理论是美国加州大学伯克利分校的埃里克·布鲁尔（Eric Brewer）教授在 2000 年 7 月的美国计算机协会分布式计算原理会议上首次提出的，它是 Eric Brewer 在 Inktomi 公司研发搜索引擎、分布式 Web 缓存时得出的一个著名猜想。在该猜想被提出两年后，由来自美国麻省理工学院的塞思·吉尔伯特（Seth Gilbert）和南希·林奇（Nancy Lynch）从理论上证明了 Eric Brewer 教授的 CAP 理论是成立的，从此 CAP 理论在学术上正式成了分布式领域公认的定理，并深刻影响着分布式系统的发展。

表 8-1　注册中心

序号	技术项	Consul	ZooKeeper	ETCD	Eureka	Nacos
1	健康检查	状态、内存、硬盘	长连接	心跳检测	可配支持	传输层检查
2	开发平台	Go	Java	Go	Java	Java
3	多数据中心	支持	—	—	—	支持
4	变更监控	全量、长轮询	支持	长轮询	长轮询、部分增量	长轮询、部分增量
5	一致性算法	Raft	类 Paxos	Raft		Raft
6	CAP 支持	CP	CP	CP	AP	CP、AP
7	状态监控	Metrics	—	Metrics	Metrics	—
8	安全管理	ACL、HTTPS	ACL	HTTPS（弱）	—	ACL

　　不同的注册中心往往会有不同的使用场景，例如，在 Java 技术发展的早期会大量地采用 ZooKeeper，在 Spring Cloud Netflix 技术架构中会使用 Eureka（AP 模式会存在配置不同步问题，只能保障可用性），在 Spring Cloud Alibaba 架构中使用 Nacos（CP 模式应用在配置中心架构，AP 模式应用在注册中心架构），在 Go 语言开发中常用的是 Consul 与 ETCD。考虑到注册中心与 MinIO 组件的整合需要，本次将为读者讲解 ETCD 组件。

 提示：ZooKeeper 不再作为 Java 技术首选。

　　ZooKeeper 的实现理论来自 ZAB（ZooKeeper Atomic Broadcast，ZooKeeper 原子广播），该理论来自 Paxos 算法（行业内较为知名的组件为谷歌公司推出的 Chubby）。Paxos 算法是莱斯利·兰伯特（Leslie Lamport）于 20 世纪 90 年代提出的，但是由于其实现较为烦琐，而且会存在性能问题，已经不再作为当前项目架构的主要设计选择（被 Raft 算法替代）。

　　ETCD 是一个基于 Go 语言编写的分布式、高可用的一致性键值数据存储系统，可以提供可靠的数据存储、配置共享和服务发现等功能，该组件拥有如下技术特点。

　　（1）服务易用：采用 HTTP + JSON 的接口调用模式，客户端可以方便地进行各类数据操作。

　　（2）维护成本低：采用 Go 语言编写，具有较好的跨平台特点，并且可以简单地实现服务部署与维护。

　　（3）强一致性：使用 Raft 算法充分保证了分布式系统数据的强一致性。

　　（4）高可用：具有较强的容错能力，即便有 $(n-1)/2$ 个节点（n 为节点总数）发生故障，依然可以提供服务。

（5）持久化支持：更新数据后会将数据持久化到磁盘（通过 WAL 格式保存数据），并且支持 Snapshot（快照）。

（6）快速读写：每个服务实例支持每秒约 10000 次以上的读写操作（依靠硬件环境支持）。

（7）安全机制：基于 SSL 证书提供安全保障。

（8）高性能通信：支持 gRPC 通信，可以结合 Protobuf 实现通信。

（9）watch 支持：采用长轮询（Long Polling）模式实现某一个 key 或某一个范围内 key 的状态监听。

（10）监控支持：内部默认支持 Metrics 数据提取机制，可以结合 Prometheus 实现数据监控以及危机警报处理。

ETCD 属于网络服务组件，同时在进行构建时，又需要满足 Raft 算法的实现要求（数据同步处理、节点状态变更、事件处理与执行等），为此在 ETCD 中提供了网络层模块，利用该模块实现服务监听、节点通信以及客户端数据的读写支持。考虑到读写性能的设计要求，ETCD 会在内存中保存所有的 KV（键值）数据，同时也会自动创建数据索引，以提升数据读取性能，ETCD 的组成结构如图 8-2 所示。

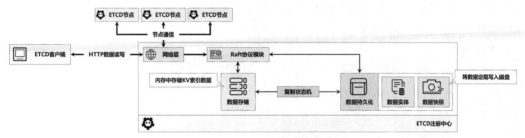

图 8-2　ETCD 的组成结构

由于 ETCD 保存了整个应用集群的控制信息，考虑到数据安全性的设计需要，部分的数据会被定期写入磁盘中，因此在其内部会提供一个复制状态机的抽象模块。该模块主要以 WAL（Write Ahead Log，预写日志）文件格式，记录用户的操作日志数据（在提交每条数据前都会进行记录），并且会提供 Snapshot（快照）与 Entry（具体日志内容）两类数据文件。

> 💡 提示：Raft 算法。
>
> Raft 是一个共识算法（Consensus Algorithm），所谓的共识指的就是在集群中的若干节点对某一操作达成的统一看法，这样即便是在出现节点故障或由于网络硬件故障造成延时或中断等恶劣情况下，集群服务依然可以正常使用。在 Raft 协议中一般会包括领袖（Leader）、追随者（Follower）或候选人（Candidate）3 类角色（每个角色都对应一个或多个节点），这 3 类角色的变化如图 8-3 所示。
>
>
>
> 图 8-3　Raft 算法中的 3 类角色的变化
>
> Raft 算法规定了集群中每个节点的状态，在一个正常的集群启动时，一般包含一个 Leader 节点和若干个 Follower 节点，所有的数据同步操作全部由 Leader 节点发出。一旦此时的 Leader 节点产生故障，其他的 Follower 节点又长时间没有接收到 Leader 节点的心跳（Election Timeout，选举超时），Leader 就会切换到 Candidate 角色，并参与领导人选举（Leader Election），选举出新一任期（Term）的 Leader，继续进行数据同步处理。

8.2　搭建 ETCD 服务集群

搭建 ETCD 服务
集群

视频名称　0802_【掌握】搭建 ETCD 服务集群

视频简介　ETCD 是开源组件，开发人员可以直接通过 GitHub 下载，并依据官方给定的文档进行服务部署。本视频基于虚拟机应用环境，讲解 3 个节点下的 ETCD 集群部署。

ETCD 是一个开源项目，开发人员可以直接登录官方站点获取该组件下载链接，如图 8-4 所示，该站点提供组件的安装指南，可以根据指南上所列步骤进行配置。ETCD 项目被托管在 GitHub 之中，可以根据实际部署环境的需要，选择合适的组件版本，本次使用的是 etcd-v3.4.26-linux-amd64.tar.gz 组件包。

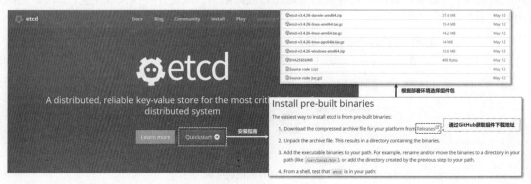

图 8-4　获取 ETCD 组件包

考虑到实际生产环境的应用所需，本次将配置一个包含 3 个节点的 ETCD 服务集群，节点信息如表 8-2 所示。需要注意的是，配置时需要为 ETCD 配置两个监听端口，一个用于客户端数据读写操作，另外一个用于 Raft 节点同步相关操作（重新选举、心跳检测等）。

表 8-2　节点信息

序号	主机名称	IP 地址	端口	描述
1	etcd-cluster-a	192.168.37.151	2379（客户访问）、2380（节点同步）	ETCD 节点实例
2	etcd-cluster-b	192.168.37.152	2379（客户访问）、2380（节点同步）	ETCD 节点实例
3	etcd-cluster-c	192.168.37.153	2379（客户访问）、2380（节点同步）	ETCD 节点实例

在进行 ETCD 集群构建时，需要为每一个 ETCD 节点配置一个专属的名称标记，该标记要在集群节点静态配置时使用，这样在服务启动时就可以自动实现 Leader 选举。本次的集群构建形式如图 8-5 所示。下面来看一下具体的配置步骤。

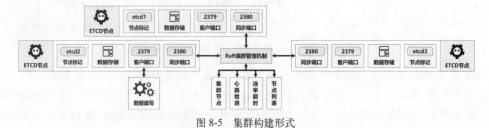

图 8-5　集群构建形式

1.【etcd-cluster-a 主机】将下载的 etcd-v3.4.26-linux-amd64.tar.gz 组件包上传到/usr/local/src 目录之中。

2．【etcd-cluster-a 主机】解压缩 etcd-v3.4.26-linux-amd64.tar.gz 组件包到/usr/local 目录之中。

```
tar xzvf /usr/local/src/etcd-v3.4.26-linux-amd64.tar.gz -C /usr/local/
```

3．【etcd-cluster-a 主机】为便于组件管理，将解压缩后的文件所在目录更名为 etcd。

```
mv /usr/local/etcd-v3.4.26-linux-amd64/ /usr/local/etcd
```

4．【etcd-cluster-a 主机】创建 etcd.yaml 配置文件：vi /usr/local/etcd/etcd.yaml。

```
# 定义当前ETCD节点名称，该名称在整个ETCD集群中必须唯一，且需要通过该名称实现ETCD集群初始化
name: etcd1
# 定义ETCD数据持久化存储目录，可以根据需要配置该目录
data-dir: /mnt/data/etcd
# 集群标记，通过标记来区分不同的ETCD集群，若干个ETCD节点的标记应该一致
initial-cluster-token: etcd-cluster-token
# 当前为新建集群
initial-cluster-state: new
# 该节点在ETCD集群中的通信地址
initial-advertise-peer-urls: http://192.168.37.151:2380
# 与地址ETCD节点通信时的监听地址列表，使用逗号分隔多个地址
listen-peer-urls: http://192.168.37.151:2380
# 当前ETCD节点与客户端通信时的监听地址
listen-client-urls: http://0.0.0.0:2379
# 广播给集群中其他ETCD成员的地址
advertise-client-urls: http://0.0.0.0:2379
# 配置集群内部所有成员地址，采用 "ETCD名称=ETCD节点地址,..." 的格式配置
initial-cluster: etcd1=http://192.168.37.151:2380,etcd2=http://192.168.37.152:2380,
etcd3=http://192.168.37.153:2380
# 该节点参与选举的最长超时时间（单位：ms）
election_timeout: 30
# 多少次事务提交后将触发一次快照存储操作
snapshot_counter: 60
# ETCD节点之间的心跳传输间隔（单位：ms）
heartbeat_interval: 10
```

5．【etcd-cluster-a 主机】将配置好的 ETCD 组件复制到其他主机。

复制到 B 主机：

```
scp -r /usr/local/etcd root@192.168.37.152:/usr/local/
```

复制到 C 主机：

```
scp -r /usr/local/etcd root@192.168.37.153:/usr/local/
```

6．【etcd-cluster-b 主机】根据当前主机地址修改 etcd.yaml 配置文件（只列出变更项）：vi /usr/local/etcd/etcd.yaml。

```
name: etcd2
initial-advertise-peer-urls: http://192.168.37.152:2380
listen-peer-urls: http://192.168.37.152:2380
```

7．【etcd-cluster-c 主机】根据当前主机地址修改 etcd.yaml 配置文件（只列出变更项）：vi /usr/local/etcd/etcd.yaml。

```
name: etcd3
initial-advertise-peer-urls: http://192.168.37.153:2380
listen-peer-urls: http://192.168.37.153:2380
```

8．【etcd-cluster-*主机】为每一个 ETCD 节点创建数据存储目录：mkdir -p /mnt/data/etcd。

9．【etcd-cluster-*主机】为 ETCD 数据存储目录授权：chmod -R 700 /mnt/data/etcd/。

10．【etcd-cluster-*主机】启动 ETCD 服务后会占用 2379 和 2380 两个端口，修改防火墙规则对外开放端口。

配置端口规则：

```
firewall-cmd --zone=public --add-port=2379/tcp --permanent
```

配置端口规则：

```
firewall-cmd --zone=public --add-port=2380/tcp --permanent
```

重新加载配置：

```
firewall-cmd --reload
```

11.【etcd-cluster-*主机】启动集群中的所有 ETCD 服务节点。

```
/usr/local/etcd/etcd --config-file /usr/local/etcd/etcd.yaml > /dev/null 2>&1 &
```

12.【etcd-cluster-a 主机】查看当前的 ETCD 集群节点信息。

```
/usr/local/etcd/etcdctl --endpoints=192.168.37.151:2379,192.168.37.152:2379,192.168.37.153:2379
member list
```

程序执行结果：

```
aa82331f3009ce85, started, etcd2, http://192.168.37.152:2380, http://0.0.0.0:2379, false
b9acd455a49e1859, started, etcd3, http://192.168.37.153:2380, http://0.0.0.0:2379, false
ecce48979dae35e5, started, etcd1, http://192.168.37.151:2380, http://0.0.0.0:2379, false
```

启动 ETCD 服务后，可以随意连接其中的任意一个节点查看当前集群中的全部列表信息以及每个节点的运行状态，如果想要显示更加清晰的结构，可以在 member list 命令后追加--write-out=table 配置选项，最终的显示效果如图 8-6 所示。

```
root@etcd-cluster-a:~# /usr/local/etcd/etcdctl --endpoints=192.168.37.151:2379 member list --write-out=table
+------------------+---------+-------+-----------------------------+------------------------+------------+
|        ID        | STATUS  | NAME  |         PEER ADDRS          |      CLIENT ADDRS      | IS LEARNER |
+------------------+---------+-------+-----------------------------+------------------------+------------+
| aa82331f3009ce85 | started | etcd2 | http://192.168.37.152:2380  | http://0.0.0.0:2379    |   false    |
| b9acd455a49e1859 | started | etcd3 | http://192.168.37.153:2380  | http://0.0.0.0:2379    |   false    |
| ecce48979dae35e5 | started | etcd1 | http://192.168.37.151:2380  | http://0.0.0.0:2379    |   false    |
+------------------+---------+-------+-----------------------------+------------------------+------------+
```

图 8-6　最终的显示效果

13.【etcd-cluster-a 主机】查看集群中的 Leader 节点信息，查询结果如图 8-7 所示。

```
/usr/local/etcd/etcdctl --endpoints=192.168.37.151:2379,192.168.37.152:2379,192.168.37.153:2379
endpoint status -w table
```

```
root@etcd-cluster-a:~# /usr/local/etcd/etcdctl --endpoints=192.168.37.151:2379,192.168.37.152:2379,192.168.37.153:2379 endpoint status -w table
+---------------------+------------------+---------+---------+-----------+-----------+------------+-------------------+--------+
|      ENDPOINT       |        ID        | VERSION | DB SIZE | IS LEADER | IS LEARNER | RAFT TERM | RAFT INDEX | RAFT APPLIED INDEX | ERRORS |
+---------------------+------------------+---------+---------+-----------+-----------+------------+-------------------+--------+
| 192.168.37.151:2379 | ecce48979dae35e5 | 3.4.26  |  20 kB  |   true    |   false   |     45    |     19     |         19         |        |
| 192.168.37.152:2379 | aa82331f3009ce85 | 3.4.26  |  20 kB  |   false   |   false   |     45    |     19     |         19         |        |
| 192.168.37.153:2379 | b9acd455a49e1859 | 3.4.26  |  20 kB  |   false   |   false   |     45    |     19     |         19         |        |
+---------------------+------------------+---------+---------+-----------+-----------+------------+-------------------+--------+
```

图 8-7　查询结果

 提示：ETCD 集群重新选举。

此时所构建的 ETCD 集群中的 Leader 节点为 etcd2（192.168.37.152），如果使用者关闭该节点中的 ETCD 服务进程，那么此时将触发重新选举的机制，这一点可以通过 endpoint status 命令观察到。

8.3　ETCD 服务代理

ETCD 服务代理

视频名称	0803_【理解】ETCD 服务代理
视频简介	ETCD 集群中会存在大量的服务节点，为了便于节点的统一管理，ETCD 提供了统一代理服务的支持。本视频讲解了代理机制在 ETCD 集群中的实现意义，并通过具体的配置实例讲解了代理服务的启用。

ETCD 一般以集群的方式出现，同时考虑到 ETCD 服务的高可用问题，往往都会在客户端定义全部的 ETCD 节点，这样一来在进行服务维护的时候就极为不方便。因此常见的做法是引入 gRPC 反向代理机制，如图 8-8 所示。

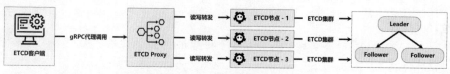

图 8-8　ETCD 集群代理

ETCD 代理基于 gRPC 协议实现 ETCD 集群的管理，在代理启动时，会随机连接到 ETCD 集群中的任意一个服务节点，并通过该节点实现所有请求数据的读写操作。当代理检测到此时的 ETCD 节点出现故障后，会自动切换到另外一个可用的 ETCD 节点继续对外提供服务支持，这样不仅保证了服务的高可用性，同时也提高了 ETCD 集群的安全性，并且减少了 ETCD 集群的负载量。下面来看一下如何在项目中启用 ETCD 代理。

> **提示：ETCD 代理与网关。**
>
> ETCD 代理使用 gRPC 协议完成，而在不支持 gRPC 协议的客户端上，ETCD 又提供了网关的概念，可以通过 HTTP 实现操作，网关的启用命令为 "etcd gateway 参数..."，而后就可以利用 /v3/*的路径进行数据操作（例如/v3/kv/put 表示增加数据、/v3/kv/range 表示获取数据）。在默认情况下 ETCD 并不会开启这些接口，需要在配置文件中添加 enable-grpc-gateway: true 配置项才可以启用。

1．【虚拟机工具】新建一个 etcd-proxy 虚拟主机，主机的 IP 地址为 192.168.37.150。

2．【etcd-cluster-a 主机】复制 etcd 应用到 etcd-center 主机。

```
scp -r /usr/local/etcd root@192.168.37.150:/usr/local/
```

3．【etcd-proxy 主机】创建 etcd 代理数据保存目录：mkdir -p /mnt/data/etcd-proxy。

4．【etcd proxy 主机】启动 ETCD 代理机制，并将代理服务端口定义为 23790。

```
/usr/local/etcd/etcd grpc-proxy start --listen-addr=192.168.37.150:23790 --advertise-client-url=
192.168.37.150:23790 \
--data-dir=/mnt/data/etcd-proxy \
--endpoints=192.168.37.151:2379,192.168.37.152:2379,192.168.37.153:2379 > /dev/null 2>&1 &
```

5．【etcd-proxy 主机】修改防火墙规则，对外开放 23790 端口。

配置端口规则：

```
firewall-cmd --zone=public --add-port=23790/tcp --permanent
```

重新加载配置：

```
firewall-cmd --reload
```

6．【etcd-proxy 主机】使用 etcdctl 命令通过代理设置数据。

```
/usr/local/etcd/etcdctl --endpoints=192.168.37.150:23790 put yootk-key:book Netty
```

程序执行结果：

```
OK
```

7．【etcd-proxy 主机】使用 etcdctl 命令通过代理获取数据。

```
/usr/local/etcd/etcdctl --endpoints=192.168.37.150:23790 get yootk-key:book
```

程序执行结果：

```
yootk-key:book
Netty
```

此时对所有的请求都可以通过代理进行访问，这样在进行节点维护时就较为方便，即便节点变化也不会影响到 ETCD 客户端的定义。一旦启用了代理机制，就会公开/health（健康检查）与/metrics（Prometheus 监控）两个 HTTP 接口，可以为用户实现 ETCD 的监控提供支持。

> **提示：Prometheus 与 ETCD 状态监控。**
>
> Prometheus 是一个生态完整的服务监控组件，其采用 TiDB 数据库实现监控数据的存储，并且可以根据自定义的环境要求进行报警提示。在 Prometheus 官网中也提供了不同应用的监控支持，幸运的是 ETCD 组件内部已经内置了该接口的导出数据支持。如果读者不清楚该组件的配置与使用，可以参考本系列的《Spring Boot 开发实战（视频讲解版）》一书中的相关讲解。

8.4 ETCD 认证授权

视频名称	0804_【理解】ETCD 认证授权
视频简介	ETCD 一般都会保留重要的配置信息,为此在 ETCD 内部提供了认证与授权的操作支持。本视频为读者分析 ETCD 内部角色的定义,同时利用 ETCDCTL 客户端管理工具,实现用户管理与授权分配的定义。

ETCD 认证授权

ETCD 之中一般都会保存大量的服务注册信息,考虑到数据安全性,往往都要进行完整的认证与授权处理,管理者可以根据业务的需要进行用户的创建,每位用户依靠对应角色中的权限来进行数据操作。由于 ETCD 主要存放 KV 数据,因此只包含 read(读)、write(写)、readwrite(读写)这 3 类权限,用户认证及授权的配置可以通过 ETCDCTL 工具并结合相应的子命令来实现。本次将按照图 8-9 所示配置 ETCD 认证与授权,下面来看一下具体的实现。

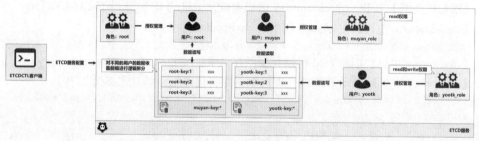

图 8-9 ETCD 服务配置

1.【etcdctl 客户端】添加 root 管理员账户,创建用户时需要输入密码(密码不回显)。

```
/usr/local/etcd/etcdctl --endpoints=http://192.168.37.150:23790 user add root
```

程序执行结果:

```
Password of root: hello
Type password of root again for confirmation: hello
User root created
```

2.【etcdctl 客户端】启动 ETCD 授权管理机制。

```
/usr/local/etcd/etcdctl --endpoints=http://192.168.37.150:23790 auth enable --user="root:hello"
```

程序执行结果:

```
Authentication Enabled
```

3.【etcdctl 客户端】为 root 用户分配 root 角色。

```
/usr/local/etcd/etcdctl --endpoints=http://192.168.37.150:23790 user grant-role root root --user=root:hello
```

程序执行结果:

```
Role root is granted to user root
```

4.【etcdctl 客户端】创建 muyan_role 角色。

```
/usr/local/etcd/etcdctl --endpoints=http://192.168.37.150:23790 role add muyan_role --user="root:hello"
```

程序执行结果:

```
Role muyan_role created
```

5.【etcdctl 客户端】创建 yootk_role 角色。

```
/usr/local/etcd/etcdctl --endpoints=http://192.168.37.150:23790 role add yootk_role --user="root:hello"
```

程序执行结果:

```
Role yootk_role created
```

6.【etcdctl 客户端】为 muyan_role 角色授予 read 权限,该角色的用户只能读取以 yootk-key: 开头的数据。

```
/usr/local/etcd/etcdctl --endpoints=http://192.168.37.150:23790 \
    role grant-permission muyan_role read yootk-key: --prefix=true --user="root:hello"
```

程序执行结果：

```
Role muyan_role updated
```

7.【etcdctl 客户端】为 yootk_role 角色授予 readwrite 权限，并设置读写数据前缀为 yootk-key:。

```
/usr/local/etcd/etcdctl --endpoints=http://192.168.37.150:23790 \
    role grant-permission yootk_role readwrite yootk-key: --prefix=true --user="root:hello"
```

程序执行结果：

```
Role yootk_role updated
```

8.【etcdctl 客户端】创建 muyan 账户，将其密码设置为 hello。

```
/usr/local/etcd/etcdctl --endpoints=http://192.168.37.150:23790 user add muyan:hello --user="root:hello"
```

程序执行结果：

```
User muyan created
```

9.【etcdctl 客户端】创建 yootk 账户，将其密码设置为 hello。

```
/usr/local/etcd/etcdctl --endpoints=http://192.168.37.150:23790 user add yootk:hello --user="root:hello"
```

程序执行结果：

```
User yootk created
```

10.【etcdctl 客户端】为 muyan 用户授予 muyan_role 角色。

```
/usr/local/etcd/etcdctl --endpoints=http://192.168.37.150:23790 user grant-role muyan muyan role
--user="root:hello"
```

程序执行结果：

```
Role muyan_role is granted to user muyan
```

11.【etcdctl 客户端】为 yootk 用户授予 yootk_role 角色。

```
/usr/local/etcd/etcdctl --endpoints=http://192.168.37.150:23790 user grant-role yootk yootk role
--user="root:hello"
```

程序执行结果：

```
Role yootk_role is granted to user yootk
```

12.【etcdctl 客户端】查看当前的用户列表。

```
/usr/local/etcd/etcdctl --endpoints=http://192.168.37.150:23790 user list --user="root:hello"
```

程序执行结果：

```
muyan（普通用户，只具有读权限）
root（管理员账户）
yootk（普通用户，具有读写权限）
```

13.【etcdctl 客户端】获取 yootk_role 角色的权限信息。

```
/usr/local/etcd/etcdctl --endpoints=http://192.168.37.150:23790 role get yootk_role --user="root:hello"
```

程序执行结果：

```
Role yootk_role
KV Read:
    [yootk-key:, yootk-key;) (prefix yootk-key:)
KV Write:
    [yootk-key:, yootk-key;) (prefix yootk-key:)
```

14.【etcdctl 客户端】使用 yootk 用户添加数据。

```
/usr/local/etcd/etcdctl --endpoints=http://192.168.37.150:23790 put yootk-key:message yootk.com
--user="yootk:hello"
```

程序执行结果：

```
OK
```

15.【etcdctl 客户端】使用 muyan 用户读取 yootk-key:message 数据项。

```
/usr/local/etcd/etcdctl --endpoints=http://192.168.37.150:23790 get yootk-key:message --user="muyan:hello"
```

程序执行结果：

```
yootk-key:message（数据key）
yootk.com（数据value）
```

16.【etcdctl 客户端】使用 yootk 用户删除 yootk-key:message 数据项。

```
/usr/local/etcd/etcdctl --endpoints=http://192.168.37.150:23790 del yootk-key:message --user="yootk:hello"
```

程序执行结果：

```
1
```

由于此时的 yootk 用户拥有以 yootk-key:标记开头数据的读写权限，因此可以实现数据的增加、读取以及删除操作，而如果在写入或删除时使用的是 muyan 用户，则执行命令后会出现 Error: etcdserver: permission denied 错误信息。

ETCD 中提供数据监控机制，该机制类似于消息订阅模式，可以对一个 key 或一个范围内的 key 进行变化跟踪，一旦该数据发生更改，会自动接收到更改后的数据内容，同时对每一个更改的数据内容都会通过一个版本号进行记录。下面来观察一下该操作的实现。

17.【etcdctl 客户端】创建 watch 监听，监听 yootk-key:java 数据的变更。

```
/usr/local/etcd/etcdctl --endpoints=http://192.168.37.150:23790 watch yootk-key:java --rev=1
-user=yootk:hello
```

程序执行结果：

```
PUT         yootk-key:java            servlet
PUT         yootk-key:java            RocketMQ
```

18.【etcdctl 客户端】修改 yootk-key:java 数据内容。

```
/usr/local/etcd/etcdctl --endpoints=http://192.168.37.150:23790 put yootk-key:java RocketMQ -user
=yootk:hello
```

程序执行结果：

```
OK
```

此时一旦启用了 watch 机制，程序就会持续监听指定数据 key 的变化，一旦进行了 yootk-key:java 数据项的写入操作，可以立即获取到响应的数据。如果需要显示数据的详细版本，可以在 watch 命令后追加 -w=json，相关信息将以 JSON 结构进行显示，并且所返回的数据都是加密后的内容。

8.5 ETCD 动态扩容

视频名称 0805_【理解】ETCD 动态扩容

视频简介 服务扩容是保持服务运行稳定的重要机制，在设计 ETCD 时考虑到了服务节点动态配置处理，提供了扩容支持，本视频为读者讲解扩容与缩容操作的具体实现。

ETCD 动态扩容

ETCD 作为数据中心存在，其中保存大量的服务配置信息，所有服务在调用前，都会首先查找 ETCD 中的配置项，这样伴随着服务节点数量的攀升，以及并发访问量的逐步增加，原有的 ETCD 集群就有可能产生性能瓶颈。为此 ETCD 提供了动态扩容支持，如图 8-10 所示。

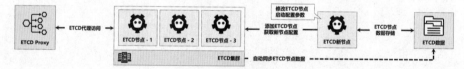

图 8-10 ETCD 动态扩容

ETCD 动态扩容一般指的是在已有静态集群的配置基础上动态地扩充新的节点，所以 ETCD 的做法是首先通过 etcdctl 工具来获取新节点的配置项，当按照给出的结构修改完成并启动新节点后，原始的 ETCD 集群会自动地进行数据目录的同步，按照同样的操作流程，就可以任意进行节点的扩充。本次将依据表 8-3 所示的 ETCD 节点扩充主机实现节点扩充操作，下面来看一下具体的操作步骤。

> ⓘ **注意：节点数量应满足 2^n-1。**
>
> ETCD 虽然提供了较好的容错性，但是在进行节点配置时，应该保证 ETCD 集群中所有节点的数量满足 2^n-1 的设计要求，即 3 节点、5 节点或 7 节点。由于 ETCD 的节点扩充方式相同，所以本次只创建了一个新节点，而在实际生产环境下，需要严格按照设计要求进行扩容。

表 8-3　ETCD 节点扩充主机

序号	主机名称	IP 地址	端口	描述
1	etcd-proxy	192.168.37.150	23790	ETCD 代理节点
2	etcd-cluster-a	192.168.37.151	2379（客户访问）、2380（节点同步）	【旧】ETCD 节点实例
3	etcd-cluster-b	192.168.37.152	2379（客户访问）、2380（节点同步）	【旧】ETCD 节点实例
4	etcd-cluster-c	192.168.37.153	2379（客户访问）、2380（节点同步）	【旧】ETCD 节点实例
5	etcd-cluster-d	192.168.37.154	2379（客户访问）、2380（节点同步）	【新】ETCD 节点实例

1．【etcd-cluster-a 主机】将 etcd 工具软件包复制到 etcd-cluster-d 主机中。

```
scp -r /usr/local/etcd root@192.168.37.154:/usr/local/
```

2．【etcd-cluster-d 主机】ETCD 服务启动后会占用 2379 和 2380 两个端口，修改防火墙规则对外开放端口。

配置端口规则：

```
firewall-cmd --zone=public --add-port=2379/tcp --permanent
```

配置端口规则：

```
firewall-cmd --zone=public --add-port=2380/tcp --permanent
```

重新加载配置：

```
firewall-cmd --reload
```

3．【etcd-cluster-d 主机】通过 etcdctl 客户端工具，向已有的 ETCD 集群中添加新的 etcd4 节点。

```
/usr/local/etcd/etcdctl member add etcd4 \
--endpoints=http://192.168.37.151:2379,http://192.168.37.152:2379,http://192.168.37.153:2379 \
--peer-urls=http://192.168.37.154:2380 --user=root:hello
```

程序执行结果（配置参考）：

```
Member 1f2f9a459905562e added to cluster 1fb9e54750eadbdd
ETCD_NAME="etcd4"
ETCD_INITIAL_CLUSTER="etcd4=http://192.168.37.154:2380,etcd2=http://192.168.37.152:2380,
etcd3=http://192.168.37.153:2380,etcd1=http://192.168.37.151:2380"
ETCD_INITIAL_ADVERTISE_PEER_URLS="http://192.168.37.154:2380"
ETCD_INITIAL_CLUSTER_STATE="existing"
```

4．【etcd-cluster-d 主机】修改 ETCD 配置文件：vi /usr/local/etcd/etcd.yaml。

```
name: etcd4
initial-cluster-state: existing
initial-advertise-peer-urls: http://192.168.37.154:2380
listen-peer-urls: http://192.168.37.154:2380
initial-cluster: etcd1=http://192.168.37.151:2380,etcd2=http://192.168.37.152:2380,
etcd3=http://192.168.37.153:2380,etcd4=http://192.168.37.154:2380
```

5．【etcd-cluster-d 主机】启动本机的 ETCD 服务进程。

```
/usr/local/etcd/etcd --config-file /usr/local/etcd/etcd.yaml > /dev/null 2>&1 &
```

6．【etcdctl 客户端】查看当前 ETCD 集群节点状态列表。

```
/usr/local/etcd/etcdctl member list \
--endpoints=192.168.37.151:2379,192.168.37.152:2379,192.168.37.153:2379,192.168.37.154:2379
```

程序执行结果：

```
1f2f9a459905562e, started, etcd4, http://192.168.37.154:2380, http://0.0.0.0:2379, false
aa82331f3009ce85, started, etcd2, http://192.168.37.152:2380, http://0.0.0.0:2379, false
b9acd455a49e1859, started, etcd3, http://192.168.37.153:2380, http://0.0.0.0:2379, false
ecce48979dae35e5, started, etcd1, http://192.168.37.151:2380, http://0.0.0.0:2379, false
```

7．【etcdctl 客户端】ETCD 集群除了支持扩容之外，也支持缩容的机制，如果此时不再需要 etcd4 节点，可以通过如下的节点删除命令进行配置。

```
/usr/local/etcd/etcdctl member remove 1f2f9a459905562e --user=root:hello \
--endpoints=192.168.37.151:2379,192.168.37.152:2379,192.168.37.153:2379,192.168.37.154:2379
```

程序执行结果：

```
Member 1f2f9a459905562e removed from cluster 1fb9e54750eadbdd
```

8.【etcdctl 客户端】查看当前 ETCD 集群节点状态列表。

```
/usr/local/etcd/etcdctl member list \
--endpoints=192.168.37.151:2379,192.168.37.152:2379,192.168.37.153:2379
```

程序执行结果：

```
aa82331f3009ce85, started, etcd2, http://192.168.37.152:2380, http://0.0.0.0:2379, false
b9acd455a49e1859, started, etcd3, http://192.168.37.153:2380, http://0.0.0.0:2379, false
ecce48979dae35e5, started, etcd1, http://192.168.37.151:2380, http://0.0.0.0:2379, false
```

8.6　Benchmark 压力测试

Benchmark 压力
测试

视频名称　0806_【理解】Benchmark 压力测试

视频简介　ETCD 官方提供了 Benchmark 压力测试工具，以便开发人员进行服务性能的测试。本视频基于 ETCD 源代码的结构，通过 Go 语言环境讲解该工具的编译与使用。

　　ETCD 为了用户使用方便，内置了一个 Benchmark 压力测试工具，利用该工具可以模拟并行用户的读写操作，并基于最终的统计结果来观察 ETCD 服务性能。但是该工具需要开发人员通过 ETCD 的官方 GitHub 地址获取相关源代码，并基于 Go 运行环境进行源代码编译后才可以使用，如果本机没有 Go 开发环境，则可以通过官方站点获取下载链接，如图 8-11 所示。本次使用的 Go 开发版本为 go1.20.5.linux-amd64.tar.gz，下面来看一下具体配置。

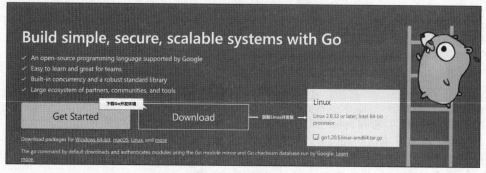

图 8-11　Go 语言首页

1.【虚拟机工具】为便于 ETCD 压力测试，创建一台新的虚拟机，主机地址为 192.168.37.159。

2.【etcd-benchmark 主机】创建/mnt/src 目录，用于保存 etcd 源代码：mkdir -p /mnt/src。

3.【etcd-benchmark 主机】下载 Linux 系统的 Go 开发包，并将其保存在/mnt/src 目录之中。

```
wget -P /mnt/src https://go.***/dl/go1.20.5.linux-amd64.tar.gz
```

4.【etcd-benchmark 主机】将下载得到的 go1.20.5.linux-amd64.tar.gz 文件解压缩到/usr/local 目录之中。

```
tar -xzvf /mnt/src/go1.20.5.linux-amd64.tar.gz -C /usr/local/
```

5.【etcd-benchmark 主机】在系统环境中添加 Go 环境配置项，并配置国内镜像源。

打开配置文件：

```
vi /etc/profile
```

增加配置项：

```
export GO111MODULE=on
export GOPROXY=https://mirrors.******.com/goproxy/
export GO_HOME=/usr/local/go
export PATH=$PATH:$GO_HOME/bin
```

配置项生效：

```
source /etc/profile
```

6.【etcd-benchmark 主机】查看当前 Go 开发版本。

```
go version
```

程序执行结果：

```
go version go1.20.5 linux/amd64
```

7.【etcd-benchmark 主机】切换到源代码目录：cd /mnt/src。

8.【etcd-benchmark 主机】通过 GitHub 复制 etcd 代码：git clone https://******.com/etcd-io/etcd.git。

9.【etcd-benchmark 主机】进入 Benchmark 代码目录：cd /mnt/src/etcd/tools/benchmark/。

10.【etcd-benchmark 主机】通过 Go 开发环境安装 Benchmark 工具。

```
go install -v /mnt/src/etcd/tools/benchmark/
```

11.【etcd-benchmark 主机】查看使用 Benchmark 编译后的文件列表。

```
go list -f "{{.Target}}" /mnt/src/etcd/tools/benchmark/
```

程序执行结果：

```
/root/go/bin/benchmark
```

12.【etcd-benchmark 主机】启用 Benchmark 对已有的 ETCD 节点进行性能测试。

```
/root/go/bin/benchmark --conns=1 --clients=1 put --key-size=8 --sequential-keys --total=10000
--val-size=256 \
--endpoints=http://192.168.37.151:2379,http://192.168.37.152:2379,http://192.168.37.153:2379
--user="root:hello"
```

程序执行结果：

```
10000 / 10000 [--------------------------------------------------------------------] 100.00% 410 p/s

Summary（摘要）:
  Total:        19.5709 secs.
  Slowest:      0.0347 secs.
  Fastest:      0.0009 secs.
  Average:      0.0020 secs.
  Stddev:       0.0012 secs.
  Requests/sec: 510.9633

Response time histogram（响应时间直方图）:
  0.0009 [1]       |
  0.0043 [9632]    |■■■■■■■■■■■■■■■■■■■■■■■■■■■■■■■■■■■■■■■■■■■■
  0.0077 [269]     |■
  0.0111 [70]      |
  0.0145 [20]      |
  0.0178 [6]       |
  0.0212 [1]       |
  0.0246 [0]       |
  0.0280 [0]       |
  0.0313 [0]       |
  0.0347 [1]       |

Latency distribution（延迟分布）:
  10% in 0.0017 secs.
  25% in 0.0018 secs.
  50% in 0.0021 secs.
  75% in 0.0025 secs.
  90% in 0.0033 secs.
  95% in 0.0041 secs.
  99% in 0.0068 secs.
  99.9% in 0.0364 secs.
```

核心命令参数：

① --conns=1: gRPC连接总量。
② --clients=1: gRPC客户端总量。
③ --key-size: 压力测试中的数据key长度。
④ --sequential-keys: 采用序列方式生成数据key。
⑤ --total=10000: 请求数量。
⑥ --val-size=256: 设置的数据大小。

8.7　ETCD 整合 Java 应用

ETCD 整合 Java
应用

视频名称　0807_【理解】ETCD 整合 Java 应用

视频简介　ETCD 提供了 Java 开发支持驱动，该驱动基于 Netty 框架实现，可以直接进行 ETCD 数据读写操作。本视频通过 Spring Boot 框架讲解 ETCD 客户端的应用开发。

　　ETCD 提供了数据存储的服务，而为了便于存储业务的处理，往往会基于应用程序进行数据读写。虽然 ETCD 基于 Go 语言开发，但是其依然提供了 Java 相关支持类库，本节将基于 Spring Boot 构建 ETCD 的客户端应用，具体实现如下。

　　1.【netty 项目】创建 etcd 子模块，随后修改 build.gradle 配置文件，添加模块所需依赖：

```
project(":etcd") {                                                      //ETCD服务开发
    dependencies {                                                      //模块依赖配置
        implementation('io.etcd:jetcd-core:0.7.5')
        implementation('org.springframework.boot:spring-boot-starter:3.0.5')
        compileOnly('org.projectlombok:lombok:1.18.24')                //lombok组件
        annotationProcessor('org.projectlombok:lombok:1.18.24')        //注解处理支持
        testImplementation('org.springframework.boot:spring-boot-starter-test:3.0.5')
        annotationProcessor('org.springframework.boot:spring-boot-configuration-processor:3.0.5')
    }
}
```

　　2.【etcd 子模块】创建属性配置类 ETCDConfigProperties，保存与 ETCD 连接相关的配置项。

```
package com.yootk.config.config.properties;
@Data
@ConfigurationProperties(prefix = "yootk.etcd")                        //配置项前缀
public class ETCDConfigProperties {
    private String endpoints;                                          //ETCD节点
    private String name;                                               //用户名
    private String password;                                          //密码
}
```

　　3.【etcd 子模块】在 src/main/resources 源代码目录中创建 application.yml 配置文件，随后根据 ETCDConfigProperties 类中的属性名称定义相关配置项。

```
yootk:                                                                  # 自定义配置
  etcd:                                                                 # etcd连接属性
    endpoints: http://192.168.37.150:23790                             # 代理地址
    name: yootk                                                         # 用户名
    password: hello                                                     # 密码
```

　　4.【etcd 子模块】为便于 Java 连接 ETCD 服务端，jetcd-core 依赖库提供了 io.etcd.jetcd.Client 类，同时该类提供了 getKVClient()方法，该方法返回 KV 对象实例，并利用 KV 对象实例实现数据的增加、读取与删除操作。为了便于 Client 类实例的管理，本次将创建配置类 ETCDClientConfig。

```
package com.yootk.config;
@Configuration
@EnableConfigurationProperties({ETCDConfigProperties.class})           //属性自动配置
public class ETCDClientConfig {                                        //ETCD配置
    @Bean
    public Client etcdClient(ETCDConfigProperties properties) throws Exception {
        Client client = Client.builder()                              //ETCD客户端构建类
                .endpoints(properties.getEndpoints().split(","))      //节点列表
                .user(ByteSequence.from(properties.getName().getBytes()))  //用户名
                .password(ByteSequence.from(properties.getPassword().getBytes())) //密码
                .build();                                             //构建实例
        return client;
    }
}
```

5.【etcd 子模块】创建应用启动类 StartETCDApplication。

```
package com.yootk;
@SpringBootApplication
public class StartETCDApplication {
    public static void main(String[] args) {
        SpringApplication.run(StartETCDApplication.class, args);
    }
}
```

6.【etcd 子模块】编写测试类 TestETCDOperate，实现数据读写操作。

```
package com.yootk.test;
@SpringBootTest(classes = StartETCDApplication.class)
@ExtendWith(SpringExtension.class)
public class TestETCDOperate {
    private static final Logger LOGGER = LoggerFactory.getLogger(TestETCDOperate.class);
    @Autowired
    private Client etcdClient;                                          //ETCD客户端实例
    private String key = "yootk-key:message";                          //前缀与用户授权匹配
    private String value = "沐言科技：yootk.com";                        //数据内容
    @Test
    public void testPutValue() throws Exception {                      //添加测试
        KV kv = this.etcdClient.getKVClient();                         //数据操作实例
        kv.put(ByteSequence.from(this.key.getBytes()),
                ByteSequence.from(this.value.getBytes())).get();
        LOGGER.info("【ETCD数据写入】{} = {}", this.key, this.value);
    }
    @Test
    public void testGetValue() throws Exception {                      //查询测试
        KV kv = this.etcdClient.getKVClient();                         //数据操作实例
        CompletableFuture<GetResponse> future = kv.get(
                ByteSequence.from(this.key.getBytes()));
        LOGGER.info("【ETCD数据获取】{} = {}", this.key, future.get().getKvs().get(0).getValue());
    }
    @Test
    public void testDeleteValue() throws Exception {                   //删除测试
        KV kv = this.etcdClient.getKVClient();                         //数据操作实例
        CompletableFuture<DeleteResponse> future = kv.delete(
                ByteSequence.from(this.key.getBytes()));
        LOGGER.info("【ETCD数据删除】删除数据量：{}", future.get().getDeleted());
    }
}
```

增加测试结果：

```
【ETCD数据写入】yootk-key:message = 沐言科技：yootk.com
```

读取测试结果：

```
【ETCD数据获取】yootk-key:message = 沐言科技：yootk.com
```

删除测试结果：

```
【ETCD数据删除】删除数据量：1
```

8.8　ETCD 整合 SSL

ETCD 整合 SSL

视频名称　0808_【理解】ETCD 整合 SSL

视频简介　ETCD 为了数据访问的安全，提供了 SSL 支持。本视频基于 OpenSSL 工具模拟 SSL 证书签发，基于 ETCD 提供的配置参数实现 HTTPS 服务搭建，同时基于 Netty 框架提供的 SslContext 实现 Java 客户端与 HTTPS 服务之间的访问。

考虑到配置数据的安全性，ETCD 提供了 SSL 证书支持，这样在进行服务配置以及数据获取时，就可以采用 SSL 加密的方式来实现。考虑到证书的使用问题，本次将基于 OpenSSL 工具模拟证书的签发，而后将签发的证书按照图 8-12 所示，发送到每一个 ETCD 节点进行配置。下面来看一下具体的实现流程。

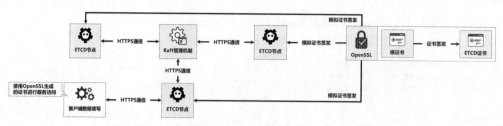

图 8-12 ETCD 与 SSL 证书

1.【etcd-cluster-a 主机】创建 OpenSSL 生成证书保存目录：mkdir -p /usr/local/etcd/ssl。

2.【etcd-cluster-a 主机】创建一个长度为 2048 bit 的根密钥。

```
openssl genrsa -out /usr/local/etcd/ssl/ca.key 2048
```

3.【etcd-cluster-a 主机】创建根证书签发申请。

```
openssl req -x509 -new -nodes -key /usr/local/etcd/ssl/ca.key -subj "/CN=etcd.yootk " -days 365
-out /usr/local/etcd/ssl/ca.pem
```

4.【etcd-cluster-a 主机】创建 ETCD 服务端密钥。

```
openssl genrsa -out /usr/local/etcd/ssl/etcd.key 2048
```

5.【etcd-cluster-a 主机】为便于 ETCD 服务端证书签发管理，创建证书签发配置文件：vi /usr/local/etcd/ssl/etcd.conf。

```
[ req ]
default_bits = 2048
prompt = no
default_md = sha256
req_extensions = req_ext
distinguished_name = dn

[ dn ]
C = CN
ST = BeiJing
L = BeiJing
O = muyan
OU = yootk
CN = etcd.yootk

[ req_ext ]
subjectAltName = @alt_names

[ alt_names ]
DNS.1 = localhost
DNS.2 = etcd.yootk
DNS.3 = *.etcd.yootk
IP.1 = 127.0.0.1
IP.2 = 192.168.37.150
IP.3 = 192.168.37.151
IP.4 = 192.168.37.152
IP.5 = 192.168.37.153


[ v3_ext ]
authorityKeyIdentifier=keyid,issuer:always
basicConstraints=CA:FALSE
keyUsage=keyEncipherment,dataEncipherment
extendedKeyUsage=serverAuth,clientAuth
subjectAltName=@alt_names
```

6.【etcd-cluster-a 主机】创建 ETCD 服务端证书签发申请。

```
openssl req -new -key /usr/local/etcd/ssl/etcd.key -out /usr/local/etcd/ssl/etcd.csr -config
/usr/local/etcd/ssl/etcd.conf
```

7.【etcd-cluster-a 主机】生成 ETCD 服务端证书，有效期为一年。

```
openssl x509 -req -in /usr/local/etcd/ssl/etcd.csr -CA /usr/local/etcd/ssl/ca.pem \
```

```
-CAkey /usr/local/etcd/ssl/ca.key -CAcreateserial -out /usr/local/etcd/ssl/etcd.pem -days 365 \
-extensions v3_ext -extfile /usr/local/etcd/ssl/etcd.conf
```

程序执行结果：

```
Certificate request self-signature ok
subject=C = CN, ST = BeiJing, L = BeiJing, O = muyan, OU = yootk, CN = etcd.yootk
```

8．【etcd-cluster-a 主机】为保证 ETCD 服务配置正确，利用根证书密钥检查一下当前所生成的 ETCD 证书是否有效。

```
openssl verify -CAfile /usr/local/etcd/ssl/ca.pem /usr/local/etcd/ssl/etcd.pem
```

程序执行结果：

```
/usr/local/etcd/ssl/etcd.pem: OK
```

9．【etcd-cluster-a 主机】将当前保存证书的 ssl 子目录发送到其他主机的 ETCD 目录中。

复制到 B 主机：

```
scp -r /usr/local/etcd/ssl root@192.168.37.152:/usr/local/etcd/
```

复制到 C 主机：

```
scp -r /usr/local/etcd/ssl root@192.168.37.153:/usr/local/etcd/
```

10．【etcd-cluster-*主机】复制当前的 etcd.yml 文件并另存为 etcd-ssl.yaml，以便进行 SSL 启用配置。

```
cp /usr/local/etcd/etcd.yaml /usr/local/etcd/etcd-ssl.yaml
```

11．【etcd-cluster-*主机】修改每个 ETCD 服务节点中的 etcd-ssl.yaml 配置文件，添加证书加载路径（在文件底部追加）。

打开配置文件：

```
vi /usr/local/etcd/etcd-ssl.yaml
```

证书资源配置：

```
client-transport-security:              #客户端节点通信证书
  trusted-ca-file: /usr/local/etcd/ssl/ca.pem
  cert-file: /usr/local/etcd/ssl/etcd.pem
  key-file: /usr/local/etcd/ssl/etcd.key
  auto-tls: true
peer-transport-security:                #集群节点通信证书
  trusted-ca-file: /usr/local/etcd/ssl/ca.pem
  cert-file: /usr/local/etcd/ssl/etcd.pem
  key-file: /usr/local/etcd/ssl/etcd.key
  auto-tls: true
```

12．【etcd-cluster-*主机】为便于 SSL 加密环境下的 ETCD 数据存储，创建新的数据目录。

```
mkdir -p /mnt/data/etcd-ssl
```

13．【etcd-cluster-*主机】修改每个 ETCD 服务节点中的 etcd.yaml 配置文件，将其中的 http 更换为 https。

打开配置文件：

```
vi /usr/local/etcd/etcd-ssl.yaml
```

etcd-cluster-a：

```
data-dir: /mnt/data/etcd-ssl
initial-advertise-peer-urls: https://192.168.37.151:2380
listen-peer-urls: https://192.168.37.151:2380
listen-client-urls: https://0.0.0.0:2379
advertise-client-urls: https://0.0.0.0:2379
initial-cluster: etcd1=https://192.168.37.151:2380,etcd2=https://192.168.37.152:2380,
         etcd3=https://192.168.37.153:2380
```

etcd-cluster-b：

```
data-dir: /mnt/data/etcd-ssl
initial-advertise-peer-urls: https://192.168.37.152:2380
listen-peer-urls: https://192.168.37.152:2380
listen-client-urls: https://0.0.0.0:2379
```

```
advertise-client-urls: https://0.0.0.0:2379
initial-cluster: etcd1=https://192.168.37.151:2380,etcd2=https://192.168.37.152:2380,
          etcd3=https://192.168.37.153:2380
```

etcd-cluster-c：

```
data-dir: /mnt/data/etcd-ssl
initial-advertise-peer-urls: https://192.168.37.153:2380
listen-peer-urls: https://192.168.37.153:2380
listen-client-urls: https://0.0.0.0:2379
advertise-client-urls: https://0.0.0.0:2379
initial-cluster: etcd1=https://192.168.37.151:2380,etcd2=https://192.168.37.152:2380,
          etcd3=https://192.168.37.153:2380
```

14.【etcd-cluster-*主机】重新启动 ETCD 服务节点。

```
/usr/local/etcd/etcd --config-file /usr/local/etcd/etcd-ssl.yaml > /dev/null 2>&1 &
```

15.【etcd-cluster-a 主机】查看当前 ETCD 集群节点状态，此时需要添加 SSL 证书路径参数，执行结果如图 8-13 所示。

```
/usr/local/etcd/etcdctl --cacert=/usr/local/etcd/ssl/ca.pem \
    --cert=/usr/local/etcd/ssl/etcd.pem --key=/usr/local/etcd/ssl/etcd.key \
    --endpoints=https://192.168.37.151:2379,https://192.168.37.152:2379,https://192.168.37.153:2379 \
    endpoint status -w table
```

```
root@etcd-cluster-a:~# /usr/local/etcd/etcdctl --cacert=/usr/local/etcd/ssl/ca.pem \
    --cert=/usr/local/etcd/ssl/etcd.pem --key=/usr/local/etcd/ssl/etcd.key \
    --endpoints=https://192.168.37.151:2379,https://192.168.37.152:2379,https://192.168.37.153:2379 \
    endpoint status -w table
+----------------------------+------------------+---------+---------+-----------+-----------+------------+-----------+--------------------+--------+
|          ENDPOINT          |        ID        | VERSION | DB SIZE | IS LEADER | IS LEARNER | RAFT TERM | RAFT INDEX | RAFT APPLIED INDEX | ERRORS |
+----------------------------+------------------+---------+---------+-----------+-----------+------------+-----------+--------------------+--------+
| https://192.168.37.151:2379 | f1c1f14166b881ab | 3.4.26  | 20 kB   |   true    |   false   |     5     |     9      |         9          |        |
| https://192.168.37.152:2379 | 3333ff2720a11fc9 | 3.4.26  | 20 kB   |   false   |   false   |     5     |     9      |         9          |        |
| https://192.168.37.153:2379 | a5c3e70f6bdf292d | 3.4.26  | 20 kB   |   false   |   false   |     5     |     9      |         9          |        |
+----------------------------+------------------+---------+---------+-----------+-----------+------------+-----------+--------------------+--------+
```

图 8-13　执行结果

> 💡 **提示：SSL 无法整合 ETCD 代理。**
>
> 　　此时 ETCD 中使用了双向 SSL 进行数据通信，所以所有客户端在连接时都需要传输私有 CA 的相关配置文件才允许通信。但是笔者在配置时发现 ETCD Proxy 无法支持私有 CA 的 SSL 访问，应用时会出现无法握手的情况，并且在 GitHub 项目托管中也存在同样的疑问，因此本处只能通过 ETCD 节点列表的方式进行访问。

　　此时集群中的数据节点全都采用 HTTPS 的通信方式，所以在开发应用程序时，也应该进行私有 CA、ETCD 证书的配置后才能够进行 ETCD 数据读写操作。下面将对之前的 etcd 程序模块进行修改。

16.【etcd 子模块】在 src/main/resources 源代码目录中创建 ssl 子目录，随后将 etcd.key（ETCD 服务端密钥）与 etcd.pem（ETCD 服务端证书）两个与证书有关的文件复制到该目录之中。

> ⊘ **注意：自定义 CA 启用。**
>
> 　　本书第 4 章在讲解 HTTP 服务开发时，曾经分析过私有 CA 与 JDK 内置 CA 库之间的关联操作。从开发的角度来讲，不建议在开发主机中引入私有 CA，所以本次将采用 Netty 中的 SslContext 类来实现 SSL 通信上下文的创建，同时启用信任私有 CA 的模式，所以项目不再配置私有 CA 证书。

17.【etcd 子模块】修改 ETCDConfigProperties 属性配置类，配置与 SSL 证书相关的资源实例。

```
package com.yootk.config.config.properties;
@Data
@ConfigurationProperties(prefix = "yootk.etcd")          //配置项前缀
public class ETCDConfigProperties {
    private String endpoints;                            //ETCD节点
    private String name;                                 //用户名
    private String password;                             //密码
```

```
    private Resource etcdKey;                                              //ETCD密钥
    private Resource etcdCert;                                            //ETCD证书
}
```

18.【etcd 子模块】修改 application.yml 配置文件，添加 SSL 证书路径。

```
yootk:                                                                    #自定义配置
  etcd:                                                                   #etcd连接属性
    endpoints: https://192.168.37.151:2379,https://192.168.37.152:2379,https://192.168.37.153:2379 # 地址
    name: yootk                                                          #用户名
    password: hello                                                      #密码
    etcd-key: classpath:/ssl/etcd.key                                    #ETCD节点密钥
    etcd-cert: classpath:/ssl/etcd.pem                                   #ETCD节点证书
```

19.【etcd 子模块】修改配置类 ETCDClientConfig，基于 SslContext 对象实例构建 Client 实例，
随后依据图 8-14 所示进行相关类属性的配置。

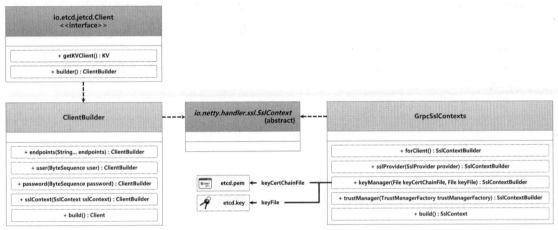

图 8-14　ETCD 客户端配置

```
package com.yootk.config;
@Configuration
@EnableConfigurationProperties({ETCDConfigProperties.class})             //属性自动配置
public class ETCDClientConfig {                                          //ETCD配置
    @Bean
    public Client etcdClient(ETCDConfigProperties properties) throws Exception {
        SslProvider provider = SslProvider.isAlpnSupported(SslProvider.OPENSSL) ?
                SslProvider.OPENSSL : SslProvider.JDK;                    //SSL提供者
        SslContext context = GrpcSslContexts.forClient()                 //SSL客户端配置
                .sslProvider(provider)                                   //SSL提供者
                .protocols(SslProtocols.TLS_v1_2)                        //支持协议版本
                .keyManager(properties.getEtcdCert().getFile(),
                        properties.getEtcdKey().getFile())               //ETCD服务端证书
                .trustManager(InsecureTrustManagerFactory.INSTANCE)      //信任自定义证书
                .build();                                                //构建SSL上下文
        Client client = Client.builder()                                 //ETCD客户端构建类
                .endpoints(properties.getEndpoints().split(","))         //节点列表
                .user(ByteSequence.from(properties.getName().getBytes()))  //用户名
                .password(ByteSequence.from(properties.getPassword().getBytes())) //密码
                .sslContext(context)                                     //SSL上下文
                .build();                                                //构建实例
        return client;
    }
}
```

本处修改了 Client 类的定义，在已有配置的基础上追加了 SslContext 对象实例。需要注意的是，
考虑到私有 CA 不识别的问题，本次直接通过 InsecureTrustManagerFactory.INSTANCE 定义了信任
私有证书的模式，这样只需要验证 ETCD 证书以及 ETCD 密钥即可实现数据通信。

8.9　本章概览

1．ETCD 是一个基于 Go 语言开发出的注册中心，在项目架构中 ETCD 会保存大量的服务注册信息。

2．ETCD 是基于 Raft 算法实现的、具有 CP 特征（数据一致性 + 分区容错性）的注册中心服务组件。

3．ETCD 服务一般都以集群的方式运行，即便此时已经有 $(n-1)/2$ 个节点发生故障，依然可以正常提供服务。

4．ETCD 可以通过命令参数进行环境的定义，也可以通过自定义 YAML 格式的配置文件来定义启动参数，ETCD 的开源项目平台定义了全部配置参数的信息，可在 GitHub 上找到。

5．ETCD 默认情况下并未开启服务授权，允许任意的用户进行读写，开启授权后需要指派用户写入数据 key 的前缀，只有前缀匹配才允许进行数据读写操作。

6．ETCD 支持 SSL 证书配置，可以以 HTTPS 的方式实现服务通信，但是在每次传输时都需要通过证书进行加密处理。

7．ETCD 提供了 Java 依赖库，可以通过 Java 应用进行数据读写。

第9章

MinIO 对象存储

本章学习目标

1. 掌握 MinIO 服务的配置以及数据存储结构的定义；
2. 掌握 Java 与 MinIO 服务的整合开发；
3. 理解 MinIO 控制台的使用，可以通过 MinIO 控制台实现用户与对象管理；
4. 理解 MinIO 集群的搭建，并可以结合 ETCD 实现集群配置数据存储。

MinIO 是一款对象存储的开源服务组件，其不仅简单而且提供了较高的读写性能。本章将为读者讲解 MinIO 服务的配置，并基于 Java 通过应用程序实现对数据文件的维护。

9.1　MinIO 简介

MinIO 简介

视频名称　0901_【掌握】MinIO 简介

视频简介　MinIO 是一款分布式的对象存储组件，本视频为读者讲解分布式存储在实际开发中的作用，同时讲解 MinIO 组件的特点以及相关的基础概念。

随着互联网资源的逐步丰富，以及各类用户自定义媒体资源的不断丰富，对于任何一款应用来讲，都会存在大量的媒体资源（例如图片、视频、超大文件等），如图 9-1 所示。考虑到应用的稳定性与可维护性，所以都需要创建单独的存储服务，同时该类存储服务也需要提供良好的数据安全，并满足高性能的读写需求，由于这类存储服务要实现不同类型文件的保存，所以也将其称为对象存储服务。

图 9-1　分布式存储

MinIO 是一款基于 Apache License v2.0 开源协议的对象存储项目，是采用 Go 语言开发的高性能、分布式的对象存储系统，并且支持 Java、Python、JavaScript 客户端访问。MinIO 的设计目标主要是作为私有云对象存储的标准方案，用于存储非结构化数据（图片、视频、文档以及其他大型文件等），这些文件在 MinIO 中被统一称为对象，这些对象的大小任意，最多支持 5 TB 文件的存储。

在设计 MinIO 组件之初开发人员就考虑到了数据存储的安全性问题，所以提供了多磁盘的冗余存储方案支持，如图 9-2 所示。在一台服务器中可以同时配置多块数据磁盘，而这样的磁盘集合被称为 Erasure Set（纠删集合），每一组 Erasure Set 由 4～16 个数据磁盘所组成，每一个对象在进行存储时，其数据都会通过哈希算法均匀地分布在所有的节点之中。

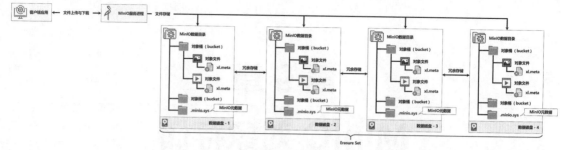

图 9-2　MinIO 数据冗余存储

　　MinIO 提供的数据恢复机制主要是基于 Erasure Code（纠删码）数学算法来实现的，基于 RS 算法将对象拆分为 *N*/2 个数据块（每一个数据块为一个独立的磁盘或目录）以及 *N*/2 个奇偶校验块，这样即便一半的数据块出现故障，仍然可以通过剩下的数据块进行恢复，从而保证了 MinIO 数据存储的可靠性。

> 💡 **提示：纠删码与位衰减（Bit Rot）。**
>
> 　　纠删码算法是一种恢复丢失和损坏数据的算法，该算法主要用于分布式存储系统中，常见的纠删码算法实现有 3 种，分别为阵列纠删码（Array Code）、RS（Reed-Solomon，里德-所罗门）纠删码和 LDPC（LowDensity Parity Check，低密度奇偶校验）纠删码，MinIO 默认采用的是 RS 纠删码处理数据损坏。
>
> 　　位衰减又称为数据腐化（Data Rot），或者静默数据损坏（Silent Data Corruption），指的是在没有任何征兆的情况下，一种硬盘数据丢失问题。在 MinIO 中使用了 Highwayhash 算法，通过哈希校验和来防范位衰减问题的出现。

9.2　搭建 MinIO 服务

搭建 MinIO 服务

视频名称	0902_【掌握】搭建 MinIO 服务
视频简介	MinIO 提供了多平台的服务支持，在本视频中将为读者讲解 Linux 下的数据存储服务的搭建，同时基于 MinIO 控制台进行数据桶以及使用账户的配置。

　　MinIO 是一个全平台的存储服务组件，可以方便地在 Windows、Linux 以及 macOS 中进行服务的部署，同时也支持 Docker 容器化的部署方案，开发人员可以通过官方站点获取该组件，如图 9-3 所示。

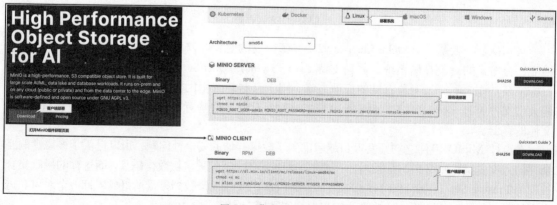

图 9-3　获取 MinIO 组件

本节将基于 Linux 进行 MinIO 服务的手动部署，为便于数据容错的观察，将基于目录的形式模拟不同的数据磁盘，下面来看具体的配置步骤。

1．【minio-server 主机】下载 MinIO 应用组件到/usr/local/minio 目录之中。

```
wget -P /usr/local/minio https://dl.min.io/server/minio/release/linux-amd64/minio
```

2．【minio-server 主机】为 MinIO 组件添加执行权限：chmod +x /usr/local/minio/minio。

3．【minio-server 主机】创建 MinIO 数据存储目录，按照 MinIO 的设计要求，此处应该提供 4 个数据存储节点，考虑到模拟环境，将基于不同的目录来代表不同的数据磁盘。

```
mkdir -p /mnt/data/minio/{store-a,store-b,store-c,store-d}
```

4．【minio-server 主机】为 MinIO 数据目录进行授权：chmod -R 777 /mnt/data/minio。

5．【minio-server 主机】启动 MinIO 服务并配置存储路径。

```
MINIO_ROOT_USER=yootk MINIO_ROOT_PASSWORD=minioadmin MINIO_SERVER_URL=http://192.168.37.128:9000 \
/usr/local/minio/minio server --address ":9000" --console-address ":9090" \
/mnt/data/minio/store-a /mnt/data/minio/store-b /mnt/data/minio/store-c /mnt/data/minio/store-d > \
/dev/null 2>&1 &
```

程序执行结果：

```
Status:         4 Online, 0 Offline.
S3-API: http://192.168.37.128:9000
RootUser: yootk
RootPass: minioadmin
Console: http://192.168.37.128:9090 http://127.0.0.1:9090
RootUser: yootk
RootPass: minioadmin
```

此时的命令实现了 MinIO 服务进程的启动，该进程启动后会占用 9000 和 9090 两个端口，其中 9000 为 Web 数据访问端口，而 9090 为后台管理控制台访问端口，默认的账户为 yootk/minioadmin，配置结构如图 9-4 所示。

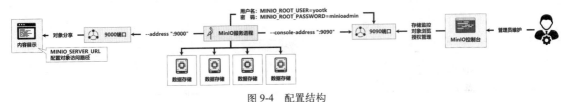

图 9-4　配置结构

> **注意：单机 EC 无法扩容。**
>
> 此时的 MinIO 服务进程中构建了包含 4 个磁盘（模拟）的 EC 集群，集群一旦搭建完成，就不可在单机环境下进行存储的扩充，所以需要在构建之前就匹配好硬件环境。

6．【minio-server 主机】为便于外部访问，修改防火墙配置，添加 9000 和 9090 两个端口的访问规则。

配置端口规则：

```
firewall-cmd --zone=public --add-port=9000/tcp --permanent
```

配置端口规则：

```
firewall-cmd --zone=public --add-port=9090/tcp --permanent
```

重新加载配置：

```
firewall-cmd --reload
```

7．【本地系统】为便于本地系统访问，修改 hosts 主机映射文件，后续将可以通过映射名称访问 MinIO 服务。

```
192.168.37.128      minio-server
```

8.【MinIO 控制台】通过浏览器访问 MinIO 控制台，访问地址为 minio-server:9090，如图 9-5 所示。

图 9-5　MinIO 控制台

9.【MinIO 控制台】MinIO 中的数据都是基于桶（Bucket）结构管理的，本次创建一个名称为 yootk-image-bucket 的对象桶，用于保存上传的图片文件，如图 9-6 所示。对象桶创建完成后会在数据目录中提供与之名称相同的文件夹。

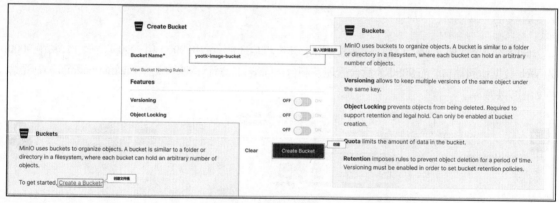

图 9-6　创建 MinIO 对象桶

10.【MinIO 控制台】为便于后续应用程序访问，创建用户名/密码为 muyan/miniohello 的账户，如图 9-7 所示。该账户主要用于数据读写，所以为其分配 readwrite 权限。

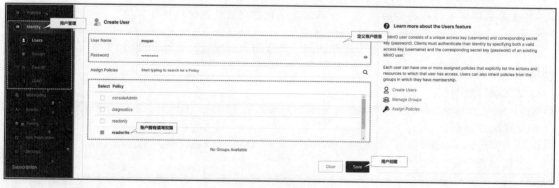

图 9-7　创建账户

11.【MinIO 控制台】MinIO 控制台提供了上传文件的支持，可以将文件保存在指定的对象桶中，如图 9-8 所示。

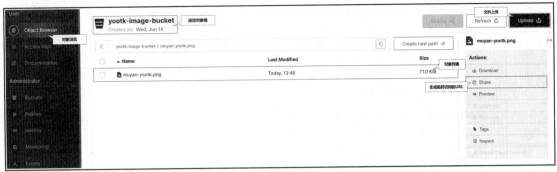

图 9-8　MinIO 文件上传

> ⚠ **注意：MinIO 不适合小文件存储。**
>
> 　　MinIO 在每次进行数据存储时，除了会保存对象内容之外，还会额外地记录 xl.meta 元数据文件，随着对象存储的增加，该元数据文件的内容也会越来越多。所以 MinIO 中若保存了大量小文件，会导致 MinIO 性能变差，同时空间利用率也较低。

9.3　MinIO 客户端

MinIO 客户端

视频名称　0903_【掌握】MinIO 客户端

视频简介　MinIO 为了便于管理维护，提供了命令行工具支持。本视频为读者列出 MC 工具中的全部子命令的作用，并通过具体的操作讲解部分核心命令的实际应用。

　　MinIO Client（MC）是一款基于命令行方式实现 MinIO 管理的客户端工具，该工具实现了对常见 Linux/UNIX 命令的替代方案，可以轻松地实现 MinIO 中相关数据的管理。表 9-1 所示为该工具中的子命令，下面来看这些命令的使用。

表 9-1　MC 工具中的子命令

序号	子命令	描述
1	alias	管理服务端认证配置文件
2	ls	列出全部数据桶与对象
3	mb	创建新的数据桶
4	rb	删除指定数据桶
5	cp	复制对象
6	mv	移动对象
7	rm	删除一个或多个对象
8	mirror	同步远程镜像中的对象
9	cat	显示一个对象的完整内容
10	head	显示一个对象的头部信息
11	pipe	复制标准输入中的内容到对象
12	find	对象查询
13	sql	运行 SQL 查询
14	stat	显示对象的元数据

续表

序号	子命令	描述
15	tree	以树状形式显示桶中所保存的对象
16	du	统计磁盘使用率
17	retention	设置对象保留时间
18	legalhold	管理对象合法保留
19	support	支持相关命令
20	license	许可证相关命令
21	share	生成一个用于对象临时访问的 URL
22	version	管理数据桶版本
23	ilm	管理数据桶生命周期
24	quota	管理数据桶配额
25	encrypt	管理数据桶加密配置
26	event	对象事件管理
27	watch	监听对象事件
28	undo	撤销对象的保存或删除操作
29	anonymous	数据桶与对象的匿名访问管理
30	tag	管理数据桶和对象的标签
31	diff	比较两个数据桶中对象的区别（对象名称、对象大小、创建日期）
32	replicate	配置服务端数据桶副本
33	admin	管理 MinIO 服务
34	idp	管理 MinIO 服务端 ID 实体提供服务
35	update	更新 MC 工具到最新的版本
36	ready	检查集群是否准备就绪
37	ping	存活性检查
38	od	进行单通道的文件上传与下载测试
39	batch	批处理作业管理

1.【minio-server 主机】通过官网下载 MC 程序文件，并将该程序保存在/usr/local 目录之中。

```
wget https://dl.min.io/client/mc/release/linux-amd64/mc -P /usr/local/minio/
```

2.【minio-server 主机】为下载得到的 MC 程序授予执行权限：chmod +x /usr/local/minio/mc。

3.【minio-server 主机】MC 内置了大量的服务维护命令，可以通过执行 mc -h 命令查看子命令。

4.【minio 客户端】添加 MinIO 服务器信息。

```
/usr/local/minio/mc config host add minio_server http://192.168.37.128:9000 yootk minioadmin
```

程序执行结果：

```
Added `minio_server` successfully.
```

5.【minio 客户端】查看当前主机配置。

```
/usr/local/minio/mc config host ls
```

程序执行结果：

```
minio_server
  URL       : http://192.168.37.128:9000
  AccessKey : yootk
  SecretKey : minioadmin
  API       : s3v4
  Path      : auto
```

6.【minio 客户端】查看当前 MinIO 服务器中的所有对象桶信息。

```
/usr/local/minio/mc ls minio_server
```

程序执行结果：

```
yootk-image-bucket/
```

7.【minio 客户端】列出 yootk-image-bucket 对象桶中的所有对象信息。

```
/usr/local/minio/mc ls minio_server/yootk-image-bucket
```

程序执行结果：

```
71KiB STANDARD muyan-yootk.png
```

8.【minio 客户端】获取 yootk-image-bucket/muyan-yootk.png 共享路径。

```
/usr/local/minio/mc share download --expire 6m minio_server/yootk-image-bucket/muyan-yootk.png
```

程序执行结果：

```
URL: http://192.168.37.128:9000/yootk-image-bucket/muyan-yootk.png
Expire: 6 minutes 0 seconds
Share: http://192.168.37.128:9000/yootk-image-bucket/muyan-yootk.png?X-Amz-Algorithm=AWS...
```

9.【minio 客户端】列出所有的共享对象。

```
/usr/local/minio/mc share list download minio_server
```

程序执行结果：

```
URL: http://192.168.37.128:9000/yootk-image-bucket/muyan-yootk.png
Expire: 4 minutes 31 seconds
Share: http://192.168.37.128:9000/yootk-image-bucket/muyan-yootk.png?X-Amz-Algorithm=AWS...
```

9.4 Java 整合 MinIO 应用

Java 整合 MinIO
应用

视频名称　0904_【掌握】Java 整合 MinIO 应用

视频简介　MinIO 提供了 Java 开发能力的支持，本视频通过一个基础的 Java 应用为读者分析两种操作客户端的关系，并通过实例讲解对象桶以及对象的管理操作。

MinIO 为了便于与 Java 技术的整合，官方提供了 io.minio:minio 依赖支持库，同时考虑到实际开发的需要，该支持库中提供了同步操作类（MinioClient）以及异步操作类（MinioAsyncClient），如图 9-9 所示。这两个操作类在进行对象实例化时都需要通过内部提供的 Builder 构造器类进行创建，下面来看具体的使用。

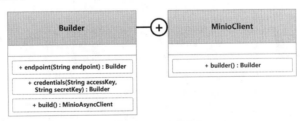

(a) MinIO 同步操作类

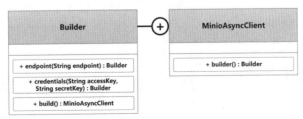

(b) MinIO 异步操作类

图 9-9　MinIO 提供的 Java 操作支持

1．【netty 项目】创建 minio-base 子模块，该子模块用于 Java 与 MinIO 操作的整合，随后修改 build.gradle 配置文件，添加 MinIO 客户端支持库。

```
project(":minio-base") {                                      //MinIO基础开发模块
    dependencies {                                            //模块依赖配置
        implementation('io.minio:minio:8.5.3')
    }
}
```

2．【minio-base 子模块】创建 MinIO 连接工具类，在 MinIO 开发支持库中提供 MinioClient 同步操作类与 MinioAsyncClient 异步操作类。本次将基于异步调用的方式实现 MinIO 数据操作，同时 MinIO 采用的是 HTTP 通信方式（没有采用长连接模式），所以不需要提供关闭连接的操作。

```
package com.yootk.minio.util;
public class MinIOConnectionUtil {
    private static final String ENDPOINT = "http://minio-server:9000";   //MinIO主机地址
    private static final String ACCESS_KEY = "muyan";                    //MinIO连接用户名
    private static final String SECRET_KEY = "miniohello";               //MinIO连接密码
    private MinIOConnectionUtil() {}                                     //禁用构造方法
    public static MinioAsyncClient getClient() {                        //获取MinIO操作实例
        return MinioAsyncClient.builder().endpoint(ENDPOINT).credentials(ACCESS_KEY, SECRET_KEY).build();
    }
}
```

3．【minio-base 子模块】创建 TestMinIOBucket 测试类，实现对象桶维护。

```
package com.yootk.test;
public class TestMinIOBucket {
    private static final Logger LOGGER = LoggerFactory.getLogger(TestMinIOBucket.class);
    @Test
    public void testBucketList() throws Exception {                     //对象桶列表
        List<Bucket> bucketList = MinIOConnectionUtil.getClient().listBuckets().get();
        bucketList.forEach(bucket -> {                                  //对象桶列表
            LOGGER.info("【MinIO数据桶】名称：{}、创建日期：{}", bucket.name(), bucket.creationDate());
        });
    }
    @Test
    public void testBucketTags() throws Exception {                     //对象桶标签
        String bucketName = "yootk-image-bucket";                       //对象桶名称
        Map<String, String> tagsMap = Map.of("mime", "image", "prefix", "yootk-");   //标签集合
        LOGGER.info("【MinIO数据桶】设置"{}"数据桶标签", bucketName);
        MinIOConnectionUtil.getClient().setBucketTags(
                SetBucketTagsArgs.builder().bucket(bucketName).tags(tagsMap).build()).get();
        LOGGER.info("【MinIO数据桶】获取"{}"数据桶标签：{}", bucketName,
                MinIOConnectionUtil.getClient().getBucketTags(
                        GetBucketTagsArgs.builder().bucket(bucketName).build()).get().get());
    }
    @Test
    public void testBucketExists() throws Exception {                   //检查对象桶是否存在
        LOGGER.info("【MinIO数据桶】"yootk-image-bucket"数据桶是否存在：{}",
                MinIOConnectionUtil.getClient().bucketExists(BucketExistsArgs.builder()
                        .bucket("yootk-image-bucket").build()).get());
    }
    @Test
    public void testBucketCreate() throws Exception {                   //创建对象桶
        String bucketName = "yootk-image-bucket";                       //新建桶名称
        LOGGER.info("【MinIO数据桶】创建"{}"数据桶", bucketName);
        MinIOConnectionUtil.getClient().makeBucket(
                MakeBucketArgs.builder().bucket(bucketName).build()).get();
    }
    @Test
    public void testBucketDelete() throws Exception {                   //删除对象桶
        String bucketName = "yootk-video-bucket";                       //删除桶名称
        LOGGER.info("【MinIO数据桶】删除"{}"数据桶", bucketName);
        MinIOConnectionUtil.getClient().removeBucket(
                RemoveBucketArgs.builder().bucket(bucketName).build()).get();
    }
}
```

4．【minio-base 子模块】创建对象桶对象测试类，为便于对象管理，本节将基于 UUID 的方式

生成文件名称。

```java
package com.yootk.test;
public class TestMinIOBucketObject {                              //对象桶对象管理类
    private static final Logger LOGGER = LoggerFactory.getLogger(TestMinIOBucketObject.class);
    private static final String BUCKET_NAME = "yootk-image-bucket";   //对象桶
    private static final long PART_SIZE = 5_242_880;                 //5 MB大小
    @Test
    public void testObjectPut() throws Exception {                   //文件上传
        MinioAsyncClient client = MinIOConnectionUtil.getClient();
        boolean flag = client.bucketExists(BucketExistsArgs.builder()
                .bucket(BUCKET_NAME).build()).get();                //对象桶是否存在
                                                                     //对象桶存在
        if (flag) {
            File file = new File("h:" + File.separator + "muyan-yootk.png");
            InputStream input = new FileInputStream(file);          //文件输入流
            Map<String, String> tagMap = Map.of("author", "LiXingHua",
                    "organization", "MuyanYootk");
            PutObjectArgs putArgs = PutObjectArgs.builder()         //文件名称
                    .object("yootk-" + UUID.randomUUID().toString() + ".png") //文件保存的对象桶名称
                    .bucket(BUCKET_NAME)                            //文件流
                    .stream(input, file.length(), PART_SIZE)        //设置对象标签
                    .tags(tagMap)                                   //MIME类型
                    .contentType("image/png").build();
            LOGGER.info("【MinIO对象】向"{}"对象桶中上传文件: {}", BUCKET_NAME,
                    client.putObject(putArgs).get());               //文件上传
        }
    }
    @Test
    public void testObjectList() throws Exception {                 //对象列表
        MinioAsyncClient client = MinIOConnectionUtil.getClient();
        Iterable<Result<Item>> resultIterable = client.listObjects(
                ListObjectsArgs.builder().bucket(BUCKET_NAME).build()); //对象列表
        resultIterable.forEach(result -> {
            try {
                LOGGER.info("【对象桶对象】名称: {}、大小: {}、访问路径: {}",
                        result.get().objectName(), result.get().size(),
                        client.getPresignedObjectUrl(GetPresignedObjectUrlArgs.builder()
                                .bucket(BUCKET_NAME)                 //对象所在桶名称
                                .object(result.get().objectName())  //对象名称
                                .expiry(30, TimeUnit.SECONDS)       //连接失效时间
                                .method(Method.GET).build()));      //HTTP请求模式
            } catch (Exception e) {}
        });
    }
    @Test
    public void testObjectDelete() throws Exception {              //对象删除测试
        String objectName = "yootk-efbfb377-8432-4e43-a4ab-0586f75fb42d.png";
        LOGGER.info("【对象桶对象】删除对象"{}"");
        MinIOConnectionUtil.getClient().removeObject(RemoveObjectArgs.builder()
                .bucket(BUCKET_NAME).object(objectName).build()).get();
    }
}
```

不管是对象桶还是对象，为了便于标记，MinIO 都允许用户创建一些标签，每一个对象桶中的对象都可以通过程序生成共享链接，以满足不同应用资源加载的需求。

9.5 Spring Boot 整合 MinIO

Spring Boot
整合 MinIO

视频名称　0905_【掌握】Spring Boot 整合 MinIO

视频简介　Web 应用中会存在大量的文件上传需求，同时 MinIO 也基于 HTTP 实现对象管理操作。为便于读者理解 Web 应用与 MinIO 之间的关系，本视频基于 Spring Boot 与 MinIO 依赖库开发 REST 上传接口，并基于 Postman 实现接口功能测试。

　　MinIO 直接提供了 HTTP 文件共享支持，所以其可以轻松地与任意的 HTTP 进行整合，同时当前大部分的文件上传也都是通过 HTTP 实现的，所以本节将基于 Spring Boot 并结合 MinIO 实现文件的上传接口的功能开发。下面来看具体的应用实现。

　　1.【netty 项目】创建 minio-web 子模块，随后修改 build.gradle 配置文件，添加模块所需依赖。

```
project(":minio-web") {                                                //MinIO + Spring Boot
    dependencies {                                                     //模块依赖配置
        implementation('io.minio:minio:8.5.3')
        implementation('org.springframework.boot:spring-boot-starter-web:3.0.5')
        testImplementation('org.springframework.boot:spring-boot-starter-test:3.0.5')
        compileOnly('org.projectlombok:lombok:1.18.24')               //lombok组件
        annotationProcessor('org.projectlombok:lombok:1.18.24')       //注解处理支持
        annotationProcessor('org.springframework.boot:spring-boot-configuration-processor:3.0.5')
    }
}
```

　　2.【minio-web 子模块】本节将基于 application.yml 定义 MinIO 服务的连接信息，为便于配置属性内容的读取，所以创建 MinIOClientProperties 属性类，并定义所读取属性的前缀。

```
package com.yootk.config.prop;
@Data
@ConfigurationProperties(prefix = "yootk.minio")                       //配置前缀
public class MinIOClientProperties {                                   //MinIO连接属性
    private String endpoint;                                           //MinIO连接地址
    private String accessKey;                                          //MinIO用户名
    private String secretKey;                                          //MinIO密码
}
```

　　3.【minio-web 子模块】创建自动配置类 MinIOClientAutoConfiguration，通过配置的连接属性创建 MinIO 操作实例。

```
package com.yootk.config;
@Configuration
@EnableConfigurationProperties({MinIOClientProperties.class})          //配置属性
public class MinIOClientAutoConfiguration {                            //MinIO自动配置类
    @Bean
    public MinioAsyncClient minioClient(MinIOClientProperties prop) {  //MinIO客户端
        return MinioAsyncClient.builder()
                .endpoint(prop.getEndpoint())                         //连接地址
                .credentials(prop.getAccessKey(), prop.getSecretKey()).build(); //认证信息
    }
}
```

　　4.【minio-web 子模块】在 src/main/resources 源代码目录中创建 application.yml，随后在该文件中定义 Java Web 的上传文件容量以及 MinIO 服务端的连接信息。

```
server:                                                                #服务端配置
  port: 80                                                             #Web服务端口
spring:
  servlet:
    multipart:                                                         #文件上传配置
      enabled: true                                                    #启用HTTP上传
      max-file-size: 10MB                                              #设置支持的单个上传文件大小限制
      max-request-size: 20MB                                           #设置总体请求文件大小限制
      file-size-threshold: 512KB                                       #磁盘内容写入阈值
      location: /                                                      #设置上传文件临时保存目录
yootk:
  minio:                                                               #自定义配置项
    endpoint: http://minio-server:9000                                #连接地址
    access-key: muyan                                                  #用户名
    secret-key: yootk.com                                             #密码
```

　　5.【minio-web 子模块】创建 MinIOUtil 工具类，通过该类定义文件上传、删除等操作。

```
package com.yootk.util;
@Component
@Slf4j
public class MinIOUtil {                                               //MinIO工具类
```

```
public static final String PREFIX = "yootk-";                        //文件前缀
private static final long PART_SIZE = 5_242_880;                     //5 MB大小
private static final int DURATION = 30;                              //30 s后连接失效
@Autowired
private MinioAsyncClient minioClient;                                //MinIO客户端实例
public String upload(MultipartFile file, String bucketName) throws Exception { //文件上传
    ServletRequestAttributes attributes = (ServletRequestAttributes)
            RequestContextHolder.getRequestAttributes();             //获取请求属性
    HttpServletRequest request = attributes.getRequest();            //获取Request
    String objectName = this.createObjectName(file.getContentType()); //生成文件名称
    Map<String, String> tagMap = Map.of("userid", "LiXingHua",
            "address", request.getRemoteHost());                     //标记信息
    PutObjectArgs putArgs = PutObjectArgs.builder()
            .object(objectName)                                      //文件名称
            .bucket(bucketName)                                      //文件保存的数据桶名称
            .stream(file.getInputStream(), file.getSize(), PART_SIZE) //文件流
            .tags(tagMap)                                            //设置对象标签
            .contentType(file.getContentType()).build();            //MIME类型
    log.debug("【MinIO文件上传】对象名称：{}、上传结果：{}", objectName,
            this.minioClient.putObject(putArgs).get());
    return objectName;
}
public String getUrl(String bucketName, String objectName) throws Exception {
    String url = this.minioClient.getPresignedObjectUrl(GetPresignedObjectUrlArgs.builder()
            .bucket(bucketName)                                      //数据桶名称
            .object(objectName)                                      //对象名称
            .expiry(DURATION, TimeUnit.SECONDS)                      //链接失效时间
            .method(Method.GET).build());                            //链接访问模式
    log.debug("【MinIO访问链接】桶名称：{}、对象名称：{}、链接地址：{}", bucketName, objectName, url);
    return url;
}
public String createObjectName(String contentType) {
    return PREFIX + UUID.randomUUID() + "." + contentType.substring(
            contentType.indexOf("/") + 1);                          //生成文件名称
}
public void delete(String bucketName, String objectName) throws Exception {
    log.debug("【MinIO文件删除】桶名称：{}、对象名称：{}", bucketName, objectName);
    this.minioClient.removeObject(RemoveObjectArgs.builder()
            .bucket(bucketName).object(objectName).build()).get();  //文件删除
}
```

6. 【minio-web 子模块】创建 UploadAction 控制层处理类，用于定义文件上传与删除接口。

```
package com.yootk.action;
@RestController
@RequestMapping("/minio/")
public class UploadAction {
    public static final String BUCKET_NAME = "yootk-image-store";    //桶名称
    @Autowired
    private MinIOUtil minIOUtil;                                     //文件工具类
    @PostMapping("upload")
    public Object upload(MultipartFile file) throws Exception {      //文件上传
        Map<String, Object> map = new HashMap<>();                  //获取Map集合
        String objectName = this.minIOUtil.upload(file, BUCKET_NAME); //文件上传
        map.put("objectName", objectName);
        map.put("accessUrl", this.minIOUtil.getUrl(BUCKET_NAME, objectName));
        return map;
    }
    @DeleteMapping("delete")
    public Object delete(String objectName) throws Exception {       //文件删除
        this.minIOUtil.delete(BUCKET_NAME, objectName);
        return true;
    }
}
```

7. 【minio-web 子模块】创建应用启动类 StartMinIOApplication。

```
package com.yootk;
```

```
@SpringBootApplication
public class StartMinIOApplication {
    public static void main(String[] args) {
        SpringApplication.run(StartMinIOApplication.class, args);                    //程序启动
    }
}
```

8.【Postman 测试工具】本次将通过 Postman 工具进行文件上传测试，如图 9-10 所示。

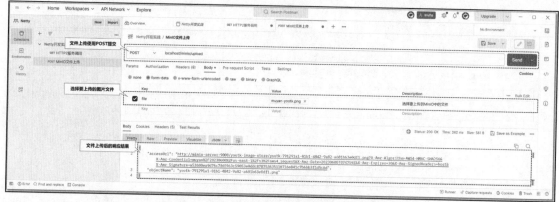

图 9-10　通过 Postman 测试 MinIO 文件上传

9.6　MinIO 数据集群

MinIO 数据集群

视频名称　0906_【掌握】MinIO 数据集群

视频简介　MinIO 内部不支持单机 EC 的动态扩容，但是可以以集群的方式实现存储的扩充。本视频基于 Nginx + ETCD + MinIO 的方式实现数据存储集群的搭建。

伴随着应用业务范围的扩大，MinIO 也会保存越来越多的数据内容，虽然单机环境下的 MinIO 可以提供有效的数据冗余存储，但却无法实现容量的扩充。因此引入集群才是 MinIO 常见的部署形式，常见的集群模式如图 9-11 所示。

MinIO 中的所有对象都是基于对象桶的形式管理的，在单机模式之中，数据桶会以文件夹的形式出现在存储磁盘中，而一旦引入了集群环境，就需要提供一个统一的配置存储。考虑到开发平台的一致性选择，所以常见的做法是结合 ETCD 实现 MinIO 配置数据。

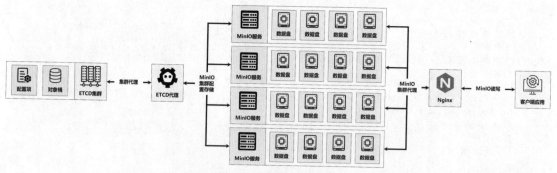

图 9-11　常见的集群模式

按照 MinIO 的设计原则，在 MinIO 集群创建中最少要提供 4 个存储实例，所以需要在集群中引入 Nginx 代理，以便实现全部 MinIO 实例读写地址的统一。当用户进行数据写入时，首先会通过 ETCD 服务中的配置项找到对应的存储节点，而后再实现对象的保存，因此本次的集群讲解中

需要用到表 9-2 所示的 MinIO 数据集群主机。

表 9-2　MinIO 数据集群主机

序号	主机名称	IP 地址	端口	描述
1	etcd-proxy	192.168.37.150	23790	ETCD 代理服务
2	etcd-cluster-a	192.168.37.151	2379（客户访问）、2380（节点同步）	ETCD 节点实例
3	etcd-cluster-b	192.168.37.152	2379（客户访问）、2380（节点同步）	ETCD 节点实例
4	etcd-cluster-c	192.168.37.153	2379（客户访问）、2380（节点同步）	ETCD 节点实例
5	minio-nginx	192.168.37.160	80	Nginx 代理服务
6	minio-cluster-a1	192.168.37.161	9000（数据端口）、9090（控制台端口）	MinIO 存储服务节点
7	minio-cluster-a2	192.168.37.162	9000（数据端口）、9090（控制台端口）	MinIO 存储服务节点
8	minio-cluster-b1	192.168.37.163	9000（数据端口）、9090（控制台端口）	MinIO 存储服务节点
9	minio-cluster-b2	192.168.37.164	9000（数据端口）、9090（控制台端口）	MinIO 存储服务节点

本书在第 8 章中已经讲解了 ETCD 集群的配置，所以本次将直接使用已经构建完成的 ETCD 集群与代理服务。如果 MinIO 要以集群的方式运行，则还需要在启动时添加表 9-3 所示的 MinIO 集群配置参数，下面来看具体的配置实现。

表 9-3　MinIO 集群配置参数

序号	配置参数	描述
1	MINIO_ETCD_ENDPOINTS=ETCD 主机地址列表	ETCD 注册路径，如果有多个则使用 "," 分隔
2	MINIO_ETCD_CACERT=CA 证书路径	如果 ETCD 启用了 SSL 连接则需要配置 CA 证书
3	MINIO_ETCD_CERT=ETCD 证书路径	如果 ETCD 启用了 SSL 连接则需要配置服务端证书
4	MINIO_ETCD_KEY=ETCD 证书密钥路径	如果 ETCD 启用了 SSL 连接则需要配置服务端密钥
5	MINIO_ETCD_USERNAME=ETCD 用户名	如果 ETCD 开启了认证授权则需要传递用户名
6	MINIO_ETCD_PASSWORD=ETCD 密码	如果 ETCD 开启了认证授权则需要传递密码
7	MINIO_DOMAIN=集群域名	该域名与 Nginx 代理域名相同
8	MINIO_PUBLIC_IPS=MinIO 主机地址列表	MinIO 集群中所有主机地址，使用 "," 分隔

1.【虚拟机】复制 minio-server 虚拟机为 minio-cluster-a、minio-cluster-b、minio-cluster-c、minio-cluster-d，这 4 台虚拟机将组成 MinIO 存储集群。

2.【minio-cluster-*主机】创建 MinIO 数据存储目录。

```
mkdir -p /mnt/data/minio/{cluster-a,cluster-b,cluster-c,cluster-d}
```

3.【minio-cluster-*主机】启动 MinIO 数据集群，在启动时绑定 Nginx 域名，同时将预览对象的域名也更换为 Nginx 域名，否则所生成的路径将无法正常使用。

```
MINIO_ROOT_USER=yootk MINIO_ROOT_PASSWORD=minioadmin \
MINIO_DOMAIN=192.168.37.160 \
MINIO_SERVER_URL=http://192.168.37.160:9000 \
MINIO_PUBLIC_IPS=192.168.37.161,192.168.37.162,192.168.37.163,192.168.37.164 \
MINIO_ETCD_ENDPOINTS=http://192.168.37.150:23790 \
/usr/local/minio/minio server --address ":9000" --console-address ":9090" \
/mnt/data/minio/cluster-a /mnt/data/minio/cluster-b /mnt/data/minio/cluster-c
/mnt/data/minio/cluster-d > /dev/null 2>&1 &
```

在进行 MinIO 集群构建时，每一个 MinIO 服务实例必须通过 MINIO_DOMAIN 选项，配置统一的访问域名或 IP 地址，同时要在 MINIO_PUBLIC_IPS 配置项中列出本集群中的全部 IP 地址，这样在启动 MinIO 集群服务后就会自动地向 ETCD 中注册一个 key 为 config/iam/format.json 的配置项。

💡 **提示：ETCD 与 MinIO 整合服务，可能无法正确传递认证信息。**

笔者在编写此节时，查询了 GitHub 上所托管的 MinIO 项目信息，得到了图 9-12 所示的配置提示。此处实际上只提供了一个 MINIO_ETCD_ENDPOINTS 配置参数，如果此时的 ETCD 整合了 SSL 应用，则也应该通过特定的参数传递证书文件。

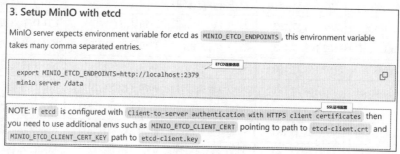

图 9-12　配置提示

但是通过一系列的验证发现，除了 MINIO_ETCD_ENDPOINTS 参数可以正常生效外，用户的认证信息以及 CA 信息都无法传递，而后经过 ChatGPT 的指导，笔者得到了表 9-3 所示的配置参数。由于不确定是否为组件设计问题，所以本次的 ETCD 集群只能采用非认证（Auth Disable）与非 SSL 模式运行。

4．【minio-nginx】下载 Nginx 源代码并将其保存在/usr/local/src 目录之中。

```
wget -P /usr/local/src/ https://*****.org/download/nginx-1.25.1.tar.gz
```

5．【minio-nginx】将 Nginx 源代码解压缩到/usr/local/src 目录之中。

```
tar xzvf /usr/local/src/nginx-1.25.1.tar.gz -C /usr/local/src/
```

6．【minio-nginx】创建使用 Nginx 编译后的保存目录及相关子目录。

```
mkdir -p /usr/local/nginx/{logs,conf,sbin}
```

7．【minio-nginx】进入 Nginx 源代码所在目录。

```
cd /usr/local/src/nginx-1.25.1/
```

8．【minio-nginx】对当前的 Nginx 源代码进行编译配置。

```
./configure --prefix=/usr/local/nginx/ --sbin-path=/usr/local/nginx/sbin/ --with-http_ssl_module \
    --conf-path=/usr/local/nginx/conf/nginx.conf --pid-path=/usr/local/nginx/logs/nginx.pid \
    --error-log-path=/usr/local/nginx/logs/error.log  --http-log-path=/usr/local/nginx/logs/
access.log --with-http_v2_module
```

9．【minio-nginx】Nginx 代码编译与安装。

```
make && make install
```

10．【minio-nginx】创建 Nginx 配置文件：vi /usr/local/nginx/conf/nginx.conf。

```
worker_processes  4;                                          #  CPU核心数量
events {
    worker_connections  1024;                                 # 允许单个进程同时建立的连接数量
}
http {
    include            mime.types;
    default_type        application/octet-stream;
    sendfile            on;                                    # 高效文件传输
    keepalive_timeout    65;                                   # 默认超时时间
    gzip                on;                                    # 开启压缩传输
    include /usr/local/nginx/conf/proxy/*.conf;                # 配置文件存储目录
}
```

11．【minio-nginx】为便于配置管理，创建一个 Nginx 代理配置文件存储目录。

```
mkdir -p /usr/local/nginx/conf/proxy
```

12.【minio-nginx】创建代理配置文件：vi/usr/local/nginx/conf/proxy/minio.conf。

```
upstream minio-cluster-data {                                        # 集群名称
    ip_hash;
    server 192.168.37.161:9000 weight=3 max_fails=3 fail_timeout=10s;  # 服务节点
    server 192.168.37.162:9000 weight=3 max_fails=3 fail_timeout=10s;  # 服务节点
    server 192.168.37.163:9000 weight=3 max_fails=3 fail_timeout=10s;  # 服务节点
    server 192.168.37.164:9000 weight=3 max_fails=3 fail_timeout=10s;  # 服务节点
}
upstream minio-cluster-console {                                     # 集群名称
    ip_hash;
    server 192.168.37.161:9090 weight=3 max_fails=3 fail_timeout=10s;  # 服务节点
    server 192.168.37.162:9090 weight=3 max_fails=3 fail_timeout=10s;  # 服务节点
    server 192.168.37.163:9090 weight=3 max_fails=3 fail_timeout=10s;  # 服务节点
    server 192.168.37.164:9090 weight=3 max_fails=3 fail_timeout=10s;  # 服务节点
}
server {
    listen      9000;                                               # 监听端口
    server_name cluster.minio.yootk;                               # 域名
    charset utf-8;                                                  # 编码
    access_log  path;                                              # 访问日志路径
    error_log  path;                                               # 错误日志路径
    location / {                                                    # 代理路径
        proxy_set_header X-Real-IP $remote_addr;
        proxy_set_header X-Forwarded-For $proxy_add_x_forwarded_for;
        proxy_set_header X-Forwarded-Proto $scheme;
        proxy_set_header Host $http_host;
        proxy_connect_timeout 300;
        proxy_http_version 1.1;
        proxy_set_header Connection "";
        chunked_transfer_encoding off;
        proxy_pass http://minio-cluster-data;
        client_max_body_size 30m;                                  # 上传文件的大小
    }
    error_page  500 502 503 504  /50x.html;
    location = /50x.html {                                          # 错误页路径
        root  /usr/share/nginx/html;
    }
}
server {
    listen      9090;                                              # 监听端口
    server_name cluster.minio.yootk;                              # 域名
    charset utf-8;                                                 # 编码
    access_log  path;                                             # 访问日志路径
    error_log  path;                                              # 错误日志路径
    location / {                                                   # 代理路径
        proxy_pass http://minio-cluster-console;                  # 代理集群
        proxy_set_header X-Real-IP $remote_addr;
        proxy_set_header X-Forwarded-For $proxy_add_x_forwarded_for;
        proxy_set_header X-Forwarded-Proto $scheme;
        proxy_set_header Host $http_host;
    }
    error_page  500 502 503 504  /50x.html;
    location = /50x.html {                                         # 错误页路径
        root  /usr/share/nginx/html;
    }
}
```

13.【minio-nginx】检测 Nginx 配置文件是否正确。

```
/usr/local/nginx/sbin/nginx -t
```

程序执行结果：

```
nginx: the configuration file /usr/local/nginx/conf/nginx.conf syntax is ok
nginx: configuration file /usr/local/nginx/conf/nginx.conf test is successful
```

14.【minio-nginx】启动 Nginx 服务进程：/usr/local/nginx/sbin/nginx。

【minio-nginx】修改防火墙规则，开放 9000 与 9090 端口访问权限。

配置端口规则：

```
firewall-cmd --zone=public --add-port=9000/tcp --permanent
```

配置端口规则：

```
firewall-cmd --zone=public --add-port=9090/tcp --permanent
```

重新加载配置：

```
firewall-cmd --reload
```

15.【本地系统】修改 hosts 文件配置 cluster.minio.yootk 主机名称。

```
192.168.37.160        cluster.minio.yootk
```

配置完成后，开发人员可以直接通过 Nginx 代理来实现 MinIO 中的数据操作（9000 端口），同时也可以正常使用 MinIO 控制台（9090 端口）。而此时在控制台中所进行的一切配置，都会通过 ETCD 进行存储，文件上传时，也会动态地选择一个 MinIO 实例进行保存。

9.7　本章概览

1．MinIO 基于 Go 语言开发，提供了一个可扩展以及可维护的对象存储服务。

2．在配置 MinIO 时一般需要定义数据操作端口以及控制台访问端口。

3．在实际生产环境中，MinIO 数据会被重复保存在不同的数据磁盘之中，这样即便有一半的数据磁盘出现故障，也可以进行数据恢复，并保证服务的正常运行。

4．MinIO 单机实例无法实现动态扩容，但是结合 ETCD 后可以实现动态扩容，同时所有的配置都被记录在 ETCD 之中。